大学计算机基础与应用系列立体化教材

信息检索与应用

（面向经管类）

主　编　刘峰涛
副主编　王鲁梅　陈顺华
　　　　贾作广　王　婷

中国人民大学出版社
·北京·

内容简介

本书是一本适于财经管理类专业专、本科生和研究生的信息检索教材。主要内容包括信息论与信息检索原理、信息检索技术、搜索引擎与网络信息检索、经管类常用的综合性中文数据库和英文数据库、专利信息检索、数字图书馆、信息分析与学术论文写作、职业规划与信息检索等部分。本书采用条块结合的矩阵结构，强调教材的应用性；强调信息分析与论文写作能力的培养；拓展了信息检索常规内容，增加了对一些信息检索方式的商业模式分析。

总序

随着计算机与互联网应用的普及、信息技术的发展及中小学对信息技术基础课程的普遍开设，针对大学计算机基础与应用教育的方向和重点，我们认为应该研究新的教育与教学模式，使得计算机基础与应用课程摆脱传统的课堂上课＋课后上机这种简单、低效的教学方式，逐步转向以实践性教学和互动式教学为手段，利用现代化的计算机实现辅助教学、管理与考核，同时提供包括教材、教辅、教案、习题、实验、网络资源在内的丰富的立体化教学资源和实时或在线答疑系统，使得学生乐于学习、易于学习、学有成效、学有所用，同时减轻教师备课、授课、布置作业与考核、阅卷的工作量，提高教学效率。这是我们建设这套“大学计算机基础与应用系列立体化教材”的初衷。

根据大学非计算机专业学生的社会需求和教育部对计算机基础与应用教育的指导意见，中国人民大学从2005年开始对计算机公共课进行大规模改革，包括增设课程、改革教学方式和考核方式、进行教材建设等多个方面的内容。在最新的《中国人民大学本科生计算机教学指导纲要（2008年版）》中，将与计算机教育有关的内容分为三个层次。第一层次为“计算机应用基础”课程，第二层次为“计算机应用类”课程（包含约10门课程），第三层次纳入专业基础课或专业课教学范畴，形成1＋X＋Y的计算机基础与应用教育格局。其中，第一层次的“计算机应用基础”课程和第二层次的“计算机应用类”课程，作为分类分层教学中的核心课程，走在教学改革的前列，同时结合中国人民大学计算机教学改革中开展的其他项目，已经形成了教材（部分课程）、教案、教学网站、教学系统、作业系统、考试系统、答疑系统等多层次、立体化的教学资源。同时，部分项目获得了学校、北京市、全国各级教学成果奖励和立项。

为了巩固我们的计算机基础与应用教学改革成果并使其进一步深化，我们认为有必要系统地建立一套更合理的教材，同时将前述各项立体化、多层次的教学资源整合到一起。为此，我们组织中国人民大学、中央财经大学、天津财经大学、河北大学、东华大学、华北电力大学等多所院校中从事计算机基础与应用课程教学的一线骨干教师，共同建设“大学计算机基础与应用系列立体化教材”项目。

本项目对中国人民大学及合作院校的计算机公共课教学改革和课程建设起着非常关键的作用，得到了各校领导和相关部门的大力支持。该项目将在原来的应用教学的基础上，更进一步地加强实践性教学、实验和考核环节，让学生真正地做到学以致用，与信息技术的发展同步成长。

本系列教材覆盖了“计算机应用基础”（第一层次）和“计算机应用类”（第二层次）的十余门课程，包括：

- 大学计算机应用基础

- Internet 应用教程
- 多媒体技术与应用
- 网站设计与开发
- 数据库技术与应用
- 管理信息系统
- Excel 在经济管理中的应用
- 统计数据分析基础教程
- 信息检索与应用
- C 程序设计教程
- 电子商务基础与应用

每门课程均编写了教材和配套的习题与实验指导。

随着信息化技术的发展，许多新的应用不断涌现，同时数字化的网络教学手段也在发展和成熟。我们将为此项目全面、系统地构建立体化的课程与教学资源体系，以方便学生学习、教师备课、师生交流。具体措施如下：

- 教材建设：在教材中减少纯概念性理论的内容，加强案例和实验指导的分量；增加关于最新的信息技术应用的内容并将其系统化，增加互联网和多媒体应用方面的内容；密切跟踪和反映信息技术的新应用，使学生学到的知识马上就可以使用，充分体现“应用”的特点。
- 教辅建设：针对教材内容，精心编制习题与实验指导。每门课程均安排大量针对性很强的实验，充分体现课程的实践性特点。
- 教学视频：针对主要教学要点，我们将逐步录制教学操作视频，使得学生的学习和复习更为方便。
- 电子教案：我们为教师提供电子教案，针对不同专业和不同的课时安排提出合理化的教学备课建议。
- 教学网站：纸质课本容量有限，更多更全面的教学内容可以从我们的教学网站上查阅。同时，新的知识、技巧和经验不断涌现，我们亦将它们及时地更新到教学网站上。
- 教学辅助系统：针对采用本教材的院校，我们开发了教学辅助系统。通过该系统，可以完成课程的教学、作业、实验、测试、答疑、考试等工作，极大地减轻教师的工作量，方便学生的学习和测试，同时网络的交流环境使师生交流答疑更为便利。（对本教学辅助系统有兴趣的院校，可联系 yxd@yxd. cn 了解详情。）
- 自学自测系统：针对个人读者，可以通过我们提供的自学自测系统来了解自己学习的情况，调整学习进度和重点。
- 在线交流与答疑系统：及时为学生答疑解惑，全方位地为学生（读者）服务。

相信本套教材和教学管理系统不仅对参与编写的院校的计算机基础与应用教学改革起到促进作用，而且对全国其他高校的计算机教学工作也具有参考和借鉴意义。

杨小平

2009 年 6 月

前言

现代人面对海量信息，往往处于两种困境：一是自己想要的信息找不到，二是找到的信息都是自己不想要的。如何做到在“弱水三千”的信息中只取我们要的那“一瓢饮”呢？这里面的学问就是信息检索的知识和方法。

信息检索很有用、也很必要——而且我相信，在未来的很长一段时间，信息检索的重要性和必要性将日益凸显。Google 公司首席经济学家 Hal Varian 指出：“在未来10 年里，获取数据——以便能理解它、处理它、从中提取价值、使其形象化、传送它——的能力将成为一种极其重要的技能，不仅在专业层面上是这样，而且在教育层面（包括对中小学生、高中生和大学生的教育）也是如此。由于如今我们已真正拥有实质上免费的和无所不在的数据，因此，与此互补的稀缺要素是理解这些数据并从中提取价值的能力”。① 为了自己的未来，在校的研究生、本科生和专科生，一定要学习、掌握信息检索的知识和技能。

由于从事过几年的信息检索课程教学，教学相长，作者对信息检索的认识在教学过程中也逐步加深，一直想把自己的点滴思考与原有经典教材结合起来，编撰一本适于财经管理类专业学生的信息检索教材。恰值中国人民大学出版社有系列教材的出版机会，本书有幸得以付梓。本书试图突出四个方面的特点：

（1）应用对象是财经管理类专业的学生，内容符合《高等学校文科类专业大学计算机教学基本要求》。现有信息检索教材大多从“情报学”或“信息管理”的视角来编撰，与财经管理类专业学生的要求存在一定偏差。

（2）教材结构采用条块结合的矩阵结构，强调教材的应用性。其中，“块”是指信息检索中搜索引擎、文献数据库等知识模块，而“条”是指生活应用、学术应用、经济管理实践应用等信息检索的实际应用领域，特别强调了信息检索在学生职业规划方面的应用。

（3）强调信息分析与论文写作能力的培养。检索到的信息如何分析利用，怎样把信息分析与学术论文写作结合起来，是很多学生苦恼的问题。本教材将专门利用一章的内容对相关问题展开讨论。

（4）拓展了信息检索常规内容，增加了对一些信息检索方式的商业模式分析。网络信息检索已经越来越从一种技术手段转变成为重要的电子商务商业模式，因此，此

---

① 《Hal Varian 纵论互联网如何挑战管理者》，载《麦肯锡季刊》：http：//china.mckinseyquarterly.com/Hal_Varian_on_how_the_Web_challenges_managers_2286。

部分内容也是本教材关注的一个问题。

本书的编著团队包括：刘峰涛（东华大学）、王鲁梅（上海交通大学）、陈顺华（东华大学）、贾作广（东华大学）、王婷（东华大学），感谢他们！

还要感谢对本书出版提供无私帮助的姚卫新教授、冯月辉副教授和王扶东副教授！

特别感谢中国人民大学出版社的潘旭燕老师，潘老师宛如一个助产士，付出大量而辛苦的工作使本书得以出世！

另外，本书参考了诸多学者的相关论著，在此对诸位前辈和同仁一并致谢！

刘峰涛

2009 年 6 月 30 日于听潮庐

目录 CONTENTS

第 1 章

信息理论与信息检索原理

1.1 数据、信息、知识

人类对客观事物的认识组成了人类思想的内容，这个认识过程是一个从低级到高级不断发展的过程，目前的学者一般把人类思想的内容分为三类，即数据、信息和知识。

1. 数据（Data）

什么是数据？通常我们所说的“气温 30℃”、“塔高 468 米”等就是数据，通过这些关键词“30℃”、“468 米”，我们大脑里就形成了对客观世界的印象。

数据的定义：数据是通过物理观察得来的事实和概念，是关于现实世界中的地方、事件、其他对象或概念的描述。

数据是最原始的记录，未被加工、解释；除了反映客观事物的某种运动形态外并没有其他的意义；它与其他数据没有联系，是分散和孤立的。

2. 信息（Information）

什么是信息？通常我们所说的“今天上海气温 30℃”之类的就是信息，而“气温 30℃”是数据，是孤立的，没有逻辑的，没有时效性的。

信息有多种定义，其中经典的定义有两种：

1948 年，美国数学家、信息论的创始人仙农在题为“通讯的数学理论”的论文中指出：“信息是用来消除随机不定性的东西。”

1948 年，美国著名数学家、控制论的创始人维纳在《控制论》一书中，指出：“信息就是信息，既非物质，也非能量。”

本书对信息的定义：信息是以物质介质为载体，传递和反映世界各种事物的存在方式和运动形态的表征。

信息是经过处理过的数据，可以回答“谁”、“什么”、“哪里”、“何时”等问题。

“信息”一词对于人们来说并不陌生，在实际生活工作中，每个人每时每刻都在与信息打交道，不断地接受信息、加工信息、利用信息和发送信息。

3. 知识（Knowledge）

什么是知识？通常我们所说的“上海夏天平均气温 35℃”之类的就是知识，是不会随着时间的推移而失效的。

1997 年版韦伯斯特词典对知识的定义：知识是通过实践、研究、联系或调查获得的关于事物的事实和状态的认识，是对科学、艺术或技术的理解，是人类获得的关于真理和原理的认识的总和。

知识是将信息系统化之后的结论，可以回答“怎样”、“为什么”等问题。知识能够积极地指导管理者进行决策和解决问题。

1.2 信息资源与信息检索

1.2.1 信息资源

随着信息技术的迅猛发展，信息已成为人类社会发展的一种驱动力，人们越来越重视对信息资源的有效开发与利用。信息资源是一种极其重要的社会财富，它与物质资源、能量资源一起构成了人类社会三大支柱性资源。物质资源向人类提供材料，能量资源向人类提供动力，信息资源向人类提供知识与智慧。因此，作为促进科技、社会、经济发展的新型资源，信息资源不仅有助于人们认识客观世界，而且可以推动整个世界、整个人类的进步。

1. 信息资源含义

“信息资源”是由“信息”与“资源”两个概念整合以后形成的新概念，最早是在 20 世纪 60 年代末由美国学者提出，而我国对它的研究始于 20 世纪 80 年代中期。目前，与很多新概念类似，如何对信息资源下定义在国内外都还没有达成共识，但综合各国研究成果来看，其中有一种观点比较有代表性——可以从狭义角度和广义角度来理解这个概念。[1]

狭义的理解认为：信息资源是信息内容本身所构成的一个有序化集合，是人类社会经济活动中经过加工处理为有序化并大量积累的有用信息的集合，如科学技术信息、政策法规信息、社会发展信息等。

广义的理解认为：信息资源既包括信息内容本身，也包括提供信息的相关设施、设备、组织、人员和资金等，即信息资源是经过加工处理并积累起来的有用信息及这些信息的生产者和信息技术等信息活动要素的集合。

狭义的观点突出了信息资源中信息要素这一核心和实质，但忽视了“系统”的特性。相比较而言，广义的观点更注重以“系统”的观点去诠释信息资源，不但包括了信息及其载体，而且反映了信息采集、传输、加工、存储与利用的能力和发展潜力。

综上所述，并不是所有信息都能成为信息资源，只有经人类开发与重新组织后的信息才能成为信息资源，即信息资源是信息世界中对人类有价值的那一部分信息，是附加了人类劳动的、可供人类利用的信息。因此，作者认为，信息资源应是经过人类收集、筛选、组织、加工并使之有序化后可以反复使用和能够满足人类需求的各种信息的集合。

2. 信息资源的特性

凡是能称为信息资源的有用信息必然有以下四种特性：有限性、人工性、有序性和积累性。[1]

（1）有限性

有物质的地方就一定有信息存在，只要物质不灭，信息就会像物质一样永恒地存在。从信息资源本身来看，信息资源作为信息中的一部分，是人类筛选出来的那部分有用信息，因此是有限的；从人类需求来看，对于信息资源的需求是无限的，但是所能得到的却是其中的一部分，因而是有限的。

（2）人工性

信息作为物质或事物运行的状态与方式，无论人类是否感知到它，它都是客观存在的。信息的资源化离不开人类的参与。信息资源的生产、形成乃至组织、建设、开发、利用，无不打上了人类加工的烙印。信息资源的人工性特点正是我们建设、开发、利用信息资源的理论依据。

（3）有序性

信息浩如烟海，但却杂乱无章，处于一种混沌无序状态。面对浩瀚无边的信息海洋，人类就会常有"信息爆炸"之类的惊呼，觉得信息太多太杂了。而大量无序的信息，也就是常造成信息通道阻塞的罪魁祸首，让人类也无法有效利用；而信息资源则是人类按照一定次序组织起来的，具有序列性，因而不会让人手足无措。

（4）积累性

信息资源是有用信息的总和或集合。一条信息或几条信息构不成信息资源。只有经过一定时间的积累，使信息达到一定的丰度和凝聚度，才能成为信息资源。正是这种积累性，才使不断流散在空间和时间中的信息，能够汇集到信息机构，再跨越时空限制，从不同的角度、不同的方向满足人们特定的信息需求。

3. 信息资源的类型

信息资源的类型，可以根据多种标准来划分，其中，最简单的划分就是将其分为潜在信息资源和现实信息资源。

潜在信息资源是指个人在学习、认知和实践过程中，储存在人大脑中的信息资源。其特点是只能供个人使用，不但容易随记忆衰退而淡化甚至消失，而且也无法为他人直接利用，因此是一种有限再生的信息资源。

现实信息资源是潜在信息资源经个人表述之后，能够为他人所利用的信息资源。其主要特征是具有社会性，通过特定的符号和载体表述后，可以在特定的社会条件下广泛地传递并连续反复地为人类所利用，是一种无限再生的信息资源。

信息资源是一个完整的体系，是一定范围内各种信息资源所构成的整体。在这个体系中，潜在信息资源和现实信息资源是互相依存、互相促进与转化的。目前，现实信息资源是主体，是人类利用的重点对象，但未来竞争的关键立足点是潜在信息资源，也就是要把潜在信息资源开发出来，转化成为各种可以为人类利用的信息资源。

现实信息资源依据传递信息的载体和表述方式的不同，又可分为口语信息资源、体语信息资源、实物信息资源和文献信息资源四种类型。[1]

(1) 口语信息资源

指人类以口头方式表述出来，但未被记录下来的信息资源。它们存在于人脑记忆中，反映了人们的思考、见解、看法和观点，是激发研究的最初起源，通常以谈话、授课、讲演、讨论、唱歌等方式来交流与利用。

(2) 体语信息资源

指人类在特定的文化背景下，以人的各种体态表述出来的信息资源。它通常以表情、手势、姿态、舞蹈等方式来表现与交流。这类信息资源具有直观性，能起到暗示的作用。

(3) 实物信息资源

指人类通过创造性劳动，以实物形式表述出来的信息资源。这里的实物是指有形的物体本身所表达的具体的信息，如树木、花草、雕塑、产品样机、模型、碑刻等所传递的信息，而非纸张、光盘等文献载体或网络等实物。

(4) 文献信息资源

指人类用文字、数据、图像、声频、视频等方式记录在纸张、磁盘、光盘、缩微胶片等各种载体上的信息资源，人们可通过阅读、视听等方式交流传播。

4. 网络信息资源

(1) 网络信息资源的概念

网络信息资源是指以数字化形式记录，存储在网络计算机的各类介质上，通过计算机网络进行传递、获取的信息资源的集合。简单地说，网络信息资源就是指通过计算机网络可以利用的各种信息资源的总和。

(2) 网络信息资源的类型

从文献信息检索角度来看，我们可以把网络信息资源分成以下几种类型：网上图书信息、网上期刊信息、网上专利信息、网上数据库信息、网上多媒体信息、网上的软件信息、网上的电子布告栏系统、博客、维基等信息资源。[2]

(3) 网络信息资源的形式

网络信息资源的形式是多种多样的，从网页形式上看既有静态网页信息，也有动态网页信息；网络信息资源按照媒体形式分有文本信息、幻灯片格式信息、图形信息、音频信息、视频信息、影像信息等。

(4) 网络信息资源的特点

- 信息数量庞杂
- 信息类型多、范围广
- 信息动态性强
- 信息质量参差不齐
- 信息有序与无序并存

- 呈分布式，跨平台
- 信息共享程度高
- 信息使用成本低

1.2.2 信息检索

1. 信息检索的含义

广义的信息检索的含义：将信息按一定的方式进行加工、整理、组织并存储起来，再根据信息用户的需要找出有关信息的过程，整个过程又叫信息存储与检索。[3]

狭义的信息检索的含义：仅指广义含义的后半部分，即用户根据需要，借助检索工具，从信息集合中找出所需要的信息的过程。[3]

而本书所讲的信息检索主要是指狭义的信息检索。信息检索是查找信息的方法和手段，它能使人们在浩瀚的信息海洋中迅速、准确、全面地查找所需要的信息。可以说信息检索对人们的学习、生活和工作等方面都有非常大的作用。

2. 信息检索的原理

人类的信息检索行为总是从特定的信息需求开始，并在特定环境和信息检索系统中完成，这里所说的环境包括产生需求的环境、信息检索系统的运行环境和其他制约因素。特定的检索系统包括完成检索过程所需的一定设施和工具，它可以是图书馆、信息中心或信息经纪人，也可以是某种工具书（如文摘索引、目录、资料集、手册、词典等）或机读信息源（如各种机读数据库）。[4]

人类的信息需求千差万别，获取信息的方法也各种各样，但信息检索的基本原理却是相同的，它最本质的部分可以概括为一句话：对信息集合与需求集合的匹配与选择。

根据信息检索的基本原理，实现信息检索的基本方式可分为传统信息检索和现代信息检索：传统信息检索，简称“手检”；现代信息检索，简称“机检”。

（1）传统信息检索

传统信息检索是检索人员利用手工检索工具手翻、眼看、大脑思维来判别、索取原始文献的一种方式。

其优点是：1）检索条件简单，成本低；2）在检索过程中可以随时获取反馈信息，及时调整检索策略；3）可对不同的检索工具同时进行对比，从而提高检索质量；4）可以参阅检索工具中的附图。

其缺点是：1）速度慢，效率低，检出的文献款目必须抄录；2）手工检索工具提供的检索点有限，很难进行多元检索；3）对于涉及几个概念组合的多主题的文献难以找到。

（2）现代信息检索

现代信息检索是检索人员利用计算机检索系统查找文献的一种检索方式。所谓计算机检索系统包括数据库技术、计算机技术和网络通信技术等。机检可以克服手检的缺点，但机检对设备条件的要求比较高，所需的投资比较大。计算机检索已从单机检索、联机检索发展到今天的网络检索，并向着智能化的方向发展。[5]

3. 信息检索的类型

(1) 按检索手段划分

- 手工检索：例如以前到图书馆使用卡片目录找书。
- 计算机检索：又分为脱机信息检索、联机信息检索、网络信息检索。

(2) 按检索内容划分

- 书目检索：是以文献线索为检索内容的信息检索。
- 数据检索：是以数据为检索内容的信息检索。
- 事实检索：是以具体事项为检索内容的信息检索。
- 全文检索：即检索系统存储的是整篇文章或整本图书。
- 图像检索：是以图形、图像或图文信息为检索内容的信息检索。
- 多媒体检索：是以文字、图像、声音等多媒体信息为检索内容的信息检索。

(3) 按是否使用检索工具划分

- 直接检索：是指利用一次文献进行检索，这是以前比较常用的一种查找方法。它花费时间多、精力大，检出文献少。
- 间接检索：是指利用各种检索工具获得文献线索，再根据线索去查找原始文献线索的方法。

4. 信息检索的作用

(1) 信息检索是信息素养教育的主要内容

通过信息检索知识的系统学习，大学生对自身的信息需求将具有良好的自我意识素质，能意识自身潜在的信息需求，进而能充分、正确地表达出来，对特定信息具有敏感的心理反应，而且具有对信息的查询、获取、分析和应用的能力，能对信息进行去伪存真、去粗取精，并进行提炼，以获取自身需要的信息。可见，信息检索是当代大学生必须具备的能力，是大学生信息素养教育的重要内容。

(2) 信息检索是创新的必要基础

所谓创新，就是创新主体运用新思想、新方法进行开拓性劳动，并取得成果的过程。这是对前人的一种超越，是思想认识的升华。创新思维即创造性思维，是实现创新的关键，在创新活动中起着主动作用。创新思维是指人们在创造性活动中所特有的思维过程，是以独特的思维方式发现、提出、解决疑难问题，创造出新观点、新理论、新知识、新方法的一系列心理过程。只有掌握大量的信息资料，在自由中创造灵感，才能在前人不曾涉及的领域有所建树和突破。大学生只有培养自立和创新精神，日后才能成为创新人才。而自立和创新精神的培养，离不开对信息的搜集、整理、分析与利用。只有掌握信息检索技术与方法，才能高效获取、正确评价和善于利用信息，所以说信息检索是创新人才必备的基本技能。

(3) 信息检索是科学技术研究的重要环节

科学研究是一种创造性劳动，同时它具有连续性和继承性的特点。我国的《孙子兵法》中有“知彼知己，百战不殆”。这也是古代人们对获取和利用信息的重要性的深刻认识的总结。科技工作者在科学研究中，从选题、立项、试验、撰写研究报告、研究成果鉴定到申报奖项或专利，每一环节都离不开信息检索。通过信息检索，可以了解国内外科技发展水平与动向，避免重复他人的劳动，把自己的研究工作建立在一个较高的起点上；还可以使科研人员从前人的研究中吸取营养，获得经验和教训、开阔视野，发展思路，启迪创造力，开拓更新的、更高层次的、更广阔的研究领域；据统计，科研人员在整个研究过程中，查阅文献信息的时间要占全部科研时间的 30%～40%，掌握信息检索技术与方法，可以大大提高信息检索效率，为科研工作赢得大量宝贵时间，缩短科研周期，加速科研进程，创造出更多的高附加值的技术成果。

（4）信息检索是利用信息资源的有效途径

随着科学技术迅猛发展，一方面信息数量激增，另一方面信息老化加速。据有关专家的研究表明，20 世纪 40 年代以来产生和积累的信息量已经大大超过了在这之前人类有史以来的所有信息量之和。自 19 世纪以来，人类知识信息每 50 年增长 1 倍，20 世纪中叶每 10 年增长 1 倍，20 世纪 70 年代以后每 5 年增长 1 倍。据统计，每年约有 10%的信息还未进入交流系统就已成为垃圾。面对浩如烟海、纷繁杂乱的信息源，如果不掌握信息检索技术、方法与途径，人们就会陷入找不到、读不完的困境。

1.3 信息素养与创新型人才

1.3.1 信息素养

1. 信息素养的内涵

信息素养（Information Literacy）最早是由美国信息产业协会主席保罗·泽考斯基（Paul Zurkowski）于 1974 年提出的，他认为："信息素养就是利用大量的信息工具及主要信息资源使问题得到解答的技术和技能。"其后，随着对信息素养研究的不断深入，对信息素养的界定也说法不一。经过分析综合，我们把信息素养界定为"个体（人）对信息活动的态度以及对信息的获取、分析、加工、评价、创新、传播等方面的能力，它是一种对目前任务需要什么样的信息、从何处获取信息、如何获取信息、如何加工信息、如何传播信息的意识和能力"。[5]

从横向上来看，信息素养可以包含信息意识、信息知识、信息能力、信息道德这几方面。其中，信息意识是整个信息素养的前提，指的是个体对信息的敏感度。信息知识是个体具有信息素养的基础，指的是对信息学的了解与对信息源和信息工具方面知识的掌握。信息能力是整个信息素养的核心。从狭义上来说，指的是个体对信息系统的使用以及获取、分析、加工、评价信息并创造新信息和传递信息的能力；从广义上来讲，除了上述能力以外，还应该包涵语言能力、思维能力、观察能力、判断能力等间接能力。信息道德把握个体信息素养的方向，指的是个体在获取、利用、加工和传播信息的过程中必须遵守一定的伦理规范，不得危害社会或侵犯他人的合法权益。

2. 信息素养的评价标准

1998 年美国学校图书馆协会和美国教育传播与技术协会（AASL/AECT）在《信息能力：创建学习的伙伴》一书中，从信息素养、独立学习和社会责任三个方面提出了学生学习的九条信息素养标准：

（1）信息素养

标准一：有信息素养的学生能有效地和高效地获取信息；

标准二：有信息素养的学生能胜任批判性地评价信息；

标准三：有信息素养的学生能准确地、创造性地使用信息。

（2）独立学习

标准四：独立的学习者要有信息素养，并能探求与个人兴趣有关的信息；

标准五：独立的学习者要有信息素养，并能评价文献和其他对信息的创造性的表达；

标准六：独立的学习者要有信息素养，并能力争在信息查询和知识的产生中做得最好。

（3）社会责任

标准七：对学习团体和社会做出积极贡献的学生具有信息素养，并能认识信息对民主社会的重要性；

标准八：对学习团体和社会做出积极贡献的学生具有信息素养，并能实践与信息和信息技术相关的合乎道德的行为；

标准九：对学习团体和社会做出积极贡献的学生具有信息素养，并能积极参与小组的活动来探求和产生信息。

3. 信息素养的培养方法

在我国，针对国内教育的实际情况，学生的信息素养培养主要针对以下五个方面的内容[6]：

（1）有获取新信息的意愿，能够主动地从生活实践中不断地查找、探究新信息。

（2）具有基本的科学和文化常识，能够较自如地辨别和分析获得的信息并评估。

（3）可灵活地支配信息，较好地掌握选择信息、拒绝信息的技能。

（4）能有效地利用信息、表达个人的思想和观念，并乐意与他人分享见解或信息。

（5）面对各种情境都能够运用各类信息解决问题，有较强的创新意识和进取精神。

4. 信息素养的培养途径[7]

（1）充分利用图书馆收藏的大量文献资料

图书馆是一个学校的文献情报中心，它是搜集、贮藏、传递和发送知识信息的主要场所，是培养学生信息意识的有效途径。有序化的文献资料体系和完整的文献检索系统，可以使学生系统地了解新科学的最新技术成果、研究方向和热点，从而培养他们对新科学技术的广泛兴趣，提高他们对新的情报资料的注意力、观察力，培养他们的信息意识和捕捉信息的能力。

（2）参加信息知识讲座

一般图书馆都会针对不同年级的大学生定期举办各种信息知识、文献学的讲座。例如：对新生介绍图书馆的馆藏情况、使用方法；对高年级及研究生举办专业文献数据库的使用介绍会。通过这些专业的信息讲座，可以帮助大学生学习和掌握文献和信息的基本知识，建立起情报和信息的基本概念，为形成科学的、完整的信息意识打下基础。在学生进入到研究或毕业设计阶段，可参加有关科学研究方法或科技论文写作的讲座，通过这些讲座不仅可以学到科研方法和论文写作方法，而且更重要的是可以学会在科学研究和论文写作过程中充分利用文献信息，养成和提高在今后实际应用中自觉地利用文献情报资源的习惯和能力。

(3) 参加文献检索课的学习，注重网络环境下信息能力的培养

参加文献检索课的学习是提高文献检索能力的一种行之有效的办法。这门课程可以使学生学会如何根据检索课题精炼检索概念，制定检索策略，熟悉各种数据库系统的检索指令、方法和步骤，熟练使用数据库检索、光盘检索、网络信息资源检索等，提高信息交流能力，拓宽获取与利用信息的途径。参加文献检索课的学习，使大学生们可以在大量的新信息、新情报面前避免出现不知所措的窘境，能在较短的时间内检索到自己需要的文献资料，从而为培养学生的信息能力和提高学习质量提供有利条件。

(4) 结合专业知识的学习培养信息素养

信息素养不是脱离其他学科而单独培养的，专业课学习与培养信息素养这两者是相辅相成的。文献检索课是一门基础的工具课，对文献检索的技术和技巧的掌握是一个比较枯燥的过程，但如果把信息意识融合在当时的专业学习活动中，则能收到事半功倍、一举两得的效果。如，结合专业学习中的一些小型研究题目，利用文献检索课所学的信息知识自行去探索，到参考书和文献资料库中去找答案，这样，既加深了对专业知识的理解，提高了对专业学习的兴趣，同时也形成了对文献检索的认识和体会，使专业学习和信息素养培养进入良性循环。

1.3.2　创新型人才

创新是一个民族进步的灵魂，是国家兴旺发达的不竭动力，一个没有创新能力的民族难以屹立于世界民族之林。因此现代社会最需要的就是具有创新能力的创新型人才。

创新型人才，具有强烈的创造意识和创造激情，富有怀疑性、批判性的追根究底的求索精神，又有着知识创新和技术创新的能力，能在经济、科研、军事、文化等领域不断有新发明、新发现、新创意、新开拓。

作为一个全面发展的创新型人才应具备什么样的素质条件呢？一是要永远充满对新知识的渴望，并善于获取知识，具有较宽广的知识面。二是要有提出问题、发现问题的能力。三是有强烈的创新意识，在科学研究和生产实践中涌动着强烈的创造欲望和激情。四是要有科学研究的素质和创造思维能力。五是要有脚踏实地、不惧艰难、勇于攀登的精神和严谨的学风。

1.3.3　信息素养与创新型人才的关系

1. 信息素养是创新型人才必备的基本素质

2001 年 1 月，亚太地区首届“网络时代学与教——实践、挑战与背景”国际研讨会指出：信息素养不仅已成为当前评价人才综合素质的一项重要指标，而且成为信息时代每个成员的基本生存能力。[8]在当今信息社会，良好的信息素养正是获取广博知识

的信息意识、自主的创新意识和非常的创新能力的综合体现，是创新型人才在知识经济时代、信息化社会的时空条件下有效地生存与发展的基本技能。

具有信息素养的人，会经常不断地从获得的大量信息中接受外界刺激，从而激发出创新的愿望，产生创新的行为。一个人的创新能力就是要具有求新的意识和相应的能力，能够善于发现和认识有意义的新知识、新思想、新事物、新方法，掌握其中蕴含的基本规律，而这些都源自于一个人所拥有的信息的数量与质量。当然，这些信息是具有信息素养的人经过思考、逻辑思辨和判断来提炼和组织起来的，是信息素养的体现，表现在信息意识力、信息思考力、信息技能等方面。

2. 信息素养是创新型人才终身学习的素质

21 世纪是以知识经济为主导的信息时代，创新型人才不仅仅要能够记忆、掌握和应用现有知识，更重要的是能在复杂的工作实践中通过收集信息、处理信息和独立思考，创造新的知识、解决新的问题。具备一定的信息素养，大学生就能够获得学习的内容，并对所做的研究进行扩展，能够更好地自我导向，对自己的学习进行更有效的控制。

3. 信息素养是创新的推动力

信息素养是打开人类知识智慧才华宝库的钥匙，有了它，大学生就能不断索取自己所需要的知识。同时，信息素养是思维能力、问题解决能力、决策能力和合作能力的基础，这些能力的有机整合有助于个人综合能力的形成，具有这种综合能力的人就会具有较强的实践能力和创新能力。拥有良好的信息素养就等于拥有了创新的催化剂，因此，培养具有创新意识和创新能力的高信息素养人才是发展知识经济的关键，这关系到一个国家的发展进程。

信息素养是信息社会人的整体素养的一部分。信息素养的教育关系到人们如何立足于信息社会这一基本点。正如日本学者增田米二认为的那样：教育要迎接信息化社会的挑战，唯有实施信息素养教育。高校培养创新型人才，开展信息素养教育，使大学生的信息素养成为与读、写、算一样重要的终身有用的基础能力，促进大学生的全面发展，已成为教育界面对的紧迫的现实问题。

1.4 计算机信息检索原理

1.4.1 计算机检索原理

计算机信息检索的全过程分为信息存储过程和信息检索过程。

计算机信息存储过程是：用手工或者自动方式将大量的原始信息进行加工，具体做法是将收集到的原始文献进行主题概念分析，根据一定的检索语言抽取出主题词、分类号以及文献的其他特征进行标识或者写出文献的内容摘要，然后再把这些经过“前处理”的数据按一定格式输入计算机存储起来，计算机在程序指令的控制下对数据进行处理，形成机读数据库，存储在存储介质（如磁带、磁盘或光盘）上，完成信息的加工存储过程。

计算机信息检索过程是：用户对检索课题加以分析，明确检索范围，弄清主题概念，然后用系统检索语言来表示主题概念，形成检索标识及检索策略，并输入到计算机中进行检索。计算机按照用户的要求将检索策略转换成一系列提问，在专用程序的控制下进行高速逻辑运算，选出符合要求的信息输出。计算机检索的过程实际上是一个比较、匹配的过程，检索提问只要与数据库中的信息的特征标识及其逻辑组配关系相一致，则属“命中”，即找到了符合要求的信息。

计算机信息检索基本原理如图 1—1 所示。

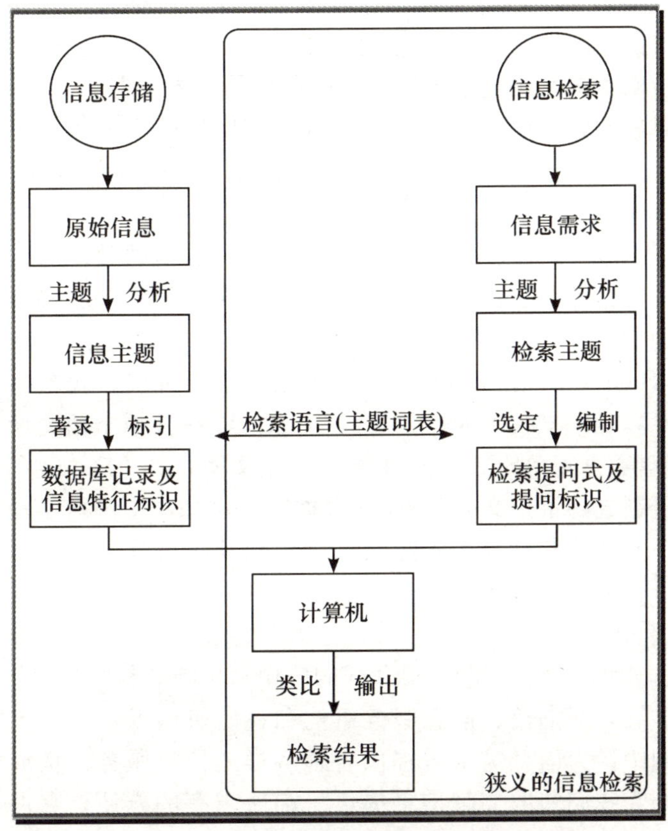

图 1—1　计算机信息检索基本原理图

1.4.2　计算机信息检索沿革

自从世界上第一台计算机诞生 50 多年来，随着计算机技术、通信技术以及存储介质的发展，计算机信息检索经历了脱机批处理、联机检索、光盘检索与网络化检索四个阶段。

1. 脱机批处理检索阶段

在利用计算机进行信息检索的早期，人们只是用单台计算机的输入输出装置进行检索，用磁带作存储介质，一般为连续的顺序检索方式。检索部门把许多用户的检索提问汇总到一起，进行批量检索，然后把检索结果通知各个用户，用户不直接接触计算机。这种方法更适合大批量的定题信息检索，所以也叫脱机批处理检索或定题情报服务。[9]

2. 联机检索阶段

20 世纪 60 年代末，由于计算机软硬件技术的不断提高，出现了一台主机带多个终端的联机信息检索系统。这种系统具有分时的操作能力，能够使许多相互独立的终端同时进行检索。这种系统采用实时操作技术，所以用户可以使用终端设备直接与计算机进行“人—机对话”，计算机对用户的提问能及时处理并显示出结果。

80 年代，发达国家的一些计算机信息联机检索系统，通过卫星通信网络和计算机专用终端，在世界范围内提供联机信息检索服务，形成国际联机检索服务业。联机检索服务是计算机检索走向实用化、规模化、产业化的重要标志。

世界上比较著名的联机检索系统有欧洲科技信息联机检索网络 EURONET、欧洲空间组织的 ESA/IRS 系统、美国洛克希德公司的 DIALOG 系统等。[9]

3. 光盘检索阶段

光盘是 80 年代在计算机技术、激光技术和精密伺服电机技术等现代科学技术成果的基础上发展起来的新型电子出版物。1984 年，美国、日本和欧洲一些国家开始利用只读光盘存储专利文献、技术资料和工程图纸。1985 年，世界第一个商品化的 CD-ROM 数据库——Bibiofile（美国国会图书馆机读目录）推出。我国引进使用光盘数据库的起步时间并不算晚。早在 1986 年 4 月，国家海洋科技情报研究所就首先在我国引进了 CD-ROM 光盘数据库 ASFA（水科学与渔业文摘）和 LSC（生命科学文摘）。不仅如此，我国也研制成功了中文 CD-ROM 数据库，例如：中国科学技术情报研究所重庆分所研制的《中文科技期刊篇名光盘数据库》以及中科院上海有机化学研究所研制的《中国化学文献数据库》等。[9]

4. 网络化检索阶段

进入 90 年代，因特网（INTERNET）的应用从单纯的科学计算与数据传输向社会应用的各个方面扩展，图书馆、信息服务机构和科研机构以及一些大的数据库生产商纷纷加入到因特网中，为信息需求者提供各种各样的信息服务，构成极其丰富的网络信息资源。因特网为我们获取文献信息提供了前所未有的方便，它彻底打破了信息检索的区域性和局限性，用户足不出户就可以获取所需要的文献信息，而且信息形式图文并茂，有声有景。因特网的迅速发展和广泛应用，改变了计算机信息检索的方式和方法，将信息检索拓展到一个更广阔的领域。[1]

5. 我国计算机信息检索发展概况

我国开展计算机检索的研究开始于 20 世纪 70 年代中期。1975 年我国首次引进国外文献数据库进行计算机检索的试验。[1]

1980 年初，由中国建筑技术发展中心等单位设立了我国第一台国际联机信息检索终端，通过香港大东电报局与美国的 DIALOG 和 ORBIT 系统联机。1981 年底，北方科技情报所在北京与美国 DIALOG 联机系统直接联机。1982 年 9 月，冶金部、石油部、化工部等部委情报所也实现了与 DIALOG 和 ORBIT 系统的直接联机。1983 年 10 月中国科技情报所通过罗马远程数据库通信线路建立了几台 300 波特的数据终端与欧洲空间组织的 ESA-IRS 系统、美国的 DIALOG 和 ORBIT 系统联机。接着华东理工大学、上海交通大学等高校也纷纷建立了自己的国际联机终端。1984 年 11 月，东南大学用电传机建立了美国 DIALOG 系统联机终端。

到 90 年代中期，全国有 200 多个联机检索终端与美国的 DIALOG、ORBIT、BRS、MEDILARS，意大利的 ESA-IRS，德、美、日合建的 STN，加拿大的 I. SHARPS，瑞士的 DATA－STAR 等 20 多个国际系统联机。

与此同时，我国的计算机信息检索系统和数据库的建设也取得了一定的成绩。1978 年，中国科技情报所开始试建文献数据库和检索系统，初步实现了建库、编辑、排版和定题检索服务。1984 年，北京文献服务处联机信息检索系统（BDSIRS）建成并开始服务，该系统拥有文献记录总量 1 200 多万篇，中外文数据库 16 个，面向全国的用户终端约 150 个。1989 年，化工部情报所的联机系统（CHOICE）建成，有中文数据库 8 个，外文数据库 1 个，国内用户终端 210 个。同年投入使用的机电部情报所的联机检索系统（MEIRS），有中外文数据库 4 个，国内用户终端 20 个。此间，中国医学科学院情报所、冶金科技情报所、电子科技情报所、核科技情报所等也建立了国内联机检索系统。

近几年来我国的通信事业有了很大的发展，自从 1994 年中国真正加入了国际 Internet 行列起，短短几年内已经建成中国公用数据网（CHINADDN）、中国公用分组交换网（CHINAPAC）、中国公用帧中继网（CHINAFRN）和中国公用电子信箱系统（CHINA-MAIL）四大公用数据通信网，为加速我国信息高速公路的建设奠定了良好的基础，使我国因特网的发展具备了必要的条件。在此基础上，同时建起了中国公用计算机互联网（CHINANET）、中国教育科研网（CERNET）和中国科技网（CSTNET）等。目前，我国绝大多数高校建起了自己的校园网。中国教育科研网设有北京等八个地区网的八所高校结点，形成包括网络中心、地区中心和高校校园网三级结构的教育科研计算机网络。目前全国几乎所有的国际联机检索终端，都更新成微机终端，由 CHINAPAC 出口，并且 ISTIC、CHOICE、MEIRS 三家系统的主机在 CHINAPAC 上实现了联网，其他一些国内联机检索系统，像 BDSIRS 的主机，也挂在 CHINAPAC 上，提高了联机检索的效率，从而使我国的计算机信息检索进入了一个新的发展时期。

1.4.3　计算机信息检索系统的类型与特点

计算机检索系统由于设计的目的不同，使用范围和存储内容不同，其划分类型的标准也不同。但无论何种检索系统都必须有存储的内容、时间、服务方式、文档结构和检索词控制方式等几个主要方面，因而如下几种分类方式被广泛采用[10]：

1. 根据存储信息的内容分

（1）数值检索系统

数据库中存储的内容是数值数据和一些由符号组成的代码。或者说，支持这类系统的数据库是数值型数据库，如人口数据库、商品价格数据库、高考分数库、气象数据库、声像数据库。通过数值检索系统可以得到直观的数据型结果。

(2) 事实检索系统

事实检索也叫事项检索或事件检索，它是一种能提供各种事实的直接信息的检索。这类系统所存储的信息也是数据，但在对于被检索出的数据进行何种处理后输出这一点上，与数值检索有所不同。而且，这类检索系统往往还具有某些逻辑推理的功能。事实检索系统常被用于人事档案管理、科研项目管理、城建管理、企业决策和军事作战指挥系统等领域中。

(3) 文献检索系统

文献检索系统存储的内容主要是有关文献资料的信息。系统把文献的标题、文摘、作者、分类号、主题词或关键词、文献出处等输入计算机并组织成一定结构的数据库，通过检索输出符合要求的文献信息。

2. 根据存储信息内容的时间跨度分

(1) 定题检索系统

定题检索系统是把用户提问预先存储在计算机的存储器中，按提问要求定期地检索存储在计算机存储器中的最新信息，并把结果定期地提供给用户。这种系统采用的是批量提问的脱机处理方式。

(2) 回溯检索系统

回溯检索系统是按用户的提问对过去的某一时间中积累的全部信息进行详尽检索的系统。回溯的时间根据信息的价值而定，一般是 5 年、10 年或者更长的时间。这种检索系统一般要建立较庞大的数据库和具有较完善的存储设备。数据库建立的时间越久，存储的文献越有利于回溯检索。

3. 根据检索系统的工作方式分

(1) 脱机检索系统

脱机检索系统是一种批处理方式的信息检索系统，用户不直接与计算机交互。

(2) 联机检索系统

这是一种用户从终端设备直接与系统进行会话式检索，并能很快得到结果的信息检索系统。

(3) 网络检索系统

用户不再通过终端设备与系统进行会话，而是采用服务器/客户机的方式通过网络直接在系统中进行检索，这种方式增强了用户的灵活性，使用户可以在任意一台与网络连接的机器上进行检索。

4. 根据供检索的信息数据库的文档结构分

(1) 顺排文档检索系统

在这种文档中，每条信息记录构成一个基本单位，按输入信息的先后次序将信息录入到存储介质上，构成顺排文档。检索时，也是以记录为单位顺序地进行检索，这样的系统称为顺排文档检索系统。

(2) 倒排文档检索系统

倒排文档是将记录中的全部文献或数据特征标识（不包括存取号），即记录中各字段的数据内容，按一定的顺序（字母或数字顺序）排列而成的特征标识文档。检索时，先查倒排文档，然后再从倒排文档中提取检索的内容。

5. 根据检索词控制方式分

(1) 先控式检索系统

在这种信息检索系统中，系统对所有的原始信息进行标引，检索时将提问式转化为词表中的规范词，而不能使用自然语言或非规范化的词。常见的先控式检索系统有主题词检索系统、关键词检索系统。

(2) 后控式检索系统

后控式检索系统是一种"标引不控制＋检索控制"的检索系统。在输入原始信息阶段使用自然语言，不对信息进行控制，而在检索输出阶段才对检索词进行控制。后控式检索系统通常用于全文检索系统中。

6. 根据检索系统是否具有智能分

(1) 简单型检索系统

把只能简单地从存储的信息中查找出所需的信息的检索系统称为简单型检索系统。

(2) 智能型检索系统

把首先在已存储的信息中进行查找，根据查找的结果再进行推理加工，以构成新的信息提供给用户等带有智能性检索的系统称为智能型检索系统。

1.4.4 计算机信息检索步骤与方法

1. 计算机信息检索步骤

计算机信息检索一般包括以下基本程序：分析检索课题、选择检索系统和数据库、确定检索途径和检索词、构建检索表达式、上机检索并调整检索策略，以及检索结果输出等六个步骤。[3]

(1) 分析检索课题

利用计算机信息检索系统获取文献信息的用户，一般分为直接用户和间接用户两种类型。直接用户是指最终使用获得的信息进行工作的用户（如科研人员，管理者，决策者等）；间接用户是指专门从事计算机检索服务的检索人员。检索人员在接到用户的检索课题时应首先分析研究课题，全面了解课题的内容以及用户对检索的各种要求，从而有助于正确选择检索系统及数据库，制定合理的检索策略等。

(2) 选择检索系统和数据库

在全面分析检索课题的基础上，根据主题范围、信息类型、时间范围、经费支持等因素综合考虑后，选择检索系统和数据库。正确选择数据库，是保证检索成功的基础。

(3) 确定检索途径和检索词

检索途径主要根据分析课题时确定的已知条件，以及所选定的检索工具能够提供的检索途径来决定。常用的检索途径有著者、分类、主题、文献题名、文献号、引文、文献类型、出版时间、语种等。每种途径都必须根据已知的特定信息进行查找。

检索词是表达文献信息需求的基本元素，是用户输入的检索词语，也是计算机检索系统中进行匹配的基本单元。检索词选择正确与否，直接影响着检索结果。

(4) 构建检索表达式

检索表达式是计算机检索中用来表达用户检索提问的逻辑表达式，由检索词和各种布尔逻辑算符、位置算符、截词符以及系统规定的其他组配连接符号组成。构建检索表达式就是把已经确定的检索词和分析检索课题时确定的检索要求用检索系统所支持的各种运算符连接起来，形成检索表达式。检索表达式构建得是否合理，将直接影响查全率和查准率。

(5) 上机检索并调整检索策略

构建完检索表达式之后就可以上机检索了，在检索过程中应及时分析检索结果是否与检索要求一致，对检索表达式作相应的修改和调整，直至得到比较满意的结果。在实际检索中，只有随时不断地根据检索结果进行必要的调整，才能收到理想的检索效果。

(6) 检索结果输出

根据检索系统提供的检索结果输出格式，选择需要的记录以及相应的字段（全部字段或部分字段），将结果显示在显示器屏幕上、存储到磁盘上或直接打印输出，网络数据库检索系统还提供电子邮件发送功能。检索结果输出后，整个检索过程完成。

2. 计算机信息检索方法及注意事项

(1) 分析检索课题

分析检索课题应从以下几方面进行：

- 了解分析信息需求的目的和意图。
- 了解分析课题涉及的学科范围及主要内容。
- 了解课题所需信息的类型，包括文献类型、年代范围、著者、机构等。
- 了解课题的查准率、查全率和新颖性要求。

(2) 选择检索系统和数据库

选择数据库必须从以下几个方面考虑：

- 数据库收录的信息内容所涉及的学科范围。
- 数据库收录的文献类型、数量、时间范围和更新周期。
- 数据库所提供的检索途径、检索功能和服务方式。
- 数据库检索系统的费用。

(3) 确定检索途径和检索词

检索词的确定要注意以下问题：

- 优先选用主题词。当所选的数据库具有规范化词表时，使用该数据库词表中的主题词检索，可获得最佳的检索效果。
- 选用数据库规定的代码。许多数据库的文档使用各种代码来表示各种主题范畴，有很高的匹配性，例如世界专利文摘数据库中的分类代码等。
- 尽量选用通用的专业术语。在数据库没有专用的词表或词表中没有可选的词时，可以从一些已有的相关专业文献中选择常用的专业术语作为检索词。
- 选用同义词与相关词。注意选用同义词、相关词、缩写词以及不同的词形变化进行检索，以提高查全率，如电子商务有 E-business 和 E-commence 两种英文同义词。

(4) 构建检索表达式

不同的检索者拟定检索表达式的方法和技巧各有不同，但有几条基本原则应遵守：首先，要符合概念组配的原则；其次，应拟定精炼的检索表达式，能化简的检索表达式尽量化简。同时，对于位置算符的选择，应根据文献中常见的词间关系来选择。构建检索表达式时，要注意以下几点：

- 使用"与"算符：缩小命中范围，起到缩检的作用，得到的检索结果专指性强，查准率也就高。
- 使用"或"算符：扩大命中范围，得到更多的检索结果，起到扩检的作用，查全率也就高。
- 使用"非"算符：缩小命中范围，得到更切题的检索效果，也可以提高查准率；不过使用时要千万慎重，以免把一些相关信息漏掉。
- 算符的使用方法：特别要注意位置算符、截词符等的使用方法。
- 检索项的限定及输入次序：不同的限定和次序会对检索结果造成一定的影响。

(5) 上机检索并调整检索策略

上机检索会碰到不少状况，比如检索结果过多或过少，用什么方法可以调整并改进检索策略呢？以下方法值得一试。

1) 检索结果信息量过多

产生检索结果信息量过多的原因可能有以下两点：一是主题词本身的多义性导致误检；二是对所选的检索词的截词截得太短。在这种情况下，就要考虑缩小检索范围，提高检索结果的查准率。调整检索策略的方法如下：

- 减少同义词与同族相关词；
- 增加限制概念，采用逻辑"与"连接检索词；
- 使用字段限定，将检索词限定在某个或某些字段范围；
- 使用逻辑"非"算符，排除无关概念；
- 调整位置算符，由松变严，(F) → (W)。

2) 检索结果信息量过少

造成检索结果信息量过少的原因有以下几点：其一，选用了不规范的主题词或某些产品的俗称、商品名称作为检索词；其二，同义词、相关词、近义词没有运用全；其三，上位概念或下位概念没有完整运用。针对这种情况，就要考虑扩大检索范围，提高检索结果的查全率。调整检索策略的方法如下：

- 选全同义词与相关词并用逻辑"或"算符将它们连接起来；
- 减少逻辑"与"算符的运用，丢掉一些次要的或者太专指的概念；
- 去除某些字段限制；
- 调整位置算符，由严变松，(W)→(F)。

3. 检索效果评价

信息检索的效率评价方面有着长期的传统，其中两个重要的指标就是查全率和查准率。查全率是指检索出的相关文献量占系统中所有相关文献总量的百分比，用来反映检索的全面性。查准率是指检索出的相关文献量占所有检出文献总量的百分比，用来反映检索的准确性。[3]

查全率和查准率具有此消彼长的关系：在一个特定的检索系统中，当查全率不断提高时，查准率就会降低；当查准率提高时，查全率又会降低。但值得引起注意的是当查全率和查准率都很低的时候，两者可以通过检索策略的改善同时得到提高。

用户查找信息的目的各不相同，对查全和查准的要求也不同。有时，寻找特定的事实并不关心一次检索中漏检了多少，或探索某个主题时，并不在乎误检了多少。因此可根据用户需要，选择合适的查全和查准要求。

1.4.5 计算机检索的发展与趋势

（1）以人工智能为代表的信息检索自动化趋势

以人工智能为代表的信息检索自动化技术是网络信息检索工具的基本技术。网络信息检索自问世以来，自动化技术就占了主导地位，包括自动标引、自动文摘、自动分类等信息自动化技术极大地促进了检索效率的提高。信息自动化技术的发展取决于人工智能技术的研究发展程度，其中的自然语言分析和处理使人工智能与信息检索有着密切的联系。目前，网络信息检索工具在完善自身的基本检索功能的基础上，开始把人工智能更多地引入网络信息的标引和检索中，在自然语言理解、机器翻译、模式识别、专家系统等方面取得了进展。

（2）多媒体信息检索技术发展

Web 出现以前，由于检索工具本身的限制，信息检索仅限于文本检索。Web 的出现为非文本信息检索提供了良机。目前，包括图像检索、影像检索和声音检索的多媒体声像检索成为信息检索领域研究的热点。不可否认，随着技术的进步，多媒体检索必将成为一种通用的网络信息检索技术。

（3）多语种检索的支持

网络信息检索的多语种支持功能就显得愈加重要，现在解决多语种支持的方法有以下几种：把检索结果限制在某一种语言之内；使用任何一种语言直接检索，它代表了多语种检索的主流；自动翻译检索结果。目前，一些知名的搜索引擎支持多语种检索，如 Google 等。

（4）个性化检索工具和专业化检索工具

通用的检索工具具有永远无法弥补的缺陷，因此只能寄托于提高检索工具的标引和检索机制，但收效却不是很显著。有些研究者提出把改善检索效果的着重点从网络信息检索工具转向“智能代理”，它能够帮助用户选择检索工具、制定检索策略、进行检索操作、搜集并整理检索结果，充当用户和网络信息检索的中介。“智能代理”的本质特点是体现了用户个人的信息需求，其根据用户需求实现网络信息的定向化检索，可以从根本上提高检索的质量。

开发专业化的检索工具也是大势所趋。初期的网络信息检索工具不以专业划分检索范围，缺乏检索专业信息的功能，这是不符合信息检索基本要求的。查询一个学科的网络信息如果没有优秀的专业检索工具，没有体现学科独特的词汇和用语以及相应的标引和检索语言，检索结果就不可能很理想。

1.5 计算机网络信息检索系统简介

1.5.1 信息检索工具

1. 信息检索工具的含义

信息检索工具是指用以报道、存贮和查找文献线索的工具。信息检索工具是附有检索标识的某一范围文献条目的集合，是二次文献。

一般说来，信息检索工具应具备以下五个条件：

- 明确的收录范围；
- 有完整明了的文献特征标识；
- 每条文献条目中必须包含有多个有检索意义的文献特征标识，并标明供检索用的标识；
- 全部条目科学地、按照一定规则组织成为一个有机整体；
- 有索引部分，提供多种必要的检索途径。

2. 信息检索工具的类型

（1）按加工文献和处理信息的手段不同可分为：手工检索工具和机械检索工具。

（2）按照载体形式不同可分为：书本式检索工具，磁带式检索工具，卡片式、缩微式、胶卷式检索工具。

（3）按照著录格式的不同可将检索工具分为以下四种类型。[9]

1）目录型检索工具

目录型检索工具是记录具体出版单位、收藏单位及其他外表特征的工具。它以一个完整的出版或收藏单位为著录单元，一般著录文献的名称、著者、文献出处等。目录的种类很多，对于文献检索来说，国家书目、联合目录、馆藏目录等尤为重要。

2）题录型检索工具

题录型检索工具是以单篇文献为基本著录单位来描述文献外表特征（如文献题名、著者姓名、文献出处等），无内容摘要，是快速报道文献信息的一类检索工具。它与目录的主要区别是著录的对象不同。目录著录的对象是单位出版物，题录的著录对象是单篇文献。

3）文摘型检索工具

文摘型检索工具是对大量分散的文献，选择重要的部分，以简练的形式做成摘要，并按一定的方法组织排列起来的检索工具。按照文摘的编写人，可分为著者文摘和非著者文摘。著者文摘是指按原文著者编写的文摘；而非著者文摘是指由专门的熟悉本专业的文摘人员编写而成。

4）索引型检索工具

索引型检索工具是根据一定的需要，把特定范围内的某些重要文献中的有关款目或知识单元，如书名、刊名、人名、地名、语词等，按照一定的方法编排，并指明出处，为用户提供文献线索的一种检索工具。索引的类型是多种多样的，在检索工具中，常用的索引类型有：分类索引、主题索引、关键词索引、著者索引等。

1.5.2 文献分类法

文献分类的含义：文献分类就是以文献分类法为工具，根据文献所反映的学科知识内容和其他显著属性特征，分门别类、系统地组织与揭示文献的一种方法。

文献分类的作用：组织分类排架和建立分类检索系统。

常用文献分类法：中国图书分类法是在科学分类的基础上，结合图书的特性所编制的分类法。它将学科分 5 大部类，22 个大类，53 838 个类目，基本序列是：马克思主义、列宁主义、毛泽东思想，哲学，社会科学，自然科学，综合性图书。下面列出了中国图书分类法简表。

中国图书分类法简表

(1) A 马克思主义、列宁主义、毛泽东思想
  1) A 马克思主义、列宁主义、毛泽东思想
(2) B 哲学
  1) B 哲学
(3) C 社会科学
  1) C 社会科学总论
  2) D 政治、法律
  3) E 军事
  4) F 经济
  5) G 文化、科学、教育、体育
  6) H 语言、文字
  7) I 文学
  8) J 艺术
  9) K 历史、地理
(4) N 自然科学
  1) N 自然科学总论
  2) O 数理科学和化学
  3) P 天文学、地球科学
  4) Q 生物科学
  5) R 医药、卫生
  6) S 农业科学
  7) T 工业科学
  8) U 交通运输
  9) V 航空、航天
  10) X 环境科学
(5) Z 综合性图书
  1) Z 综合性图书

1.5.3 搜索引擎简介

1. 搜索引擎的概念

搜索引擎（Search Engines）是一个对互联网上的信息资源进行搜集整理，然后供

用户查询的系统，它包括信息搜集、信息整理和用户查询三部分。[11]

2. 搜索引擎的分类

（1）按其工作方式可分为三种：全文搜索引擎（Full Text Search Engine）、目录索引类搜索引擎（Search Index/Directory）和元搜索引擎（Meta Search Engine）。

1）全文搜索引擎

全文搜索引擎是名副其实的搜索引擎，国外具有代表性的有 Google、AltaVista、Ask、Lycos 等，国内著名的有百度（Baidu）。它们都是通过从互联网上提取各个网站的信息而建立的数据库，检索与用户查询条件匹配的相关记录，然后按一定的排列顺序将结果提供给用户，因此它们是真正的搜索引擎。

从搜索结果来源的角度，全文搜索引擎又可细分为两种，一种是拥有自己的检索程序，俗称“蜘蛛”（Spider）程序或“机器人”（Robot）程序，并自建网页数据库，搜索结果直接从自身的数据库中调用，如 Google 和百度；另一种则是租用其他引擎的数据库，并按自定的格式排列搜索结果，如 Lycos 引擎。

2）目录索引类搜索引擎

目录索引类搜索引擎虽然有搜索功能，但在严格意义上算不上是真正的搜索引擎，仅仅是按目录分类的网站链接列表而已。用户完全可以不用进行关键词（Keywords）查询，仅靠分类目录也可找到需要的信息。目录索引类搜索引擎中最具代表性的莫过于大名鼎鼎的 Yahoo（雅虎）。其他著名的还有 Open Directory Project（DMOZ）、About 等。国内的搜狐、新浪、网易搜索也都属于这一类。

3）元搜索引擎

元搜索引擎在接受用户查询请求时，同时在其他多个引擎上进行搜索，并将结果提供给用户，因此又称为集成搜索引擎。著名的元搜索引擎有 Dogpile、Vivisimo 等（元搜索引擎列表），中文元搜索引擎中具代表性的有“搜星”搜索引擎，而结合百度和 Google 的“BaiGoogledu”则在同一屏幕显示两个引擎的结果，也较有特色。在搜索结果排列方面，有的直接按来源引擎排列搜索结果，如 Dogpile，有的则按自定的规则将结果重新排列组合，如 Vivisimo。

（2）按搜索内容可分为两种：普通搜索引擎和垂直搜索引擎。

1）普通搜索引擎

普通搜索引擎是依靠自己庞大的网页数据库提供给用户多而全的信息，涉及方方面面，这是从搜索广度来提供服务的。

2）垂直搜索引擎

垂直搜索引擎是针对某一个领域的专业搜索引擎，是普通搜索引擎的细分和延伸，是对网页库中的某类专门的信息进行一次整合，这是从搜索深度来提供服务的。

1.6 本章小结

本章讲述了基础的信息理论和信息检索原理，从最基本的数据、信息和知识的概念讲到如何提高信息素养，然后讲到计算机检索的沿革、方法等，可以让学生了解一些必要的知识。虽然这都是一些条条框框的东西，但这是信息检索的常识性知识，不了解或者说对此没什么概念的话，检索实践时很难得到满意结果。

1.7 思考与练习

1. 用现有知识，搜索并简述对于信息的理解。
2. 用现有知识，搜索并简述信息资源的特性。
3. 用现有知识，搜索并谈谈如何成为创新型人才。
4. 简述计算机信息检索的步骤。
5. 用现有知识，搜索并谈谈国内外文献分类法区别。

□ 本章参考文献

［1］郑美玉．现代信息检索与应用［M］．福州：福建科学技术出版社，2006

［2］陈树年．大学文献信息检索教程［M］．上海：华东理工大学出版社，2006

［3］金秋颖，韩颖，王园春．数字信息检索技术［M］．北京：石油工业出版社，2006

［4］金秋颖，韩颖．社科信息检索与利用［M］．北京：石油工业出版社，2006

［5］陈维维，李艺．信息素养的内涵、层次及培养［J］．电化教育研究，2002(11)

［6］信息素养［EB/OL］．http://baike.baidu.com/view/51446.htm.

［7］孙济庆等．现代信息检索教程［M］．上海：华东理工大学出版社，2006

［8］裴俊青．高校信息素养教育与创新型人才培养［J］．合作经济与科技，2009(3)

［9］信息检索利用技术编写组．信息检索利用技术（第二版）［M］．成都：四川大学出版社，2008

［10］马国华．现代信息检索［M］．西安：西北工业大学出版社，2007

［11］吴六爱，李霞，张秀红，黄园军．计算机信息检索教程［M］．兰州：甘肃人民出版社，2006

第 2 章

信息检索技术

2.1 常用的信息检索技术

2.1.1 布尔逻辑检索技术

布尔逻辑检索（Boolean Logical）是用布尔逻辑算符将检索词、短语或代码等进行逻辑组合，来指定文献的命中条件和次序，凡符合该逻辑条件的为命中文献，否则为非命中文献。它是机检系统中最常用的一种检索方法。

逻辑算符主要有：And（与）、Or（或）、Not（非），分述如下：

1. 逻辑“与”

运算符为 And 或 *。检索词 A 和检索词 B 用“与”组配，检索式为：A And B 或者 A * B，只有同时满足 A 和 B 的文献才是命中文献。逻辑“与”可以缩小检索范围，提高检索的准确性（如图 2—1 所示）。

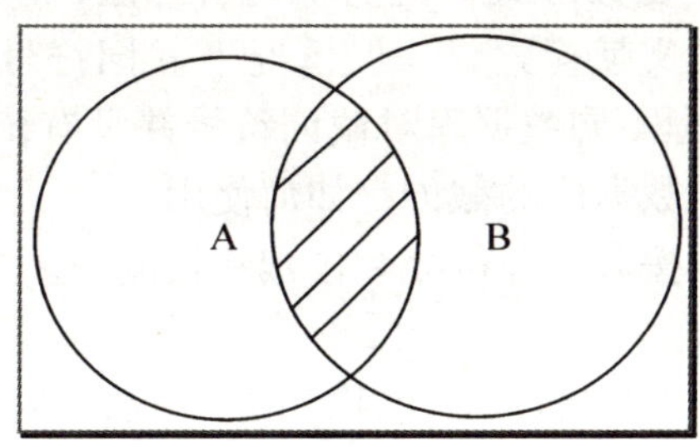

图 2—1 逻辑“与”示意图

2. 逻辑“或”

运算符为 Or 或＋。检索词 A 和检索词 B 用“或”组配，检索式为：A Or B 或者

A+B，只要满足 A 或者 B 的文献都是命中文献（如图 2—2 所示）。

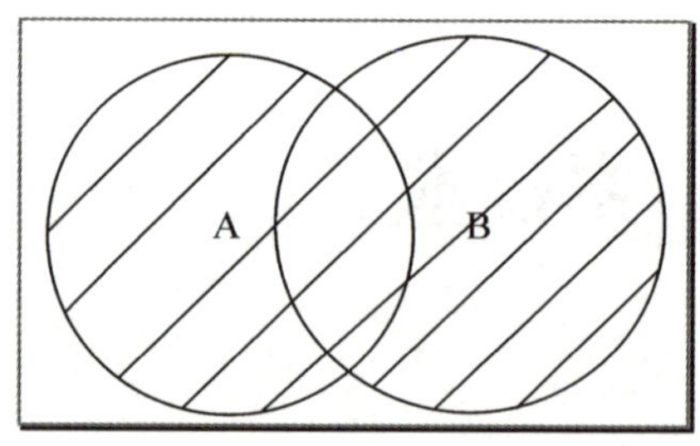

图 2—2 逻辑“或”示意图

3. 逻辑“非”

运算符为 Not 或-。检索词 A 和检索词 B 用“非”组配，检索式为：A Not B 或者 A-B，只有满足 A 但同时不满足 B 的文献才是命中文献。逻辑“非”也可以缩小检索范围，提高检索的准确性，但如果使用不当，将会排除有用文献，从而导致漏检（如图 2—3 所示）。

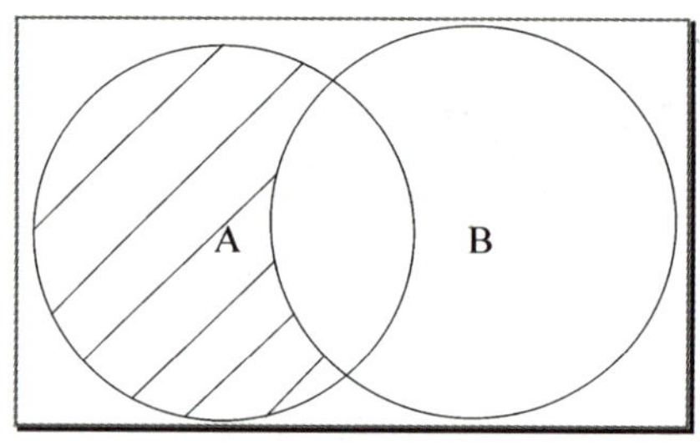

图 2—3 逻辑“非”示意图

2.1.2 截词检索技术

截词检索（Truncation）是指用给定的词干做检索词，用专门的截词符号表示检索词的某一允许变化的部分，这样就能找到与词干相关的所有记录。它可以扩大检索范围，具有提高查全率、节省检索时间、降低检索费用等作用。

检索时，遇到名词的单复数形式，词的不同拼写法，词的前后缀变化均可采用此方法；此方法一般用于外文文献检索。一般情况下截词符号“?”表示任意一个字母，“ * ”表示任意多个字母，但不同数据库对截词符号并没有统一标准，需从不同的机检数据库的相关文档中了解该数据库的截词符如何使用。

截词分类方法有两种：按截断部位分和按截断长度分。

1. 按截断部位分

（1）前截词：截去某个词的前部，也称后方一致检索。例如：输入 * computer，将会把含有 computer、minicomputer、microcomputer 等词的记录检索出来。

（2）后截词：截去某个词的尾部，也称前方一致检索。例如：输入 manag * ，将会把含有 manage、managing、manager、management 等词的记录检索出来。

（3）中间截词：截去某个词的中间部分，也称两边一致检索。例如：输入 f??t，将会把含有 foot、feet 等词的记录检索出来。

(4) 前后截词：截去某个词的首尾两部分。例如?? compan * 可以把含有 accompany、accompanying、accompanied 等词的记录检索出来。

2. 按截断长度分

(1) 有限截断：指截几个字符就加几个“?”。例如“manage?”表示截去一个字符，它可检出 managed，manager 等词，但不能检出 management、managing 等词。

(2) 无限截断：是指允许截去的字符数量不限，也称开放式截断。上面前截词、后截词所举的例子均属此类型。

由上可见，任何一种截词检索都隐含着布尔逻辑检索的“或”运算。采用截词检索时，既要灵活，又要谨慎，截词的部位要适当，如果截得太短将影响查准率。

2.1.3　邻近检索技术

邻近检索技术 (Proximate) 是在检索词之间使用位置算符来规定检索词在结果中的相对位置，从而获得不仅包含指定检索词，而且这些词在记录中的位置也符合特定要求的记录。这种方法能够提高检索的准确性，但有可能影响查全率。

当需要检索的概念要用词组表达，或者要求两个词在记录中的位置相邻/相连时，可使用邻近算符。与截词符号一样，不同机检数据库中的相对含义并不完全相同，应参照相应文档。

机检系统中常用的邻近算符按限制强度增序排列如下：

1. 字段算符

(1) F 算符 (Field)：要求被连接的检索词必须同时出现在同一字段中，字段类型不限、词序不限、两词之间插入词数量不限。例如，management (F) system/TI 表示只有标题字段中同时出现 management 和 system 才算命中。

(2) L 算符 (Limit)：要求检索词同在叙词字段中出现并且具有词表规定的等级关系，因此，该算符只适用于有正式词表、且词表中的词具有从属关系的数据库或文档。

2. 句子位置算符

S 算符 (Sentence/Sub-Field)：表示两检索词必须出现在同一句子 (同一子字段) 中，词序不限，两词间插入的词的数量也不限。例如 management (S) system，就表示这两个词必须在同一句子中，否则不满足检索要求。

3. 相邻位置算符

(1) N 算符 (Near)：要求被连接的检索词必须紧密相连，词之间除允许有空格、标点、连字符外，不得插入单词或字母，词序不限；(nN) 表示两个检索词之间最多可以夹 n 个词 (n 为自然数)，且词序任意。例如，management (N) system 可检出 management system，也能检出 system management；而 management (1N) system 可检出 management system、system management、management information system 等内容。

(2) W 算符 (With)：要求检索词必须按指定顺序紧密相连，词之间除允许有空格、标点、连字符外，不得夹单词或字母，词序不可变；（nW）表示连接的两个词之间最多可插入 n 个词（n 为自然数），词序不得颠倒。例如，management（W）system 可检出 management system，但是检不出 system management；而 management（1W）system 可检出 management system、management information system 等内容。

注意：采用位置算符检索时，通常最严谨的算符放在最左面，例如：

information（W）system（S）management

2.1.4 限定字段检索技术

限定字段检索即指定检索词在数据库记录中的一个或几个字段范围内查找的一种方法。检索时，计算机只对限定的字段进行匹配，这样可以提高检索效率和准确率。

不同数据库和不同种类文献记录中所包含的字段数目不尽相同，字段名称也有区别。在一些网络数据库中，字段名称通常放置在下拉菜单中，用户可根据需要选择不同的检索字段进行检索。

检索限定词按是否反映文献主题分为基本索引（Basic Index）和辅助性索引（Additional Index）。基本索引反映了文献的主题内容，有“题名”、“摘要”、“叙词”和“标识词”四种；辅助性索引有“作者”、“作者单位”等 20 多种。而我们一般检索时常用的限定字段包括了基本索引的部分和辅助性索引的部分，详情见下表。

表 2—1　　常用限定字段表

限定字段名称	字段代码	限定字段名称	字段代码
题名（Title）	TI	刊名（Journal）	JN
摘要（Abstract）	AB	语种（Language）	LA
叙词（Descriptor）	DE	作者（Author）	AU
文献类型（Document Type）	DT	作者单位（Corporate Source）	CS

搜索表达方式也包括两种：后缀式和前缀式。

1. 后缀式

后缀式（Suffix Code），是将字段代码放在检索词之后，并用“/”号连接，如：

management/TI 表示检索题名中有 management 的文献；

management/TI，AB 表示检索题名或者摘要中有 management 的文献。

2. 前缀式

前缀式（Prefix Code），一般用于表达文献外部特征的字段，将前缀代码放在检索词之前，用“=”号连接，如：

AU=LIU，ZHANG；

LA=English。

2.1.5 限制检索

限制检索是通过限制检索范围，一般就是年份、数值上的优化，达到优化检索的方法。常用检索符有：

- 包含：用“:”或“-”表示。
- 大于：用“＞”表示。
- 小于：用“＜”表示。
- 等于：用“＝”表示。
- 大于或等于：用“＞＝”表示。
- 小于或等于：用“＜＝”表示。
- 范围之外：用“!:”表示。

2.2 信息检索语言

目前，世界上的信息检索语言有几千种；依其划分方法的不同，其类型也不一样。下面叙述常用的检索语言划分方法及其类型。

2.2.1 分类检索语言

分类检索语言是指以数字、字母或两者结合作为基本字符，采用字符直接连接并以圆点（或其他符号）作为分隔符的书写法，以基本类目作为基本词汇，以类目的从属关系来表达复杂概念的一类检索语言。

按编制方式分类检索语言可分为体系分类语言和组配分类语言，而目前信息检索采用的大多为体系分类语言。体系分类语言以科学分类为基础，它运用概念划分的方法，把具有某种或某些共同属性的事物集合划分为一类，用概括该类事物所共有的本质属性的概念作为类目，并给出相应的标记符号作为分类号。体系分类语言集中体现了学科的系统性，反映事物的从属、派生关系，从上至下、从总体到局部层层划分、展开。

我们第 1 章所述的文献分类法其实就是一种分类检索语言，它是以知识属性来描述和表达信息内容的信息处理方法。国际上著名的分类法有国际十进分类法、美国国会图书馆图书分类法、国际专利分类法、中国图书馆图书分类法等。

2.2.2 主题检索语言

主题语言是指描述文献主题用一组名词术语作为检索标识的一类检索语言。以主题语言来描述和表达信息内容的信息处理方法称为主题法。主题语言又可分为标题词、单元词、叙词、关键词。

主题检索语言是指描述文献主题的语词标识并按字顺序列排检的检索语言。主题检索语言具有直观、专指性强、使用灵活、适合计算机检索等优点，是现代信息检索中使用最为频繁的一种信息检索语言。

1. 标题词

标题词是指从自然语言中选取并经过规范化处理，表示事物概念的词、词组或短语。标题词是主题语言系统中最早的一种类型，它通过主标题词和副标题词固定组配来构成检索标识，只能选用“定型”标题词进行标引和检索，反映文献主题的概念必然受到限制，不适应时代发展的需要，目前已较少使用。

2. 单元词

单元词是指能够用以描述信息所论及主题的最小、最基本的词汇单位。经过规范化的、能表达信息主题的元词集合构成元词语言。元词法是通过若干单元词的组配来表达复杂的主题概念的方法。元词语言多用于机械检索，适于用简单的标识和检索手段（如穿孔卡片等）来标识信息。

3. 叙词

叙词是指以概念为基础、经过规范化和优选处理的、具有组配功能并能显示词间语义关系的动态性的词或词组。一般来讲，选择的叙词具有概念性、描述性、组配性。经过规范化处理后，还具有语义的关联性、动态性、直观性。叙词法综合了多种信息检索语言的原理和方法，具有多种优越性，适用于计算机和手工检索系统，是目前应用较广的一种语言。CA、EI 等著名检索工具都采用了叙词法进行编排。

4. 关键词

关键词是指出现在文献标题、文摘、正文中，对表征文献主题内容具有实质意义的语词，是揭示和描述文献主题内容的、重要的、关键性的语词。关键词法主要用于计算机信息加工抽词编制索引，因而称这种索引为关键词索引。在检索中文医学文献中使用频率较高的 CMCC 数据库就是采用关键词索引方法建立的。

2.3 本章小结

本章介绍了信息检索技术与信息检索语言，其实这两部分在当今的检索中发挥的作用越来越小，因为作为一般的信息检索者来说，完全靠着编写大段的检索式的时代已经过去，现代的数据库或者互联网的界面越来越人性化了，只有需要极准确的、极高端、或者说极高价值的资料才需要认真书写。但是为什么还要详细介绍该如何使用呢，因为这是信息检索的基础、核心，不管检索界面多么人性化，计算机内部的运算或者说人脑的思考方式就是这样的，只有有了这样的思考方式，那检索起来就能游刃有余了，就不会为了找了半天都找不到自己想要的资料而烦恼了。

2.4 思考与练习

1. 使用布尔逻辑符编写检索式：“创业股东或者创业团队内部的利益博弈”这一主题该如何表达。

2. 使用截词符编写检索式：与“entrepreneurial”相关的词组或单词该如何表达。

3. 使用邻近检索符编写检索式：同一句子中同时出现“entrepreneurial team”和“the case”该如何表达。

4. 使用限定字段符编写检索式：标题或者关键词中含有“entrepreneurial team”该如何表达。

5. 简述不同主题检索语言的特点。

第 3 章

搜索引擎与网络信息检索

3.1 常用搜索引擎简介

1. Google/谷歌搜索

Google 网页搜索（www.google.com/www.google.cn）是目前最优秀的支持多语种的搜索引擎之一，截止 2007 年 8 月，Google 占据全球搜索引擎市场 53.6%的份额，提供网站、图像、新闻组等多种资源的查询，包括中文简体和繁体、英语等 41 个国家和地区的语言的资源。

2. 百度搜索

百度是世界上规模最大的中文搜索引擎，致力于向人们提供最便捷的信息获取方式。百度拥有全球最大的中文网页库，每天处理来自一百多个国家的超过一亿人次的搜索请求。

3.2 Google/谷歌

当今的 Google 可谓是如日中天，全球性地和世界各国本土搜索引擎比拼，成为互联网搜索服务名符其实的世界领导者。

3.2.1 Google 的商业模式

从 20 世纪以来 IT 业界巨头 IBM、微软、Google 的发展过程我们可以看到：IBM 卖硬件，微软卖软件，Google 卖搜索服务，IBM 出售给用户实实在在的电脑产品，微软只需要出售一张光盘或者提供一个序列号就可以了，Google 却不提供任何实物产品，只要你能上网，它的搜索价值就体现了。

Google 最初的商业模式是靠着超一流的搜索技术利用搜索技术授权使用来盈利，Google 提供给它的客户如雅虎等门户网站许可证，人性化地按照该网站搜索次数来收取授权使用费，依赖于 Google 强大的技术优势这一简单的模式一直沿用到今。

Google 现有最主要的商业模式说起来很简单——关键词广告；但也很复杂——提供一系列实用、新奇的服务来吸引网民，来体现 Google 公司的价值。Google 把广告和搜索结果放在不同位置，并且和搜索结果有明显的区隔，这种文字链接式的广告推广是 Google 目前最重要的盈利方式。

Google 新商业模式的尝试——“纯云商业模式”和“开源软件模式”。“云”模式预示着将来我们使用互联网所有的服务都将由大型专业的“云”供应商来提供，但是这个模式还不成熟，还在尝试过程中；“开源软件”模式认为软件的核心是“共享”，用户只应对软件之外的服务收费，即为使用过程中安装指导、培训及技术支持等服务付费，比如说 Android 手机操作系统和 Chrome 浏览器的推出都是开源软件模式的试探。

3.2.2　Google 的检索方法

1. 普通搜索（如图 3—1 所示）

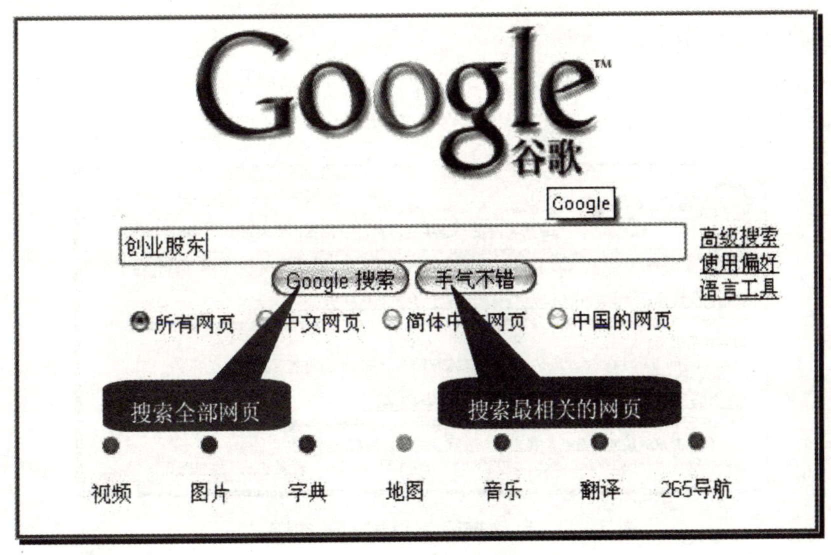

图 3—1　Google 普通搜索界面

2. 搜索提示（Google Suggest）

在你向搜索框键入查询时，Google 会推测你键入的内容，并实时提供建议。搜索提示与 Google 的相关搜索功能类似，该功能会在搜索开始后提供替代查询建议，只不过搜索提示是实时提供的（如图 3—2 所示）。

图 3—2　搜索提示界面

3.2.3　Google 的检索规则

1. Google 默认搜索规则

（1）大小写

所有字母都会视为是小写的。例如，搜索 george、George 和 gEoRgE 所返回的结果是一样的。

（2）自动排除常用字词

Google 会忽略常用字词和字符，如“的”、“of”等明显降低检索速率并不能更好地完善检索结果的字词（如图 3—3 和图 3—4 所示）。

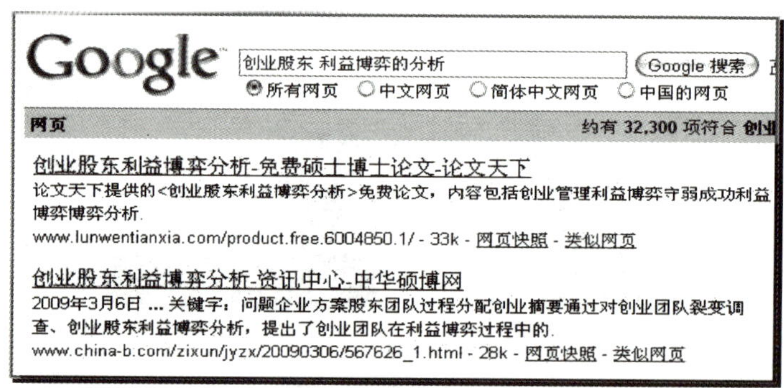

图 3—3　自动排除常用词——忽略“的”

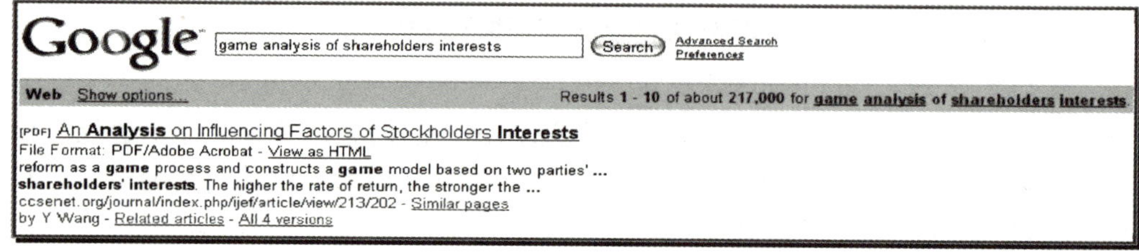

图 3—4　自动排除常用词——忽略“of”

如果必须要使用某一常见字词才能获得需要的结果，你可以在该字词前面放一个“+”号，从而将其包含在查询字词中（请确保在“+”号前留一个空格），如图 3—5 所示。

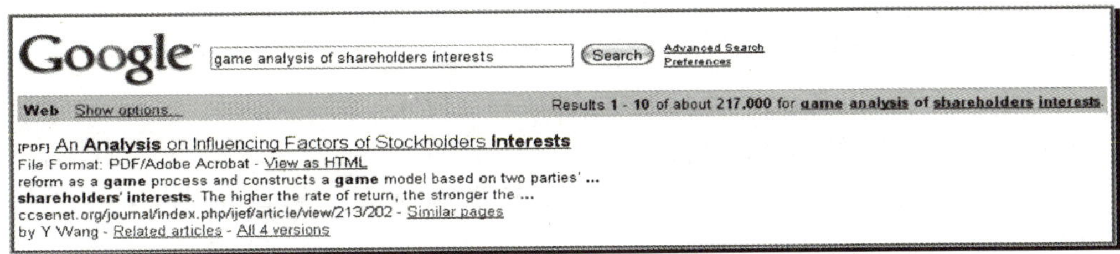

图 3—5　自动排除常用词

2. 词组搜索

中文搜索中，如果想搜索完整的一串关键字，而不想搜索引擎人为分开，使用词组搜索也是一种很好的方法（如图 3—6 所示）。

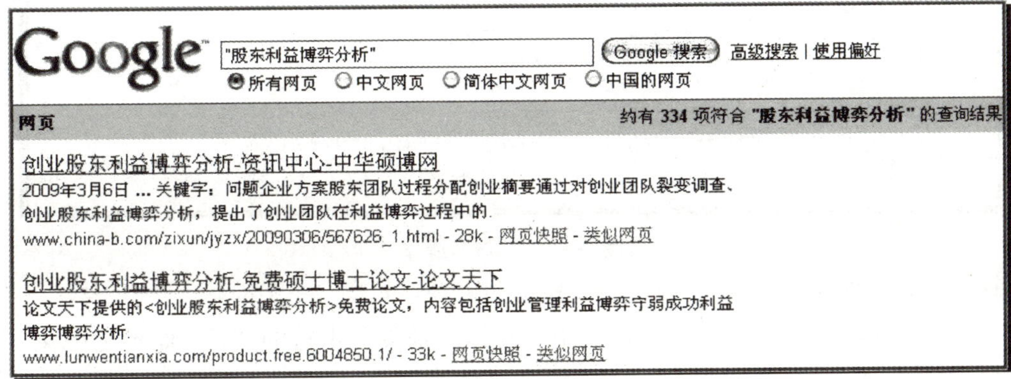

图 3—6　词组搜索

常用字词有时会被省略，而执行词组搜索，就是说用引号将两个或更多字词括住，就可以使得词组搜索中的常用字词（如“of”）包含在搜索中（如图 3—7 所示）。

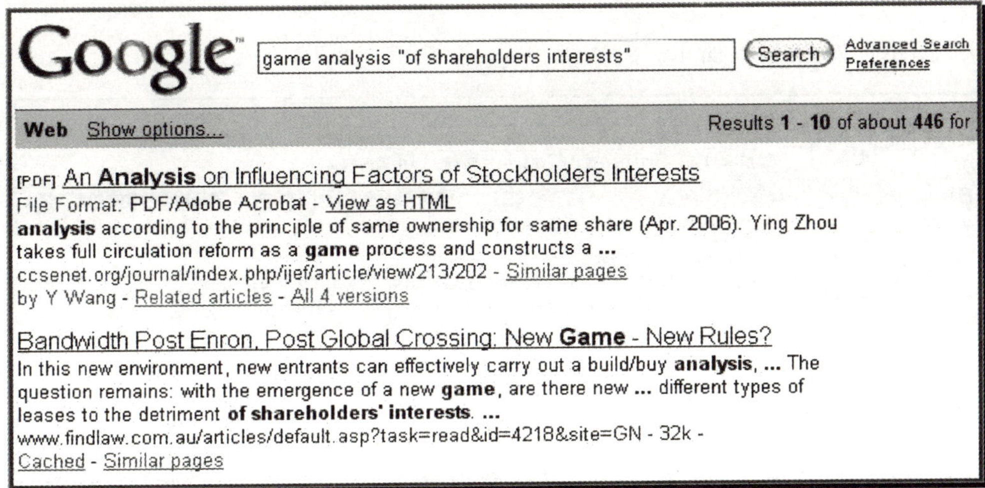

图 3—7　词组搜索

3. 检索运算符

Google 使用最简单的检索运算符“+”、“-”、“OR”就可以完成复杂的检索工作。

(1)“与”操作

Google 无需用明文的“+”来表示逻辑“与”操作，只要空格就可以了。

1）示例：搜索所有包含“创业股东”和“利益博弈”的中文网页。

2）检索式：“创业股东 利益博弈”。

3）结果：约有 42 400 项符合“创业股东 利益博弈”的查询结果，搜索用时 0.35 秒。

4）图示：如图 3—8 所示。

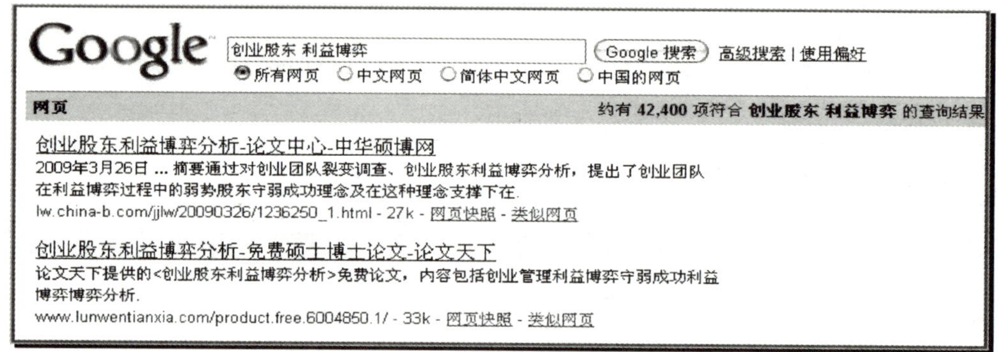

图 3—8　“与”操作

(2)“非”操作

Google 用减号“-”来表示逻辑“非”操作（是英文字符的“-”，而不是中文字符的“—”）。

1）示例：搜索所有包含“创业股东”和“利益博弈”，不含“成员”的中文网页。

2）检索式：“创业股东利益博弈-成员”。

3）结果：约有 39 000 项符合“创业股东 利益博弈-成员”的查询结果，搜索用时 0.31 秒。

4）图示：如图 3—9 所示。

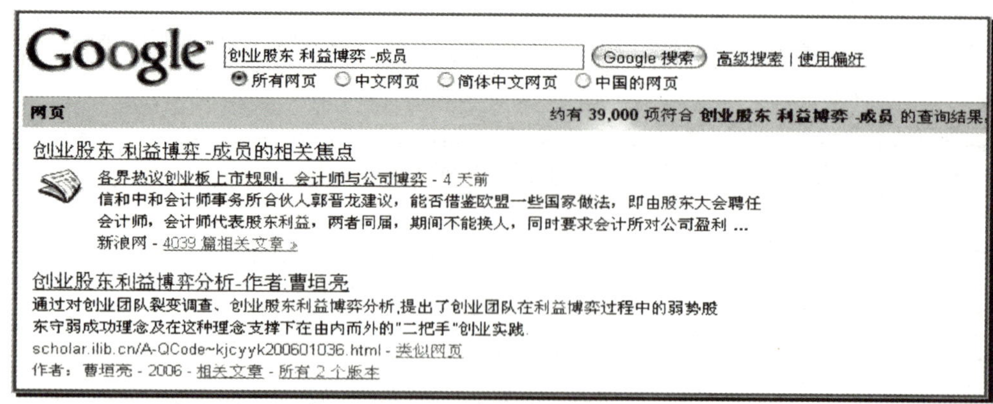

图 3—9　“非”操作

（3）“或”操作

原先的 Google 不支持关键词为中文的逻辑“或”操作，只支持英文，而现在的 Google 支持，语法是“OR”。

1）示例：搜索所有包含“创业股东”或者“利益博弈”的中文网页。

2）检索式：“创业股东 OR 利益博弈”。

3）结果：约有 332 000 项符合“创业股东 OR 利益博弈”的查询结果，搜索用时 0.11 秒。

4）图示：如图 3—10 所示。

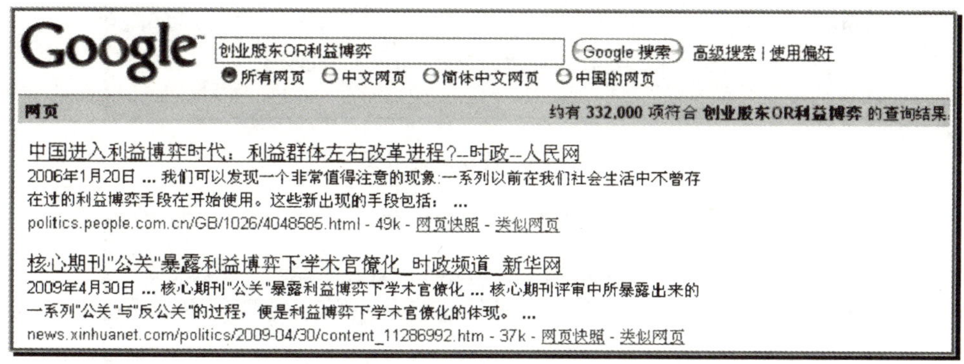

图 3—10　“或”操作

4. 纠正拼写错误

输入错误，Google 会自动提示类似的单词（如图 3—11 所示）。

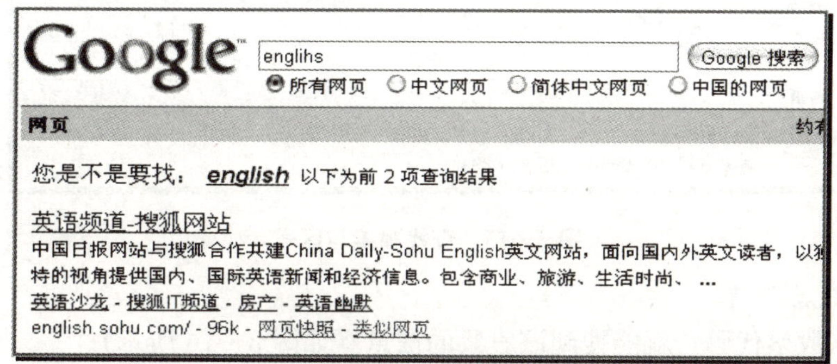

图 3—11　纠正拼写错误

5. 使用拼音检索

有些字不会打，只要知道拼音也能找到想要的搜索词（如图 3—12 所示）。

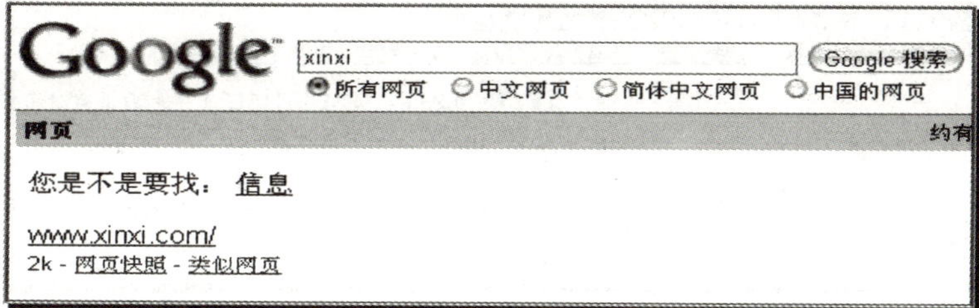

图 3—12　拼音检索

3.2.4 检索特殊信息

1. 查找电话号码和区号

直接输入电话号码就能查到该号码的归属地；输入邮编就能查到是哪个地区（如图 3—13、图 3—14、图 3—15 所示）。

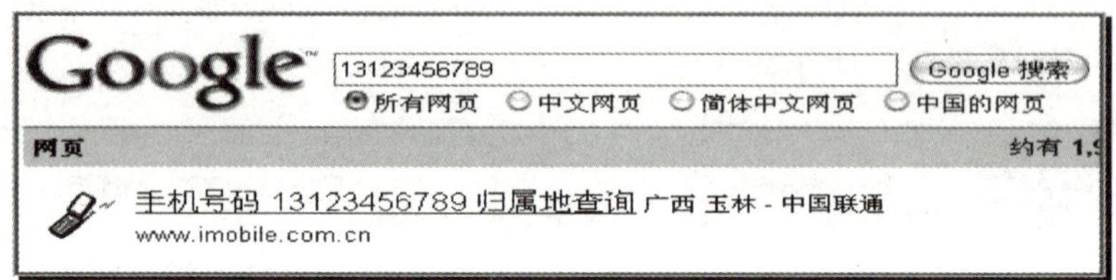

图 3—13 查找电话号码

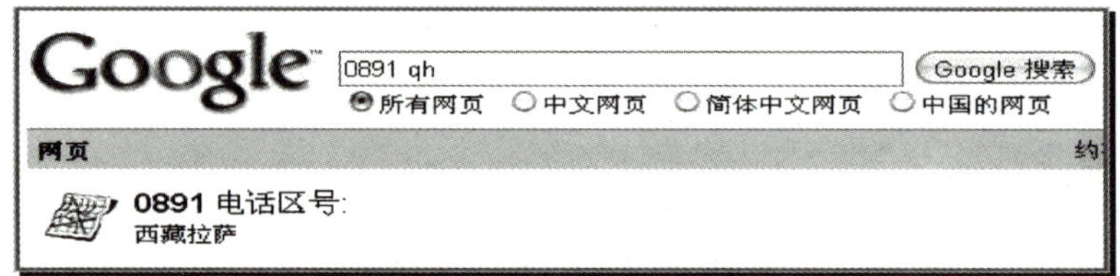

图 3—14 查找区号

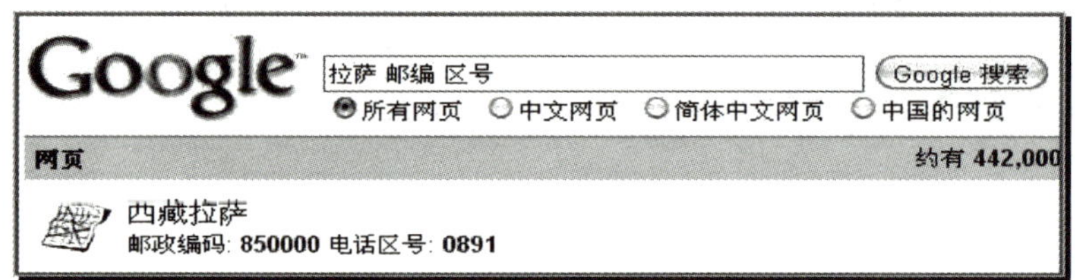

图 3—15 查找邮编与区号

2. 查找股票行情

直接输入股票代码，就能搜到该股票的信息（如图 3—16 所示）。

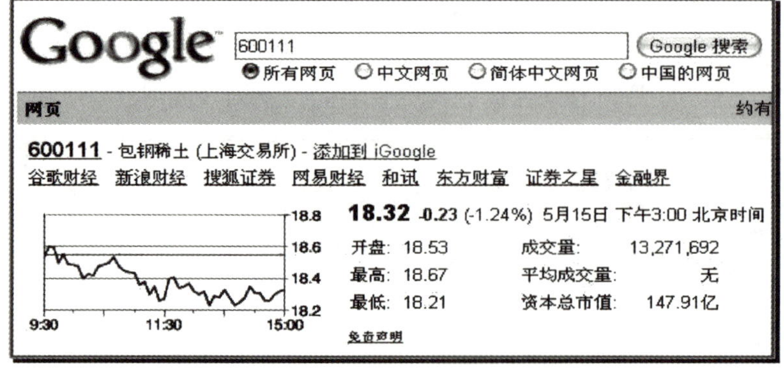

图 3—16 查找股票行情

3. 使用计算器进行数学运算

想要计算，输入公式就行了（如图 3—17 所示）。

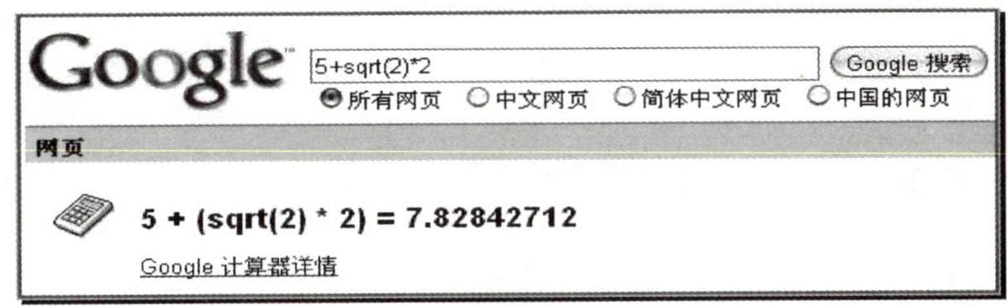

图 3—17　进行数学运算

4. 使用换算工具

不知道英寸和厘米的换算，不知道人民币兑美元的汇率，用 Google 搜索就行了（如图 3—18、图 3—19 所示）。

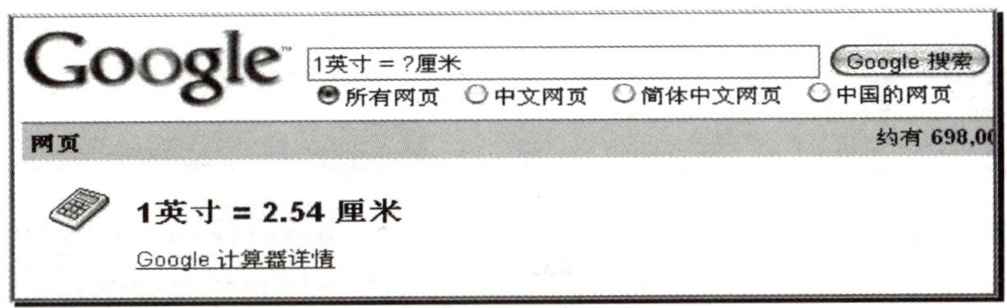

图 3—18　单位换算

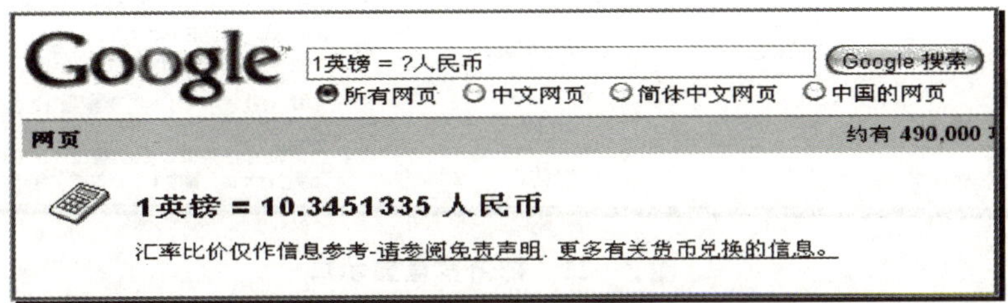

图 3—19　汇率换算

3.2.5　Google 的检索结果

由于不是重点章节，所以在此以图 3—20 为例作一简单介绍，如有需要，可以访问 Google 获取帮助文件。此处仅以一检索结果页面为例。

1. 检索结果页面的构成

检索框下方显示了该关键词的结果项的数量。

“搜索百宝箱”是一个可选链接，点击之后可以在结果项中按时间、格式过滤掉部分信息。视图选项非常有意思，如果选择神奇罗盘，则检索结果页右方会显示出一个罗盘，关键词是与搜索的关键词相关的部分关键词。如果选择时光隧道，则检索结果页右方会显示一个时间轴，按时间排序搜索的结果（如图 3—21、图 3—22 所示）。

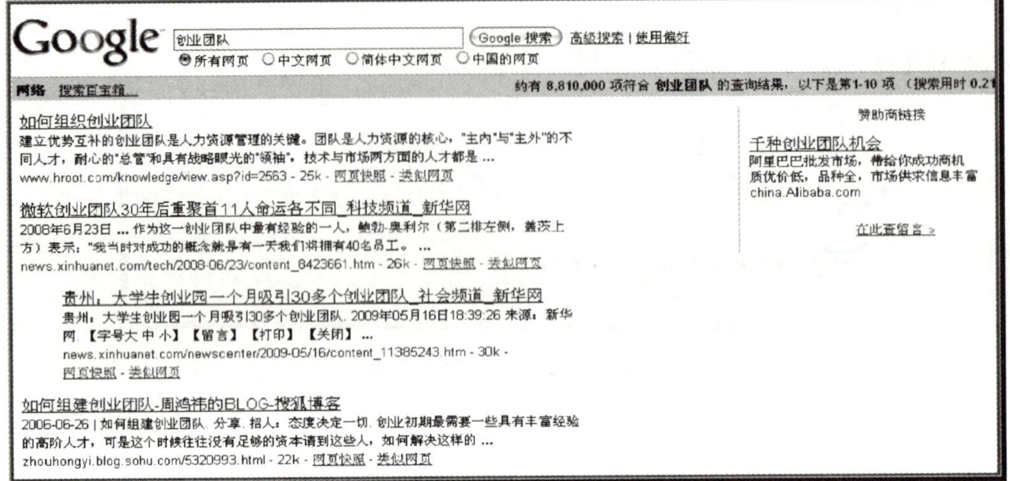

图 3—20 Google 检索结果页

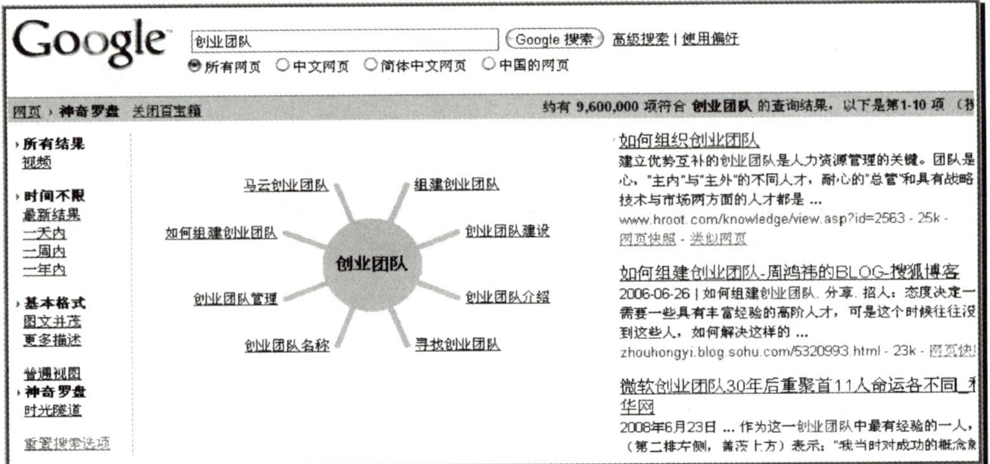

图 3—21 神奇罗盘显示页

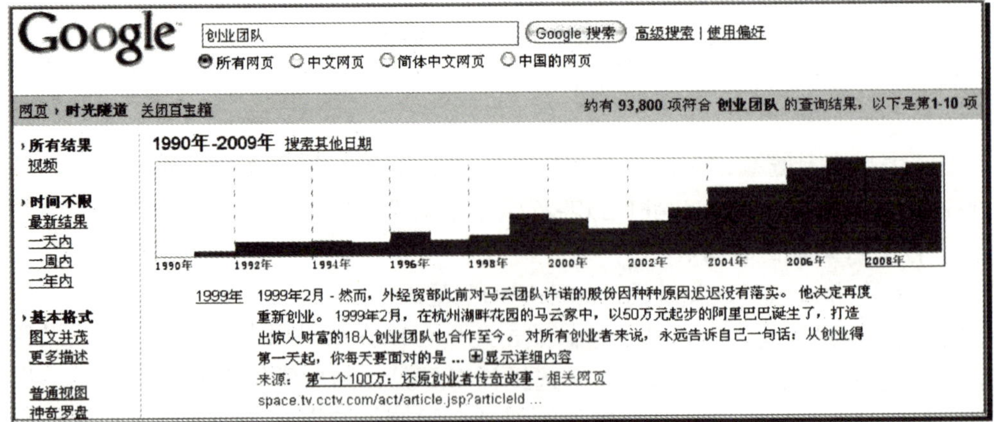

图 3—22 时光隧道显示页

占页面主要部分的那一块就是搜索结果显示的页面了，在图3—20左方是该关键词的检索结果、右方是与该关键词有关的赞助商链接。

2. 检索结果页面上的检索工具及相关信息

Google检索结果页面上有“网页快照”和“类似网页”两种功能，如图3—23所示。

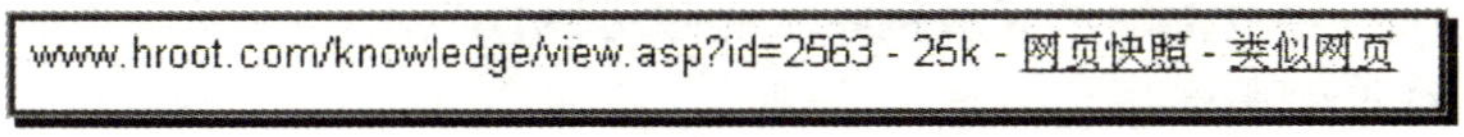

www.hroot.com/knowledge/view.asp?id=2563 - 25k - 网页快照 - 类似网页

图3—23　检索结果工具条

如果读者有兴趣，可以进入www.google.com不是www.google.cn并且用Google账号登录，搜索结果页上会有Promote和Remove链接以及评论、翻译链接，如图3—24、图3—25所示。

如何组织创业团队
[Translate this page]
Promote
Remove

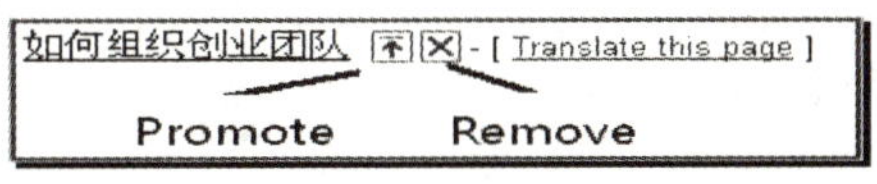

图3—24　Promote-Remove工具条

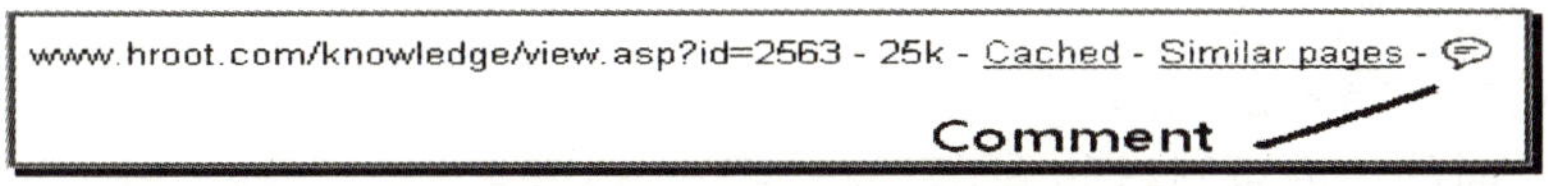

www.hroot.com/knowledge/view.asp?id=2563 - 25k - Cached - Similar pages -
Comment

图3—25　Comment工具条

3. 检索结果（如图3—26和图3—27所示）

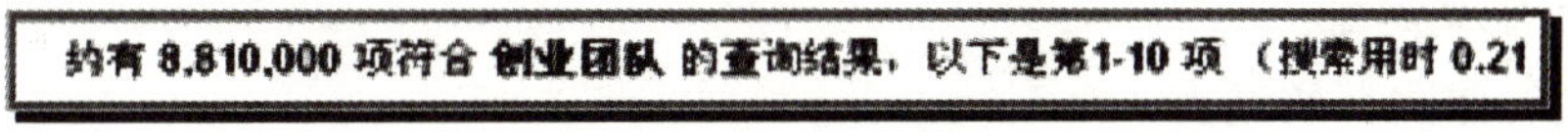

约有8,810,000项符合 创业团队 的查询结果，以下是第1-10项（搜索用时0.21

图3—26　检索结果

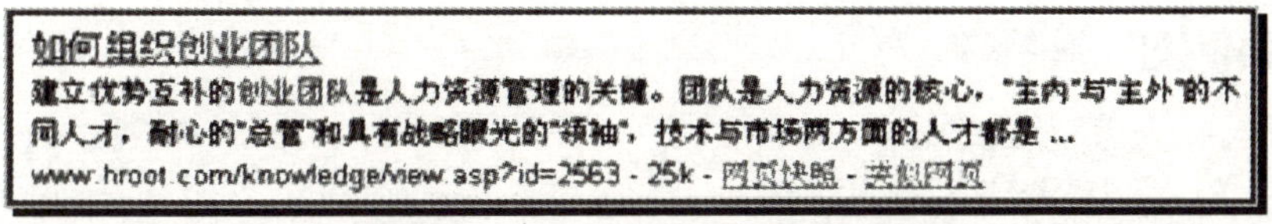

如何组织创业团队
建立优势互补的创业团队是人力资源管理的关键。团队是人力资源的核心，"主内"与"主外"的不同人才，耐心的"总管"和具有战略眼光的"领袖"，技术与市场两方面的人才都是 ...
www.hroot.com/knowledge/view.asp?id=2563 - 25k - 网页快照 - 类似网页

图3—27　一条检索结果全记录

4. 赞助商链接

当用户在Google的搜索栏中输入要查询的关键词时，Google Sponsored Links产品会以广告位的形式，表现在Google搜索结果的正上方和右侧。广告位由标题行、说明行和网址信息行三部分组成（如图3—28所示）。

Sponsored Links
标题行
千种创业团队机会
阿里巴巴批发市场，带给你成功商机
质优价低，品种全，市场供求信息丰富
说明行
网址
china.Alibaba.com

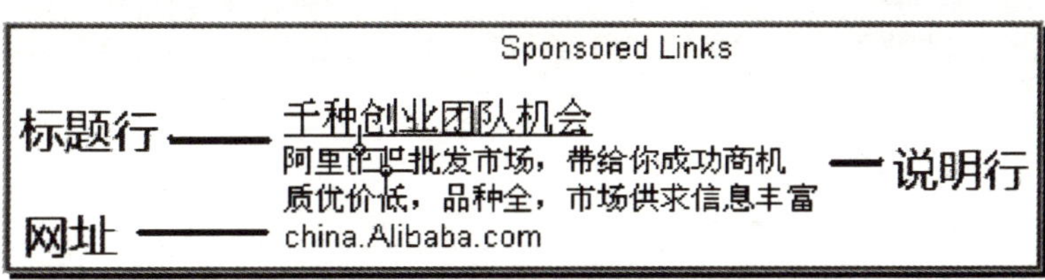

图3—28　赞助商链接广告

3.2.6 Google的高级检索

在了解了Google搜索基本知识后，尝试一下Google的高级搜索功能是一个不错的选择，因为它提供了大量选项，可以使搜索更加精确并能获得更多有用的结果。

请点击Google主页上的“高级搜索”链接进入该页。

1. 使用高级搜索表格

你可以利用Google搜索执行更多操作，而不单只是键入搜索字词。利用高级搜索，你可以只搜索符合要求的网页。

(1) 高级搜索表格

- 包含“全部”字词的
- 包含“完整字句”的
- 包含“至少一个”字词的
- “不包含”字词的
- 以特定语言编写的
- 在特定国家服务器上的
- 以特定文件格式创建的
- 在特定时间段内更新过的
- 位于特定域或网站内的
- 不同使用权限的

(2) 搜索特定网页

- 搜索类似网页的网页
- 搜索与某网页有链接的网页（如图3—29所示）

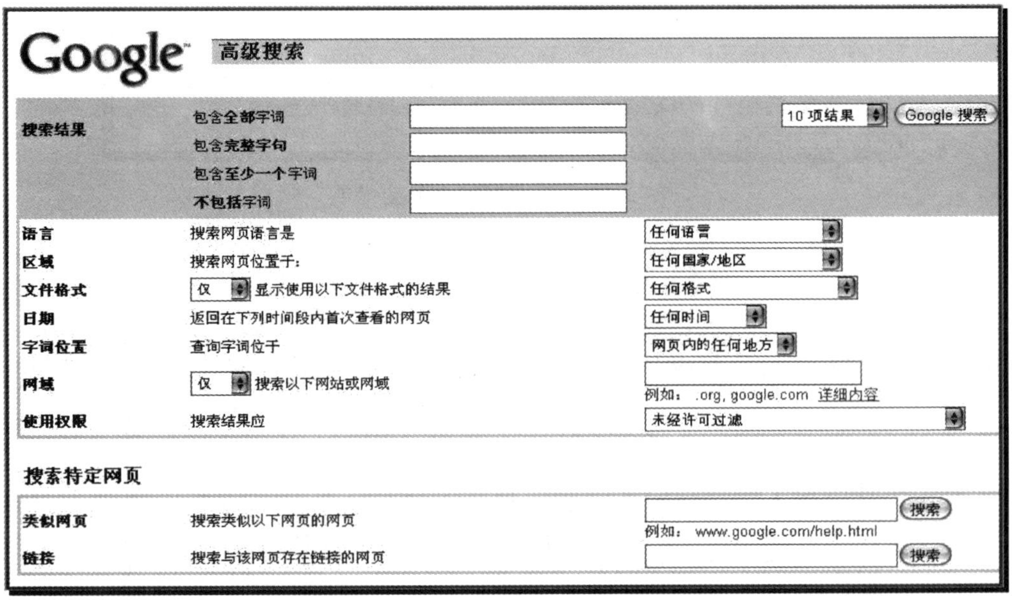

图3—29 Google高级搜索界面

Google 用减号“-”来表示逻辑“非”操作（是英文字符的“-”，而不是中文字符的“-”）。

（3）搜索示例：

1）示例：搜索所有包含“创业股东”和“利益博弈”，不含“成员”的中文网页。

2）检索式：见图 3—30。

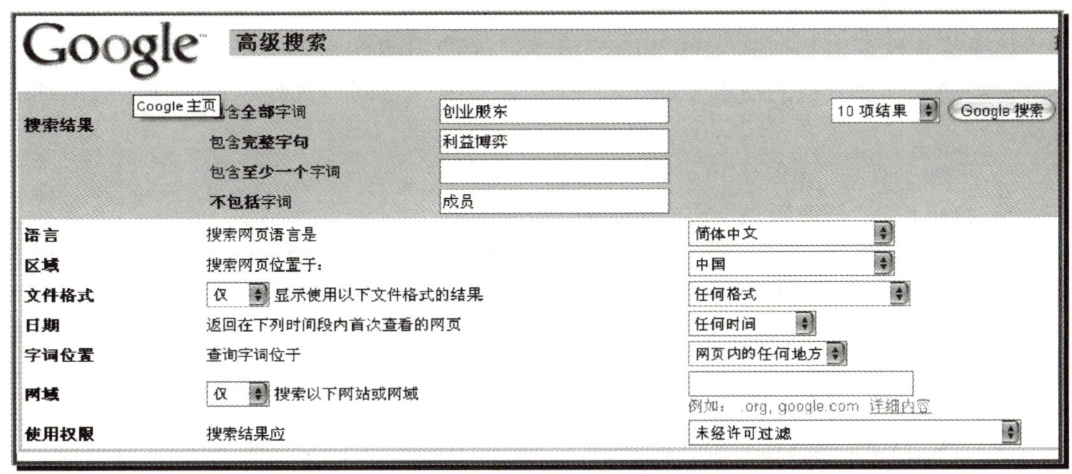

图 3—30　检索式应用举例

3）结果：简体中文网页中，约有 5 820 项符合“创业股东 "利益博弈" -成员”的查询结果。

4）图示：如图 3—31 所示。

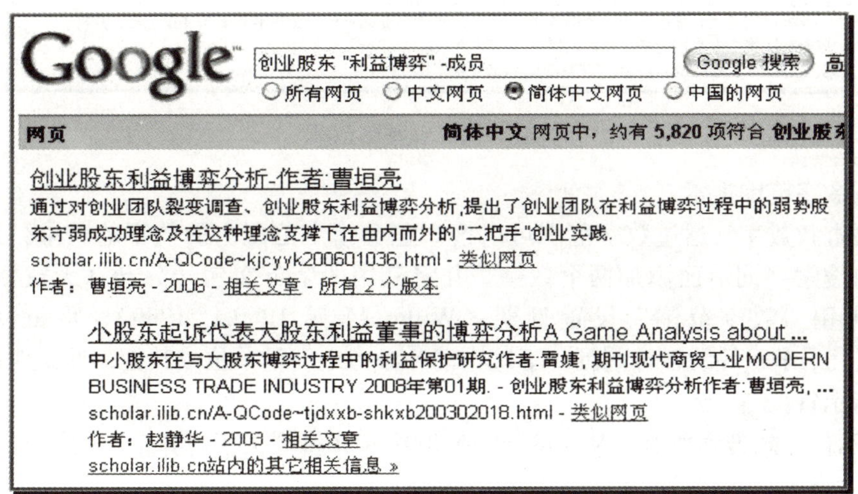

图 3—31　高级检索结果显示

2. 高级搜索运算符

要改善搜索，你还可以向你在 Google 搜索框内输入的搜索字词添加“操作符”，或者从高级搜索页中选择“操作符”。

（1）“+”搜索

此高级搜索运算符与 3.2.3 节中介绍的方法类似，此处不再赘述。

（2）“OR”搜索

此高级搜索运算符与 3.2.3 节中介绍的方法类似，此处也不再赘述。

（3）域搜索

如果你想仅搜索某一特定网站内的信息，那使用域搜索的方法是再好不过的了。方法是先输入你要查找的搜索字词，然后输入“site”一词和冒号，并在冒号后面加上域名。

1）示例：在“scholar. ilib. cn”搜索所有包含“创业股东”的网页。

2）检索式：“创业股东 site：scholar. ilib. cn”。

3）结果：scholar. ilib. cn 的简体中文网页中，共有 2 960 项符合“创业股东”检索要求的查询结果，搜索用时 0.19 秒。

4）图示：如图 3—32 所示。

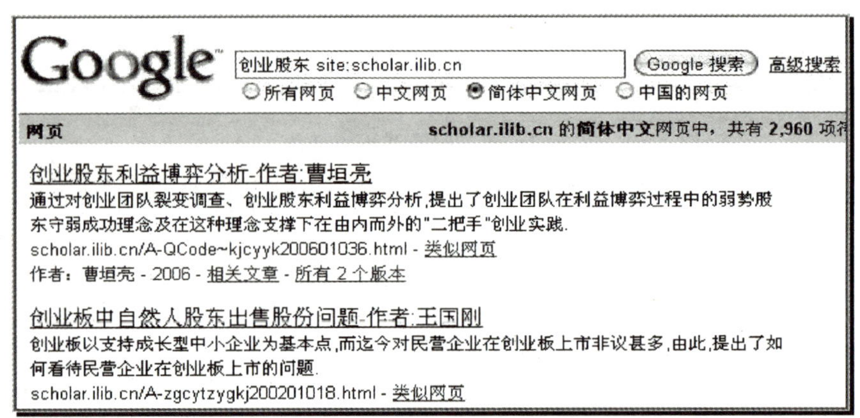

图 3—32　域搜索结果

（4）数字范围搜索

想要查找数字？通过数字范围可以搜索包含指定范围内的数字的结果。只需在搜索框内向搜索字词后面添加两个数字，并将其用两个英文句号分开（无空格）即可。你可以使用“数字范围”设置日期（Willie Mays 1950.. 1960）、重量（5 000.. 10 000kg 卡车）等的各种范围。不过，请务必指定度量单位或其他一些说明数字范围含义的指示符。

1）示例：想搜索所有“从 1980 年到 2009 年张维迎关于博弈论”的网页。

2）检索式：“张维迎 博弈论 1980.. 2009”。

3）结果：约有 4 710 项符合“张维迎 博弈论 1980.. 2009”检索要求的查询结果，搜索用时 0.39 秒。

4）图示：如图 3—33 所示。

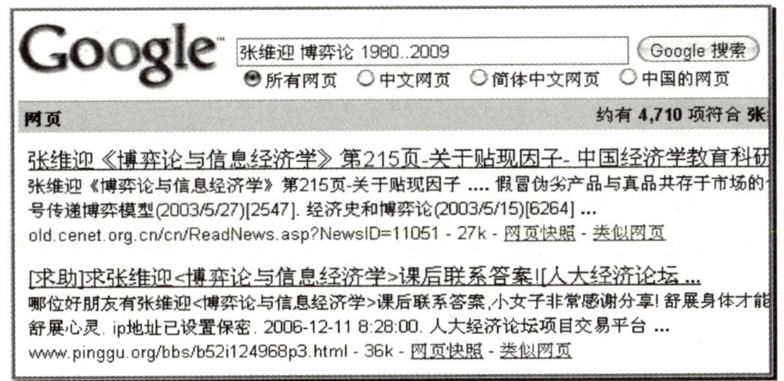

图 3—33　数字范围搜索结果

3. 高级搜索语法

（1）cache、link、related 和 info

cache：搜索 Google 索引里页面的副本，即使原有的 URL 已经失效或者网页已经完全发生变化，使用这个功能可以对那些页面经常变动的网站进行搜索。如果 Google 搜索不到你输入的关键字，那么很有可能你所看到的是 Google 缓存着的最新页面。使用方法如："cache:www. google. com"（如图 3—34 所示）。

图 3—34　www. google. com 的 cache 结果

link：可以得到一个所有包含了某个指定 URL 的页面列表，不用担心是否输入 "http://"，即使你输入了，Google 也会将其忽略。使用方法如："link:www. google. com"（如图 3—35 所示）。

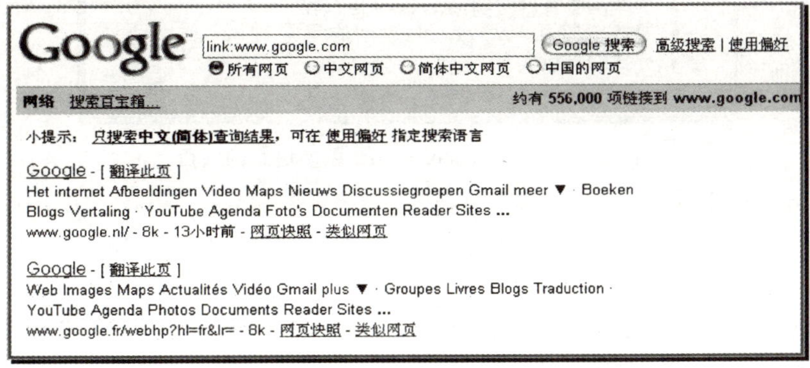

图 3—35　所有包含 www. google. com 链接的网页

related：搜索和指定页面相关的页面，比如你搜索 related:www. google. com，会得到很多搜索引擎，比如 HotBot、Yahoo!、Northern Light，等等。使用方法如："related:www. google. com"（如图 3—36 所示）。

图 3—36　与 www. google. com 相关的网页

info：提供一个含有指定 URL 更多信息的页面列表，如果你记不清上述几个搜索命令，那只要记住 info 命令就行了。这个搜索结果提供了"Google 网页快照中的存档"（cache）、"类似的网页"（related）、"链接到网页"（link）以及"域搜索"（site）、"词组搜索"（" "）的信息。使用方法如："info:www. google. com"（如图 3—37 所示）。

图 3—37　www. google. com 更多信息的网页

（2）phonebook：

用于查询电话号码（只对美国公民有用），当然当事人也可以申请从此名单中移除自己的电话、住址信息。

1）示例：想搜索"美国西弗吉尼亚州（WV）名字叫 John Nash 的电话号码"。

2）检索式："phonebook:John Nash wv"。

3）图示：如图 3—38 所示。

图 3—38　西弗吉尼亚州叫 John Nash 的电话和住址

（3）define

如果你要找某个词的定义，就可以使用 define，不过这对于英文的检索词更佳，因为这个高级搜索词并不调用中国国内的服务器，而是直接调用处于美国 Google 总部的服务器内的数据。

1）示例：想搜索“博弈论”的定义。

2）检索式：“define:博弈论”。

3）图示：如图 3—39、图 3—40 所示。

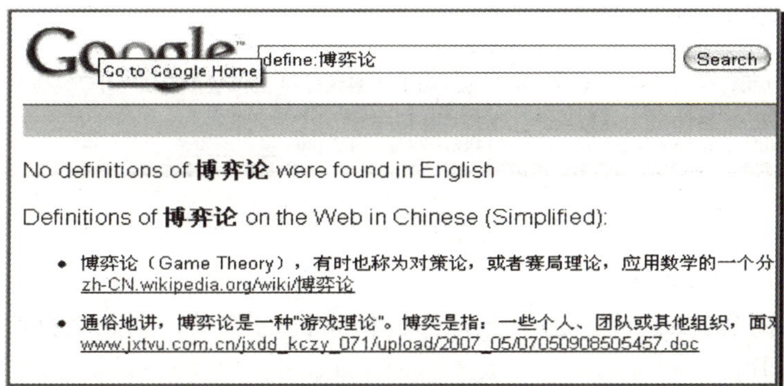

图 3—39　博弈论的定义——中文搜索

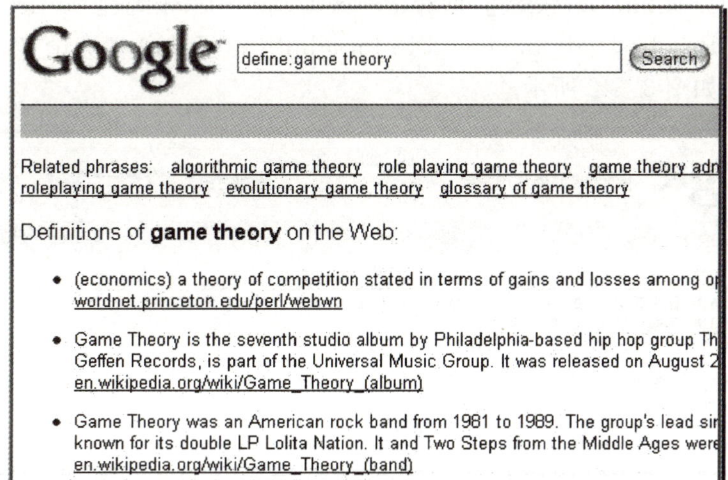

图 3—40　博弈论的定义——英文搜索

(4) filetype

filetype 是 Google 的一个非常强大而且实用的搜索语法，不仅能搜索一般的网页，还能对某些二进制文件进行检索。目前 Google 支持的文件格式包括 Doc、Xls、Pdf、Ps、Ppt、Swf 等文件，应付日常使用那是绰绰有余了。

如何使用呢，filetype 后紧接一个英文冒号再紧接文件后缀名就可以了，如 filetype：doc、filetype：xls 等；但是 Google 到目前为止还不支持对所有文档进行检索，只能一个个文档类型分别检索，这点不失为一个遗憾（如图 3—41 所示）。

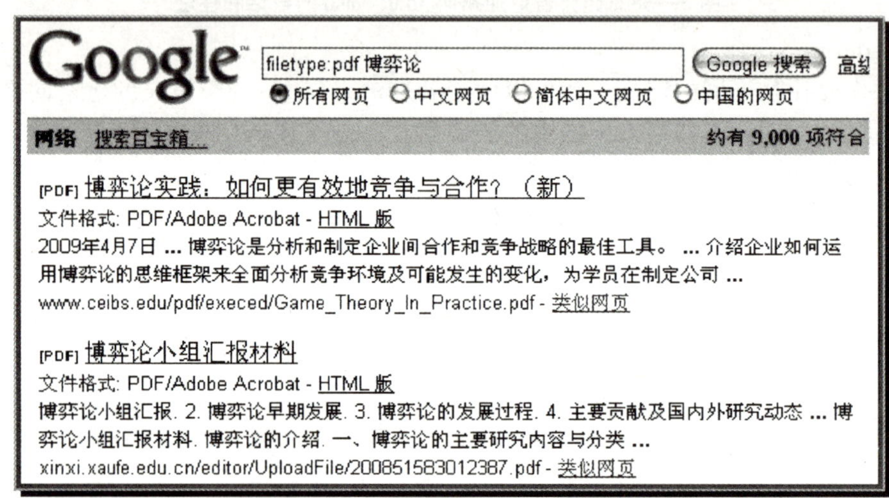

图 3—41　与博弈论相关的 PDF 文件

(5) allintitle 和 intitle

有的时候你只需要某些标题中含有你的检索词的结果，该怎么办呢？使用这两个高级检索功能即可。

1）示例：想搜索标题中含有“张维迎”和“博弈论”的网页。

2）检索式：“allintitle:张维迎 博弈论”或者“intitle:张维迎 intitle:博弈论”。

3）结果：Results 1—10 of about 518 for allintitle:张维迎 博弈论（0. 22 seconds）。

4）图示：如图 3—42 所示。

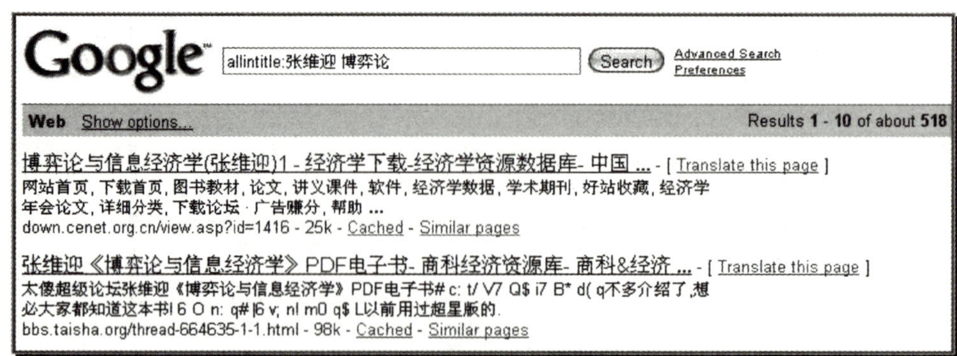

图 3—42　allintitle 搜索结果

allintitle 和 intitle 的区别：allintitle 认为所有跟在其后的检索词都是从标题内搜索的；而 intitle 则认为只有紧跟其后的一个检索词是从标题内搜索的，我们可以从检索结果的命中数量看出来（如图 3—43 所示）。

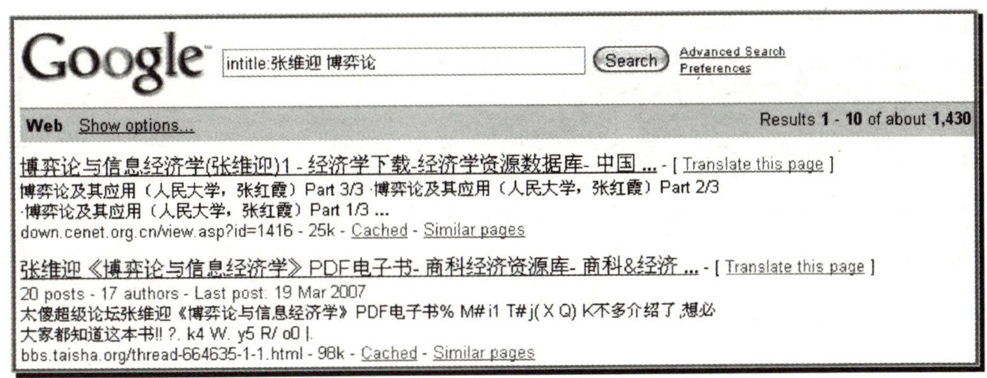

图 3—43　intitle 搜索结果

（6）allinurl 和 inurl

有的时候你只需要某些网页地址中含有你的检索词的结果，该怎么办呢？使用这两个高级检索功能即可。

1）示例：想搜索网页地址中含有“张维迎”和“博弈论”的网页。

2）检索式：“allinurl:张维迎 博弈论”或者“inurl:张维迎 inurl:博弈论”。

3）结果：Results 1—5 of 5 for allinurl:张维迎 博弈论（0.45 seconds）。

4）图示：如图 3—44 所示。

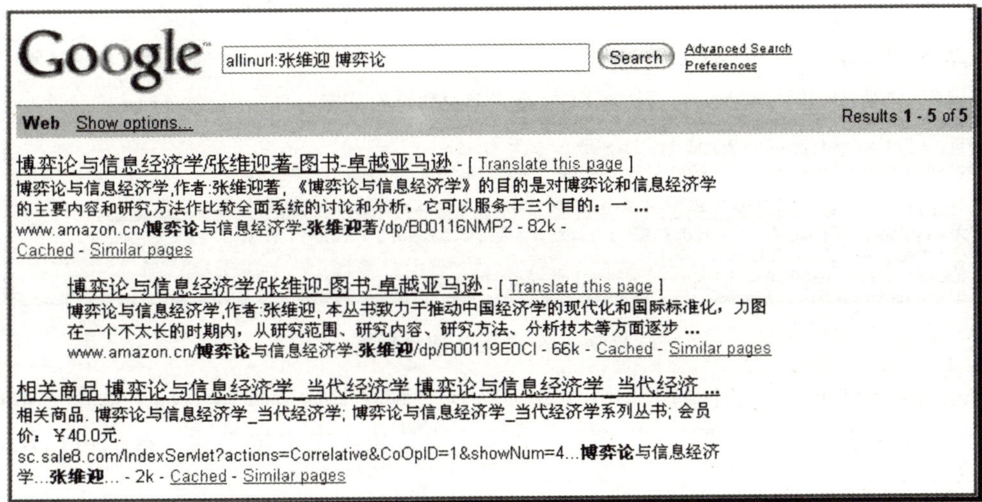

图 3—44　allinurl 搜索结果

allinurl 和 inurl 的区别：allinurl 认为所有跟在其后的检索词都是从网址内搜索的；而 inurl 则认为只有紧跟其后的一个检索词是从网址内搜索的，我们可以从检索结果的命中数量看出来（如图 3—45 所示）。

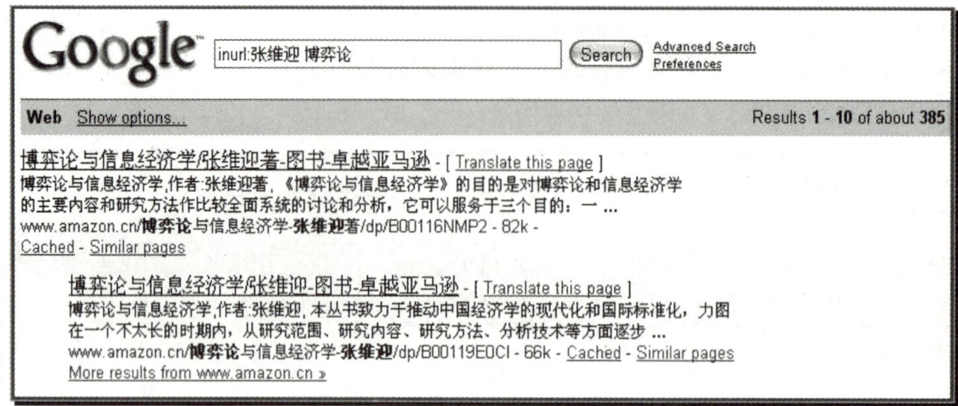

图 3—45 inurl 搜索结果

(7) allintext 和 intext

有的时候你只需要某些网页的正文中含有你的检索词的结果，该怎么办呢？使用这两个高级检索功能即可。

1）示例：想搜索正文中含有“张维迎”和“博弈论”的网页。

2）检索式：“allintext:张维迎 博弈论”或者“intext:张维迎 intext:博弈论”。

3）结果：Results 1—10 of about 54，500 for allintext:张维迎 博弈论（0.17 seconds)。

4）图示：如图 3—46 所示。

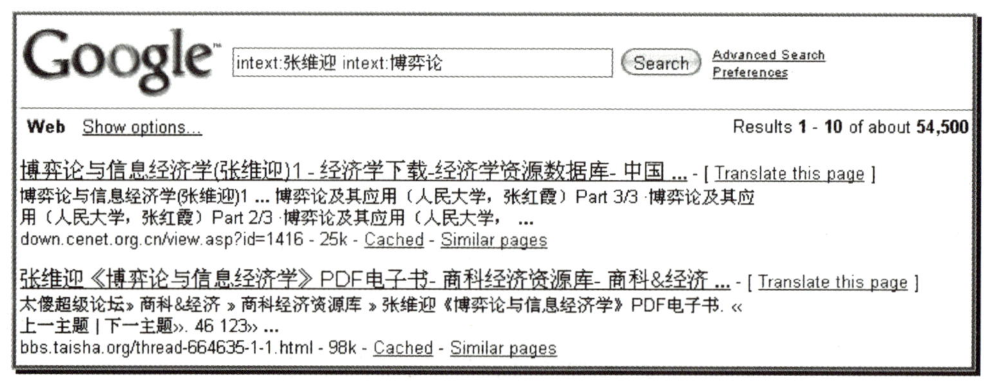

图 3—46 intext 搜索结果

allintext 和 intext 的区别：allintext 认为所有跟在其后的检索词都是从正文中搜索的；而 intext 则认为只有紧跟其后的一个检索词是从正文中搜索的，我们可以从检索结果的命中数量看出来。

4. 语言工具

(1) 跨语言搜索

比如要搜索有关 game theory（博弈论）的繁体中文网页，可以在选框中输入 game theory（为了体现繁简体中文对 game theory 的不同译法，所以选择英文），“我的语言”选择中文（简体），“搜索下列语言的网页”中选择中文（繁体）（如图 3—47 所示）。

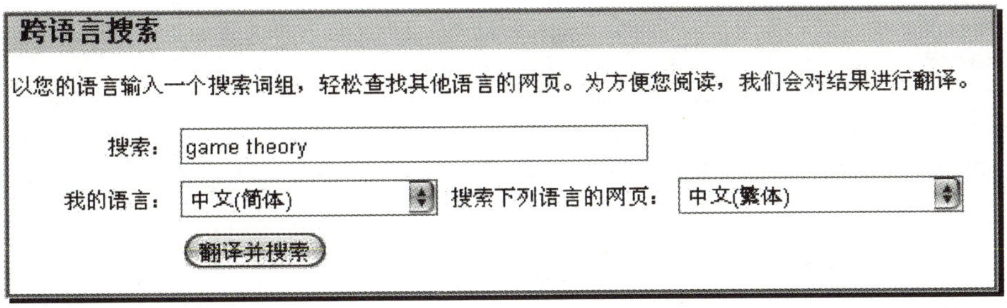

跨语言搜索
以您的语言输入一个搜索词组，轻松查找其他语言的网页。为方便您阅读，我们会对结果进行翻译。
搜索：
game theory
我的语言：
中文(简体)
搜索下列语言的网页：
中文(繁体)
翻译并搜索

图 3—47　跨语言搜索界面

得出搜索结果，如图 3—48 所示：

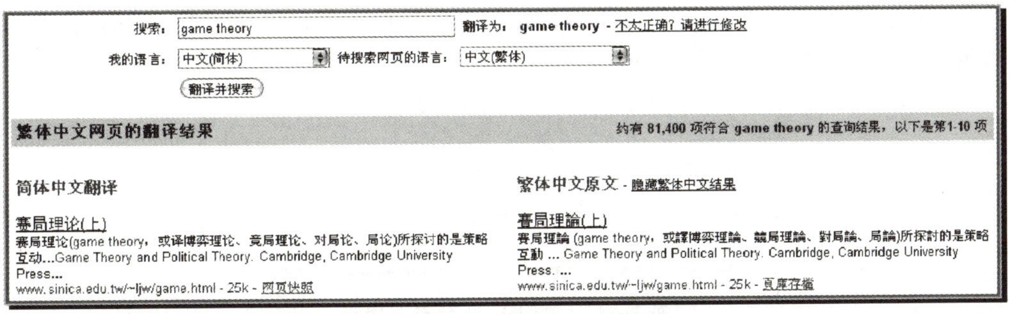

搜索：
game theory
翻译为：game theory - 不太正确？请进行修改
我的语言：
中文(简体)
待搜索网页的语言：
中文(繁体)
翻译并搜索
繁体中文网页的翻译结果
约有 81,400 项符合 game theory 的查询结果，以下是第1-10 项
简体中文翻译
赛局理论(上)
赛局理论(game theory，或译博弈理论、竞局理论、对局论、局论)所探讨的是策略互动...Game Theory and Political Theory. Cambridge, Cambridge University Press...
www.sinica.edu.tw/~ljw/game.html - 25k - 网页快照
繁体中文原文 - 隐藏繁体中文结果
賽局理論(上)
賽局理論 (game theory，或譯博弈理論、競局理論、對局論、局論)所探討的是策略互動 ... Game Theory and Political Theory. Cambridge, Cambridge University Press. ...
www.sinica.edu.tw/~ljw/game.html - 25k - 頁庫存檔

图 3—48　跨语言搜索结果

当然如果觉得搜索的原文没用，可以点击“隐藏繁体中文结果”（随着待搜索的语言的不同，此链接会相应改变）；觉得还需要对照一下，则可以点“同时显示繁体中文原文的结果”链接，回到初始状态。

（2）Google 翻译

现在如果想翻译一段文字，那可以使用 Google 翻译工具，可以通过 Google 首页的“语言工具”链接进入，也可以通过输入 http://translate.google.cn 进入（如图 3—49 所示）。

翻译下列文字
賽局理論 (game theory，或譯博弈理論、競局理論、對局論、局論)所探討的是策略互動行為(strategic interaction)：我的策略必須考慮你的策略，而你的策略也考慮了我的策略；我在考慮你的策略時，也應考慮你已經考慮了我的策略，反之亦然
中文
»
英语
翻译

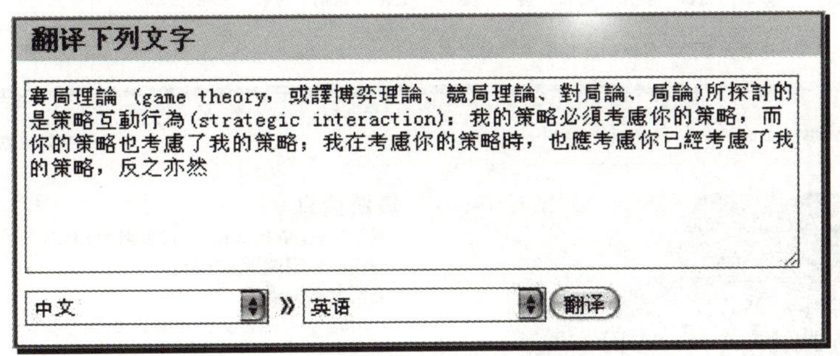

图 3—49　Google 翻译界面

可以选择从哪一种语言翻译到哪一种语言，然后点“翻译”就可以进行翻译了，得到翻译结果如图 3—50 所示。

当然，翻译结果并不能完全令人满意，如果是词组或者短语翻译的话，Google 翻译的作用将是比较大的。

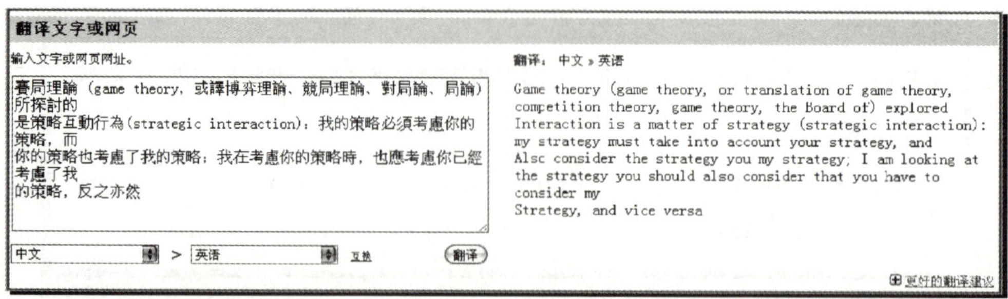

图 3—50　Google 翻译结果

（3）Google 网页翻译

要看英文的网页，但是觉得不舒服或者看不太懂，怎么办呢？用“翻译网页”这个功能就可以了（如图 3—51 所示）。

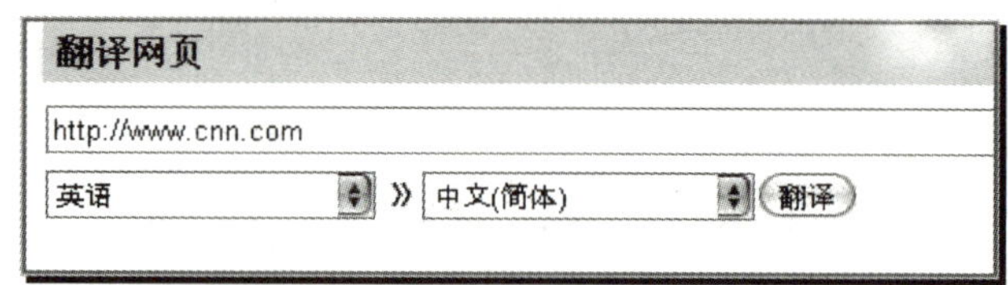

图 3—51　Google 翻页翻译界面

点了“翻译”之后，几秒之内就能出现经过翻译的网页（根据网页上内容的多少，翻译时间会有出入），如图 3—52 所示。

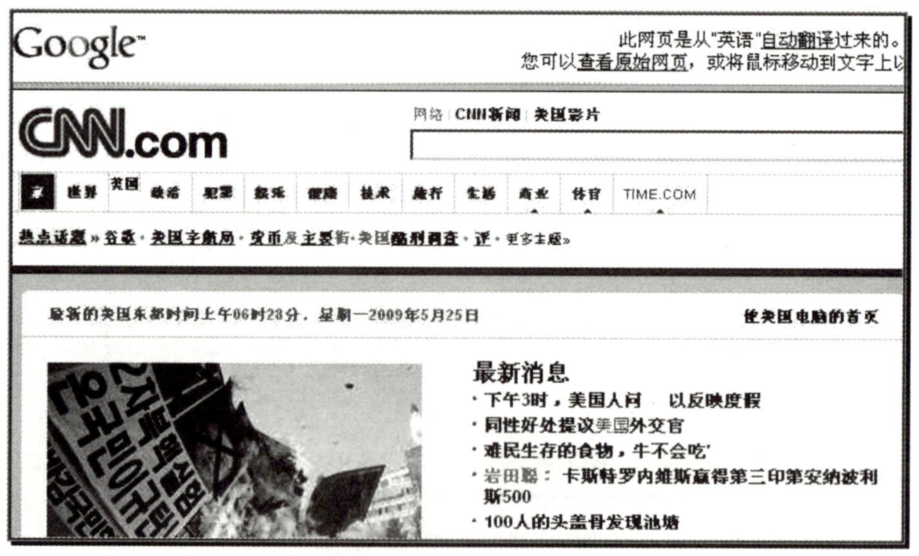

图 3—52　Google 网页翻译结果

（4）更改 Google 语言显示

使用这个功能就是让 Google 主页更符合使用习惯，想用哪种语言显示，就选哪种（如图 3—53 所示）。

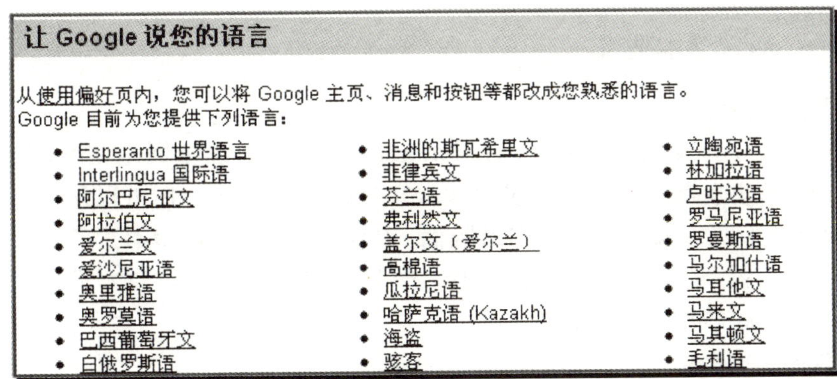

图 3—53　显示语言更改界面

(5) Google 各国首页

以下就是 Google 在各个国家使用的链接（共 100 余个国家与地区，此处仅列出了部分），分别有国旗域名以及各自国家官方语言显示的国家名（如图 3—54 所示）。

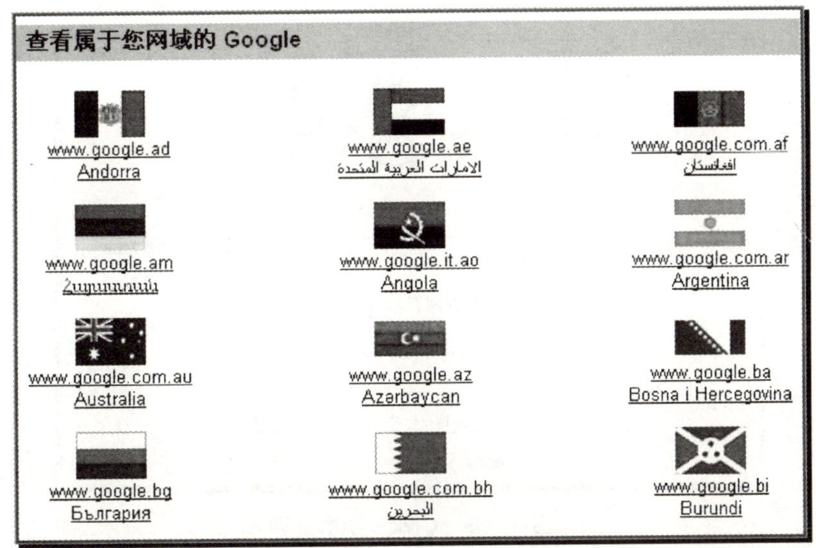

图 3—54　各国 Google 主页选择界面

5. 改善检索与高效检索

通过了解以上简单检索、高级检索以及一些特殊的语法小技巧，普通的信息检索就如囊中取物般容易了；通过检索策略的不断摸索调整和对检索结果的分析总结，才能形成一种高效的搜索习惯。只有拥有了高超的检索技术以及良好的检索习惯，才能真正地成为检索高手，在最短时间内获得真正有用的信息，不管是生活上的还是学习工作中的。

Google 的爬虫程序能捕获的信息依靠着良好的检索习惯和搜索语法的灵活使用，那总是能让你检索到的；然而，有些网页或许因为网页的所有者不允许或许因为其他原因而不能被 Google 的爬虫程序完全捕获，那我们就无能为力了，至少靠着检索工具在 Google 上努力是没有作用的，比如专业性的网站或者数据库、论坛中的信息等这些是基本获取不到的。

3.2.7 Google 学术搜索

1. 学术搜索简介

利用 Google 学术搜索（http://scholar.google.com），就如同站在巨人的肩膀上。

Google 学术搜索提供了可广泛搜索学术文献的简便方法。你可以从一个位置搜索众多学科和资料来源：来自学术著作出版商、专业性社团、预印本、各大学及其他学术组织的经同行评论的文章、论文、图书、摘要和文章。Google 学术搜索可帮助你在整个学术领域中确定相关性最强的研究。

2. 学术搜索功能

- 可以从一个位置方便地搜索各种资源；
- 查找报告、摘要及引用内容；
- 通过你的图书馆或在 Web 上查找完整的论文；
- 了解任何科研领域的重要论文。

3. Google 学术搜索（如图 3—55、图 3—56、图 3—57 所示）

图 3—55　Google 学术界面

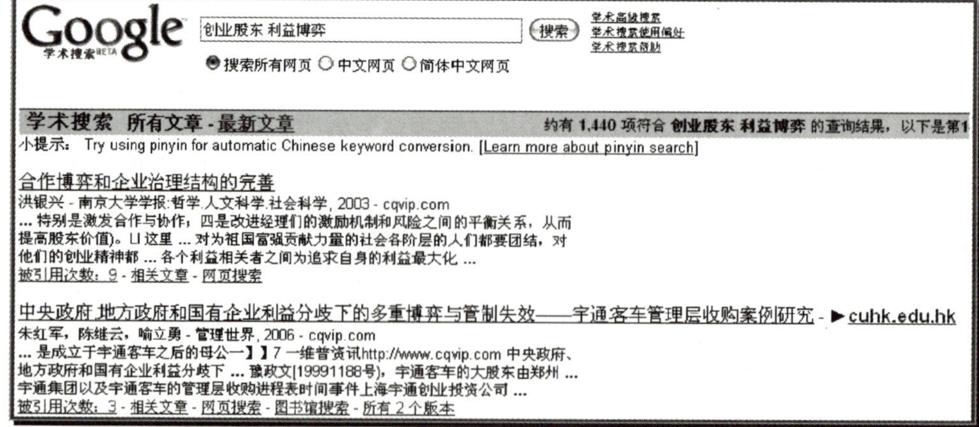

图 3—56　Google 学术搜索结果

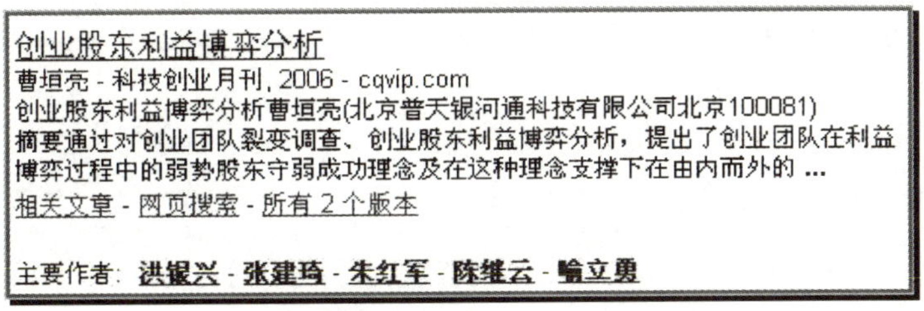

创业股东利益博弈分析
曹垣亮 - 科技创业月刊, 2006 - cqvip.com
创业股东利益博弈分析曹垣亮(北京普天银河通科技有限公司北京100081)
摘要通过对创业团队裂变调查、创业股东利益博弈分析，提出了创业团队在利益博弈过程中的弱势股东守弱成功理念及在这种理念支撑下在由内而外的 ...
相关文章 - 网页搜索 - 所有 2 个版本
主要作者: 洪银兴 - 张建琦 - 朱红军 - 陈维云 - 喻立勇

图 3—57　学术文献主要作者列表

我们可以看到检索结果中每一条检索结果下方会有几个链接，下面分别来解释一下这些链接的作用：

“被引用次数”：点击此链接，可以看到引用此文的所有文章列表，如图 3—58 所示。

Google 学术搜索 BETA
搜索
学术高级搜索
学术搜索使用偏好
学术搜索帮助
搜索所有网页 中文网页 简体中文网页
学术搜索
共有 9 项引用洪银兴: 合作博弈和企业治理结构的完善的查询结果
供应链中利益相关者信息共享的合作博弈分析
张子刚, 周永红 - 科技管理研究, 2004 - cqvip.com
2004年第3期科技管理研究Science and Technology Management Research 2Oo4 No. 3 文章编号：1000～7695 (2004)03—0144—03 供应链中利益相关者信息共享的合作博弈分析张子刚, 周永红 ...
被引用次数: 4 - 相关文章 - 网页搜索

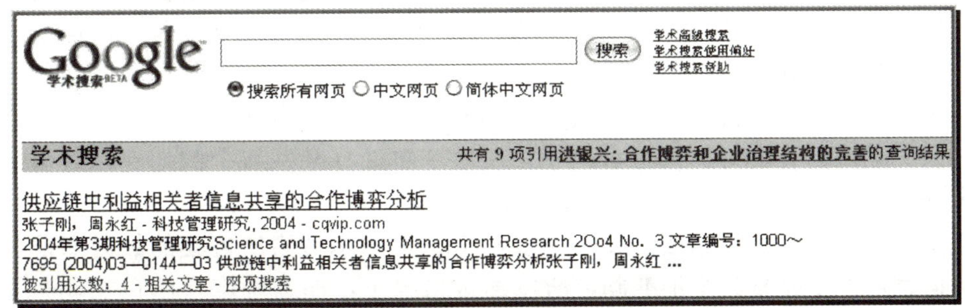

图 3—58　Google 学术搜索结果全记录

“相关文章”：点击此链接，可以找到与之相类似的文章，可能会有很多，这是 Google 根据一些特定字段自动匹配的。

“网页搜索”：点击此链接，自动跳到 Google 网页搜索中进行更大范围的搜索。

“图书馆搜索”：点击此链接，会自动跳转至与 Google 有合作的中国科学院国家科学数字图书馆网站，获取它的成员馆的借阅信息，如果可以借阅就可以享受到馆际互借申请单等服务。

“所有 N 个版本”：相同一篇文章由不同的地方收录导致有多个不同的版本，可能是初始版本或者修改版之类，Google 提供了不同版本的记录让检索者参考。

“主要作者”：检索页最下方会有主要作者的链接，直接点击链接，就能迅速找到该作者写的有关此关键词检索结果下的所有相关内容。

4. Google 学术高级搜索（如图 3—59 所示）

(1) 作者搜索

对于文献作者的限定。这是找到特定某篇文章最有效的方式之一，对于中国作者可以直接输入作者姓名，对于外国作者只需添加其姓氏就行了。

如果某个词既是人名也是普通名词，系统不能判断有歧义的检索词，因此最好使用“作者:”操作符，使用“作者＋英文冒号＋作者姓氏”则可以让系统知道紧接着该操作符的检索词就是作者姓氏。借用 Google 搜索技巧中的例子——“作者：flowers”就是找 Flowers 写的文章了。

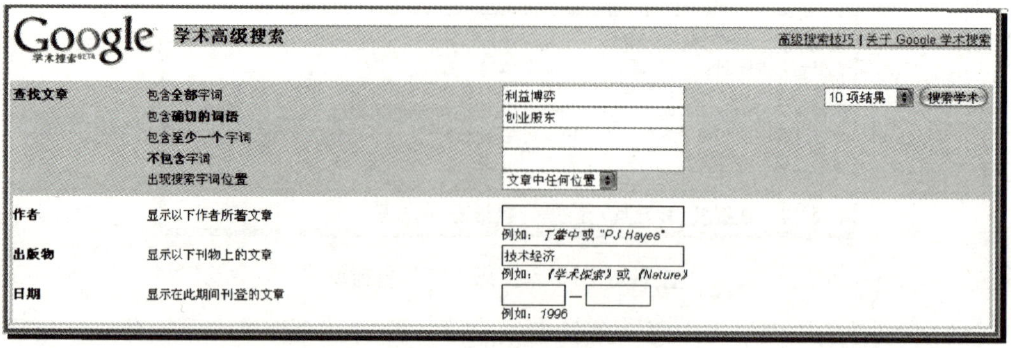

图 3—59　Google 学术高级搜索界面

对于外国作者来说，使用全名可以进一步缩小搜索范围，但是要尽量使用首字母而不要使用全名，因为 Google 学术搜索编入索引的某些来源就只提供了首字母。

（2）出版物限制

对于期刊的限定。有些期刊是核心期刊或者是被 EI、SCI 检索的期刊，那这样的期刊上的文献就具有很大的参考价值了，所以单单选择某些特定的期刊，对于把握学术发展动态很有必要，所以这个功能也是很不错的。

但是有可能出版物限制搜索并不完整，Google 学术搜索所搜集的数据都是自动提取的，信息可能不完整甚至不准确，所以通常情况下，如果确定自己在找什么，出版物限制的搜索是有效的；否则，查全率会有所降低。

（3）日期限制

对于文献日期的限定。在寻找某一特定领域的最新刊物时，日期限制搜索会比较有用。

要记住：有些网站资源没有标注出版日期，而日期限制搜索是无法搜索 Google 学术搜索不能辨别出版日期的文章的。所以，如果你肯定一篇关于超导薄膜的论文是在今年出版的，但通过日期限制搜索没能找到，请重新尝试不加日期限制的搜索。

（4）其他操作符

下列操作符相信大家都很熟悉了，就是和 Google 高级搜索功能中介绍的一样。

1）“+”操作符确保你的搜索结果中包括 Google 学术搜索通常会忽略的部分，如“+de knuth”。

2）“-”操作符排除所有包括搜索字词的结果，如“Flowers-作者：Flowers?”。

3）短语搜索“""”只返回包括这一确切短语的结果，如“"创业"”。

4）“OR”操作符返回包括搜索字词之一的结果，如“股票看涨期权 OR 看跌期权”。

5）“标题：”操作符如“标题：利益博弈”得到的结果只包括文件名中的搜索字词。

5．学术搜索使用偏好

在这里可以选择 Google 检索结果页上显示的结果数；当然最重要的就是这里可以选择在检索结果页显示导入到你所用的文献管理软件的链接，现在支持如下几种，如图 3—60 所示。

图 3—60　Google 学术文献管理软件选择界面

3.2.8　Google 代码搜索

1. Google 代码简介及功能介绍

Google 代码搜索：http://www.google.cn/codesearch。

Google 代码搜索提供了一个搜索互联网上开源代码的场所，Google 能够找到的所有可公开访问的源代码，包括存档（.tar.gz、.tar.bz2、.tar 与 .zip）、CVS 知识库以及 Subversion 知识库。如果对于编程方面有什么不明白，大可在 Google 代码搜索中检索一番，说不定疑难问题就迎刃而解了。

需要说明的是：Google code（http://code.google.com/intl/zh-CN/）可以搜索与 Google 的产品相关的开源代码，如果想开发与 Google 产品相关的程序，可以到这里面寻找资料，这里就不介绍了（如图 3—61 所示）。

图 3—61　Google 代码搜索界面

Google 代码搜索的功能：

- 使用正则表达式进行更为精确的搜索；
- 按语言、许可或文件名限制搜索；
- 查看源文件（包含指向其所在的整个包及网页的链接）。

2. Google 代码搜索

要搜索代码，最简单的当然就是和 Google 其他搜索工具一样，输入关键词，然后搜索就行；不过，由于是代码，很多关键词找到的结果都无法通用，比如在不同的编程语言之下，因此我们应该使用 Google 代码搜索特有的语法来搜索详细的信息。接下来，我们来介绍一下 Google 代码的使用方法。

（1）搜索语法及示例

表 3—1 Google 代码搜索语法示例表

语法表达式	意义	示例
regexp	搜索正则表达式	hello，\ world
“exact string”	搜索精确字符串	“hello，world”
class：regexp function：regexp	只搜索类（class）名称和函数（function）名称	hello，\ world class：test hello，\ world function：Test；
file：regexp	仅在与 regexp 匹配的文件或目录中进行搜索	file：include/lib/hello，\ world file：include/lib hello，\ world
package：regexp	搜索名称与 regexp 匹配的包（包的名称就是其网址或 CVS 服务器信息）	package：perl. * \. tar \. gz hello，\ world
lang：regexp	仅搜索用与 regexp 匹配的语言编写的程序	hello，\ world lang：Java hello，\ world lang：Java | Perl
license：regexp	仅搜索“软件许可”与 regexp 匹配的文件	license：gpl hello，\ world -license：gpl hello，\ world

（2）搜索要点：

1）如果要搜索空格字符，则需要用反斜杠“\”将其转义，如 hello，\ world，当然也可以使用“"hello，world"”来精确搜索。

2）Google 代码搜索中关键词是大小写敏感的，这和 Google 的其他搜索有明显的区别，需要特别注意；而在搜索语法表达式中的 regexp 则是大小写不敏感的。

3）Google 代码搜索中“非”符号“-”也是很常用的，比如想除去 Java 语言就可以使用“-lang：Java”。

4）Google 代码搜索中斜杠“/”的作用也是很大的，比如想查找 include 文件夹中的 lib 文件夹下的文件就是用“file：include/lib/”，而想查找 include 文件夹下的含有“lib”字段的文件夹则用“file：include/lib”就可以了。

（3）搜索结果

我们使用编程语言学习中最经典的语句“hello, world”来举例，让大家更好地理解。

搜索结果如图 3—62 所示，其中最上方 Google 列出了一些可以尝试的关键词，因为这比单单输入“hello, world”得到的搜索结果更精确，更有帮助。

在搜索结果中，第一条是该代码的代码地图地址（就是该代码位于哪个文件夹、哪个文件之下）；下面的那个灰色的框里的代码就是搜索结果，其中与关键词一样的部分加粗显示，而点击这个灰色框则能看到该代码的完整部分。

最下面显示的是该代码的网络存储地址、软件许可（图中为“未知”，有的则显示 GPL 等）、开发语言（图中为 Ruby）以及可以搜索到更多的结果（如图 3—62 所示）。

3. Google 高级代码搜索

Google 高级代码搜索其实是一个图形界面而已，因为一切的结果都能用正则表达式来表达，而 Google 高级代码搜索只是让搜索更简单一些，不需要编写复杂的正则表达式了，而上一节所说的语法在这里一样是可以使用的（如图 3—63 所示）。

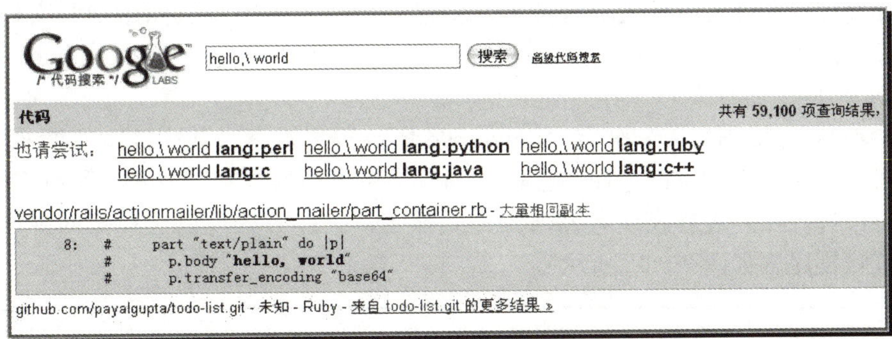

图 3—62　Google 代码搜索结果

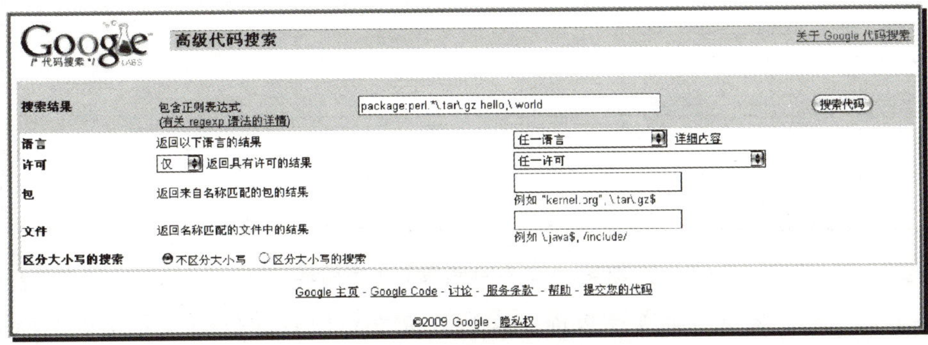

图 3—63　Google 高级代码搜索界面

3. 2. 9　Google 专利搜索

1. Google 专利搜索简介

Google 专利搜索：http://www. google. com/patents，如图 3—64 所示。

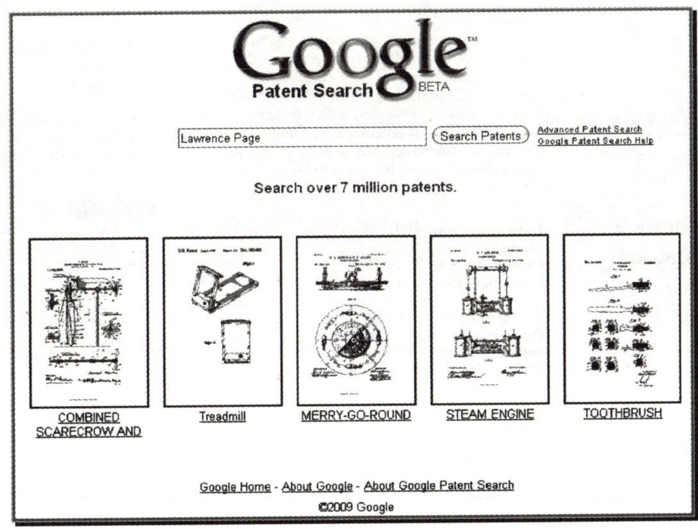

图 3—64　Google 专利搜索界面

只限于美国的专利，而且尚没有其他国家版本。用户通过输入关键词、专利号、发明者和文件日期就可以搜索美国的专利产品。用户还可以浏览原始专利文件的扫描图像，并可以进行放大。Google 的专利搜索涵盖了 700 万个专利文件。

2. Google 专利搜索

我们用 Google 创始人的名字“Lawrence Page”来搜索（如图 3—64 所示），得到搜索结果页，显示内容可以选择“已授专利”、“正申请的专利”或者“所有专利”；显示方式可以选择用列表方式或者缩略图方式显示；排序方式可以选择按匹配度或者申请时间进行排序（如图 3—65 所示）。

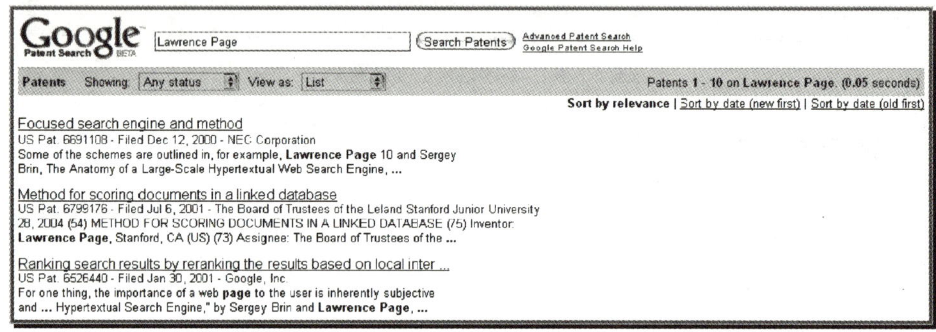

图 3—65 Google 专利搜索结果

点击第二条，就可以进入该界面，在该界面上可以看到这份专利文件的所有详细文字信息及图片信息，也可以在线阅览，还能下载该专利的 PDF 文件（如图 3—66 所示）。

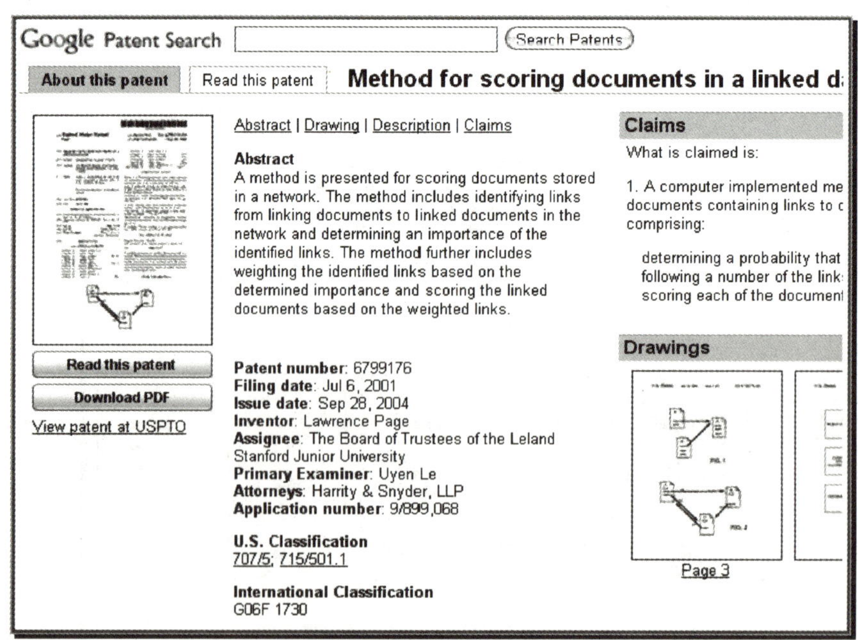

图 3—66 某一专利的详细内容

3. Google 高级专利搜索

Google 高级专利搜索和 Google 其他的高级搜索十分类似，可以选择输入专利号、发明人、代理人、分类码等信息，进行高级搜索（如图 3—67 所示）。

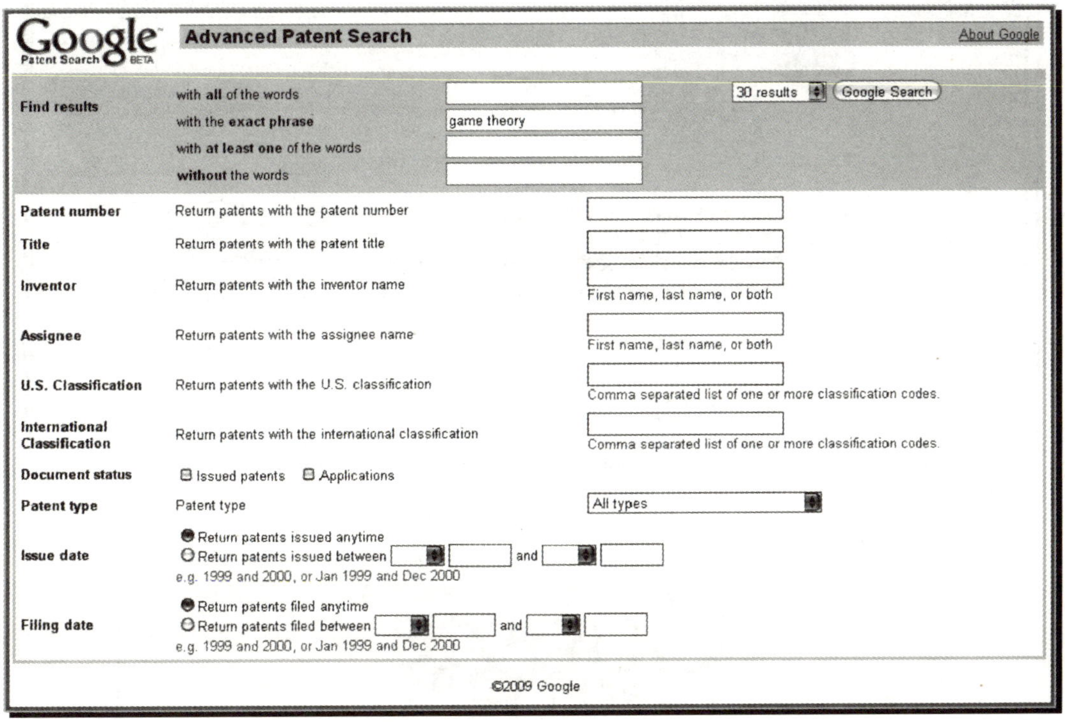

图 3—67　Google 高级专利搜索界面

3. 2. 10　Google 的其他功能

1. 使用 Google 资讯检索新闻资源

Google 资讯：http://news. google. com/，如图 3—68 所示。

使用 Google 资讯，可以看到不同网站最新更新的新闻信息，当然也可以在搜索框中搜索以前的资讯，也可以在高级资讯搜索中进行复杂的搜索，由于基本功能与 Google 高级检索类似，因此在此就不详细介绍了。

在界面的左方（如图 3—68 所示），可以选择国别来看各个国家现在最新的新闻信息是什么。而在国别选择框下，可以进行新闻分类搜索。要找到想要的方面的信息用这个功能最好不过了。再往下就是常用的 Google 快讯和 RSS 通知功能了，这样可以让 Google 用邮件或者通过 RSS 的方式快速阅读了。

2. 使用 Google 图片检索图像

Google 图片搜索：http://images. google. cn/，如图 3—69 所示。

使用这个工具，可以搜索到相应的图片，只要输入关键词就行了；当然高级图片搜索可以对图片尺寸、文件类型、图片颜色等方面进行自定义，这对于检索风景照、桌面或者 PPT 用图之类的是非常有帮助的（如图 3—69 所示）。

图 3—68　Google 咨询界面

图 3—69　Google 图片搜索界面

3. 使用 Google 图书检索电子书

Google 图书搜索：http://books.google.cn/，如图 3—70 所示。

Google 图书搜索可以搜索到 700 多万种图书的全文。特别地，如果要看英文原著的话 Google 图书搜索可以帮上不少忙，因为 Google 已经与美国的一些行业协会达成协议，可以把原文图书经过扫描后制作成电子文档供在线阅读。而对于中文图书则只能看到图书的基本信息，很难有可以在线看的书，这不失为一个遗憾。

Google 图书搜索按访问类型分三种，且分别对应了不同的权限：受版权保护的在版图书、受版权保护但已绝版的图书和不受版权保护的图书；比如不受版权保护的图书就可以下载，受版权保护的图书则提供了可以购买或者可以借阅的途径。

图 3—70　Google 图书搜索界面

点击某种图书进入，可以看到关于此书的可预览界面和一些详细信息（如图 3—71 所示）。

图 3—71　某一图书的详细内容

4. 使用 Google 音乐检索音乐

Google 音乐：http://www.google.cn/music/homepage。

Google 音乐作为最新上线的产品，已经获得了不少的好评，因为这是下载正版音乐的很好的途径；而挑歌功能也很有意思，不知道歌手、不知道歌名、不知道歌词照样可以挑出自己喜欢的歌曲（如图 3—72 所示）。

5. 使用 Google 生活检索生活信息

Google 生活搜索：http://shenghuo.google.cn/shenghuo/。

Google 生活搜索可以搜到一切和生活有关的东西，如房屋信息、就业信息、出行信息、餐饮信息以及娱乐信息等各种信息，还可以选择不同城市，全国各大城市人们的需要都可以得到满足（如图 3—73 所示）。

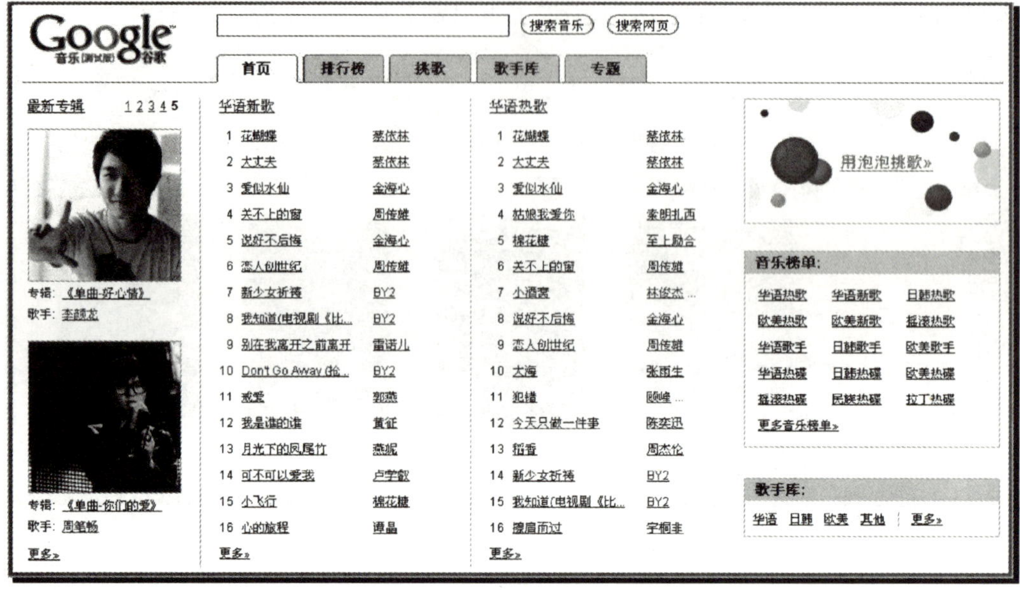

图 3—72　Google 音乐搜索界面

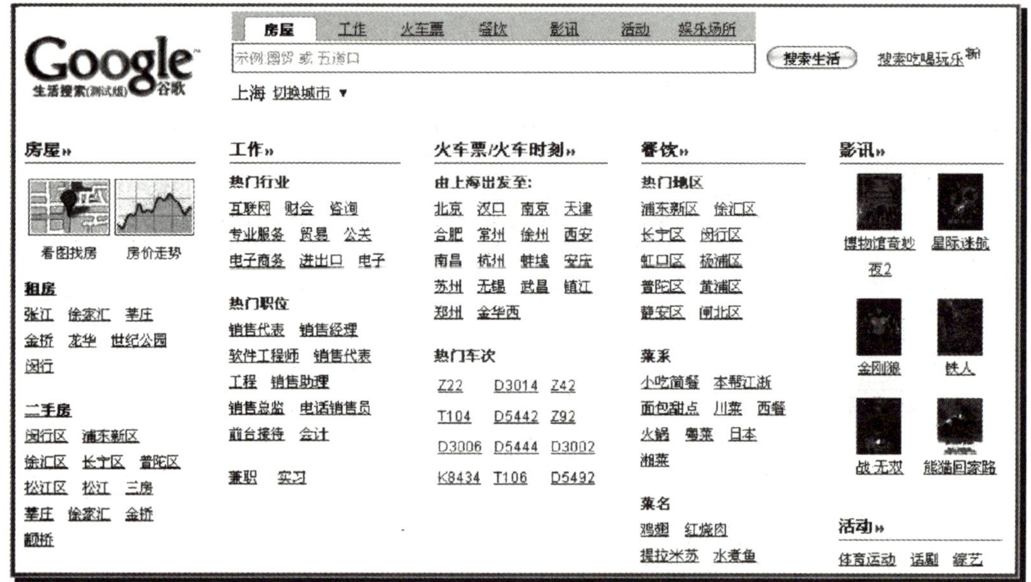

图 3—73　Google 生活搜索界面

6. 使用 Google 地图检索路程信息

Google 地图：http://ditu.google.cn/。

Google 地图可以搜索到全国各城市的交通、公交等相关信息，有关道路的交通流量也可以清楚获得，方便开车一族。

这和 Google 生活搜索有了交叉，搜索时我们可以按以下方式操作：如果知道某地找某些娱乐活动就用 Google 地图解决，如果知道某些娱乐活动找某地就用 Google 生活搜索解决。

如果要和好友出行，怎么告诉他们到目的地该怎么走呢，可以用“链接”或者“发送”或者“打印”功能，把地图信息发送给他们，只要打开链接，好友们就知道怎么去目的地了（如图 3—74 所示）。

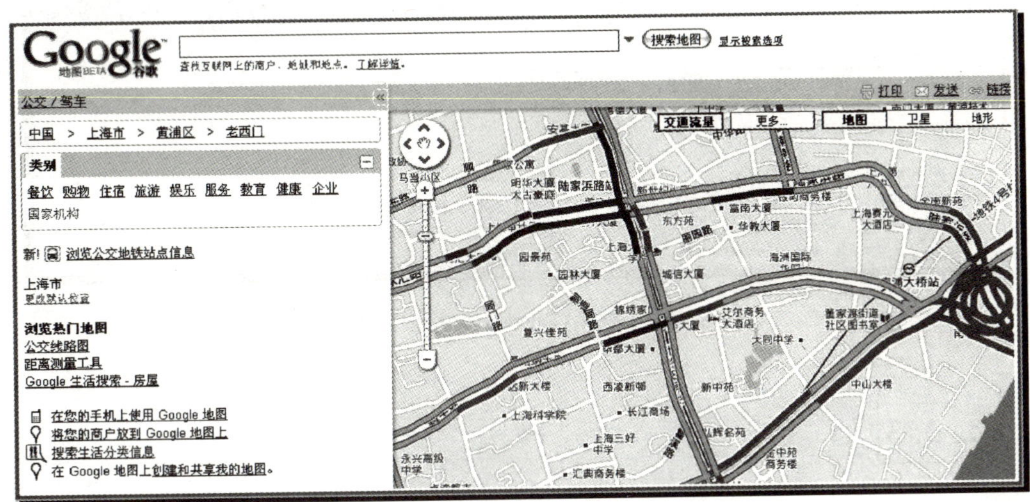

图 3—74 Google 地图搜索界面

7. 使用 Google 大学搜索检索大学网页

Google 大学搜索：http://www.google.cn/universities.html。

通过 Google 大学搜索找到想要找的大学名称，进入之后，输入关键字就可以搜到此大学网站内的相关信息，它是比较方便的一个功能，起码不用记那么多大学的域名（如图 3—75、图 3—76 所示）。

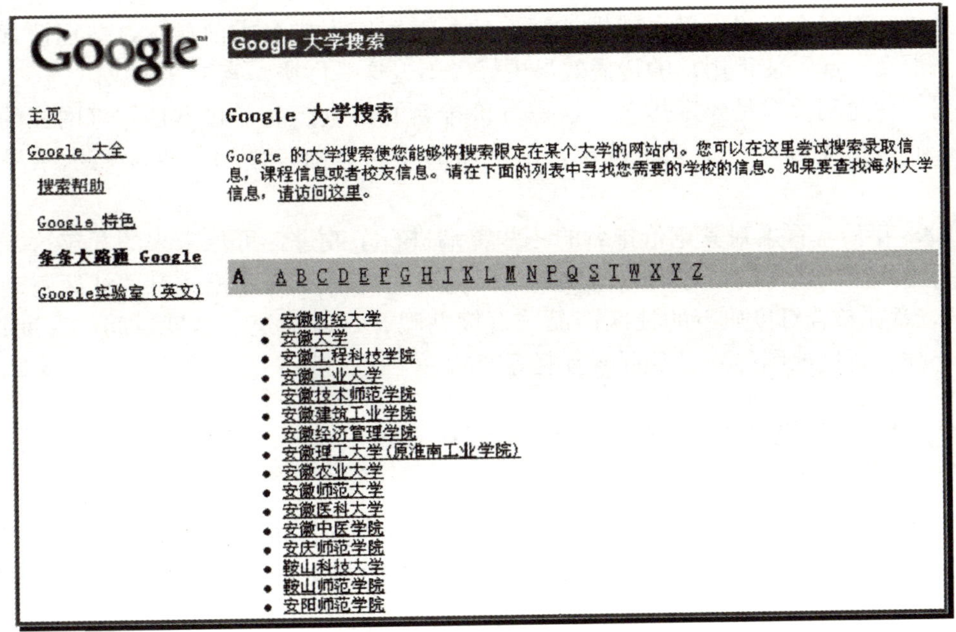

图 3—75 Google 大学搜索界面

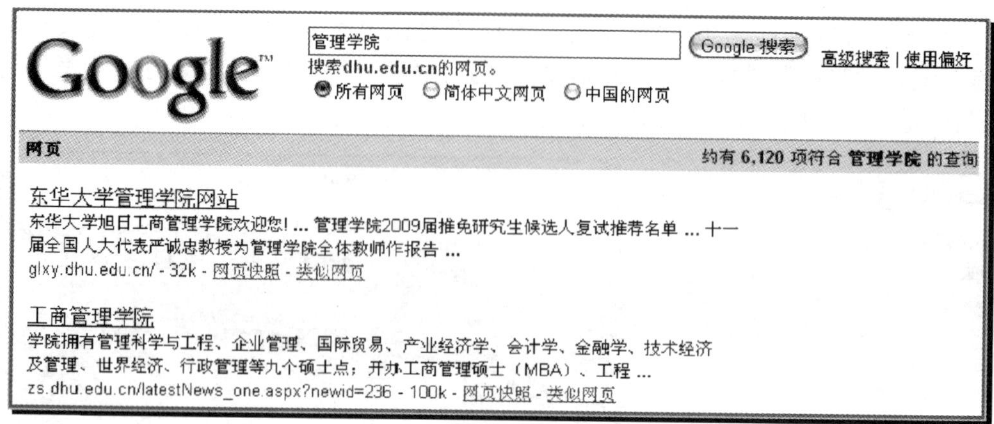

图 3—76 Google 大学搜索结果

3.3 百　度

3.3.1 百度的商业模式

作为中国最大的搜索引擎公司，百度已正式成为美国纳斯达克 100 指数成份股，成为纳斯达克整体指数的“风向标”，作为中国第一个获此殊荣的企业，百度不仅证实了中国上市公司的实力，也更加巩固了百度在世界科技市场领域的地位。

竞价排名是百度首创的一种按效果付费的网络推广方式，用少量的投入就可以给企业带来大量潜在客户，有效提升企业销售额。2008 年前，百度的竞价排名直接出售搜索结果，看哪个用户出价高就把该用户的关键字广告排名靠前显示，并把搜索结果和广告混在一起，使得用户的传播效果更好，不过这一做法一直饱受争议。

另一种盈利模式是固定排名，这是竞价排名的衍生产品，它不是靠着网民的点击付费，而是每年都有一个固定价位，出价高的排名靠前，显示在百度显示结果页的右方。

2008 年后，百度对其竞价排名的一些弊端进行了改进，可见未来的几年这一百度最重要的商业模式将向更好的方向发展。而同时百度的新商业模式有“社区互动营销方案”，意在整合百度旗下的社区产品（百度贴吧、百度知道、百度空间、百度百科、百度 mp3、百度地图等）以及百度有啊等产品。

3.3.2 百度的检索方法

1. 普通搜索

百度搜索简单方便，和 Google 一样，只需要在搜索框内输入需要查询的内容，然后点击“百度一下”按钮，就可以得到最符合查询需求的网页内容了（如图 3—77 所示）。

图 3—77　百度普通搜索界面

2. 搜索框提示

百度会根据输入的关键词，在搜索框下方实时展示最符合的提示词。只需用鼠标点击你想要的提示词，或者用键盘上的上下键选择并回车，就会返回该词的查询结果。如输入“创业”，搜索框提示中会显示“创业”、“创业网”等选项（如图 3—78 所示）。

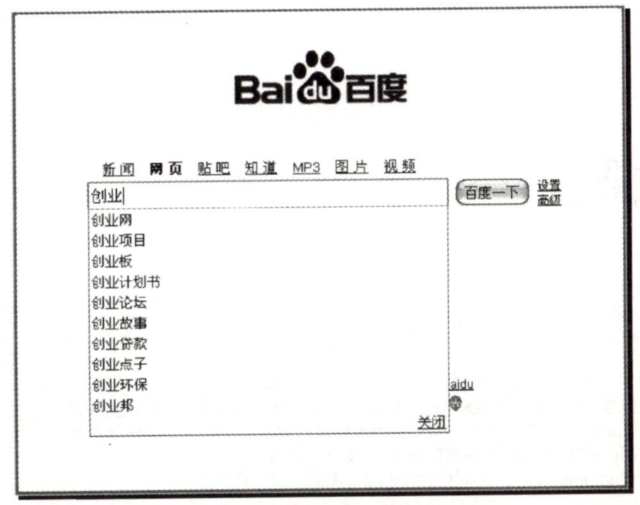

图 3—78　百度搜索提示框

3.3.3　百度的检索规则

1. 百度默认检索规则

(1) 大小写

同 Google 一样，百度也是大小写不敏感的，“English”、“enGliSh”和“English”搜索出来是一样的结果。

(2) 词组搜索

1) 双引号

用双引号可以进行整句话的精确搜索。只有和双引号内的检索词完全匹配，才是命中的结果。

2）书名号

在百度中，中文书名号是可被查询的。加上书名号的查询词，有两层特殊功能，一是书名号会出现在搜索结果中；二是被书名号括起来的内容，不会被拆分（如图 3—79 所示）。

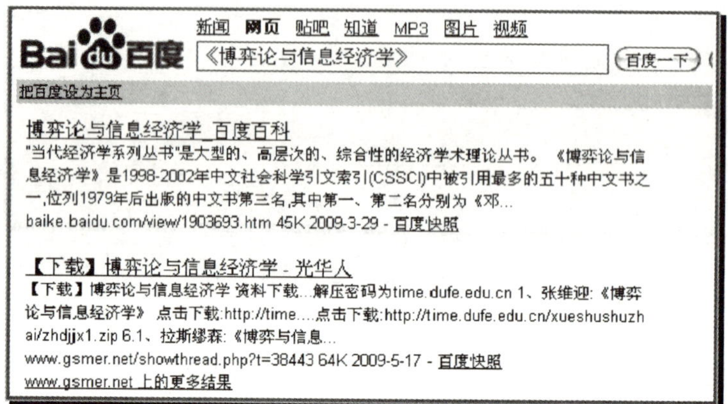

图 3—79　使用书名号进行词组搜索

2. 检索运算符

（1）“与”运算：增加搜索范围。

运算符为“空格”或“+”。如图 3—80 所示。

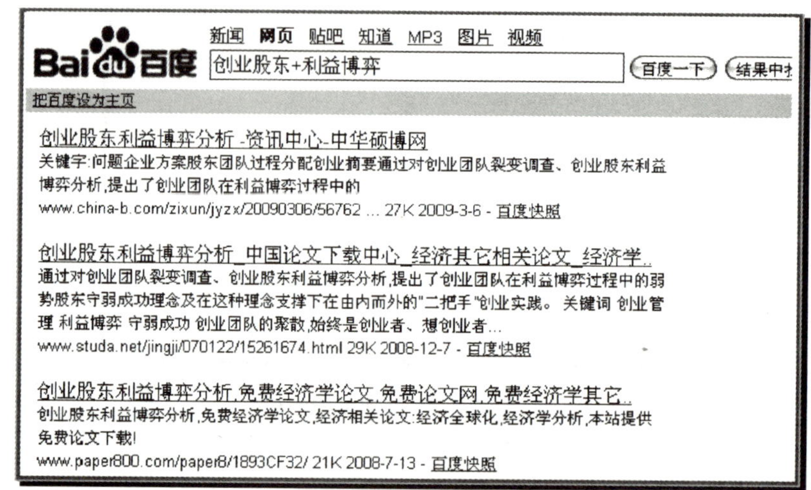

图 3—80　“与”运算

（2）“非”运算：减除无关资料。

运算符为“-”。减号前后必须留一空格，语法是“A-B”。有时候，排除含有某些词语的资料有利于缩小查询范围（如图 3—81 所示）。

（3）“或”运算：并行搜索。

运算符为“|”。使用“A|B”来搜索“或者包含关键词 A，或者包含关键词 B，或者包含 A、B”的网页。不过在两个关键词 A 和 B 之间需要用空格隔开“|”，即“A+空格+|+空格+B”这样才能找到想要的结果（如图 3—82 所示）。

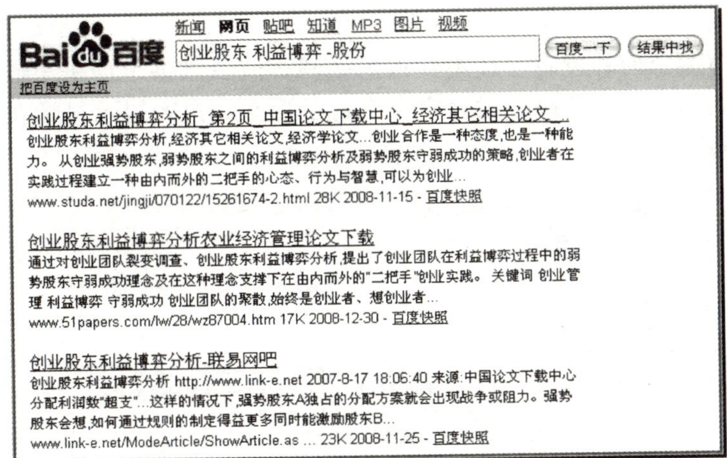

图 3—81　"非"运算

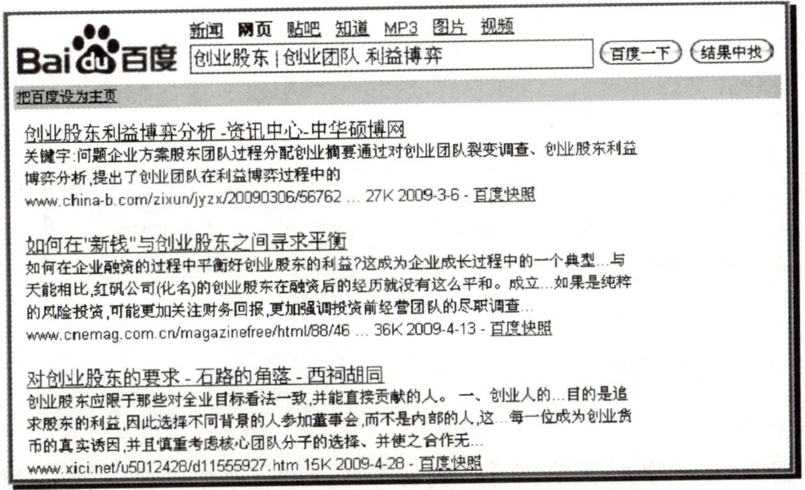

图 3—82　"或"运算

3. 错别字提示

我们在搜索时经常会输入一些错别字，导致搜索结果和预想结果千差万别，而百度会给出错别字纠正提示，错别字提示显示在搜索结果上方（如图 3—83 所示）。

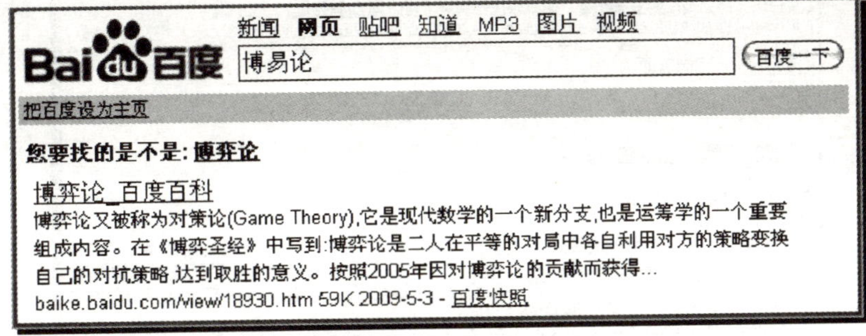

图 3—83　错别字提示

4. 拼音提示

如果只知道某个词的发音，却不知道怎么写，或者嫌某个词拼写输入太麻烦，百度就能根据输入的拼音把最符合的对应汉字提示出来，拼音提示显示在搜索结果上方（如图 3—84 所示）。

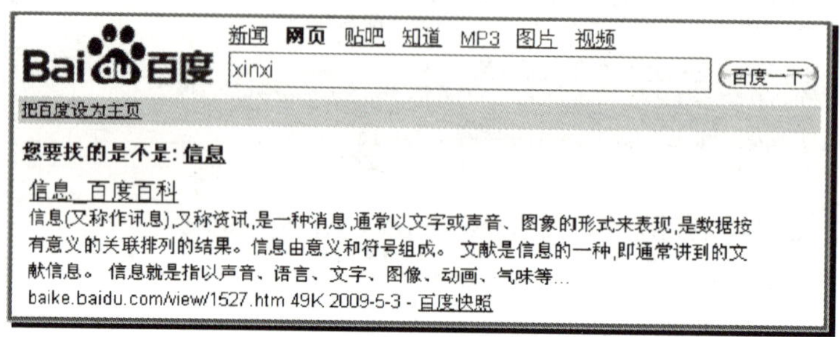

图 3—84 拼音提示

5. 相关搜索

有时候是检索词选择不够恰当导致搜索结果不佳，百度的“相关搜索”给出了和输入的检索词很相似的一系列查询词，百度相关搜索排布在搜索结果页的最下方，按搜索热门度排序（如图 3—85 所示）。

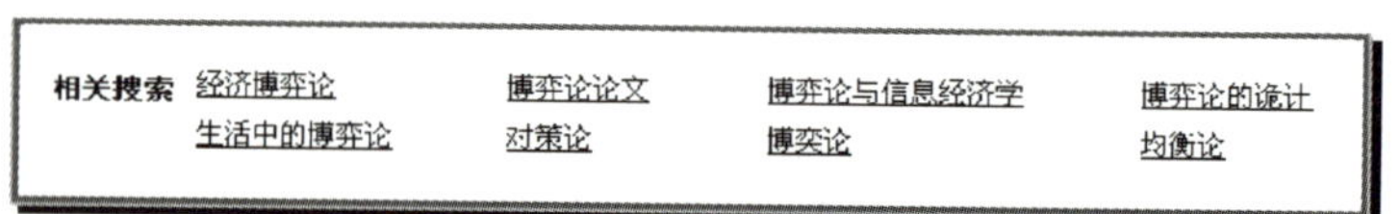

图 3—85 相关搜索

3.3.4 查找特殊信息

1. 百度快照

有时候搜索的结果网页无法打开，或者打开速度特别慢，这时就可以使用“百度快照”来解决问题。百度快照只会临时缓存网页的文本内容，图片、音乐等非文本信息仍是存储于原网页。当原网页进行了修改、删除或者屏蔽后，百度搜索引擎会自动修改、删除或者屏蔽相应的网页快照（如图 3—86 所示）。

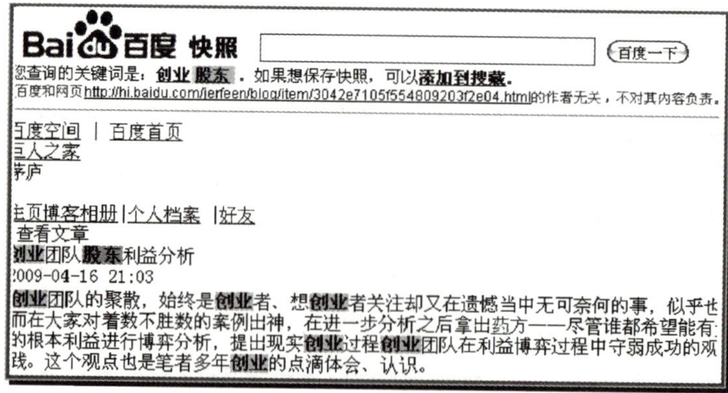

图 3—86 百度快照

2. 英汉互译词典

百度网页搜索内嵌英汉互译词典的功能，如果想查询英文单词或词组的解释，可以在搜索框中输入想查询的“英文单词或词组”加上“是什么意思”，搜索结果第一条就是英汉词典的解释，如，“game theory 是什么意思”；如果想查询某个汉字或词语的英文翻译，可以在搜索框中输入想查询的“汉字或词语”加上“的英语”，搜索结果中第一条就是汉英词典的解释，如，“博弈论的英语”。另外，也可以通过点击搜索框右上方的“词典”链接，到百度词典中查看想要的词典解释（如图 3—87 所示）。

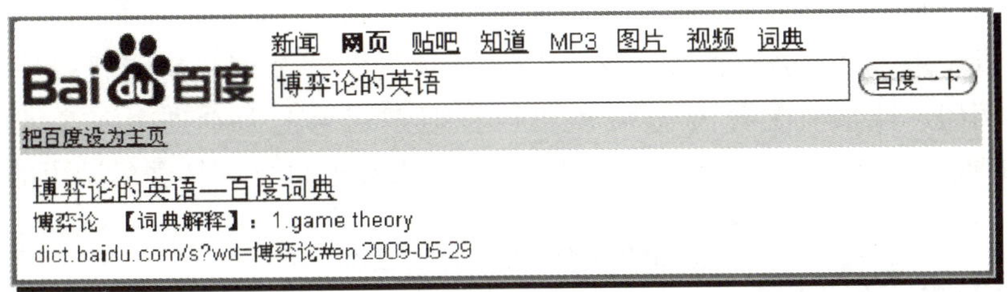

图 3—87　英汉互译词典

3. 股票、列车时刻表和飞机航班查询

在百度搜索框中输入股票代码、列车车次或者飞机航班号，你就能直接获得相关信息。例如，输入列车车次号“d28”，搜索结果上方就显示了 D28 次列车的基本信息，还可以点击“更多”查询更多信息（如图 3—88 所示）。

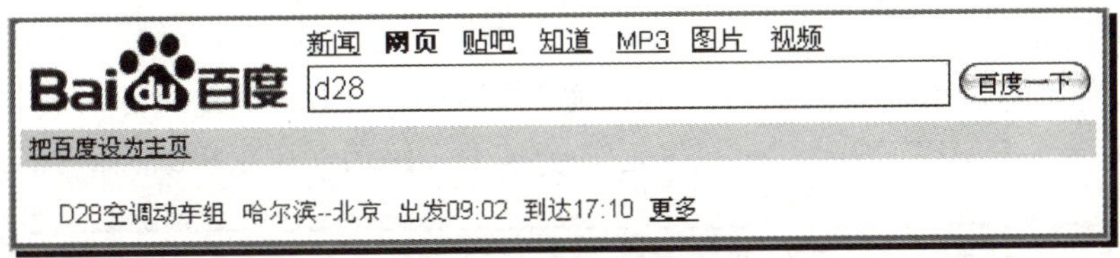

图 3—88　火车时刻查询

4. 计算器和度量衡转换

百度网页搜索内嵌的计算器功能能快速高效地解决一般的数值计算问题，只需在搜索框内输入计算式，回车即可以得到结果。如：sin (2 * pi-3)/3（如图 3—89 所示）。

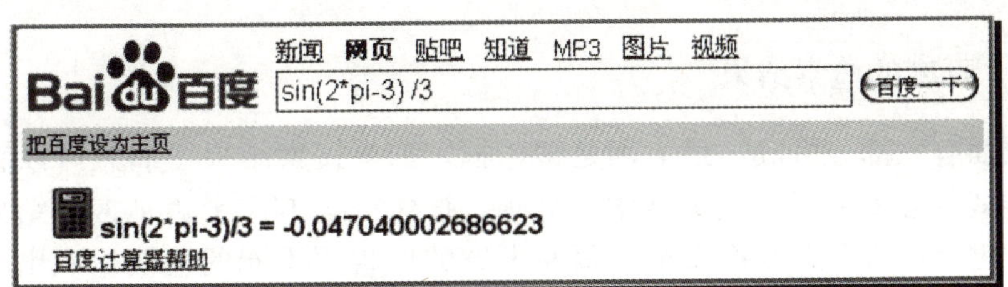

图 3—89　数学式计算

在百度的搜索框中，你也可以做度量衡转换。格式如下：换算数量＋换算前单位＝？换算后单位，如：37 摄氏度＝？华氏度（如图 3—90 所示）。

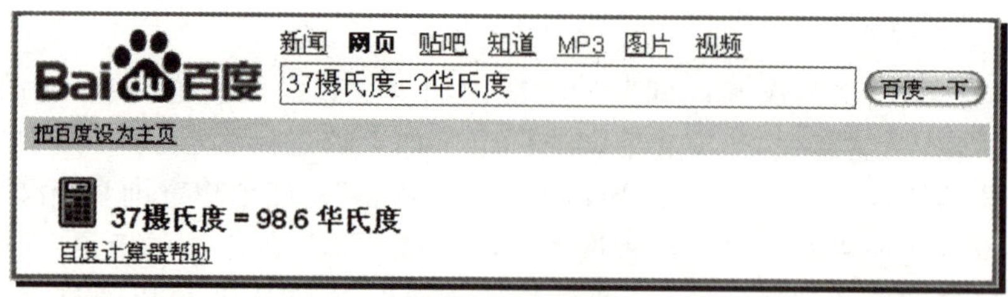

图 3—90 度量衡转换

5. 天气查询

在搜索框中输入“要查询的城市名”加上“天气”这个词，就能获得该城市当天的天气情况。例如，搜索“上海天气”，就可以在搜索结果上面看到上海今天的天气情况（如图 3—91 所示）。百度支持全国多达 400 多个城市和近百个国外著名城市的天气查询。

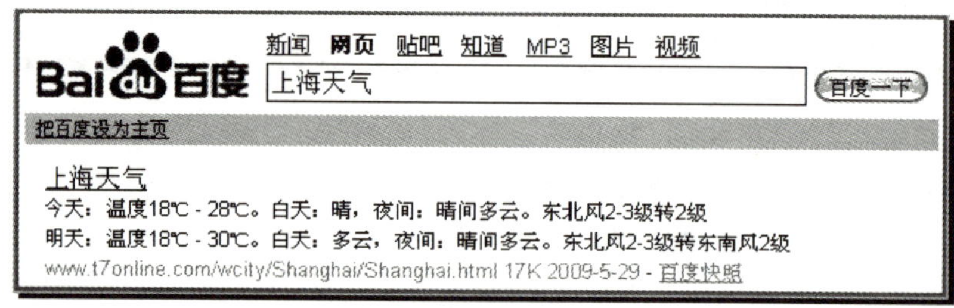

图 3—91 天气预报查询

6. 货币换算

要换算当前的货币，只需在百度网页搜索框中键入需要完成的货币转换就可以了，例如“1USD=？RMB”或者“100 美元等于多少人民币”（如图 3—92 所示）。

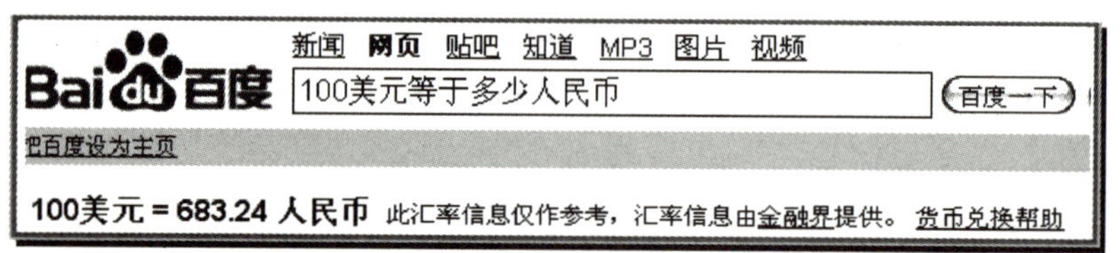

图 3—92 货币换算

3.3.5 百度的检索结果

检索页面有三部分组成，最上面是搜索框，如果搜索结果不满意可以直接输入关键词，这样就免去了到百度主页搜索的麻烦。搜索框下方左半边是搜索结果，右半边是百度的关键字广告。百度搜索结果页左上方的广告用不同的色块标识出了，然后下面才是真正的检索内容。

还有一种，在搜索结果详情旁有“推广”两字，这也是广告，因此要往下翻，直到不显示“推广”而显示“百度快照”才是真正的搜索结果，很有可能会在第二页才出现搜索结果（如图 3—93、图 3—94 所示）。

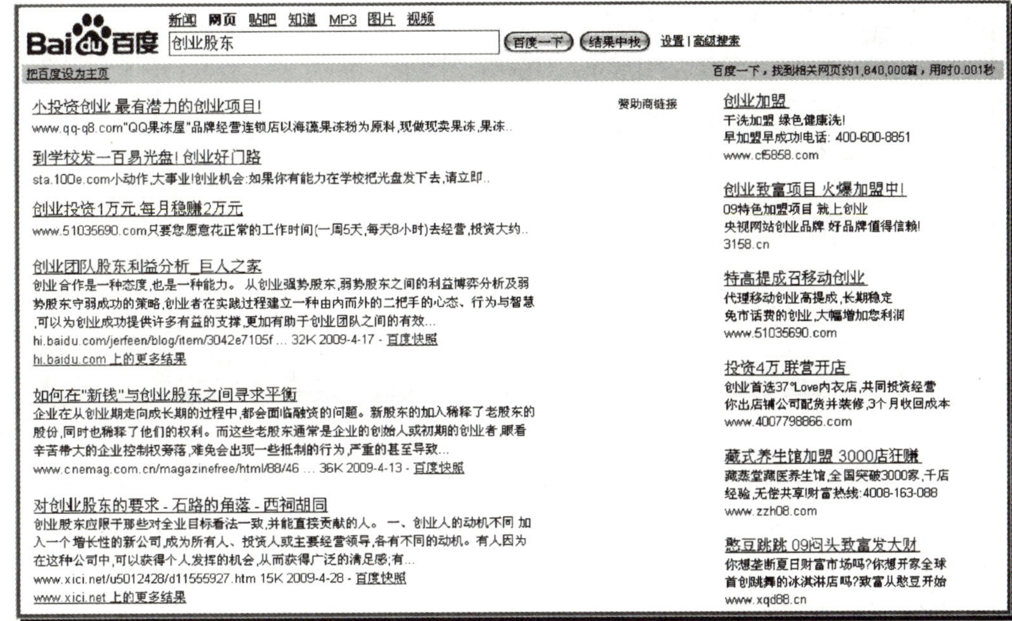

图 3—93　百度搜索结果页——有赞助商链接广告

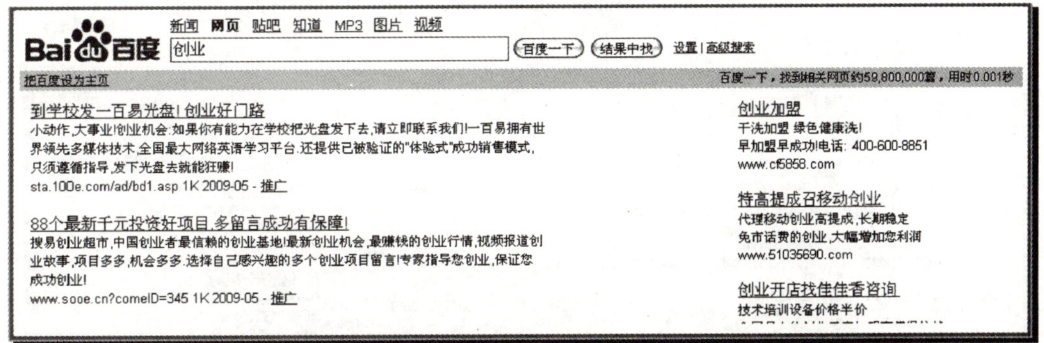

图 3—94　百度搜索结果页——无赞助商链接广告

3.3.6　百度的高级检索

1. 高级搜索语法

(1) intitle：把搜索范围限定在网页标题中

网页标题通常是对网页内容提纲挈领式的归纳。把查询内容范围限定在网页标题中，有时能获得良好的效果。

1）示例：想搜索标题中同时含有“张维迎”和“博弈论”的网页。

2）检索式：“intitle:张维迎 intitle:博弈论”。

3）结果：百度一下，找到相关网页 338 篇，用时 0.004 秒。

4）图示：如图 3—95 所示。

与 Google 不同，百度不支持 allintitle 语法，因此只能这样检索同时含有两个词，才能得到想要的结果。

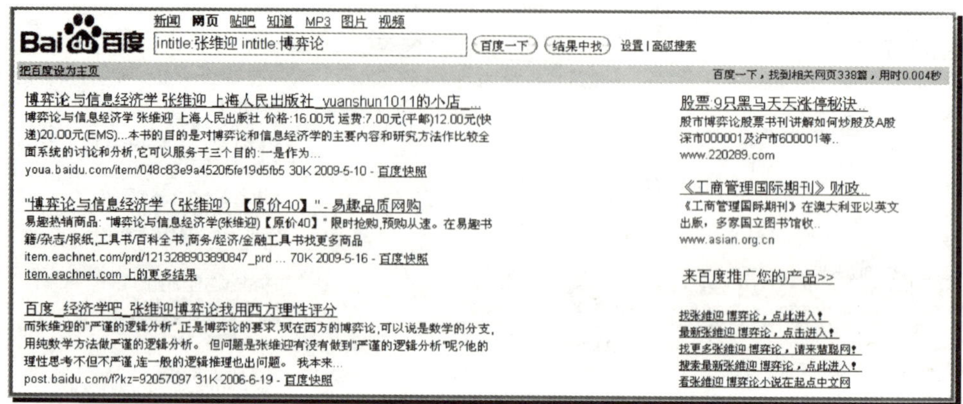

图 3—95　intitle 语法应用

（2）site：把搜索范围限定在特定站点中

如果知道某个站点中有自己需要找的东西，就可以把搜索范围限定在这个站点中，提高查询效率。

1）示例：在“scholar. ilib. cn”中搜索所有包含“创业股东”的网页。

2）检索式：“创业股东 site:www. ilib. cn”。

3）结果：百度一下，找到相关网页约 763 篇，用时 0. 085 秒。

4）图示：如图 3—96 所示。

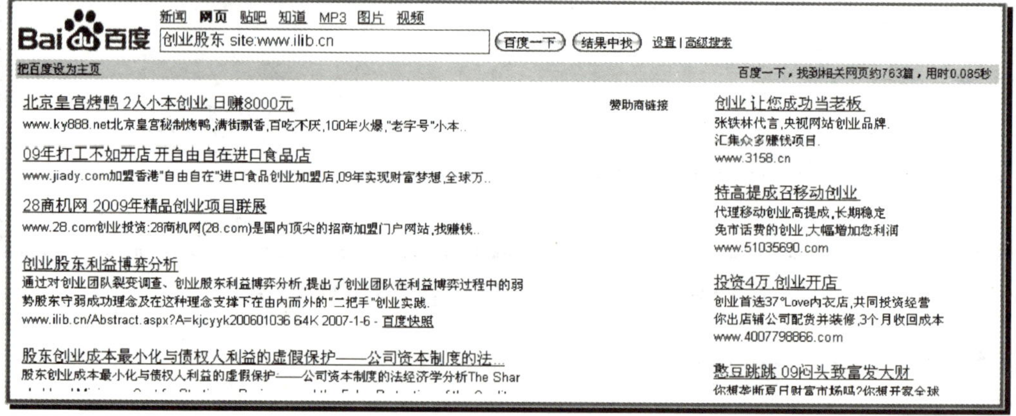

图 3—96　site 语法应用

与 Google 不同，百度的 site 语法，不能使用“scholar. ilib. cn”，只能使用含有 www 的“www. ilib. cn”，不然就没有结果。

（3）inurl：把搜索范围限定在 URL 链接中

网页 URL 中的某些信息，常常有某种有价值的含义。如果对搜索结果的 URL 做某种限定，就可以获得良好的效果。

1）示例：想搜索 URL 中含有“博弈论”，网页中含有“张维迎”的网页。

2）检索式：“inurl：张维迎 博弈论”。

3）结果：百度一下，找到相关网页 18 篇，用时 0. 001 秒。

4）图示：如图 3—97 所示。

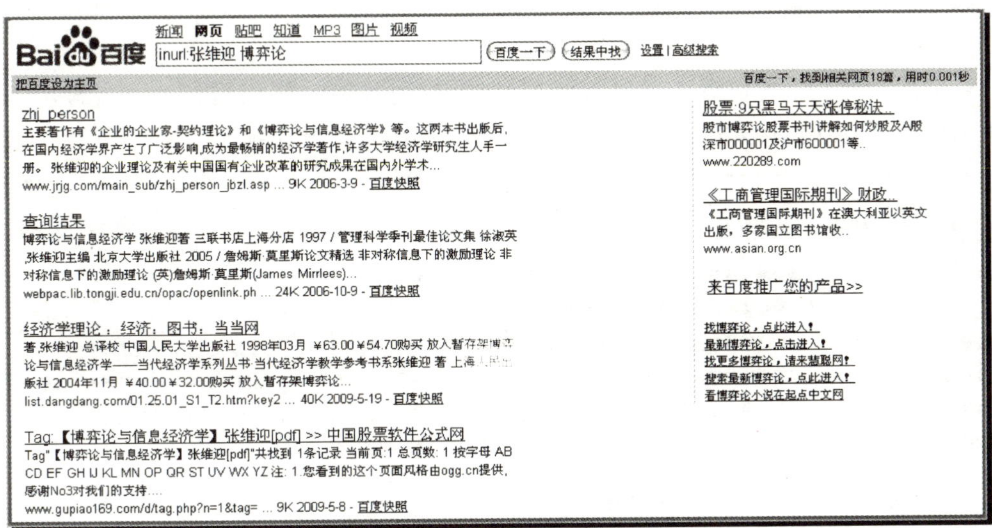

图 3—97　inurl 语法应用

（4）filetype 语法

很多情况下，我们需要有权威性的，信息量大的专业报告或者论文，这样就要对搜索对象的文件类型做限制，冒号后是文档格式，如 PDF、DOC、XLS 等。

1）示例：想搜索含有“博弈论”的所有文档。

2）检索式：“filetype:all 博弈论”。

3）结果：百度一下，找到相关网页 204 篇，用时 0.026 秒。

4）图示：如图 3—98 所示。

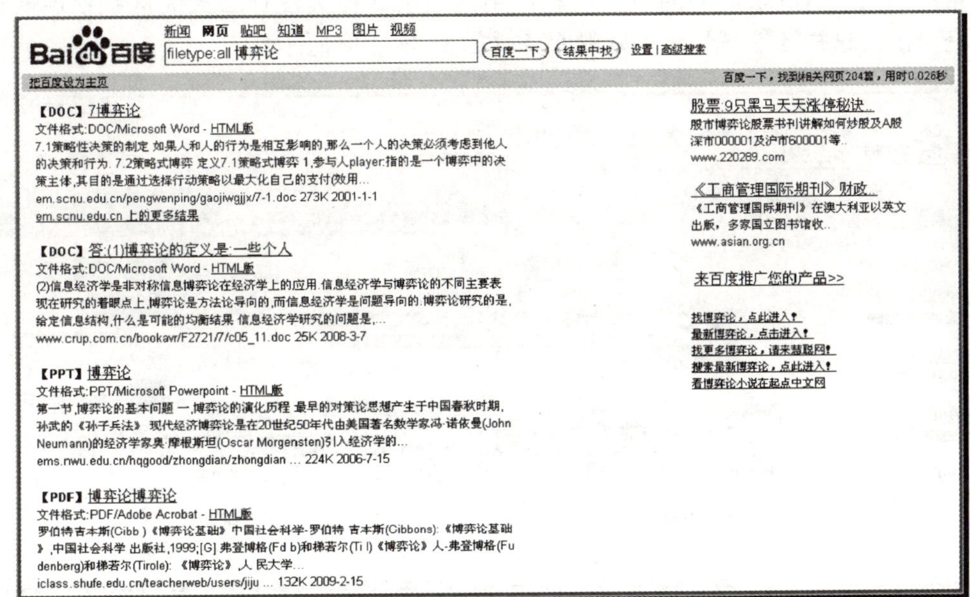

图 3—98　filetype 语法应用

与 Google 不同，百度可以使用 filetype：all 来搜索所有文档，而 Google 则只能按确定的文档格式搜索。

2. 个性化设置

百度的个性化设置可以设置是否使用“搜索框提示”、使用语言、每页显示条数、搜索结果打开方式、搜索结果是否显示新闻等（如图 3—99 所示）。

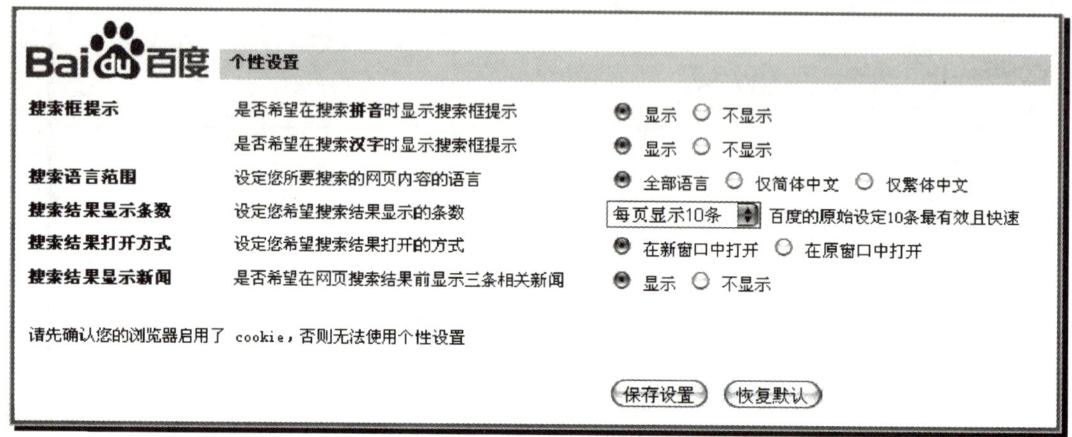

图 3—99 百度个性化设置界面

3.3.7 百度知道

百度知道：http://zhidao.baidu.com。

使用“百度知道”的其实有三种人，一种是搜索答案的人，一种是寻求帮助的人，另一种就是知道答案回答的人。其中第一种不需要登录，不过只能搜索答案，却体会不到帮助别人或者寻求帮助的快乐，和使用搜索引擎搜索没什么太大区别；后两种是需要登录的，这样才能享受到更好的服务（如图 3—100 所示）。

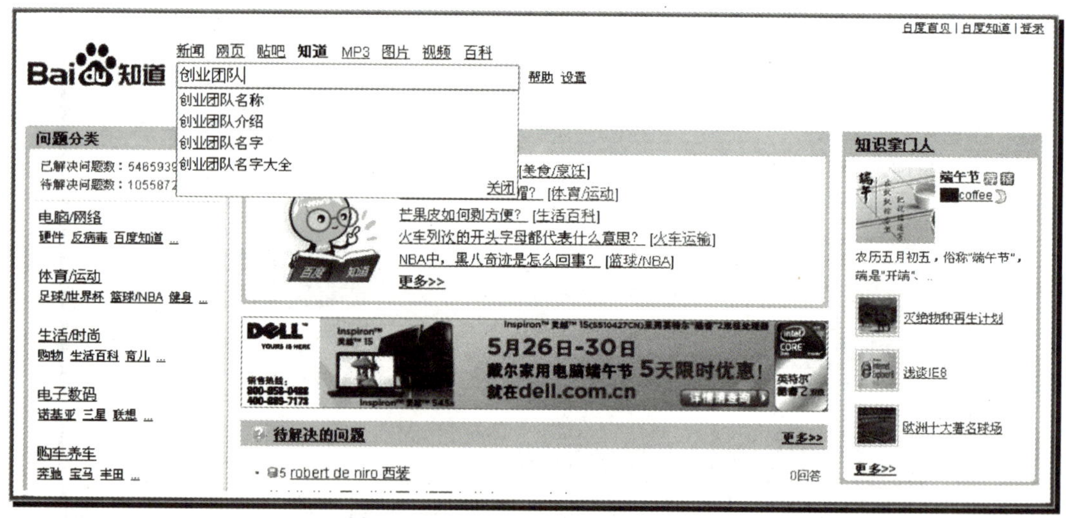

图 3—100 “百度知道”搜索界面

1. 搜索答案

点击“搜索答案”，搜索结果页上有三个标签，分别是“已解决问题”、“待解决问题”和“投票中问题”。其中已解决的问题就是提问者已经获得了最佳答案；待解决的问题是指提问者还在等待网友的答复；投票中的问题是指提问者不清楚哪个答案最好，在征求网友的意见（如图3—101所示）。

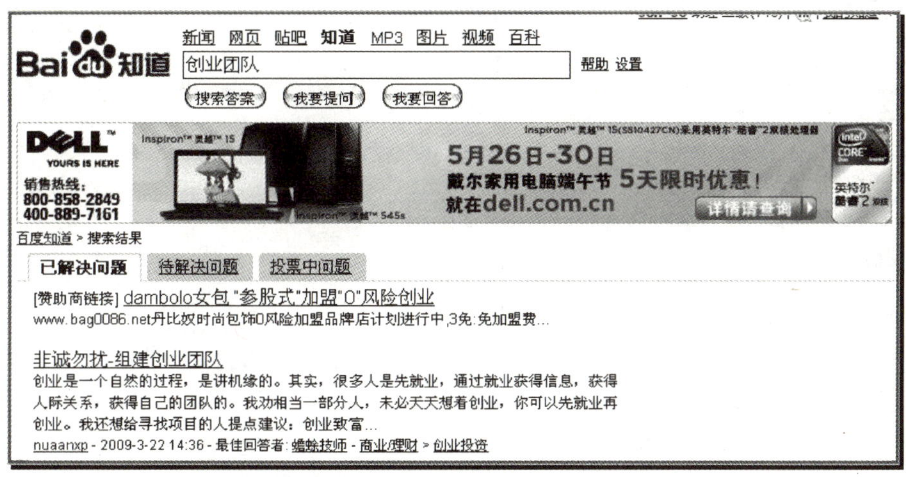

图3—101 “搜索答案”结果显示界面

2. 我要提问

点击“我要提问”，提问页上会列出和列出的关键字类似的已解决问题，如果类似问题已经解决那就最好不要提问了，因为这种问题很容易被删除；如果没有，那么可以继续提问并设置问题分类，给出悬赏积分，这样就可以提交问题了，之后就是等待网友的回答（如图3—102所示）。

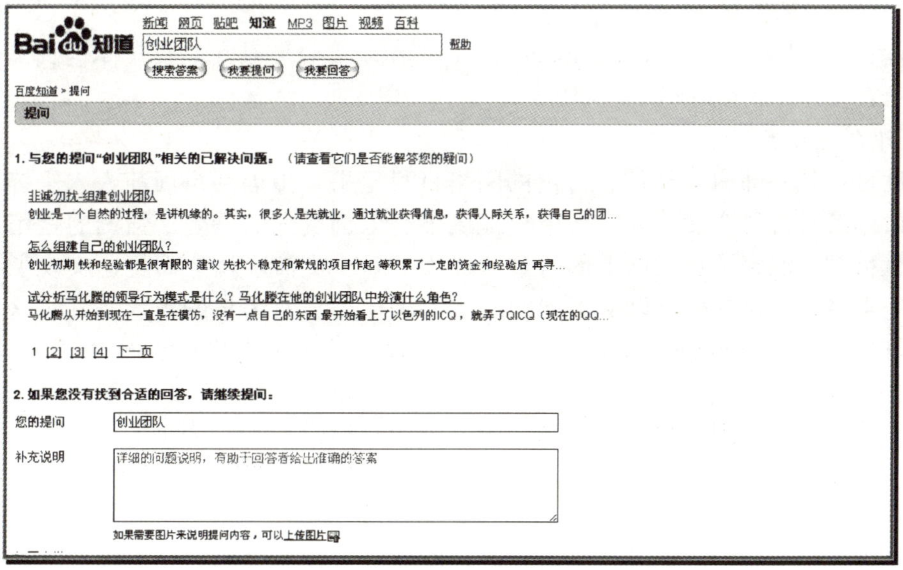

图3—102 “我要提问”结果显示界面

3. 我要回答

点击“我要回答”，页面自动跳转到搜索结果页中的待解决问题标签，点击想回答的词条，就进入回答界面了。当然回答是可以“搜藏”的，具体如何“搜藏”下一节详细介绍（如图 3—103 所示）。

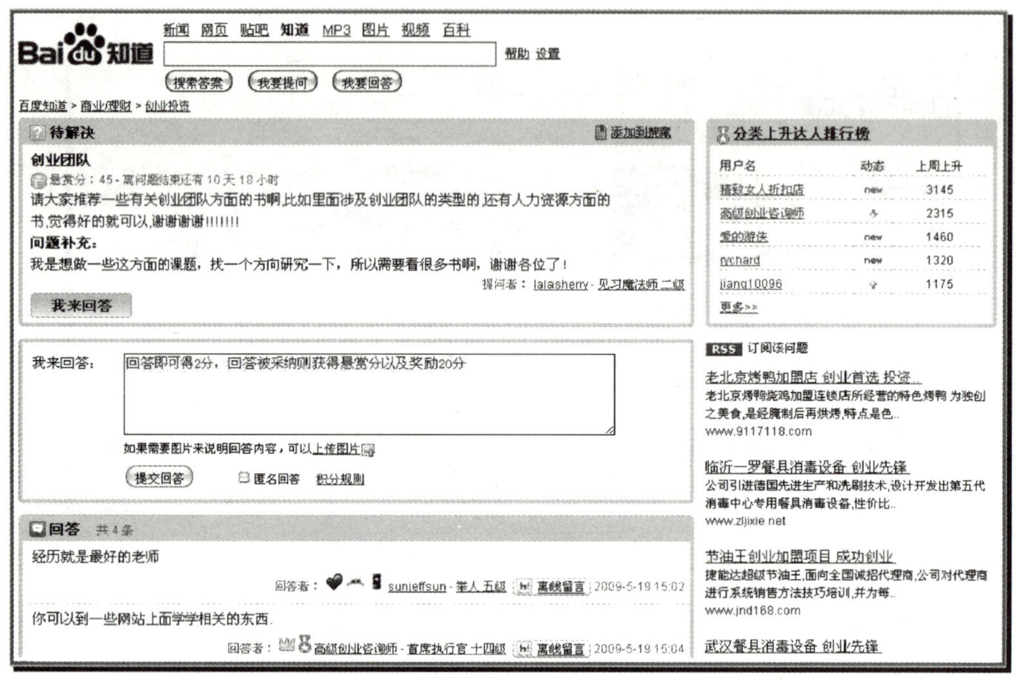

图 3—103 “我要回答”结果显示界面

3.3.8 百度百科

百度百科（http://baike.baidu.com/），该模块需要登录才能真正体会到优势及人性化的所在。

1. 什么是百度百科

百度百科是一部内容开放、自由的网络百科全书，提倡网络面前人人平等，所有人都能协作编写百科全书，为网络用户提供了一个创造性的平台，强调的是用户的参与和奉献精神，汇聚了互联网上的智慧，提供了一个交流环境，而且还实现了与搜索引擎的完美结合，这样就可以从不同的层次上满足用户对信息的需求。其实这个理念和维基百科（www.wikipedia.org）是一样的，不过这是中文的而已。

2. 百度百科能做什么

对于搜索信息的用户来说：这是一个网上所有用户均平等的浏览、创造、完善内容的平台，能让互联网用户在百度百科这个平台下找到自己想要的全面、系统、准确、客观的定义性信息。

对于提供信息的用户来说：可以通过百度百科查找感兴趣的定义性信息，创建符合规则、尚没有收录的内容，或对已有词条进行有益的补充完善。用户所做的贡献都将得到完整的记录，使得百度百科成为一个真正的百科全书。

3. 百度百科常用术语

（1）词条

词条是百度百科所含内容的基础分割单位。有一个单一的主题，用于阐述一个事物、一个人物、或他们具备特定主题的组合。例如："茉莉花"、"刘德华"、"2008年北京奥运会"。

（2）段落标题和目录

段落标题是对词条包含的各个方面的内容进行梳理和划分，类似于文章里的段落标题。目录是将文中的段落标题进行索引，点击目录直接到达该段内容。

（3）参考资料

参考资料是词条中引用的有公信力且可供查证的资料，一般包括书籍、论文、杂志、网络资源等。

（4）相关词条

相关词条是与当前词条具有较为紧密的横向关联的词条。相关词条可以使你的阅读与浏览更具连续性，也便于你了解与该词条相关的知识。比如"贾宝玉"的相关词条可以是"林黛玉"、"薛宝钗"。

（5）同义词

同义词是名称不同但表达的词条意思相同的词条，例如"湖南省"和"湖南"是同义词。为了避免用户提交的词条名称不同，造成重复劳动与资源浪费，百度百科将部分概念基本重合的词条添加为同义词，并以其中较为规范或较为常用的词条作为标准词。例如将"北京大学"作为"北大"的标准词。

4. 百度百科使用

（1）进入词条（如图3—104所示）

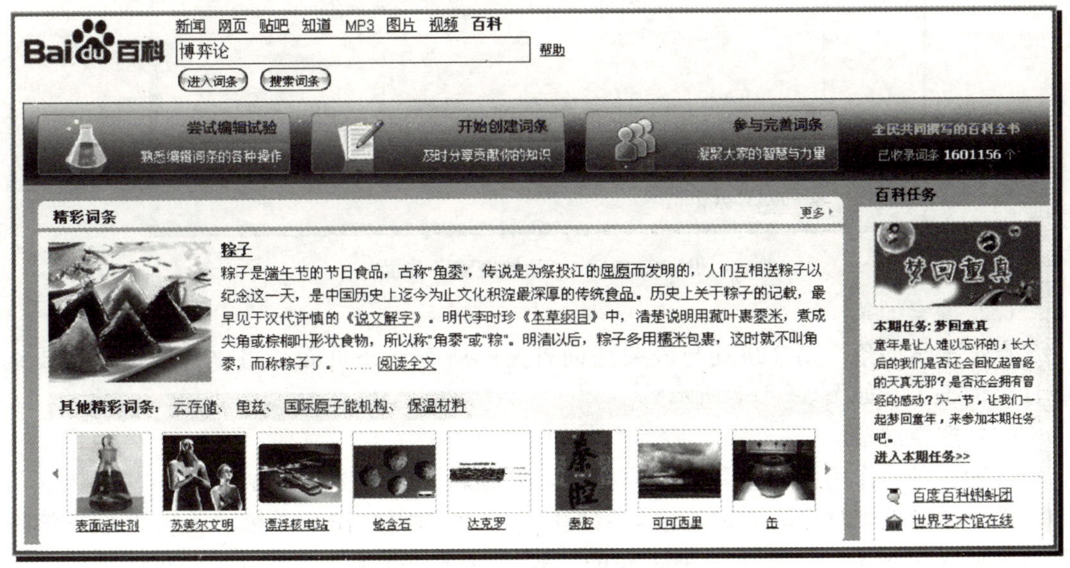

图3—104　"进入词条"搜索界面

点击进入词条，就看到了与此关键词一样的百科页面，搜索结果页的左上就是一个目录，该目录有页内链接，直接可以点击跳到感兴趣的部分；右上则是此词条的统计信息（如图 3—105 所示）。

图 3—105　“进入词条”结果显示界面

其中“添加搜藏”链接则是一个很人性化的设计，如果用户觉得这个词条非常有用，可以保存下来（如图 3—106 所示）。

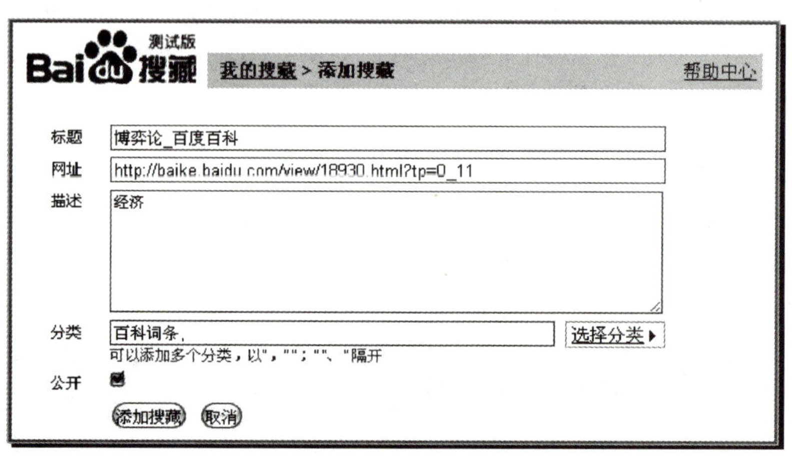

图 3—106　“添加搜藏”界面

（2）搜索词条

点击搜索词条，则会跳到与该关键词有关的所有词条页面，用户就可以按需要选择详细词条了（如图 3—107 所示）。

（3）搜藏词条

百度百科的作用并不只是让用户搜索，而编辑词条才是真正的乐趣，这不但能帮助他人，还能巩固自己的知识，教学相长何乐而不为呢？作为贡献者，可以点击该搜索结果页（如图 3—107 所示）右上角的“我的贡献”链接，就可以看到自己编辑了多少词条、获得了多少积分（如图 3—108 所示）。

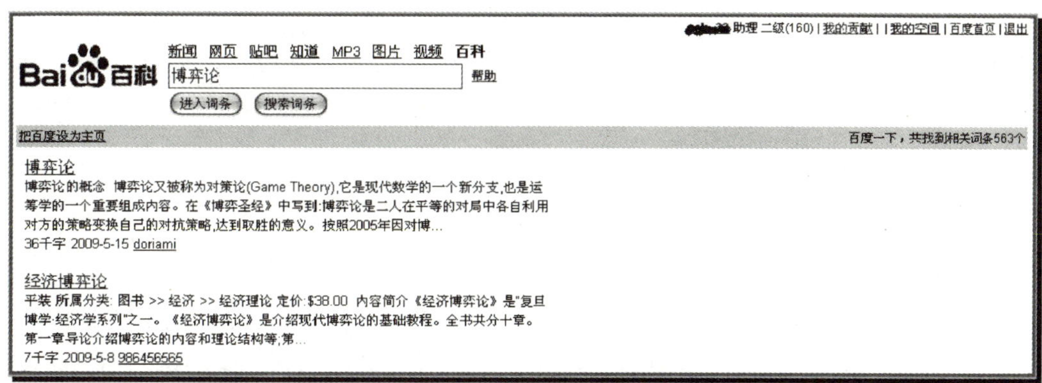

图 3—107 “搜索词条”结果显示界面

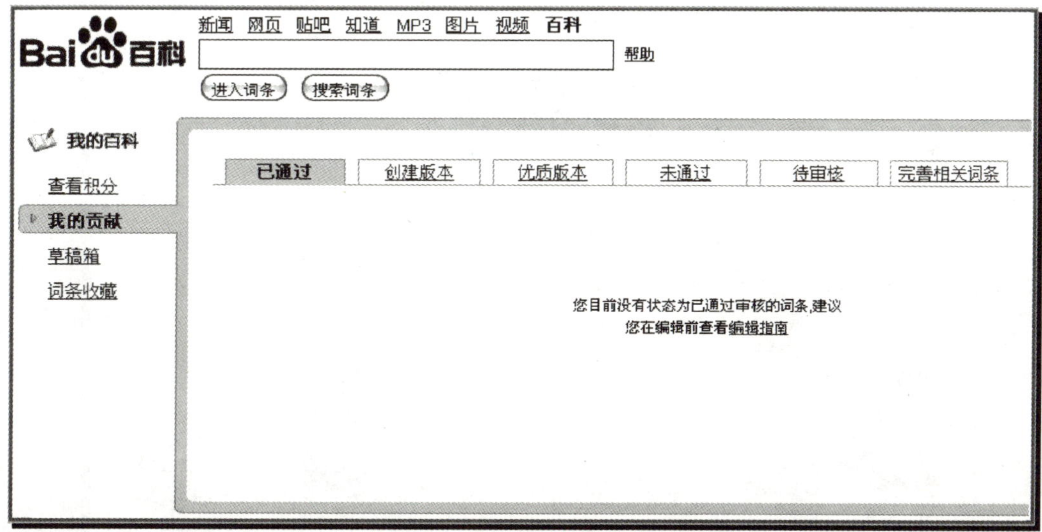

图 3—108 “我的贡献”界面

而图 3—108 的“词条收藏”中就保存了之前我们收藏了的词条，如果词条太多，还可以进行词条内的搜索，非常方便（如图 3—109 所示）。

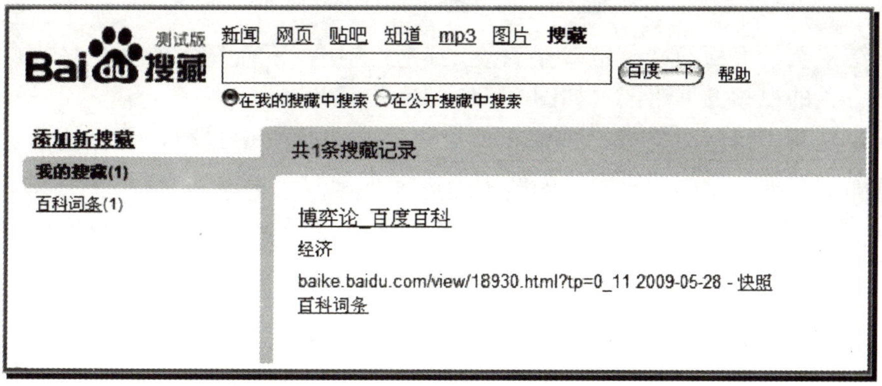

图 3—109 “我的搜藏”结果显示界面

对于如何编辑词条，由于本书主要是介绍如何搜索，在此不多加阐述，如果读者有兴趣可以参考百度百科的帮助文档，上面有详细的教程，可以让你变成一位十足的编辑高手。

3.3.9 百度的其他功能

1. 百度视频

百度视频搜索：http://video.baidu.com/。

百度视频搜索是百度汇集几十个在线视频播放网站的视频资源而建立的庞大视频库。如果要搜索视频资源，只要在搜索框中输入关键字就能搜到想要的视频信息了。

百度视频搜索与百度网页搜索类似，也提供了搜索框提示；首页还提供了“热门搜索”、“热门分类”以及“精彩专题”三个比较贴心的服务；如果觉得目的性不强，可以点击看现在网友们最喜欢看什么视频节目。如图 3—110 所示。

图 3—110 百度视频搜索界面

搜索结果页最上面的文字链接是百度的广告链接，下面显示的就是各视频网站上与关键字有关的视频的缩略图（如图 3—111 所示）。

如果要在某一特定网站进行搜索，那可以到高级搜索中进行，选择搜索者需要的网站如优酷的网址，就能搜索到优酷网中关键字有关的视频信息了。

2. 百度 MP3

百度 MP3：http://mp3.baidu.com/。

百度 MP3 搜索是百度在天天更新的数十亿中文网页中提取的 MP3 链接从而建立的 MP3 歌曲链接库，最优的链接可以排在最前列。

百度歌词搜索可以通过歌曲名称或者是歌词片段来搜索想要的歌词（如图 3—112 所示）。

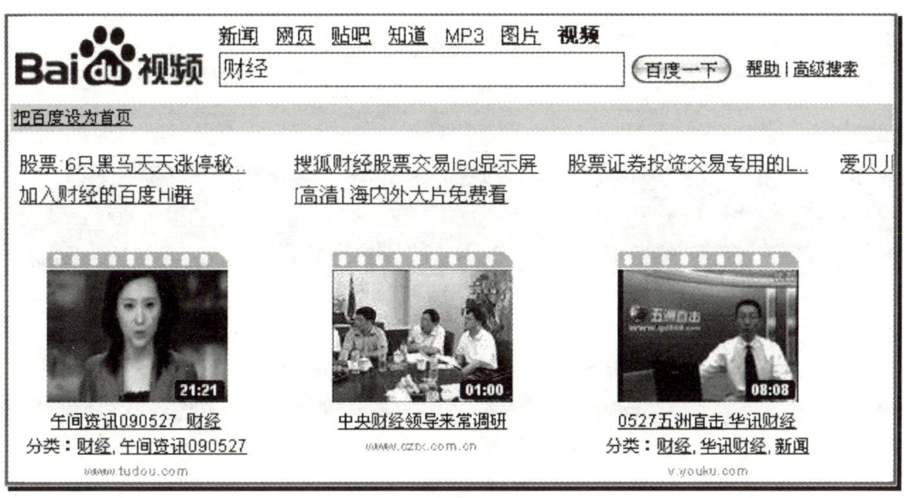

图 3—111　百度视频结果显示界面

图 3—112　百度 MP3 搜索界面

搜索结果页最上方还是广告，下面是搜索结果，歌曲名、是否能够试听、歌词有无、文件大小类型、链接速度一目了然（如图 3—113 所示）。

如果要搜索某一特定类型的音频文件，可以去高级搜索中试试，高级搜索中的文件类型比首页上的文件类型丰富得多，这里就不再赘述了。

3. *百度新闻*

百度新闻搜索：http://news.baidu.com。

百度新闻搜索完全靠着百度的智能，真实地反映每时每刻的新闻热点。百度新闻搜索首页上有“焦点新闻”、“新闻热搜词”、“媒体转载排行榜”等模块，让浏览者一目了然最新的国内外新闻和最近流行什么关键词；当然对于想获取以往新闻的搜索者而言，在搜索框中输入关键词，选择搜索新闻全文或新闻标题，都是很方便的事情（如图 3—114 所示）。

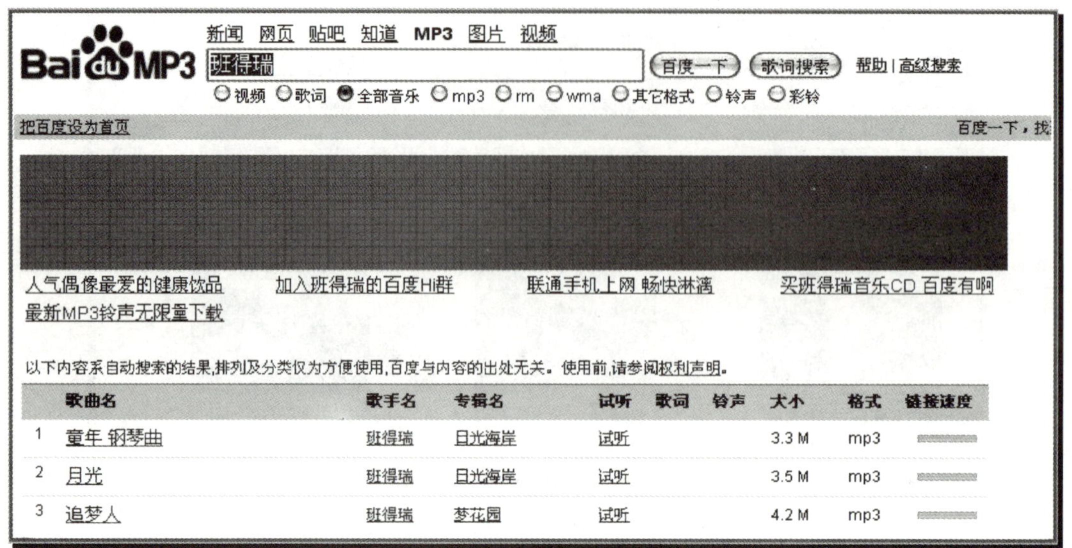

图 3—113　百度 MP3 结果显示界面

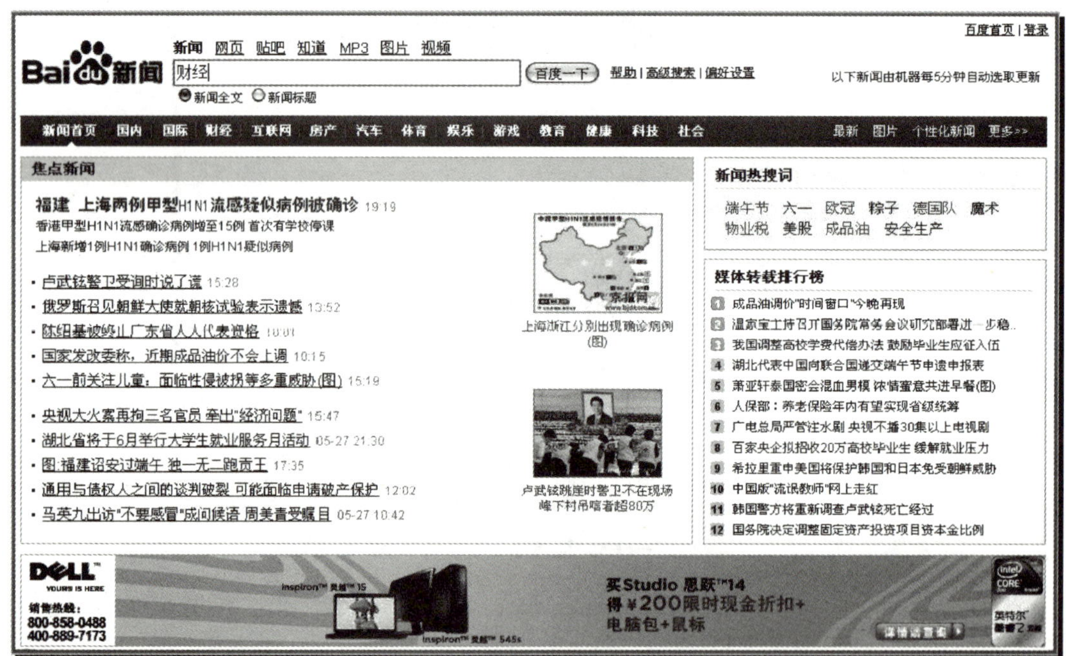

图 3—114　百度新闻搜索界面

搜索结果页可以按焦点排序或者按时间排序，页面的右边还是百度的广告，左边是搜索结果，如果不同网站转载的新闻是相同的，那么搜索结果上会有“N 条相同新闻”的链接（如图 3—115 所示）。

百度新闻高级搜索功能还是相当强大的，可以限定时间、关键词位置、排序方式、新闻分类以及新闻所在网站（新闻源），由于之前已经介绍过如何使用百度的高级搜索，这里就不再详述了（如图 3—116 所示）。

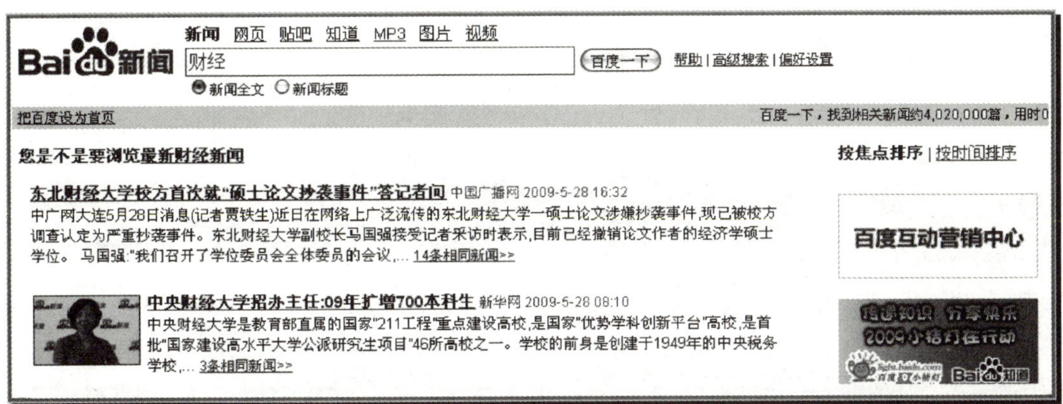

图 3—115 百度新闻结果显示界面

Baidu新闻 高级搜索

搜索结果	包含以下**全部**的关键词		百度一下
	包含以下**任意一个**关键词		
	不包含以下关键词		
时间	限定要搜索的新闻的时间是	全部时间 或 2009-5-28 到 2009-5-28	
关键词位置	查询关键词位于	在新闻全文中 仅在新闻的标题中	
搜索结果排序方式	限定搜索结果的排序方式是	按焦点排序	
搜索结果显示条数	选择搜索结果显示的条数	每页显示20条	
新闻分类	限定要搜索的新闻分类是	全部新闻	
新闻源	限定要搜索的新闻源是		例如：人民网 部分新闻源列表

图 3—116 百度新闻高级搜索界面

3.4 经管类论坛简介

这里我们介绍一下几个比较著名、口碑比较好的经管类论坛，这上面的资料可以说是非常丰富的，不但可以在上面找到好的文档资料还能认识不少有共同志向的朋友。

当然类似的网上论坛层出不穷，可以平时留意一下，因为论坛的好处就是可以互动，帮助他人的人也需要他人帮助，这样就形成了良性循环，使得渴求知识的人可以更上一层楼。

3.4.1 经济类论坛

1. 人大经济论坛：www.pinggu.org/bbs（如图 3—117 所示）

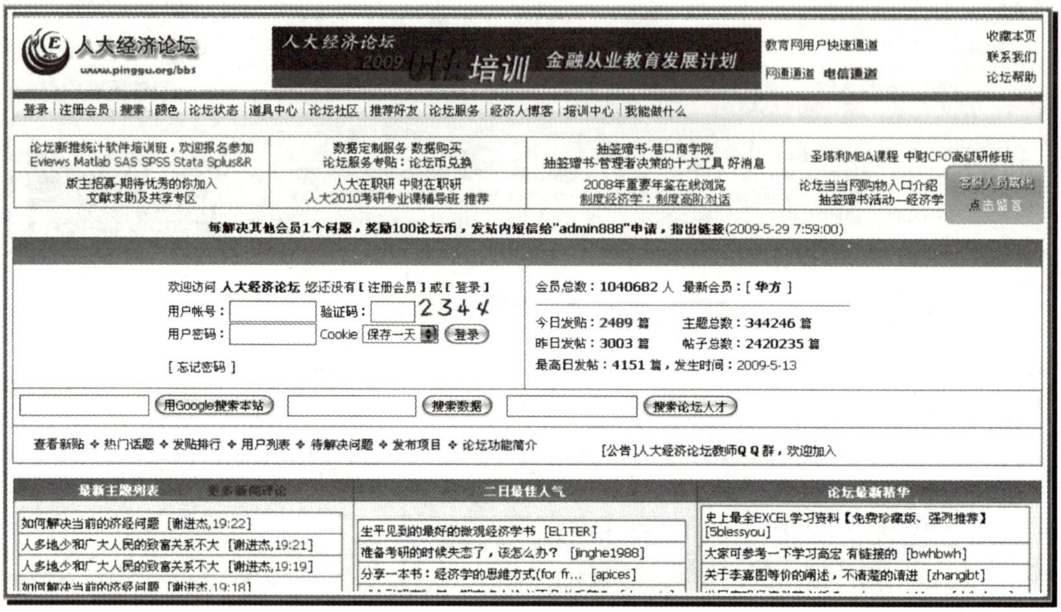

图 3—117 人大经济论坛

2. 中国华尔街社区（http://forum.cnwallstreet.com/index.php，如图 3—118 所示）

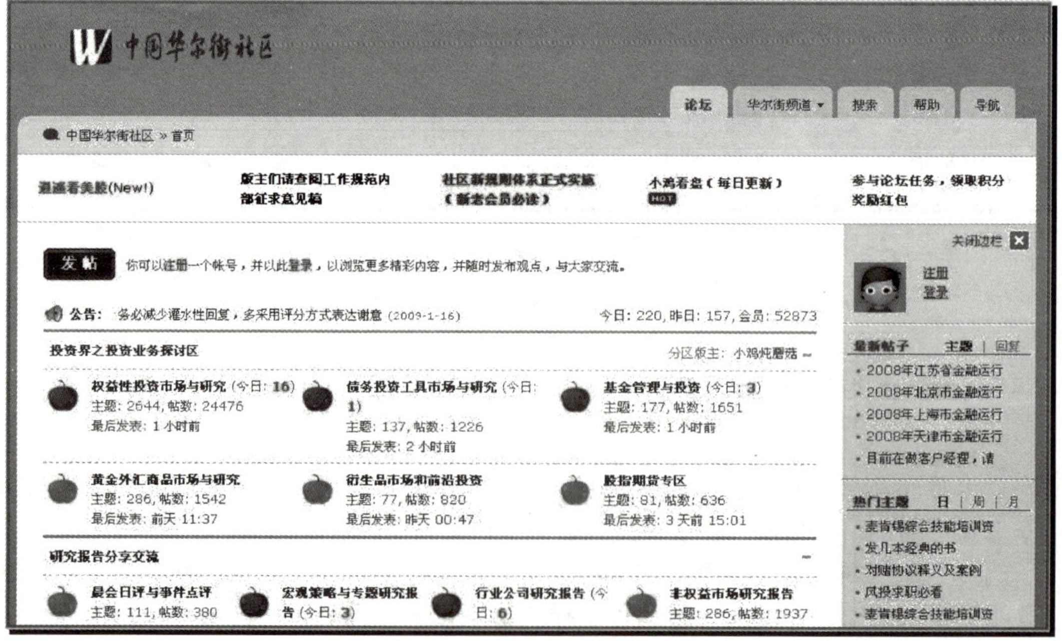

图 3—118 中国华尔街社区

3.4.2　管理类论坛

1. 栖息谷社区：http://bbs.21manager.com/（如图 3—119 所示）

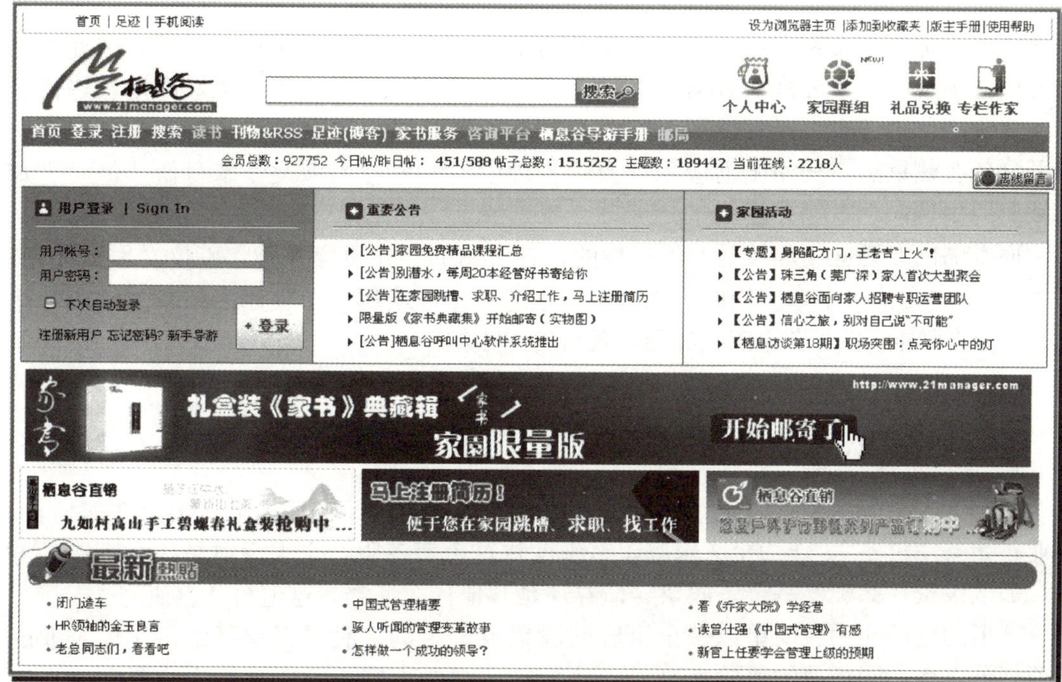

图 3—119　栖息谷社区

2. 世界经理人社区（http://forum.ceconline.com，如图 3—120 所示）

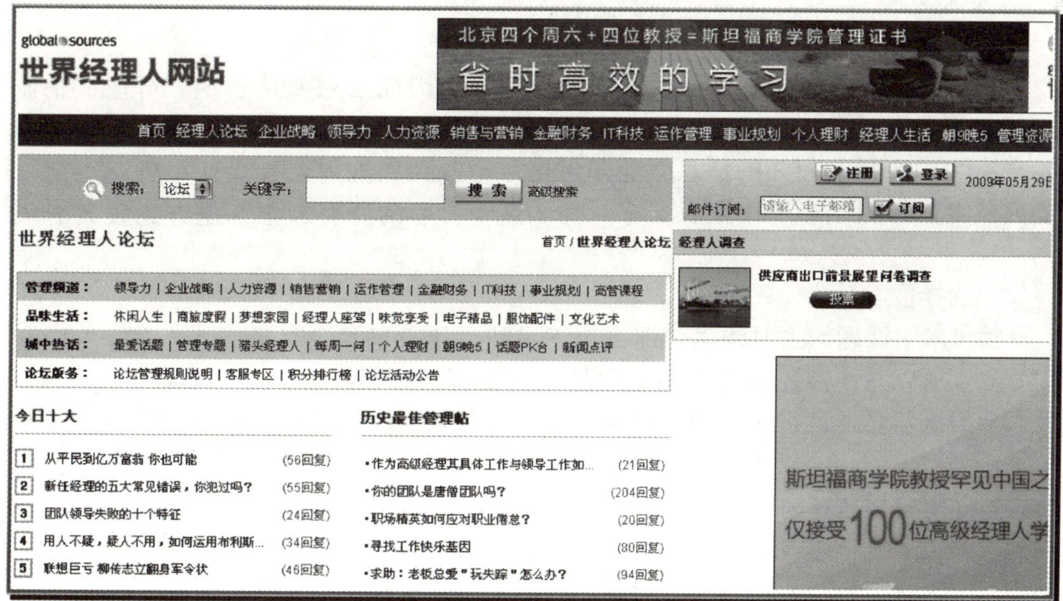

图 3—120　世界经理人社区

3.5 搜索引擎的应用

介绍了那么多搜索技巧，总要在实践中锻炼一下，才能真正理解掌握，因此本书就专门辟出这么一个专题应用环节，共分为三部分——生活应用、学术应用和经济管理实践应用。由于本书读者主要是经管类学生，因此三部分都和经济管理相关，但是三部分各有侧重点，比如生活应用涉及投资理财、学术应用涉及学术科研、经济管理实践应用更偏向于案例分析。

而本书的专题应用环节是有连贯性的，各应用的背景贯穿全书，不仅在本章使用，第 4、5 章也是依靠本章应用的背景进行搜索应用的。应用环节使用的检索方法就如第 1 章所述的那样，6 个步骤依次展开，最后给出小结。

3.5.1 生活应用

1. 背景介绍

华尔街金融海啸刮过，全球经济进入冬天。在这样的经济环境下，国家在保增长，企业在储备“过冬”，作为个人家庭怎么来度过这个寒冬呢，个人理财是一个不错的方法，那该投资什么呢？基金、股票、债券还是其他什么证券，这值得认真研究。

这里的生活应用就简单以一个家庭的股票投资为例。股票板块可以按实体企业的行业划分，而不同行业的风险有高低（相同行业内的不同企业风险也有高低，这里暂且不说)，这里就以一个家庭在这种经济环境下是不是要投资地产类股票做一个信息检索应用。

2. 检索实践

(1) 分析检索课题

基本面分析股票看的是该行业的中长期回报，因此必须要从宏观、行业、企业来分析一只股票的好坏，由于这里讨论的只是行业，所以盯住“地产行业”就行了。搜索与地产行业相关的信息就能知道这个行业到底如何，如果这个行业短期内都不能从金融海啸的影响中摆脱出来，那么这个行业的所有股票都是有比较大的风险的。

(2) 选择检索系统和数据库

既然了解了课题的主要线索，那么接下来就是找数据找资料了，由于家庭应用不是很专业，所以并不需要看专业性很强的研究报告，只要网上搜集一些最新的新闻、股评人士的推荐之类就行了，因此选择 Google 网页搜索、Google 财经、Google 新闻就行了。

(3) 确定检索途径和检索词

为了知道房地产业的现状和发展趋势以及风险如何，本书认为“房地产业”、“发展趋势”、“现状”和“风险”是比较重要的检索词，而对于现状之类的文章时间定为 2008—2009 年，而对于发展趋势则可以把时间放宽到 5 年左右。

(4) 构建检索表达式

➢ "房地产业 发展趋势"

➢ "房地产业 现状"

➢ "房地产业 风险"

(5) 上机检索并调整检索策略

1) Google 搜索

① "房地产业 发展趋势"(如图 3—121 所示)

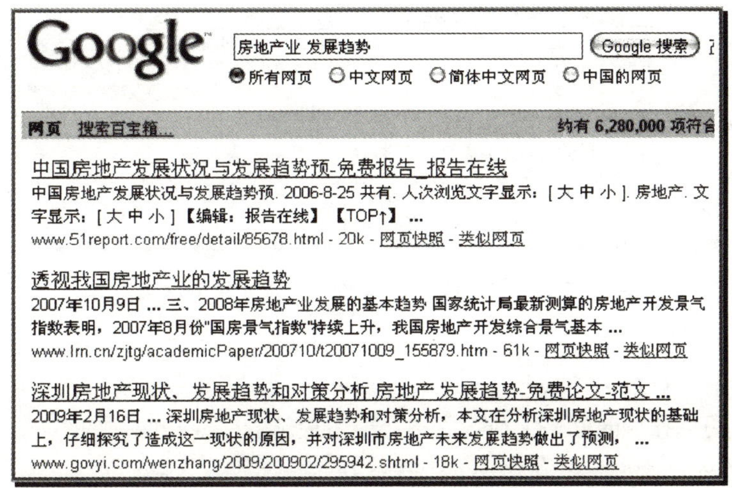

图 3—121　"房地产业 发展趋势"检索式检索结果页

② "房地产业 现状"(如图 3—122 所示)

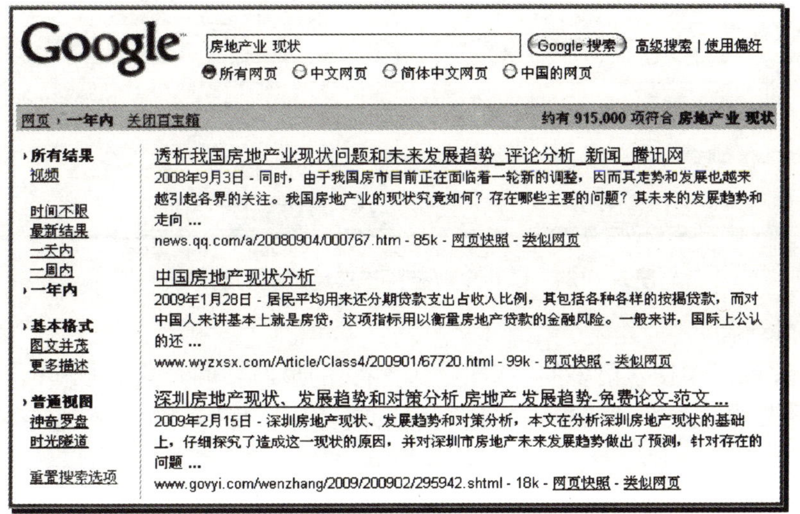

图 3—122　"房地产业 现状"检索式检索结果页

③ "房地产业 风险"(如图 3—123 所示)

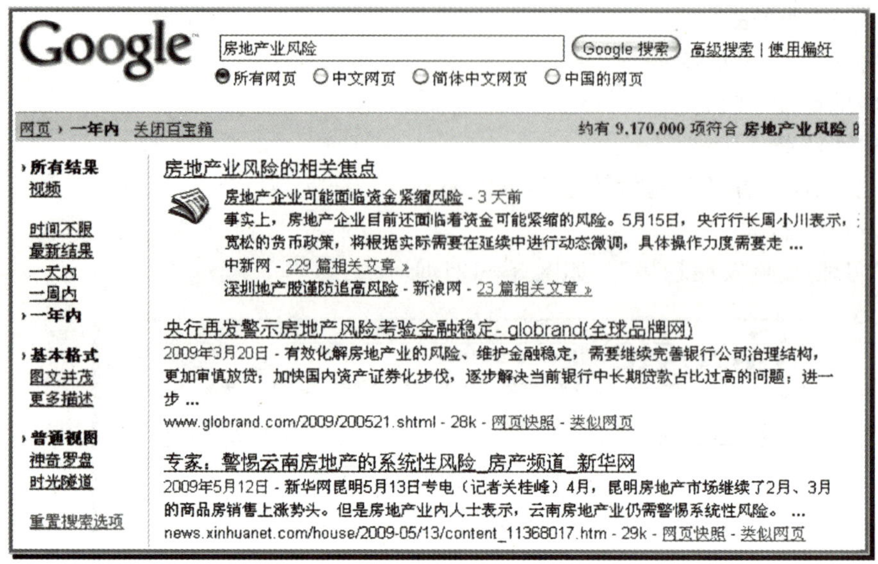

图 3—123　“房地产业 风险”检索式检索结果页

2）Google 财经

在 Google 财经（http://www.google.cn/finance）中，点击板块行情“房地产业”就能得到趋势图，并可以按照时间来缩放，右边还能看最新的一些新闻（如图 3—124 所示）。

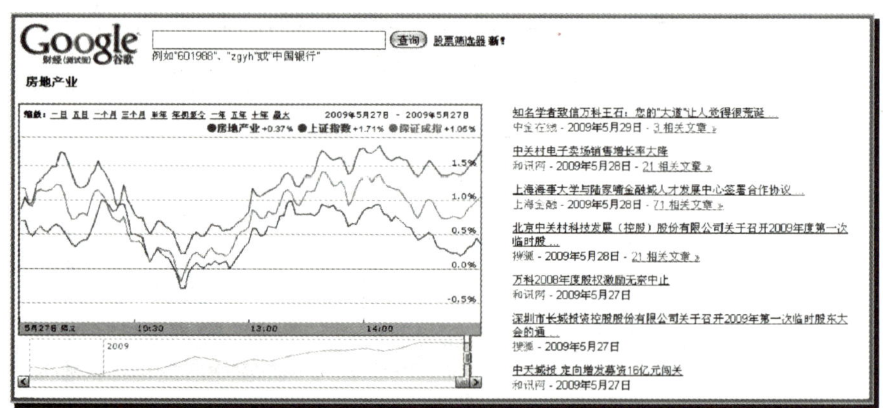

图 3—124　Google 财经关于房地产业的结果页

3）Google 新闻

在 Google 新闻中搜索更多的与房地产业相关的最新新闻，这对于实时判断是很有帮助的，说不定哪条最新新闻告诉你什么政策或者什么规则会给该行业带来巨大的转变呢（如图 3—125 所示）。

3. 应用小结

通过大众媒体以及互联网的使用，以及个人家庭的判断，至少在行业选择上是不会出什么太大问题的，走势弱于大盘，风险逐渐减小，政策开始回归，民众开始接受，无不反映该行业在未来将可以继续走高，并不会一直弱于其他行业。

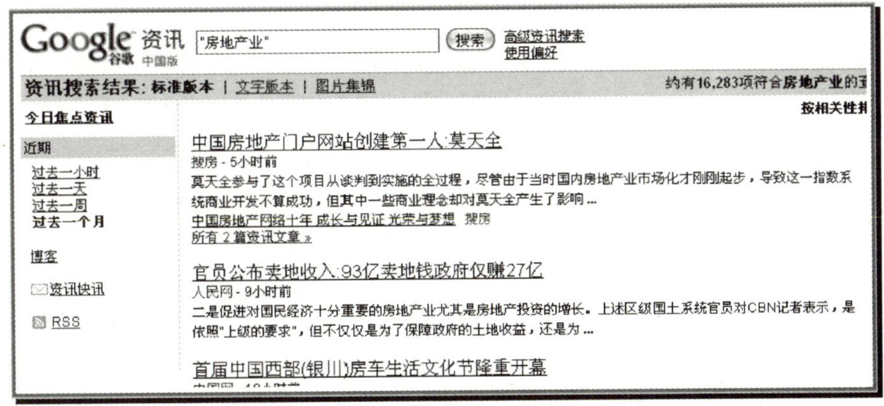

图 3—125　Google 资讯关于房地产业的结果页

3.5.2　学术应用

本应用是以如何写一篇可以发表的学术论文展开的。

1. 背景介绍

现阶段，得知创业和中小科技企业是非常热门的研究方向，因此作者考虑把两者结合起来，写一篇可以发表的论文，暂定关于“科技型创业企业绩效”的方面。为了写一篇优秀的论文，只有想法是不够的，还需要进行多方面的信息检索来了解这个方向上的研究现状和研究趋势，这样才能知道该研究方向是否可以接受，观点是否新颖，该观点是否有研究意义。

2. 检索实践

(1) 分析检索课题

经过自己分析，该课题是关注于“科技型创业企业绩效”的，因此作为论文撰写者，就清楚该从哪方面着手——只需要寻找“科技型企业”、“创业”、“绩效”的相关信息就能了解现阶段该研究方向的大致情况了。

(2) 选择检索系统和数据库

我们知道要找什么内容，接下来就是选择资料来源，在此我们使用互联网来搜索。不过不是最纯粹的互联网检索，因为我们要找的是学术相关的内容，直接从普通网页上搜索出来的信息是没有什么太大研究价值的，学术性不够，不能完全代表该课题所在领域内的整体的研究现状。所以我们使用“Google 学术”（当然，如果有信管专业的学生写论文则可以参考 Google 代码）。

对于时间来说，太旧的论文已经不能满足现在的研究需求，因此我们选择近 10 年的论文，这样既能看到一些和时间无关的经典论文也能清楚了解到最近的研究现状，从而使得我们的研究成果有理论价值和时间价值。

(3) 确定检索途径和检索词

既然知道了要使用什么数据库，那接下来的工作就是确定初步的检索词和必要的检索途径，而经过分析，作者选择了“科技型创业企业”、“科技型企业”、“绩效”和“创业”四个检索词，而检索途径是选择文章标题和文章全文。时间定为 1999—2009 年。

（4）构建检索表达式

初步确定中文的检索表达式有“科技型创业企业 绩效”、“科技型企业 绩效 创业 ”两个；英文的检索表达式有“"technology-based firms" performance evaluation”、“"technology-based firms" Performance Appraisal ”两个。

（5）上机检索并调整检索策略

1）“科技型创业企业 绩效”（如图 3—126 所示）

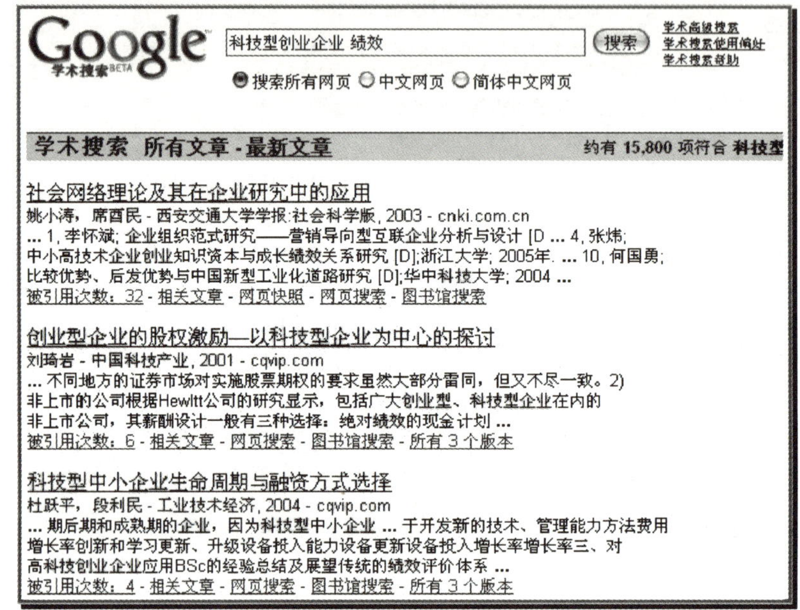

图 3—126　“科技型创业企业 绩效”检索式检索结果页

2）“科技型企业 绩效 创业”（如图 3—127 所示）

图 3—127　“科技型企业 绩效 创业”检索式检索结果页

3）“"technology-based firms" performance evaluation”（如图 3—128 所示）

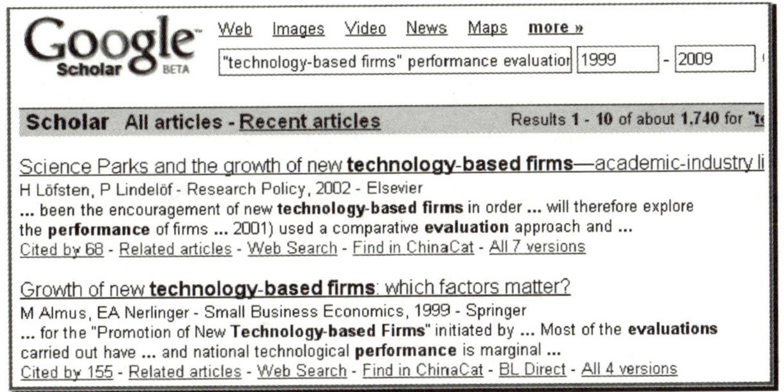

图 3—128　“"technology-based firms" performance evaluation”检索式检索结果页

4）“"technology-based firms" Performance Appraisal ”（如图 3—129 所示）

图 3—129　“"technology-based firms" Performance Appraisal”检索式检索结果页

可以看出，检索结果并不能让人满意，检索结果太多，所以要修改检索式。经过验证，其中较好的检索式（当然可能会有更理想的）有如下四条：

1）“"科技型企业" "绩效评估 OR 绩效评价"创业”（如图 3—130 所示）

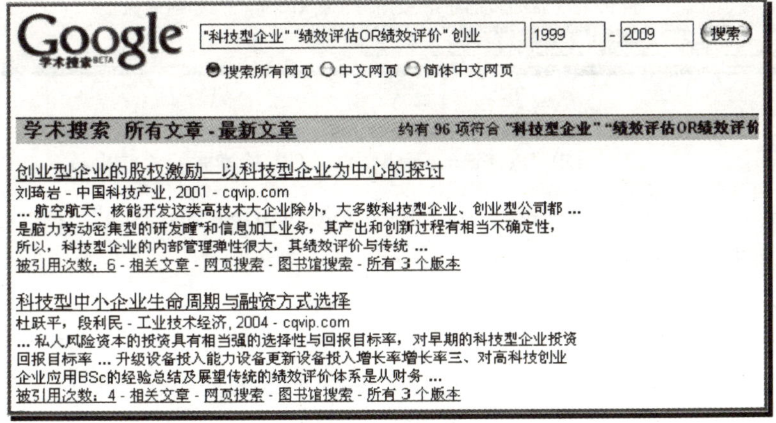

图 3—130　“"科技型企业" "绩效评估 OR 绩效评价"创业”检索式检索结果页

2）“"科技型创业企业"绩效评价”（如图 3—131 所示）

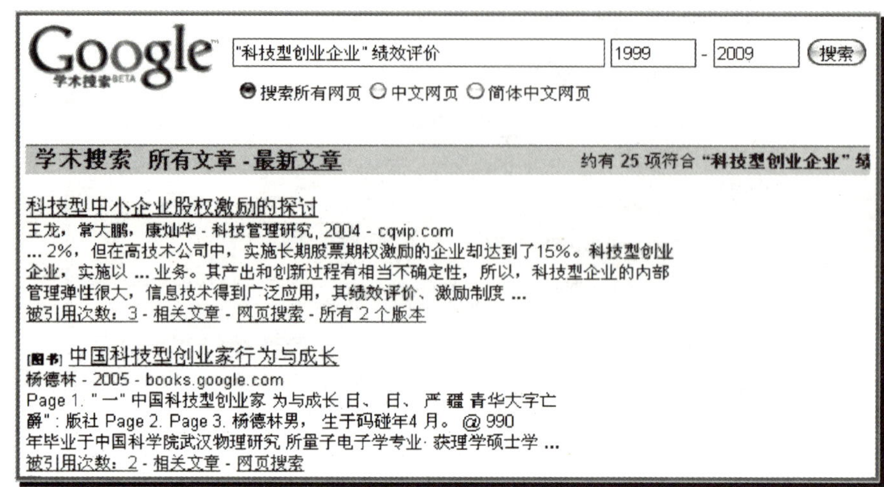

图 3—131　“"科技型创业企业"绩效评价”检索式检索结果页

3）“"technology based firms" "performance evaluation" OR "Performance Appraisal"”（如图 3—132 所示）

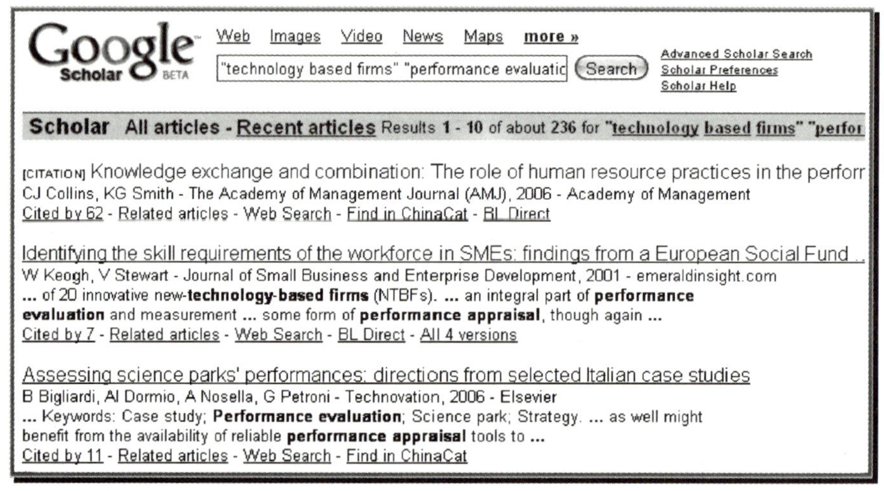

图 3—132　“"technology based firms" "performance evaluation" OR "Performance Appraisal"”检索式检索结果页

4）“"technology-based firms" OR "Technological Enterprises" "Performance evaluation"”（如图 3—133 所示）

3. 应用小结

通过本应用，我们检索到了好几十篇与作者想法类似的论文，接下来就是根据这些论文进行综述，了解哪个方面研究得比较多哪个方面还不足，然后只要能在别人的基础上进行一定的创新，那就可以写出一篇比较优秀的论文了。

图 3—133 “"technology-based firms" OR "Technological Enterprises" "Performance evaluation"” 检索式检索结果页

3.5.3 经济管理实践应用

本应用是以如何给一家白酒厂的某白酒产品写可行性报告展开的。

1. 背景介绍

WLY 集团有一款白酒产品“国壮夜场酒”，需要写一份该产品的可行性报告，这需要知道白酒行业的发展现状和发展趋势、此产品相对同行业其他产品的优势、此产品的定位以及费用预算等信息。

从信息检索的角度来分析，可行性报告的前三项都是需要建立在信息检索基础上的，即 WLY 集团必须从整个行业内获取信息：白酒行业供需状况如何、发展趋势如何、国家政策如何、竞争企业状况如何、重点市场在哪里、各种白酒产品如何、消费群构成如何、消费者需求如何等；然后结合集团本身和产品本身来撰写可行性报告。

书写可行性报告的工作量相当大，需要搜寻的资料相当多而且繁琐，因此本书不能从头到尾介绍整个过程，仅举其中几项来代表，若读者有兴趣可以自行完成。

2. 检索实践

以“白酒行业的国家政策”为例介绍如何搜索所需信息。

（1）分析检索课题

此检索课题内容简单明了，所要检索的就是白酒行业的国家政策信息。

（2）选择检索系统和数据库

既然知道我们需要的内容，那选择资料来源就是必要的，在此我们使用互联网来搜索，因为互联网上信息是巨量、免费而易得的，最适合让书写人员把握整体情况，了解往年的甚至是当年的已报道信息。

信息来源也是很重要的因素，互联网上信息繁杂，矛盾的、重复的信息需要仔细甄别，切不能找到一些资料就信以为真，所以最好是能找到各公司的研究报告、行业研究报告、统计局等政府机关给出的资料数据。

从时间的角度来看，要知道一个行业的发展状况，那五年到十年的数据和资料是必须的，如果能获取各季度甚至各月的资料就更好了。

(3) 确定检索途径和检索词

通过分析，确定“白酒行业的国家政策”使用检索词“政策”、“白酒行业”来检索。

文件格式选取“PDF”、“DOC”、“PPT”、普通网页等，从 PDF 开始，这样能更容易找到有用的信息。

(4) 构建检索表达式

初步确定检索表达式为以下 4 个：

- “filetype:pdf 政策 白酒行业”；
- “filetype:doc 政策 白酒行业”；
- “filetype:ppt 政策 白酒行业”；
- “政策 白酒行业”。

(5) 上机检索并调整检索策略

1) “filetype:pdf 政策 白酒行业”（如图 3—134 所示）；

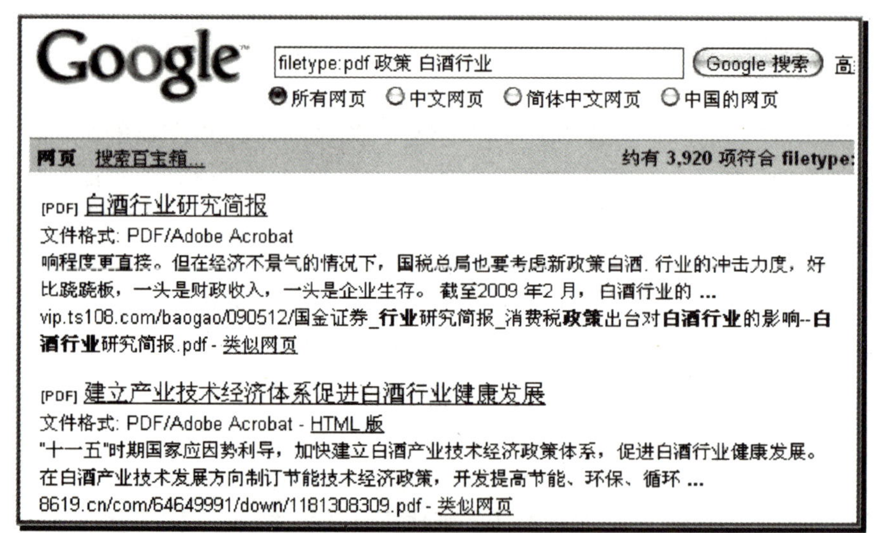

图 3—134 “filetype：pdf 政策 白酒行业”检索式检索结果页

2) “filetype:doc 政策 白酒行业”（如图 3—135 所示）；

3) “filetype:ppt 政策 白酒行业”（如图 3—136 所示）；

4) “政策 白酒行业”（如图 3—137 所示）。

通过四种检索式检索并仔细阅读检索结果，我们已经清楚白酒行业的大致情况，但是发现很多已有信息都是各咨询公司的收费研究报告，这不是我们需要的，这些公司的数据或者信息是哪里来的才是我们感兴趣的，因为从那里我们就可以得到免费的一手资料了。因此想到证券公司会提供类似的报告，我们可以改变检索式，以期获取更全、更优的信息。

filetype:doc 政策 白酒行业 | Google 搜索

◉所有网页 ○中文网页 ○简体中文网页 ○中国的网页

网页 搜索百宝箱... **约有 3,940 项符合 filetyp**

[DOC] 2009年中国白酒行业节能减排研究报告
文件格式: Microsoft Word - HTML 版
第一章宏观节能减排政策要求. 第一节相关法律法规对白酒行业节能减排的影响及风险分析 ...
第二节资源综合利用相关政策对白酒行业的影响及风险分析 ...
www.askci.com/UploadFiles/200931993154811.doc - 类似网页

[DOC] 2009-2010年中国白酒行业市场预测及投资分析报告
文件格式: Microsoft Word - HTML 版
第九章2009-2010年中国白酒行业风险分析及预测. 9.1 宏观经济波动风险. 9.2 白酒行业政策风险. 9.3 白酒行业竞争风险. 9.4 白酒行业市场风险. 9.5 白酒行业经营风险 ...
www.askci.com/UploadFiles/200943083757671.doc - 类似网页
www.askci.com站内的其它相关信息 »

图 3—135 “filetype：doc 政策 白酒行业”检索式检索结果页

filetype:ppt 政策 白酒行业 | Google 搜索

◉所有网页 ○中文网页 ○简体中文网页 ○中国的网页

网页 搜索百宝箱... **约有 131 项符合 filety**

[PPT] 白酒行业07年下半年投资策略
文件格式: Microsoft Powerpoint - HTML 版
1998 年以来的调控政策使白酒行业发展进入调整时期，在这个时期，白酒产量下降，销售收入在2000～2002 年连续下降，行业利润连续三年负增长，在2002 年行业发展进入 ...
finance.ccer.edu.cn/userfiles/200706/20076111553O485.ppt - 类似网页

[PPT] 现行消费税政策问题及改善对策
文件格式: Microsoft Powerpoint
该网站可能含有恶意软件，有可能会危害您的电脑。
我国现行的消费税制度是在1994年税改的基础上，经2006年政策调整后形成的。 ..... 征管；还应加强白酒行业税收征管和部门协调，减少和防止纳税人偷税和避税，实行白酒 ...
www1.aufe.edu.cn/research/jjyjs/uploadfile/2008123165317695.ppt - 类似网页

图 3—136 “filetype：ppt 政策 白酒行业”检索式检索结果页

政策 白酒行业 | Google 搜索

◉所有网页 ○中文网页 ○简体中文网页 ○中国的网页

网页 搜索百宝箱... **约有 346,000 项**

白酒行业：消费税政策出台对白酒行业的影响_行业研究_新浪财经_新浪网
2009年5月14日 ... 白酒行业：消费税政策出台对白酒行业的影响. ... 但依然向市场传递了白酒消费税税赋在近期可能有所提高的信号。 根据以往惯例，一般在未来1-4个月内， ...
finance.sina.com.cn/stock/report/20090514/13432840640.shtml - 108k - 网页快照 - 类似网页

白酒行业：消费税政策出台对白酒行业的影响—— 江苏国税网
白酒行业：消费税政策出台对白酒行业的影响. www.jsgs.gov.cn 2009年05月14日15:55:51 编辑：李平榕 来源： 国金证券. http://www.sina.com.cn 2009年05月14日13:43 国 ...
www.js-n-tax.gov.cn/html/2009/05/14/160754_155551.html - 17k - 网页快照 - 类似网页

图 3—137 “政策 白酒行业”检索式检索结果页

我们想到可以在专业的金融投资网站上寻找：

使用检索式"site:www. eastmoney. com 白酒行业 政策"，当然这种类似的网站地址最好能记住，比如和讯（www. hexun. com）、金融街（www. jrj. com. cn）等，如图 3—138 所示。

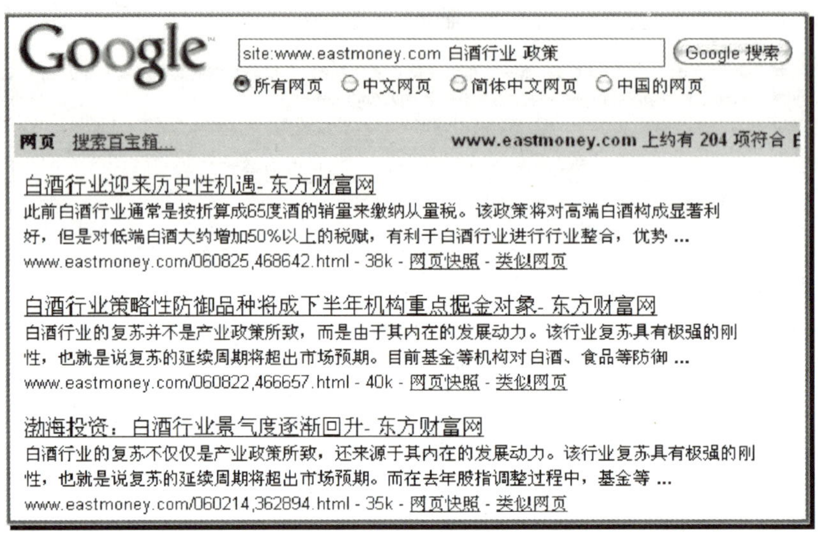

图 3—138 "site:www. eastmoney. com. cn 白酒行业 政策"检索式检索结果页

我们又想到有些文件名可能会有"白酒"字样，因此可以使用下面的检索式。

使用检索式"inurl:白酒 政策"，当然我们也可以使用"allinurl:白酒 政策"，不过这样检索到的信息更少（如图 3—139 所示）。

图 3—139 "inurl:白酒 政策"检索式检索结果页

我们还想到有些网页标题上会有"白酒"或者"政策"字样，因此还可以使用下面的检索式。

使用检索式"intitle:白酒 政策"可以找到标题中含有这两个关键词的网页（如图3—140所示）。

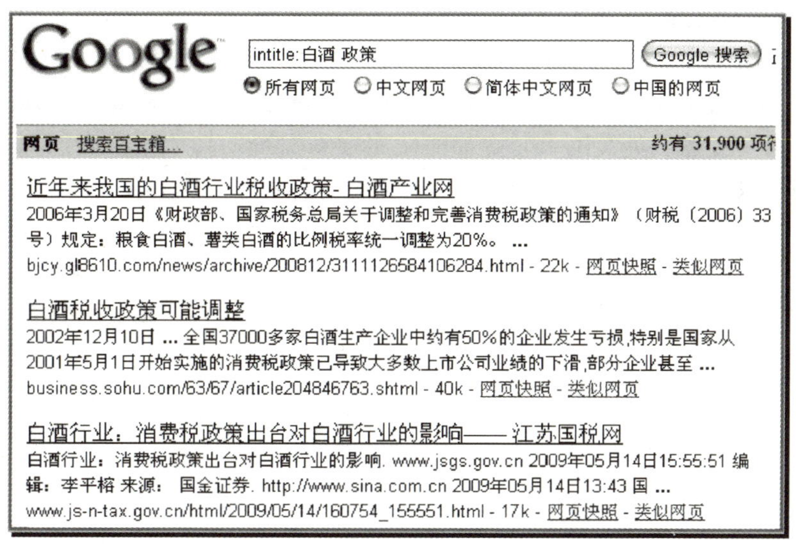

图3—140 "intitle:白酒 政策"检索式检索结果页

当然，合理的检索方式的使用可大大降低搜索的难度，提高查准率，由于做可行性报告对于查全率要求不是很高，只要认定哪些数据哪些信息来源可靠就可以使用，不断地更换检索式或者合理运用检索语法有时会带来意想不到的收获。

3. 应用小结

通过上面的检索，基本上对于"白酒行业的国家政策"这一部分，我们差不多能写出来了，通过阅读那些研究报告和政府网站信息，整理一下就能客观且详尽地描述近年来政府的政策对白酒行业带来的影响。

3.6 本章小结

本章介绍了Google和百度两大搜索引擎的详细使用情况，互联网搜索对于个人家庭、各行各业、国家政府都是一样的，这是我们获取信息的最重要的方法之一。作为学生，获取知识最简单的办法就是上网搜索，使用好这两大搜索引擎，必将使得信息获取更加容易，知识积累更加便捷。

但是如何搜索并不是一学就会的，需要一段时间的学习加上几倍于学习时间的实践时间，逐步摸索出适合于自己的搜索方式，这样才能将互联网的作用真正地发挥到最大。

3.7 思考与练习

1. 简述Google和百度高级检索语法的异同。

2. 如要购买最新款数码相机，你要如何确定关键检索词并选择合适的搜索引擎？

3. 如要寻找知识团队产权保护方面的参考文献，如何使用合适的搜索引擎确定与此类课题相关性最强的学术类文章？

4. 如何使用搜索引擎查找近年来关于 HUMAN RESCOURCE 方面的文档文献？

5. 对于我们来说，大量的文献阅读可能是一件很繁琐的事情，尤其是英文文献，当我们阅读英文文献或英文网页时，如何使用搜索引擎的功能将英文网页转化成中文，进而提高阅读效率呢？

第 4 章

经济管理学科常用的中文数据库

4.1 经管类常用的综合性中文数据库

4.1.1 CNKI全文数据库

1. CNKI的商业模式

CNKI（China National Knowledge Infrastructure），中国知识基础设施，简称CNKI工程。CNKI系列数据库产品，是“中国知识基础设施”工程的产物。

CNKI工程是以实现全社会知识资源传播共享与增值利用为目标的信息化建设项目，由清华大学、清华同方发起，始建于1999年6月。采用自主开发并具有国际领先水平的数字图书馆技术，建成了世界上全文信息量规模最大的“CNKI数字图书馆”，并启动建设《中国知识资源总库》及CNKI网格资源共享平台，通过产业化运作，为全社会知识资源高效共享提供最丰富的知识信息资源和最有效的知识传播与数字化学习平台。

CNKI工程的具体目标，一是大规模集成整合知识信息资源，整体提高资源的综合利用和增值利用的价值；二是建设知识资源互联网传播扩散与增值服务平台，为全社会提供资源共享、数字化学习、知识创新的信息化条件；三是建设知识资源的深度开发利用平台，为社会各方面提供知识管理与知识服务的信息化手段；四是为知识资源生产出版部门创造互联网出版发行的市场环境与商业机制，大力促进文化出版事业、产业的现代化建设与跨越式发展。

国家新闻出版总署副署长阎晓宏（2007）认为“数字出版尚未形成业界普遍认同的商业模式”。在市场化运作过程中，CNKI把知识信息资源的社会公益性和信息服务业的市场化发展很好地结合起来，探索了一套社会效益和经济效益兼顾的商业模式。

CNKI通过向高校和公共图书馆等专业机构和个人出售数字出版资源来实现盈利，下载CNKI的全文需要权限，用户可通过包年、本地镜像以及流量计费方式获得阅读权限。

广告服务是另一个利润来源。经过十几年的发展，CNKI已经发展成为全国最大的、也是唯一的集成化的知识整合专业媒体。中国知网聚集的读者非常集中，以大学生、教师、医生、研究人员、文化界人士等一批脑力劳动者为主，这些人群在社会上是具有影响力和话语权的人，因此，对于那些需要做品牌宣传或者关注精确营销的广告主来说，中国知网是一个非常有价值而又高效的媒体。

2. CNKI的数据库分类

CNKI系列数据库产品5.0版包括源数据库和专业知识仓库。

源数据库指以完整收录文献原有形态，经数字化加工，多重整序而成的专类文献数据库，如中国期刊全文数据库、中国优秀博硕士论文全文数据库、中国重要会议论文全文数据库、中国重要报纸全文数据库等。

专业知识仓库是指针对某一行业特殊需求，从源数据库中提取出相关文献资源，再补充本行业专有资源而形成的、根据行业特点重新整序的专业文献数据库。如中国医院知识仓库、中国企业知识仓库、中国城建规划知识仓库、中国基础教育知识仓库等。

这里仅重点介绍以下数据库。

（1）中国期刊全文数据库

简介	该库是目前世界上最大的连续动态更新的中国期刊全文数据库，收录国内8 200多种重要期刊，以学术、技术、政策指导、高等科普及教育类为主，同时收录部分基础教育、大众科普、大众文化和文艺作品类刊物，内容覆盖自然科学、工程技术、农业、哲学、医学、人文社会科学等各个领域，全文文献总量有2 200多万篇。
专辑专题	产品分为十大专辑：理工A、理工B、理工C、农业、医药卫生、文史哲、政治军事与法律、教育与社会科学综合、电子技术与信息科学、经济与管理。十大专辑下分为168个专题和近3 600个子栏目。
文献来源	中国国内8 200多种综合期刊与专业特色期刊的全文。
产品形式	WEB版（网上包库）、镜像站版、光盘版、流量计费
收录年限	1994年至今（部分刊物回溯至创刊）。
更新频率	CNKI中心网站及数据库交换服务中心每日更新5 000～7 000篇，各镜像站点通过互联网或卫星传送数据可实现每日更新，专辑光盘每月更新，专题光盘年度更新。

（2）中国博士学位论文全文数据库

简介	该库是目前国内相关资源最完备、高质量、连续动态更新的中国博士学位论文全文数据库，至2006年12月31日，累积博士学位论文全文文献5万多篇。
专辑专题	产品分为十大专辑：理工A、理工B、理工C、农业、医药卫生、文史哲、政治军事与法律、教育与社会科学综合、电子技术与信息科学、经济与管理。十大专辑下分为168个专题和近3 600个子栏目。
文献来源	全国420家博士培养单位的博士学位论文。参见学位授予单位列表。
产品形式	WEB版（网上包库）、镜像站版、光盘版、流量计费。
收录年限	1999年至今。
更新频率	CNKI中心网站及数据库交换服务中心每日更新，各镜像站点通过互联网或卫星传送数据可实现每日更新，专辑光盘每月更新。

（3）中国优秀硕士学位论文全文数据库

简介	该库是目前国内相关资源最完备、高质量、连续动态更新的中国优秀硕士学位论文全文数据库，至 2006 年 12 月 31 日，累积硕士学位论文全文文献 37 万多篇。
专辑专题	产品分为十大专辑：理工 A、理工 B、理工 C、农业、医药卫生、文史哲、政治军事与法律、教育与社会科学综合、电子技术与信息科学、经济与管理。十大专辑下分为 168 个专题文献数据库。
文献来源	全国 652 家硕士培养单位的优秀硕士学位论文。参见学位授予单位列表。
产品形式	WEB 版（网上包库）、镜像站版、光盘版、流量计费。
收录年限	1999 年至今。
更新频率	CNKI 中心网站及数据库交换服务中心每日更新，各镜像站点通过互联网或卫星传送数据可实现每日更新，专辑光盘每月更新。

（4）中国重要会议论文全文数据库

简介	该库收录我国 2000 年以来国家二级以上学会、协会、高等院校、科研院所、学术机构等单位的论文，年更新约 10 万篇论文。至 2006 年 12 月 31 日，累积会议论文全文文献近 58 万篇。
专辑专题	产品分为十大专辑：理工 A、理工 B、理工 C、农业、医药卫生、文史哲、政治军事与法律、教育与社会科学综合、电子技术与信息科学、经济与管理。十大专辑下分为 168 个专题和近 3 600 个子栏目。
文献来源	国家二级以上学会、协会、研究会、科研院所及政府举办的重要学术会议、高校重要学术会议、在国内召开的国际会议上发表的文献。
产品形式	WEB 版（网上包库）、镜像站版、光盘版、流量计费。
收录年限	2000 年至今（部分社科类会议论文回溯至 2000 年前）。
更新频率	CNKI 中心网站及数据库交换服务中心每日更新，各镜像站点通过互联网或卫星传送数据可实现每日更新，专辑光盘每月更新。

（5）中国重要报纸全文数据库

简介	收录 2000 年以来中国国内重要报纸刊载的学术性、资料性文献的连续动态更新的数据库。至 2006 年 12 月 31 日，累积报纸全文文献 645 万多篇。
专辑专题	产品分为十大专辑：理工 A、理工 B、理工 C、农业、医药卫生、文史哲、政治军事与法律、教育与社会科学综合、电子技术与信息科学、经济与管理。十大专辑下分为 168 个专题文献数据库。
文献来源	国内公开发行的 700 多种重要报纸。
产品形式	WEB 版（网上包库）、镜像站版、光盘版、流量计费。
收录年限	2000 年至今。
更新频率	CNKI 中心网站及数据库交换服务中心每日更新，各镜像站点通过互联网或卫星传送数据可实现每日更新，专辑光盘每月更新。

3. CNKI 数据库的检索应用

KNS 是 CNKI 知识网络服务平台的简称，又称知识网络服务系统（Knowledge Network Service Platform)，由清华同方知网（北京）技术有限公司设计并研制，是为 CNKI 各类站点发布、检索、更新、管理各类同构、异构数据库的统一平台。KNS 5.0 为多个同构异构数据库提供了统一发布管理模块，为 CNKI 系列数据库产品的发布管理降低了管理成本和使用维护成本，既可以提高数据库的发布效率，也统一了各数据库的使用方式。

CNKI 系列数据库产品 5.0 版中，统一了各个数据库各层页面风格，从页面布局到功能设置和命名既注意体现个性，同时更注意保持共性，熟悉其中一个数据库便等于熟悉其余数据库，让用户可以更便捷地使用 CNKI 系列数据库。

CNKI 系列数据库 5.0 版，无论是跨库检索还是单库检索，均设置四种基本检索方式：初级检索、高级检索、专业检索、在结果中检索。并且每一种检索方式在任何数据库中的页面设计、命名、操作均力求准确与统一。

各种检索方式的检索功能有所差异，基本上遵循向下兼容原则，即高级检索中包含初级检索的全部功能，专业检索中包括高级检索的全部功能。

各种检索方式所支持的检索操作均需通过以下几部分实现：检索项、检索词、检索控制。在同一种检索方式下，因为数据库所收录文献的特征不同，所以所设置的检索项及检索控制项会有所不同。

(1) 初级检索

初级检索是一种简单检索，CNKI 系统所设初级检索具有多种功能，如：简单检索、多项单词逻辑组合检索、词频控制、相关度、词扩展。

多项单词逻辑组合检索：多项是指可选择多个检索项，通过点击“逻辑”下方的“+”增加一逻辑检索行；单词是指每个检索项中只可输入一个词；逻辑是指每一检索项之间可使用逻辑与、逻辑或、逻辑非进行项间组合。

最简单的检索只需输入检索词，点击检索按钮，则系统将在默认的“主题”（题名、关键词、摘要）项内进行检索，任一项与检索条件匹配者均为命中记录。

1) 单库初级检索举例

例如：检索主题包含“创业团队”的 2000—2009 年中国期刊数据库的全部文献，如图 4—1 所示。

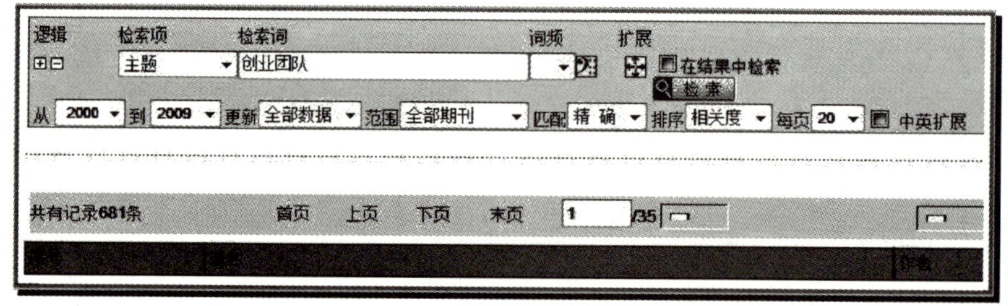

图 4—1 CNKI 单库初级检索——输入检索式

第一步：选择“中国期刊全文数据库”；

第二步：选择检索项“主题”；

第三步：输入检索词“创业团队”；

第四步：选择从“2000”到“2009”；

第五步：选择“更新”中的“全部数据”；

第六步：选择“范围”中的“全部期刊”；

第七步：选择“匹配”中的“精确”；

第八步：选择“排序”中的“相关度”；

第九步：选择“每页”中的“20”；

第十步：点击“检索”。

2）跨库初级检索举例

例如，检索 2000～2009 年中国期刊数据库、中国期刊全文数据库（世纪期刊）、中国优秀硕士学位论文全文数据库、中国博士学位论文全文数据库关于“创业团队”的全部文献，如图 4—2 所示。

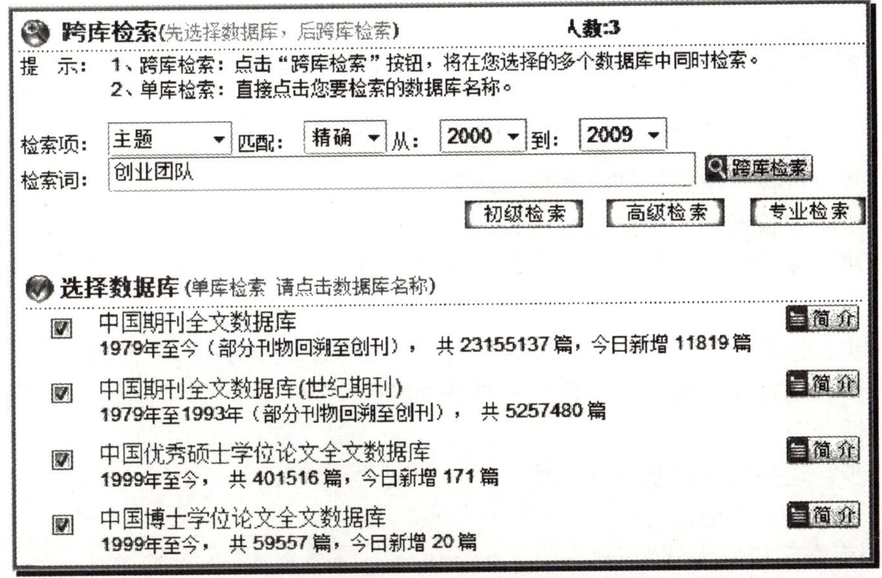

图 4—2　CNKI 跨库初级检索——选择数据库输入检索式

第一步：选择“跨库检索”按钮；

第二步：选择要检索的数据库名称；

第三步：选择检索项“主题”；

第四步：选择“匹配”中的“精确”；

第五步：选择从“2000”到“2009”；

第六步：输入检索词“创业团队”；

第七步：点击“跨库检索”。

（2）高级检索

高级检索是一种比初级检索要复杂一些的检索方式，但也可以进行简单检索。高级检索特有功能如下：多项双词逻辑组合检索、双词频控制。

多项双词逻辑组合检索：多项是指可选择多个检索项；双词是指一个检索项中可输入两个检索词（在两个输入框中输入），每个检索项中的两个词之间可进行五种组合：并且、或者、不包含、同句、同段，每个检索项中的两个检索词可分别使用词频、最近词、扩展词；逻辑是指每一检索项之间可使用逻辑与、逻辑或、逻辑非进行项间组合。

1）单库高级检索举例

检索题目：创业团队成员的利益博弈分析

要求：2000—2009 年中国期刊全文数据库发表的题目包含“创业”和“博弈”的文献。“创业”中不包含“二次创业”，“博弈”中不包含“均衡博弈”，输入检索式如图 4—3 所示。

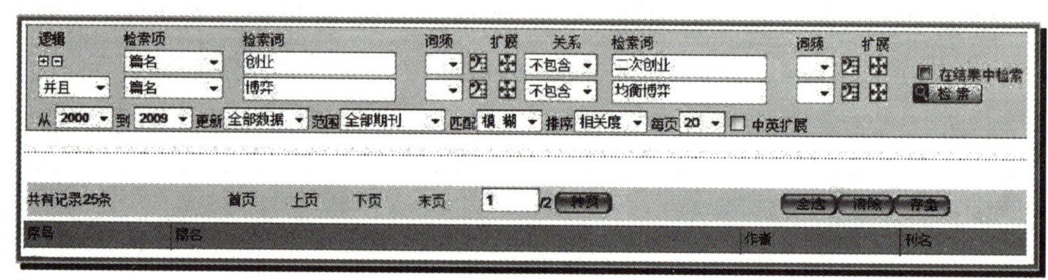

图 4—3　CNKI 单库高级检索——输入检索式

第一步：选择“中国期刊全文数据库”；

第二步：在检索导航中点 全选 ；

第三步：使用两行逻辑检索行，每行选择检索项“篇名”，输入检索词“创业”和“博弈”；

第四步：选择两行的项间逻辑关系（检索项之间的逻辑关系）“并且”；

第五步：选择同一检索项中检索词之间的关系“不包含”，分别输入“二次创业”和“均衡博弈”；

第六步：选择检索控制条件：从“2000”到“2009”；

第七步：点击“检索”。

2）跨库高级检索举例

检索题目：创业团队成员的利益博弈分析

要求：2000—2009 年发表的题目中包含“创业”和“博弈”的文献。“创业”中不包含“二次创业”，“博弈”中不包含“均衡博弈”。跨库检索中国期刊全文数据库、中国期刊全文数据库（世纪期刊）、中国优秀硕士学位论文全文数据库、中国博士学位论文全文数据库，输入检索式如图 4—4 所示。

操作步骤如下：

第一步：选择“跨库检索”按钮；

第二步：选择要检索的数据库名称；

第三步：选择高级检索；

第四步：按照要求选择检索项、检索词、关系等，如图 4—4 所示；

第五步：选择从“2000”到“2009”；

第六步：点击“检索”，如图 4—4 所示。

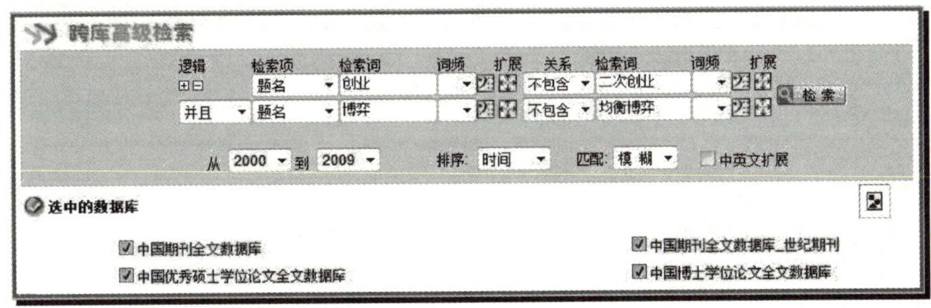

图 4—4　CNKI 跨库高级检索——输入检索式

（3）专业检索

专业检索比高级检索功能更强大，但需要检索人员根据系统的检索语法编制检索式进行检索。适用于熟练掌握检索技术的专业检索人员。

1）通过点击“专业检索”即可进入专业检索条件界面，如图 4—5 所示。

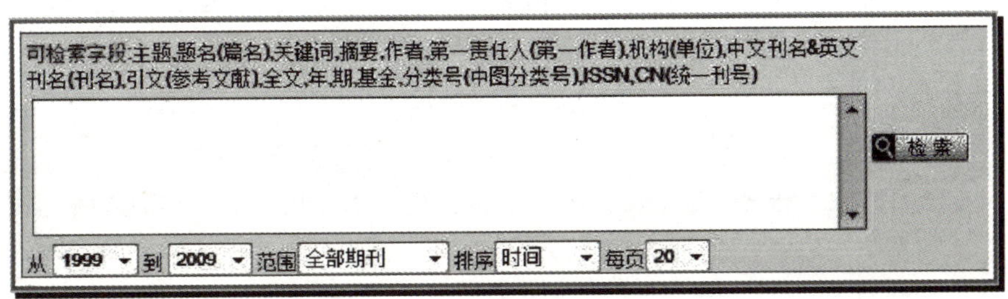

图 4—5　CNKI 专业检索界面

2）选择检索范围，包括时间、范围、排序、每页。

3）输入检索表达式，检索语法可以查看帮助中的“专业检索说明”。

例如，要检索“题名”包括“创业”和“博弈”的所有刊物，则检索条件写为：题名＝“创业”and 题名＝“博弈”。检索词一般加上半角引号，输入检索式如图 4—6 所示。

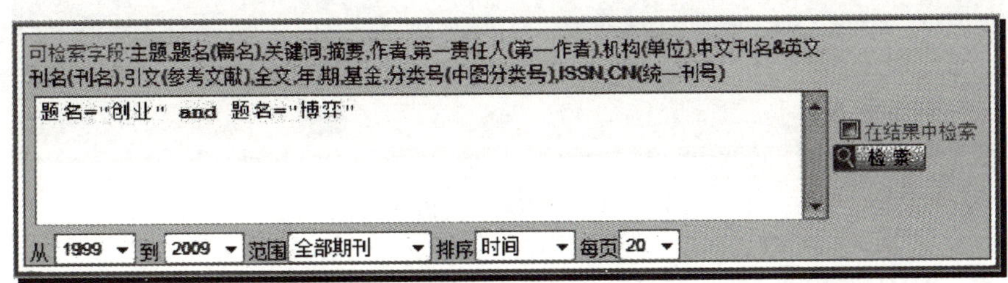

图 4—6　CNKI 专业检索界面——输入检索式

4）检索结果共 27 条记录，截图见图 4—7。

（4）在结果中检索（二次检索）

在结果中检索又称为二次检索，是在当前检索结果内进行的检索，主要作用是进一

共有记录27条　首页　上页　下页　末页　1 /2

序号	篇名	作者
1	大学生创业优劣之博弈	张国权
2	创业与投资的演化博弈分析与政策建议	吴文清
3	大学生创业的门槛——在位者与进入者的博弈	周天
4	创业投资中双重委托代理关系的博弈分析	路涵
5	构建创业投资企业声誉机制的博弈分析	郭四代
6	创业激励下创业家与风险投资的合作博弈	钟若愚

图 4—7　CNKI 专业检索——检索结果

步精选文献。当检索结果太多，想从中精选出一部分时，可使用二次检索。二次检索这一功能设在实施检索后的检索结果页面。

例如：以“创业团队”为关键词，检索 2000—2009 年中国期刊数据库的全部文献，检索结果如图 4—8 所示。

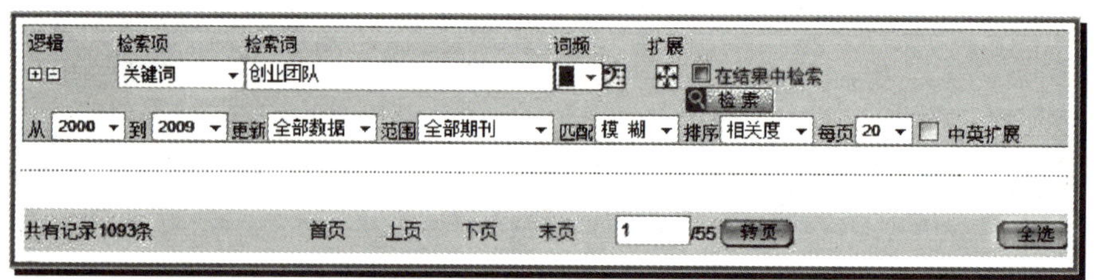

图 4—8　CNKI 检索结果

有 1 093 条，数量太多，进行二次检索，重新选择检索项为“篇名”，在检索结果页面勾选“在结果中检索”，再点击“检索”，检索结果为 101 条，如图 4—9 所示。

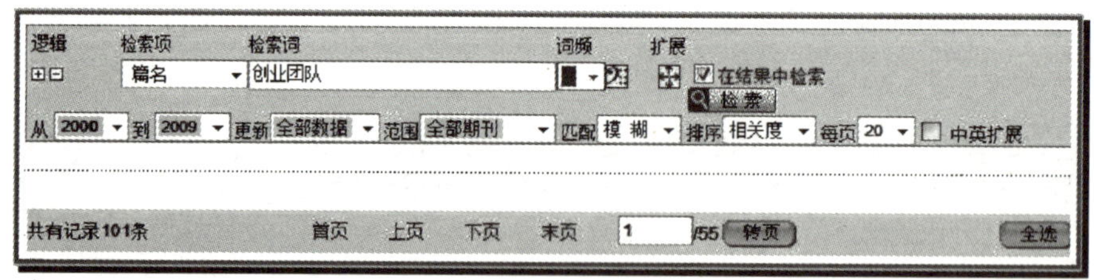

图 4—9　CNKI 二次检索结果

4.1.2　万方数据库

1. *万方数据库概述*

“万方数据资源系统”是以中国科技信息所（万方数据集团公司）全部信息服务资源为依托建立起来的，是一个以科技信息为主，集经济、金融、社会、人文信息为一体，以 Internet 为网络平台的大型科技、商务信息服务系统。目前，全新改版的万方数据资源系统被整合为科技信息子系统、商务信息子系统和数字化期刊子系统三个部分。

（1）科技信息子系统

科技信息子系统是面向科技界的完整的综合信息系统，本系统的检索系统具有强大的检索功能，可为用户提供准确、全面、翔实、快捷的检索服务。科技信息子系统包括 6 个栏目：1）科技文献；2）名人与机构；3）中外标准；4）科技动态；5）政策法规；6）成果专利，汇集中外上百个知名的、使用频率较高的科技、经济、金融、文献、生活与法律法规等数据库，记录总数达 1 300 多万条。

（2）商务信息子系统

商务信息子系统面向广大工商、企业用户，提供全面的商务信息和解决方案，可按企业分类查询公司企业的基本信息，包括工商资讯、经贸信息、成果专利、商贸活动、咨询服务等信息，其中《中国企业、公司及产品数据库》收录了 96 个行业 20 万家企业的详尽信息。

（3）数字化期刊子系统

数字化期刊子系统以刊为单位上网，保留了刊物本身的浏览风格和习惯。期刊全文内容采用 HTML 和 PDF 两种国际通用格式，方便读者随时阅读和引用。所有期刊按理、工、农、医、人文等 5 大类划分，共集纳了 70 多个类目的 2 000 多种期刊（其中绝大部分是进入中国科技论文统计源的核心期刊）。

2. *万方数据库分类*

（1）全文资源数据库

1）中国学位论文全文数据库

该库由国家法定学位论文收藏机构——中国科技信息研究所提供，并委托万方数据加工建库，收录了自 1980 年以来我国自然科学领域博士、博士后及硕士研究生论文，其中全文 60 余万篇，每年稳定新增 15 余万篇，是我国收录数量最多的学位论文全文库。

2）中国学术会议论文全文数据库

该库是国内最具权威性的学术会议论文全文数据库，收录了 1998—2004 年国家一级学会在国内组织召开的全国性学术会议（近 7 000 余个会议）的 45 万余篇会议论文全文，是目前国内收录会议论文数量最多，学科覆盖最广的数据库，是掌握国内学术会议动态必不可少的权威资源。

3）中国标准全文数据库

标准是在一定地域或行业内统一的技术要求。该库收录了国内外的大量标准，包括中国国家发布的全部标准、某些行业的行业标准以及电气和电子工程师技术标准；收录了国际标准数据库、美英德等的国家标准，以及国际电工标准；还收录了某些国家的行业标准，如美国保险商实验所数据库、美国专业协会标准数据库、美国材料实验协会数据库、日本工业标准数据库等。

4）中国法律法规全文库

该库包括自 1949 年新中国成立以来全国人大及其常委会颁布的法律、条例及其他法律性文件；国务院制定的各项行政法规，各地地方性法规和地方政府规章；最高人民法院和最高人民检察院颁布的案例及相关机构依据判案实例做出的案例分析，司法解释，各种法律文书，各级人民法院的裁判文书；国务院各机构，中央及其机构制定的各项规章、制度等；工商行政管理局和有关单位提供的示范合同式样和非官方合同范本；以及外国与其他地区所发布的法律全文内容，国际条约与国际惯例等全文内容。

5）中国专利全文数据库

收录从1985年至今受理的全部发明专利、实用新型专利、外观设计专利数据信息，包含专利公开（公告）日、公开（公告）号、主分类号、分类号、申请（专利）号、申请日、优先权等数据项。

6）数字化期刊全文数据库

作为国家“九五”重点科技攻关项目，目前集纳了理、工、农、医、哲学、人文、社会科学、经济管理与教科文艺等9大类100多个类目的近5 500余种各学科领域的核心期刊，实现全文上网，论文引文关联检索和指标统计。从2001年开始，数字化期刊已经囊括我国所有科技统计源期刊和重要社科类核心期刊，成为中国网上期刊的第一大门户。

（2）文摘、题录资源数据库

1）会议论文

万方数据库会议论文子库是目前国内收集学科最全、数量最多的会议论文数据库，为用户提供最全面、详尽的会议信息，是了解国内学术会议动态和科学技术水平与进行科学研究所必不可少的工具。收录由中国科技信息研究所提供的国家级学会、协会、研究会组织召开的各种学术会议论文，每年涉及1 000余个重要的学术会议，范围涵盖自然科学、工程技术、农林、医学等多个领域，内容包括：数据库名、文献题名、文献类型、馆藏信息、馆藏号、分类号、作者、出版地、出版单位、出版日期、会议信息、会议名称、主办单位、会议地点、会议时间、会议届次、母体文献、卷期、主题词、文摘、馆藏单位等，总计约50万篇，并保持年新增4万篇的数据量。

2）科技文献

万方数据库科技文献子库是我国有史以来学科覆盖范围最广、文献时间跨度最长、文摘率最高的文摘型数据库，用户通过该库可以查阅过去和现在多种学科的文摘信息，是科技信息机构、科研院所、大专院校、大中型企业在科学研究、技术开发、工程设计、信息咨询以及科技教育培训中不可多得、不可替代的科技信息资源。收录来自于机械部科技信息研究院、中国化工信息中心、中国农业科学院科技文献信息中心等权威专业部门的专业文献和中央各部委、省市自治区的综合文献，包括中国机械工程、中国农业科学、中国计算机及中国生物医学等40余个数据库，总计上千万条，并保持每年更新一次。该资源对科学技术研究有着不可估量的价值和意义。

3）科技名人

万方数据库科技名人子库我国第一部以CD-ROM形式出版的科技名人录，是获得科技界名人的个人情况、科学研究或管理成就、专著、论文等情况的具有权威性、实用性的数据库。该库是受国家科委的委托，在中科院、工程院、全国科协、各部委、各省市及高校的积极配合和支持下建成的，收录了中科院院士、中国工程院院士、我国科技界卓有成就的科学家和工程师与科技管理者、政策制定人及企业科技负责人的全面信息，包括《中国科技名人数据库》和《全国一级建筑师数据库》，收录了我国总计上万名科技名人与专家的详细信息。该资源库对于科技管理、科学研究和专业工作有极大的指导和帮助。

4）科教机构

万方数据库科教机构子库是向国内外宣传我国科研机构的发展现状及科研成就的重要依据，促进中外科技界的合作与交流的理想平台，推动国内的科研单位更快地步入市场经济轨道的有效途径。主要由我国科研机构、高等院校、信息机构及其他从事科技活动的机构组成，包括中国科研机构数据库、中国科技信息机构数据库和中国高等院校数据库，内容包括机构名称、地址、邮编、负责人、电话、传真、成立年代、职工人数、科研成果、学科研究范围等，收录了我国总计上万家科研机构的详细信息，是社会各界了解我国科研院所、信息机构、高等院校情况的重要窗口。

5）科技成果

万方数据库科技成果子库主要收录了国内的科技成果及国家级科技计划项目。内容由中国科技成果数据库等十几个数据库组成，收录的科技成果总计约50万项，内容涉及自然科学的各个学科领域。

6）中外标准

万方数据库中外标准子库综合了由国家技术监督局、建设部情报所、建材研究院等单位提供的相关行业的各类标准题录。包括中国标准、国际标准以及各国标准等数据库，20多万多条记录。该库每个季度更新1次，保证了实用性和实效性。目前该库已成为广大企业及科技工作者从事生产经营、科研工作不可或缺的宝贵的信息资源。

7）企业产品

万方数据库企业产品子库收录了96个行业近20万家企业的基本信息和产品信息，提供的信息内容包括联系方式、资产规模、产量产值以及产品图片等，还提供产品需求信息、产品进出口信息和其他产品动态信息。开辟了产品推荐和企业展示窗口，加盟展示服务的企业可以公布其产品图片和其他动态信息等，同时系统拥有的强大的检索浏览功能，展示企业可以得到优先排名。万方数据库企业产品子库可以帮助用户了解企业在产品链中所处的位置，寻找到利润最大的客户、成本最小的上游产品，同时有助于用户在产品、技术和项目开发中找到最适当的合作伙伴。

3. 万方数据库检索应用

（1）单库检索

直接在万方数据库资源系统主页上的各个子系统中选择所要查找的数据库，如选择中国学位论文数据库，打开如图4—10所示的检索界面，即可以进行检索了。

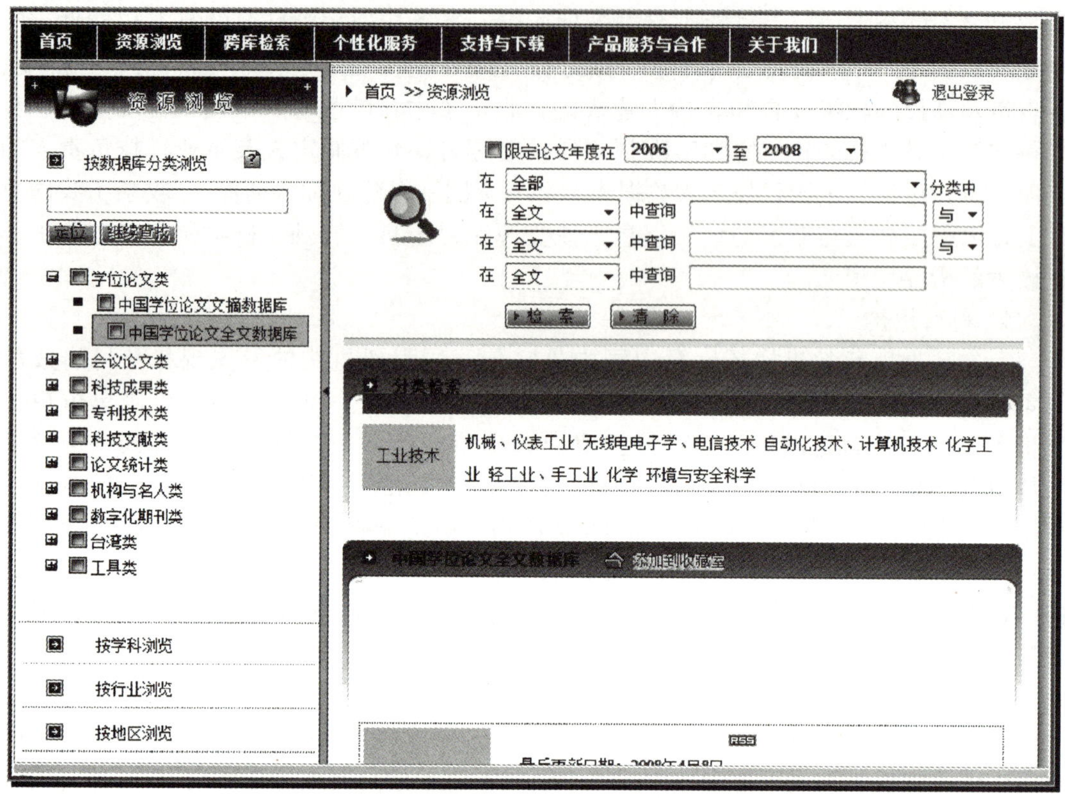

图 4—10　万方单库检索——中国学位论文数据库界面

例如要求检索 2000—2008 年论文标题中含有“创业团队”或者“创业企业”的全部论文的检索步骤为：

第一步：限定论文年度为 2000 年到 2008 年；

第二步：在分类中选择“全部”；

第三步：在字段中选择“论文标题”；

第四步：输入关键词；

第五步：选择逻辑运算关系“或”；

第六步：执行检索。

如图 4—11 所示。

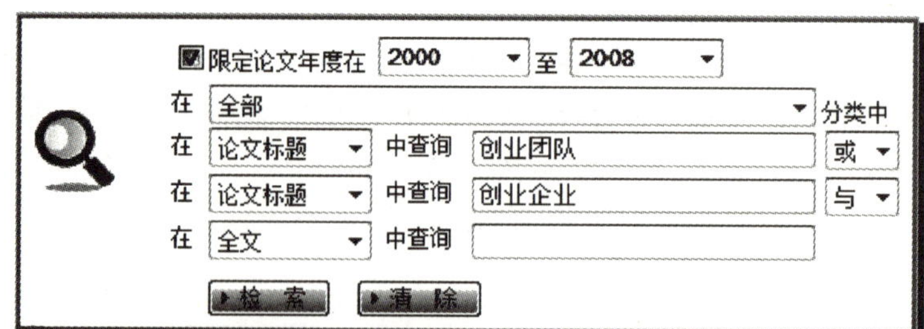

图 4—11　万方单库检索——输入检索式

检索结果共 15 条，如图 4—12 所示。

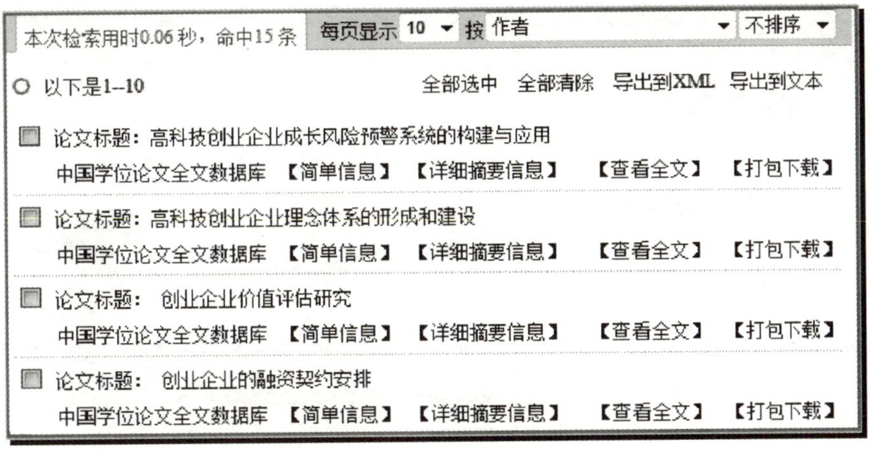

本次检索用时0.06秒，命中15条　每页显示 10 按 作者 不排序

以下是1--10　全部选中　全部清除　导出到XML　导出到文本

论文标题：高科技创业企业成长风险预警系统的构建与应用
中国学位论文全文数据库　【简单信息】　【详细摘要信息】　【查看全文】　【打包下载】

论文标题：高科技创业企业理念体系的形成和建设
中国学位论文全文数据库　【简单信息】　【详细摘要信息】　【查看全文】　【打包下载】

论文标题：创业企业价值评估研究
中国学位论文全文数据库　【简单信息】　【详细摘要信息】　【查看全文】　【打包下载】

论文标题：创业企业的融资契约安排
中国学位论文全文数据库　【简单信息】　【详细摘要信息】　【查看全文】　【打包下载】

图 4—12　万方单库检索结果

（2）跨库检索

跨库检索中心是万方数据资源统一服务系统中的检索业务集成系统，它几乎囊括了分布于系统各处的检索业务的功能，同时系统还提供了跨库检索服务，用户可按数据库、行业、学科、地区、期刊同时检索多个平台上的多种资源，输入一个检索式，便可以看到多个数据库的查询结果，并可进一步得到详细记录并下载全文。与此同时，用户也可选择单个数据库，针对某种具体资源进行个性化检索。

在系统首页中点击“跨库检索”导航栏目链接进入万方数据资源标准镜像系统跨库检索页面。系统提供了两种检索界面，分别是“经典检索界面”和“专业检索界面”。

1）经典检索界面

经典检索界面是跨库检索默认的检索页面，进入跨库检索页面后，默认的检索界面如图 4—13 所示，检索界面主要由检索入口区和变更检索范围区组成。

变更检索范围区：添加检索条件前需要先确定检索范围，可以在变更检索范围区勾选你所需要的数据库。

检索入口区：用户可以在此直接输入检索式，系统将在选择的检索范围中进行检索。

例如：检索有关“创业团队成员的利益博弈”的所有文章。

第一步：在检索入口区输入检索式，用“创业”和“博弈”做输入词，选择逻辑运算“与”，如图 4—14 所示。

第二步：在变更检索范围区，选择相应的数据库，如图 4—15 所示。

第三步：执行检索，检索结果共 716 条，各数据库的具体检索结果见图 4—16。

2）专业检索界面

专业检索比高级检索功能更强大，但需要检索人员根据系统的检索语法编制检索式进行检索。专业检索适用于熟练掌握 CQL 检索技术的专业检索人员。其界面如图 4—17 所示。

首页 >>跨库检索
退出登录
检索范围
全部字段
与
全部字段
限定年度范围：从 2009 到 2009
检索
专业检索 使用帮助
学位论文类 (包含中国学位论文文摘数据库、中国学位论文全文数据库等数据库)
会议论文类 (包含中国学术会议论文文摘数据库、中国学术会议论文全文数据库等数据库)
科技成果类 (包含中国科技成果数据库等数据库)
专利技术类 (包含专利技术数据库等数据库)
科技文献类 (包含中国机械工程文摘数据库、中国农业科学文献数据库等数据库)
论文统计类 (包含中国科技论文统计分析数据库、中国科技论文引文分析数据库等数据库)
机构与名人类 (包含中国企业公司与产品数据库详情版、中国科研机构数据库等数据库)
数字化期刊类 (包含数字化期刊全文数据库、数字化期刊知识链接数据库等数据库)
台湾类 (包含台湾公司企业名录、台湾标准文摘数据库等数据库)

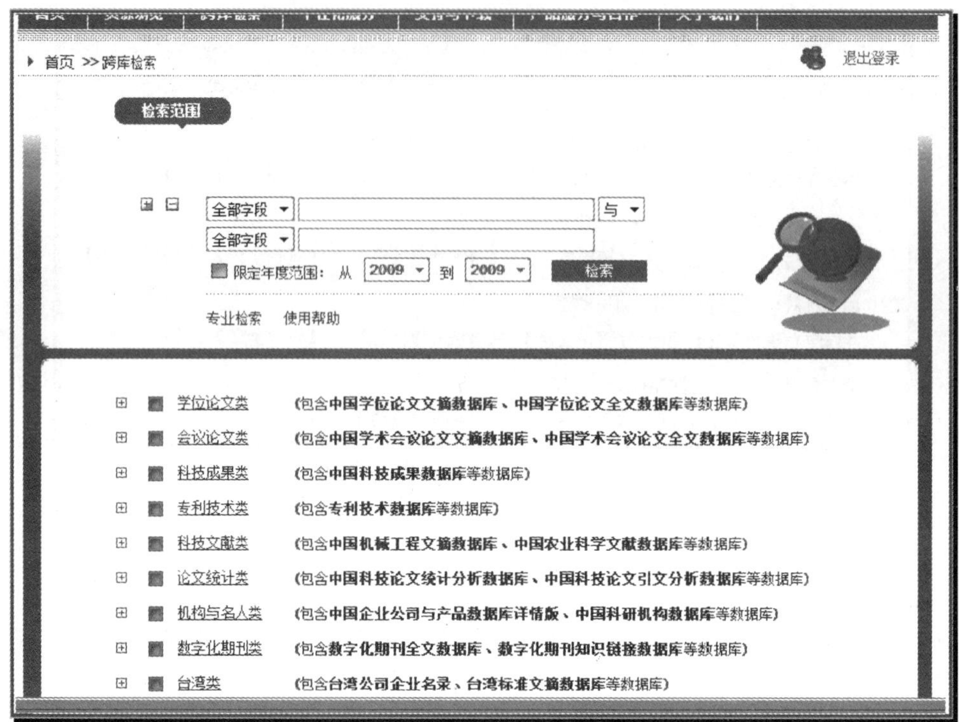

图 4—13　万方跨库检索——经典检索界面

检索范围
中国学位论文文摘数据库 中国学位论文全文数据库 中国学术会议论文文摘数据库 中文会议名录数据库 中文会议论文全文数据库 西文会议名录数据库 西文会议论文全文数据
全部字段 创业
与
全部字段 悖弈
限定年度范围：从 2009 到 2009
检索
专业检索 使用帮助

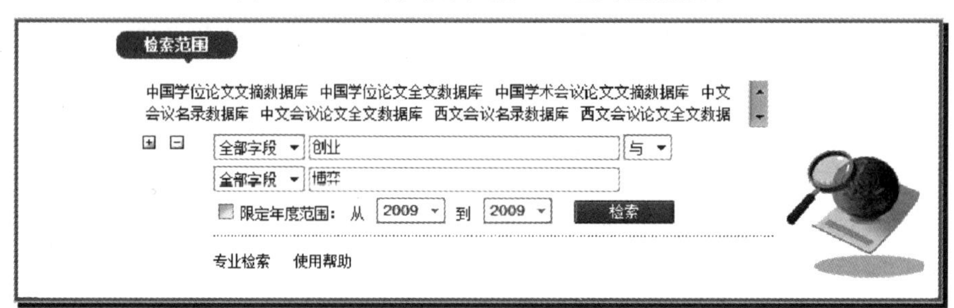

图 4—14　万方跨库检索—经典检索界面—输入检索式

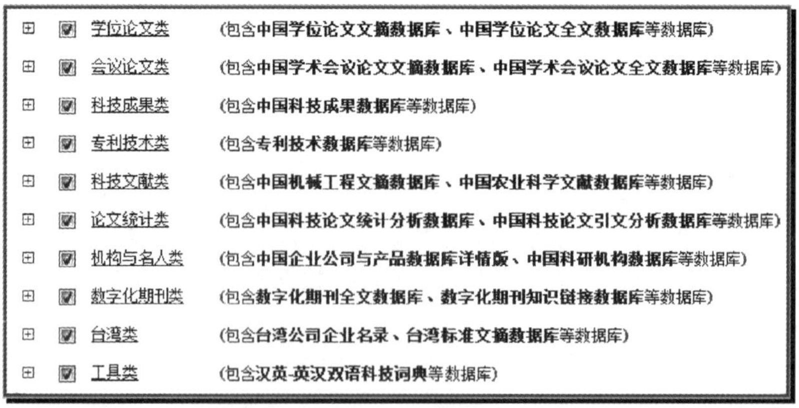

学位论文类 (包含中国学位论文文摘数据库、中国学位论文全文数据库等数据库)
会议论文类 (包含中国学术会议论文文摘数据库、中国学术会议论文全文数据库等数据库)
科技成果类 (包含中国科技成果数据库等数据库)
专利技术类 (包含专利技术数据库等数据库)
科技文献类 (包含中国机械工程文摘数据库、中国农业科学文献数据库等数据库)
论文统计类 (包含中国科技论文统计分析数据库、中国科技论文引文分析数据库等数据库)
机构与名人类 (包含中国企业公司与产品数据库详情版、中国科研机构数据库等数据库)
数字化期刊类 (包含数字化期刊全文数据库、数字化期刊知识链接数据库等数据库)
台湾类 (包含台湾公司企业名录、台湾标准文摘数据库等数据库)
工具类 (包含汉英-英汉双语科技词典等数据库)

图 4—15　万方跨库检索—经典检索界面—选择数据库

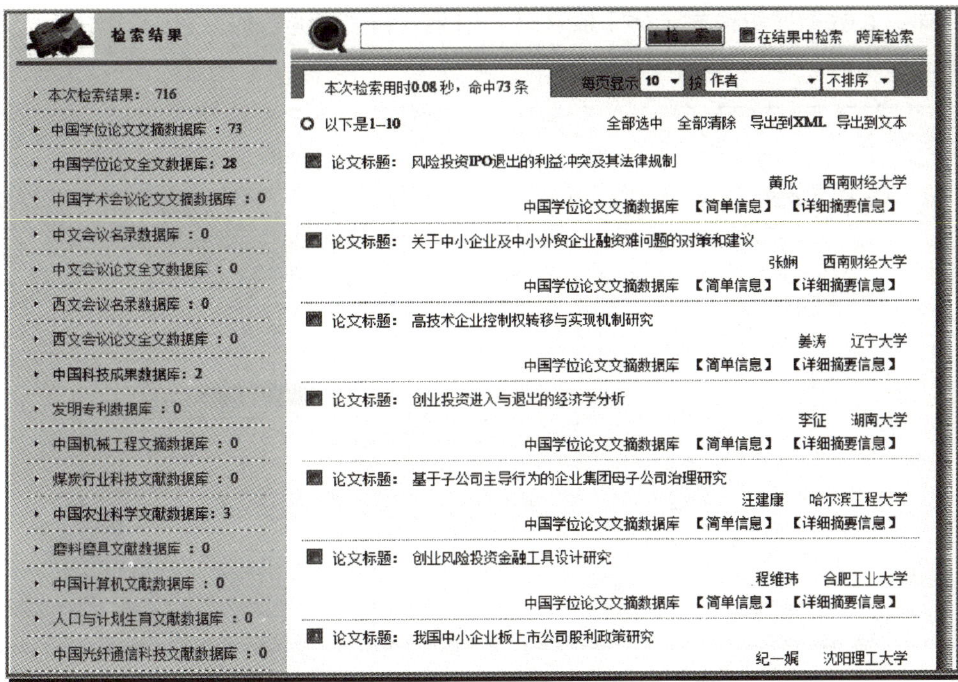

图 4—16　万方跨库检索—经典检索界面—检索结果

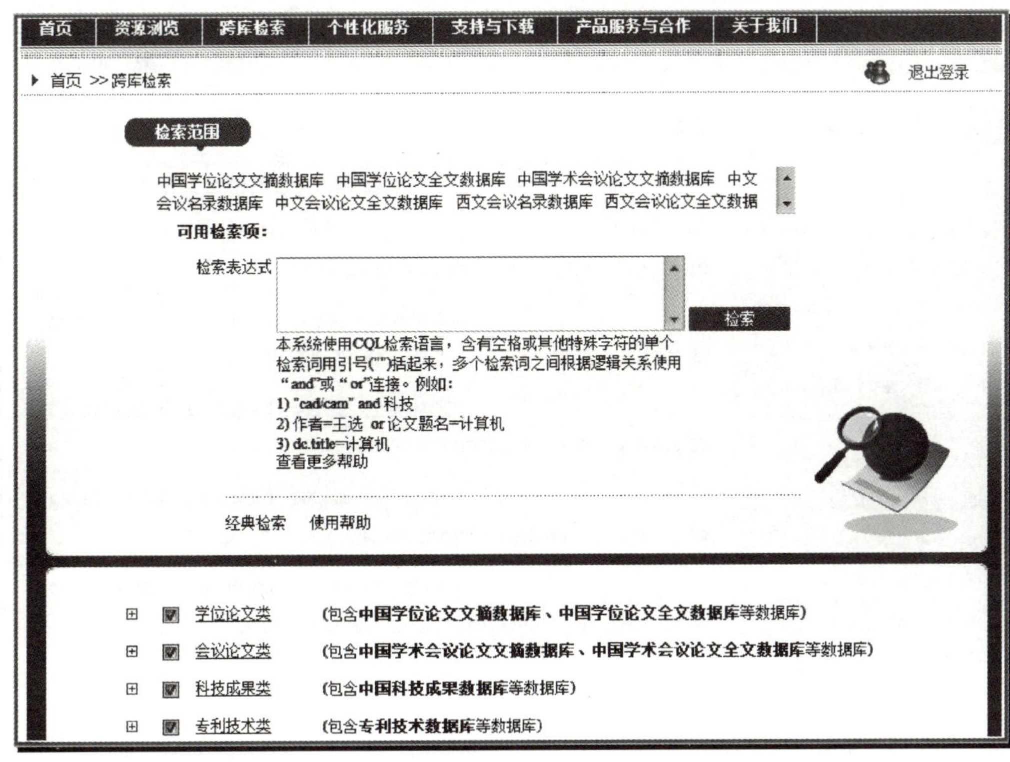

图 4—17　万方跨库检索——专业检索界面

例如，在数据库中检索全部字段含有“创业”和“博弈”的文章。

输入检索式，如图 4—18 所示。

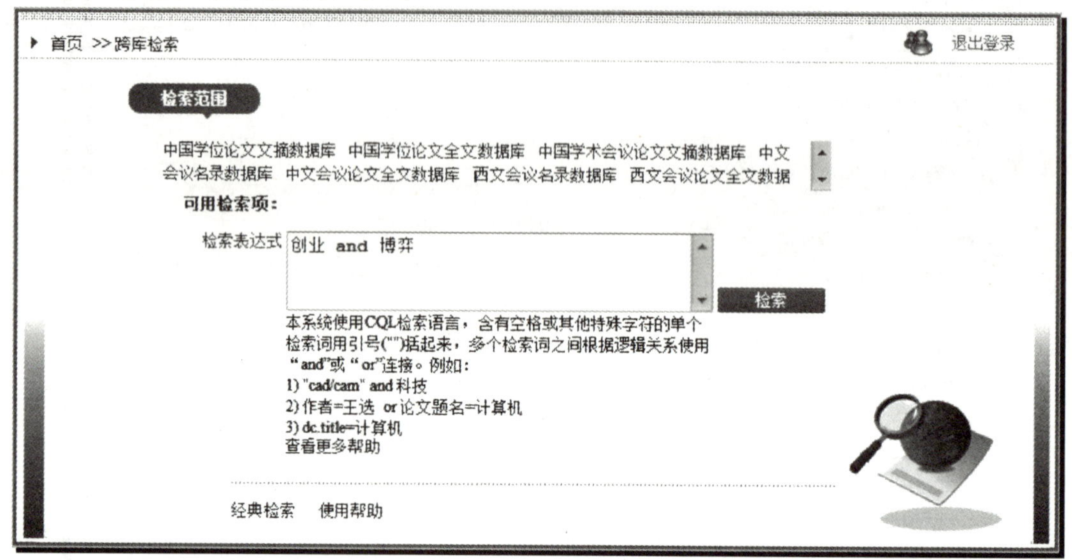

图 4—18 万方跨库检索——专业检索结果

检索到 716 篇，与经典检索结果相同，结果如图 4—19 所示。

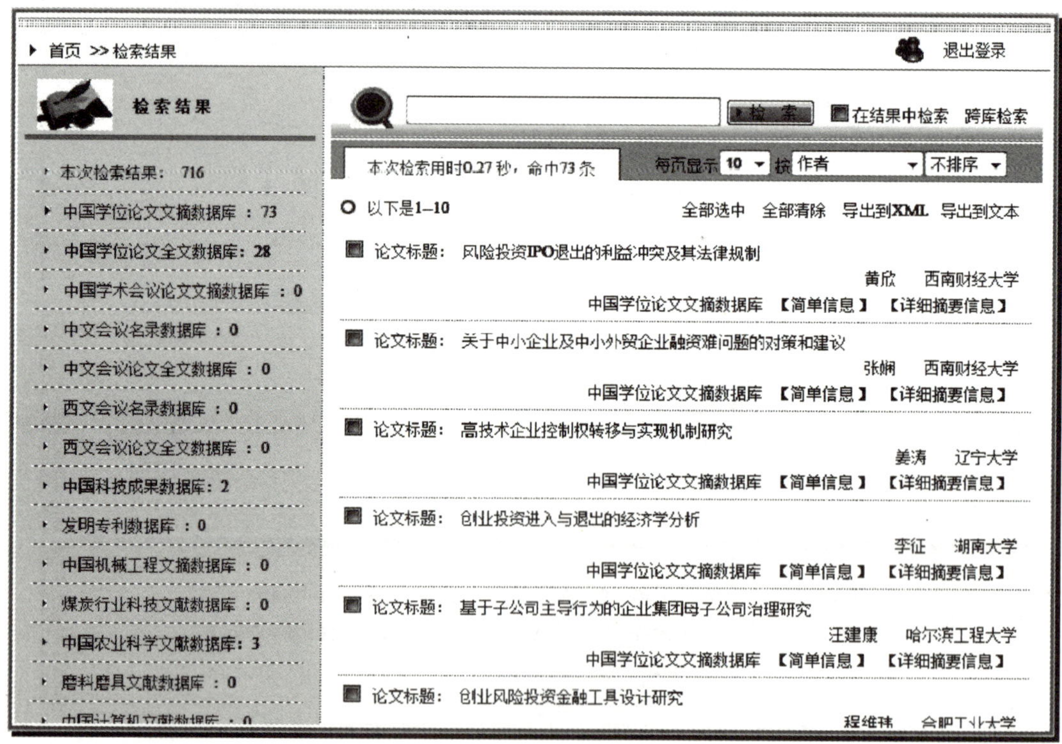

图 4—19 万方专业检索——检索结果

4.1.3　维普数据库

1. 维普数据库概述

重庆维普资讯有限公司（Vipinfo）是国内著名的科技资讯类软件企业，全文数据库提供商，隶属科学技术部西南信息中心。自 1989 年以来，致力于国内信息产业的发展，对期刊、报纸等文献进行科学严谨的研究，致力于信息资讯服务的深度开发和推广应用。维普资讯有限公司推出的中文科技期刊数据库（全文版）（简称中刊库）是一个功能强大的中文科技期刊检索系统。数据库收录了 1989 年至今的 9 000 余种中文科技期刊，涵盖社会科学、自然科学、工程技术、农业科学、医药卫生、经济管理、教育科学和图书情报等八大专辑。

2. 维普数据库分类

主要产品包括中文科技期刊全文库、中文科技期刊文摘库、中文科技期刊引文库、外文科技期刊数据库等。

（1）中文科技期刊数据库（全文版）

该数据库源于重庆维普资讯有限公司 1989 年创建的中文科技期刊篇名数据库，其全文和题录文摘版一一对应，全面解决了文摘版收录量巨大但索取原文繁琐的问题。全文版的推出受到国内广泛赞誉，同时成为国内各省市高校文献保障系统的重要组成部分。

该数据库包含了 1989 年至今的 8 000 余种期刊刊载的 2 000 余万篇文献，并以每年 250 万篇的速度递增。涵盖自然科学、工程技术、农业、医药卫生、经济、教育和图书情报等学科的 8 000 余种中文期刊数据资源。按照《中国图书馆分类法》进行分类，所有文献被分为 8 个专辑：社会科学、自然科学、工程技术、农业科学、医药卫生、经济管理、教育科学和图书情报。

（2）中文科技期刊数据库（文摘版）

该数据库源自中文科技期刊篇名数据库，是国内最大的综合性文献数据库，由重庆维普资讯有限公司从 1989 年开始建设，在 1992 年推出了世界上第一张中文光盘，同年获得国家科委科技进步二等奖，1993 年获得国家科技进步三等奖。多年来，中文科技期刊数据库（文摘版）始终以用户需求为导向，在数据质量上精益求精，在功能和服务方面不断完善，为教学和科研工作提供了有效的信息保障，赢得了国内图书情报界的高度赞誉。据 1998 年由中国科技信息研究所和北京大学等单位组织的“我国科技电子信息资源的开发和利用研究”显示，中文科技期刊数据库（文摘版）是使用频率最高的中文数据库。

数据源于 1989 年至今的 8 000 余种期刊的 2 000 余万篇文献，并以每年 250 万篇的速度递增。全面覆盖自然科学、工程技术、农业、医药卫生、经济、教育和图书情报等学科的信息资源。该库的时间跨度、收录期刊种类及文献量在国内同类产品中都首屈一指。每篇文献按照中国图书馆分类法进行分类，所有文献被分为 8 个专辑：社会科学、自然科学、工程技术、农业科学、医药卫生、经济管理、教育科学和图书情报。科学的分类使得数据库可以提供综合学科文献服务，同时又能根据购买者不同的专业需求，选择不同的类别进行组合。著录标准采用中国图书馆分类法、检索期刊条目著录规则（GB3793—83）、文献主题标引规则（GB3860—83）。

（3）中文科技期刊数据库（引文版）

该数据库是由重庆维普资讯有限公司在十几年的专业化数据库生产经验的基础上开发的又一新产品。该库可查询论著引用与被引情况、机构发文量、国家重点实验室和部门开放实验室发文量、科技期刊被引情况等，是科技文献检索、文献计量研究和科学活动定量分析评价的有力工具。

数据源于1990年至今公开出版的5 000多种科技类期刊（其中包括《中文核心期刊要目总览》中的核心期刊1 500余种），总数据量约300万篇文献。全面覆盖自然科学、工程技术、农业、医药卫生、经济、教育和图书情报等学科的信息资源。依照中国图书馆分类法，所有文献被分为8个专辑：社会科学、自然科学、工程技术、农业科学、医药卫生、经济管理、教育科学和图书情报。科学的分类体系符合人们的知识结构体系和科研习惯，便于检索利用。著录标准采用中国图书馆分类法、检索期刊条目著录规则（GB3793—83）、文献主题标引规则（GB3860—83）。

（4）外文科技期刊数据库（文摘版）

该数据库是重庆维普资讯有限公司联合国内数十家著名图书馆以各自订购和收藏的外文期刊为依托，于1999年成功开发的。该库的推出满足了国内科研人员对国外科技文献的检索需求，同时还提供文献的馆藏单位及联系地址，让用户可轻松获得外刊原文，处于领先地位。

数据源于1992年至今约570万条外文期刊数据，并以每年50万篇的速度递增。涵盖理、工、农、医及部分社科专业资源。依照中国图书馆分类法，所有资源被分为7大专辑：自然科学、工程技术、农业科学、医药卫生、经济管理、教育科学和图书情报。

3. 维普数据检索应用

首页默认的检索区域就是中文科技期刊数据库的检索方式，如图4—20所示。

中文科技期刊数据库提供五种检索方式：快速检索、传统检索、高级检索、分类检索、期刊导航。

要使用快速检索，只需要在检索框中直接输入检索条件、点击“搜索”按钮即可。需要选择其他检索方式，只需要点击相应的检索钮即可，点击传统检索、高级检索、分类检索、期刊导航，可分别进入对应检索方式的检索界面中。每种检索方式又分别提供：题名、刊名、关键词、作者、第一作者、作者机构、文摘、分类号等检索入口。

（1）快速检索

首页的“快速检索”默认在“题名或关键词”字段进行检索，在首页正中的输入框，输入检索词，点击“搜索”即可。

例如，采用默认的“题名或关键词”字段，检索含有“创业团队”的全部文献，结果如图4—21所示。

检索结果页面除了查看或下载功能，还提供以下条件限制检索功能：

1）检索入口选择

检索结果页面提供多检索入口的检索，检索入口包括：题名、关键词、题名或关键词、作者、第一作者、刊名、作者机构、文摘、分类号、任意字段。

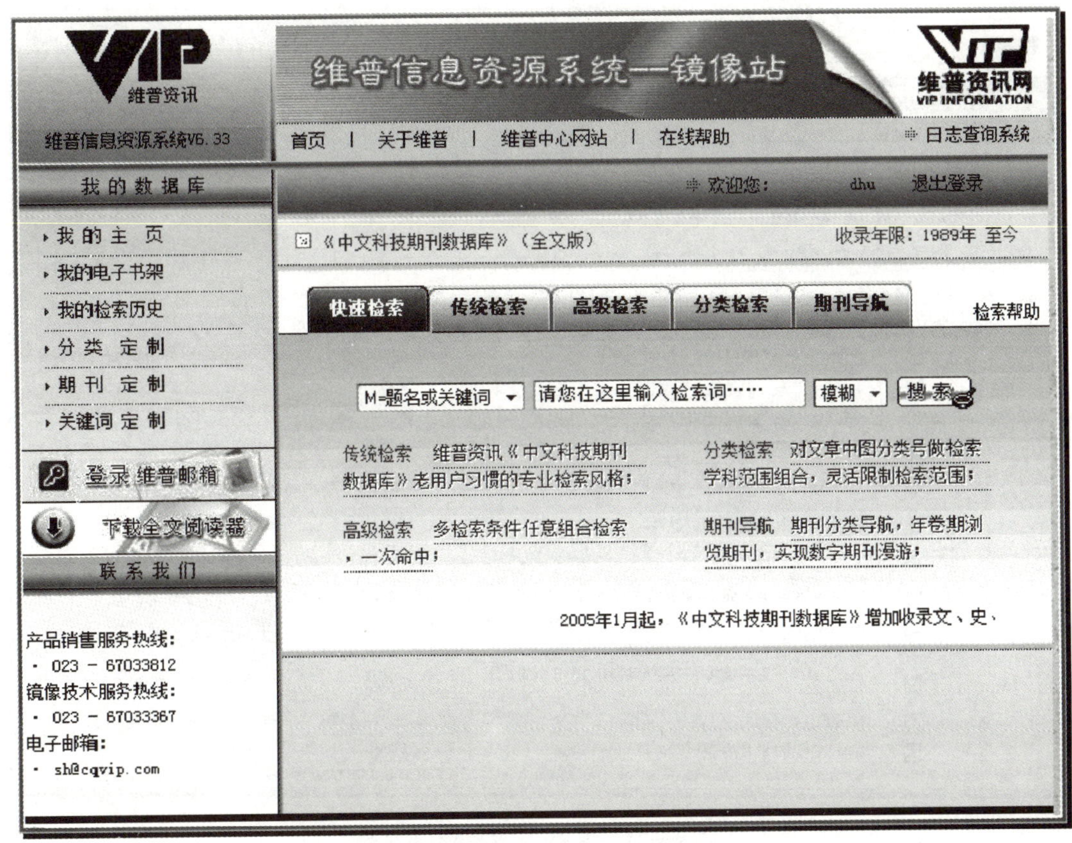

图 4—20　维普中文科技期刊数据库主界面

2）检索范围限制

在检索结果页面可进行期刊范围的选择（全部期刊、重要期刊、核心期刊）；可进行出版年限的限制。

3）二次检索功能

在已经进行了检索操作的基础上，可进行重新检索或二次检索（在结果中检索、在结果中添加、在结果中去除）。

（2）传统检索

对于原网站的中文科技期刊数据库检索模式，经常使用本网站的老用户可以点击此链接进入检索界面进行检索操作，界面如图 4—22 所示。

传统检索界面提供以下功能：

1）检索入口

提供题名或关键词、题名、关键词、作者、刊名、第一作者、分类号、文摘、机构、任意字段等十个检索入口。

2）限制检索范围

数据库提供专辑导航、分类导航、数据年限限制和期刊范围限制。提供检索方式的转换按钮。

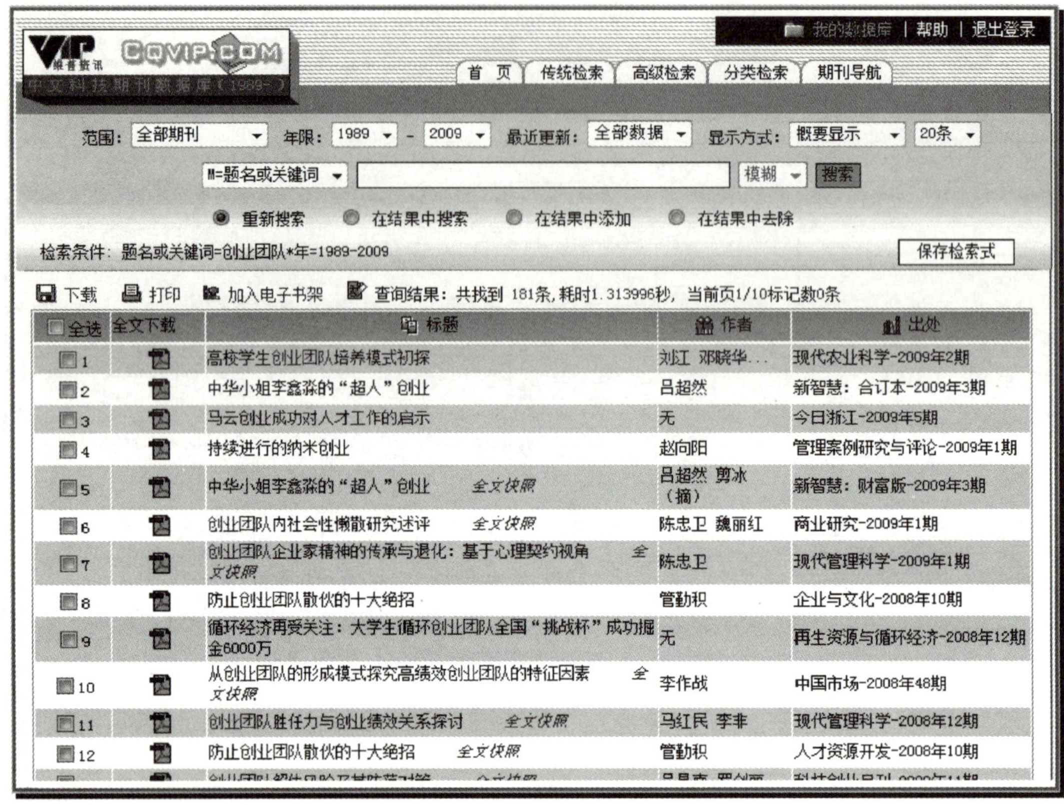

图 4—21 维普——快速检索结果

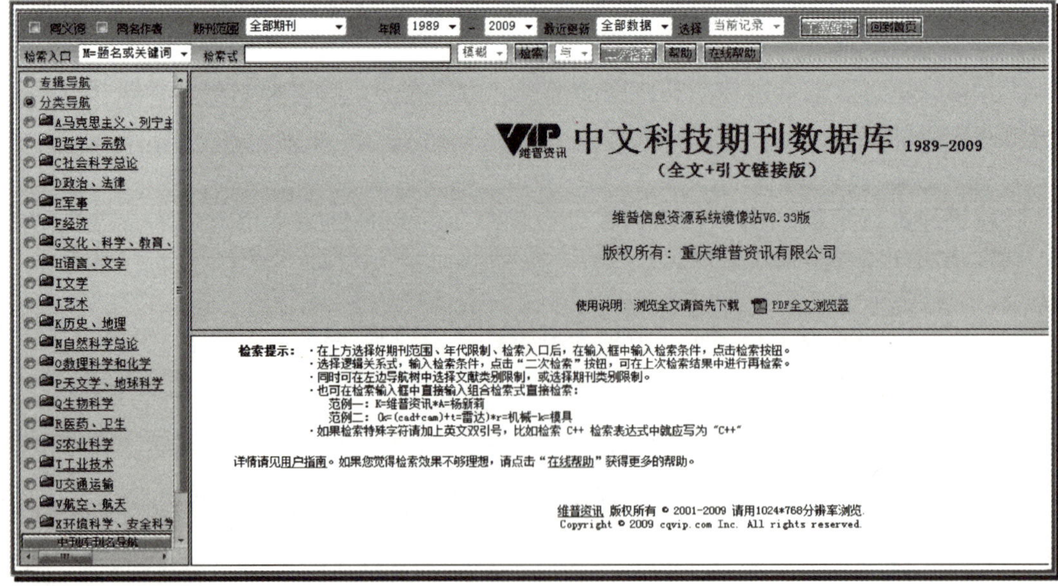

图 4—22 维普——传统检索界面

➢ 专辑导航：中文科技期刊数据库将所有资源分为八个专辑：社会科学、自然科学、工程技术、农业科学、医药卫生、经济管理、教育科学、图书情报。每个专辑又可按树形结构展开相应的专题。点击某一专题名称，可查看该专题包含的所有数据。

- 分类导航：分类导航以中国图书馆分类法（第四版）为依据，每一个学科分类都可以按树形结构展开，利用导航缩小检索范围，进而提高查准率和查询速度。
- 数据年限限制：数据收录年限从 1989 年至今，检索时可进行年限选择限制。
- 期刊范围限制：数据库的期刊范围包括：全部期刊、重要期刊、核心期刊，用户可以根据检索需要来设定适合的范围以获得更加精准的数据。

3）简单检索及复合检索

- 简单检索即直接输入检索词，限定检索范围进行检索。
- 复合检索分为二次检索和直接输入检索表达式的检索。

二次检索是在一次检索的检索结果中运用“与、或、非”进行再限制检索，以得到理想的检索结果。

在清楚检索条件并能熟练组织检索表达式的基础上，可通过直接输入检索式的方式进行检索。

4）辅助检索功能

同义词：勾选页面左上角的“同义词”，选择关键词字段进行检索，可查看到该关键词的同义词。检索中使用同义词功能可增加检全率。

同名作者：勾选页面左上角的同名作者，选择检索入口为作者（或第一作者），输入检索词“张三”，点击“检索”按钮，即可找到作者名为“张三”的作者单位列表，用户可以查找需要的信息以做进一步选择。

（3）高级检索

高级检索提供两种方式供读者选择使用：向导式检索、直接输入检索式检索。

1）向导式检索

向导式检索为读者提供分栏式检索词输入方法。除了可选择逻辑运算、检索项、匹配度外，还可以进行相应字段扩展信息的限定，最大限度地提高了检准率。用户可以点击“扩展检索条件”，以进一步地减小搜索范围，获得更符合需求的检索结果。检索界面如图 4—23 所示。

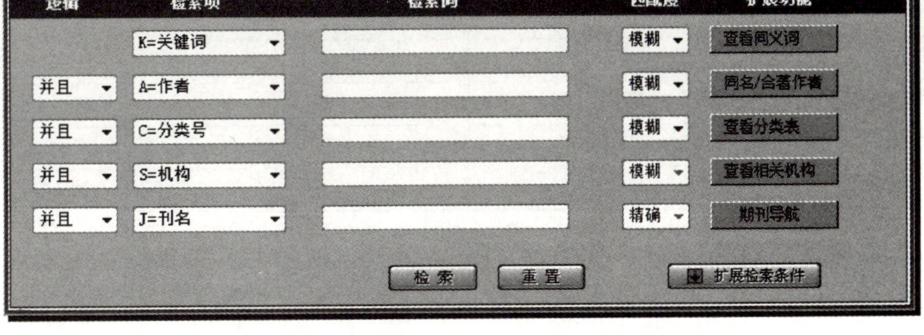

图 4—23　维普高级检索——向导式检索界面

检索规则：严格按照由上到下的顺序进行，用户在检索时可根据检索需求进行检索字段的选择。例如：图 4—24 所代表的检索式为：（U＝创业投资＋U＝风险投资）* U＝创业团队。

逻辑	检索项	检索词	匹配度	扩展功能
	U=任意字段	创业投资	模糊	查看同义词
或者	U=任意字段	风险投资	模糊	同名/合著作者
并且	U=任意字段	创业团队	模糊	查看分类表
并且	S=机构		模糊	查看相关机构
并且	J=刊名		精确	期刊导航

检索　重置　扩展检索条件

图 4—24　维普高级检索——向导式检索顺序

2）直接输入检索式检索

可在检索框中直接输入逻辑运算符、字段标识等，点击“扩展检索条件”并对相关检索条件进行限制后点击“检索”按钮即可。检索界面见图 4—25 所示。

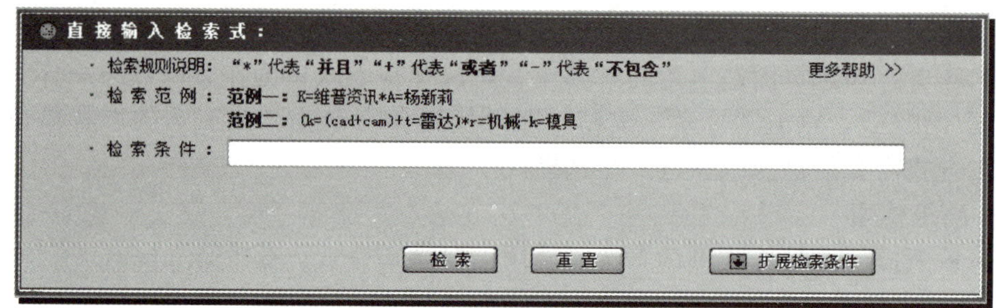

图 4—25　维普高级检索——直接输入检索式

其中检索字段的代码见表 4—1。

表 4—1

代码	字段	代码	字段
U	任意字段	S	机构
M	题名或关键词	J	刊名
K	关键词	F	第一作者
A	作者	T	题名
C	分类号	R	文摘

例如：检索题名或关键词中含有“创业”，并以“博弈”为关键词的全部文献。

输入检索条件：M＝创业 * K＝博弈，检索到 75 篇，检索结果如图 4—26 所示。

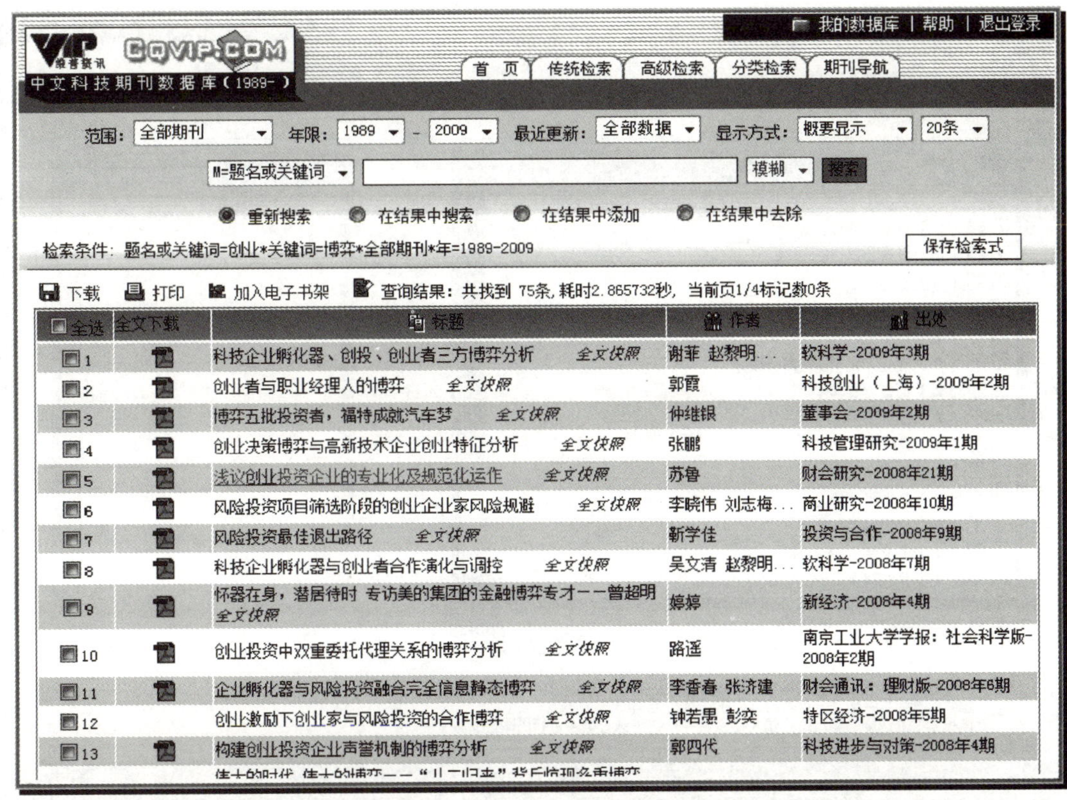

图 4—26　维普高级检索—直接输入检索式—检索结果

(4) 分类检索

分类检索相当于传统检索的分类导航限制检索，不同之处在于：这里采用的是中国图书馆分类法（第四版）的原版分类体系，分类细化到中国图书馆分类法（第四版）的最小一级分类，能够满足读者对分类细化的不同要求。分类检索界面如图 4—27 所示。

分类检索的操作步骤：

1）学科类别选择：直接在左边的分类列表中按照学科类别逐级点开查找。

2）学科类别选中：在目标学科前的 ▣ 中打上“√”，并点 >> 按钮将类别移到右边的方框中，即完成该学科类别的选中。

3）在所选类别中搜索：在选中学科类别以后，在页面上放的检索框处选择检索入口、输入检索条件，即可进行在选中学科范围内的检索操作。

(5) 期刊导航

点击“期刊导航”按钮，进入期刊导航界面，如图 4—28 所示。

1）按刊名进行搜索查找。

期刊搜索提供刊名和 ISSN 号的检索入口，ISSN 号检索必须是精确检索；刊名字段的检索是模糊检索；期刊搜索提供二次检索功能，如图 4—29 所示。

2）按期刊名的第一个字的首字母字顺进行查找，如图 4—30 所示。

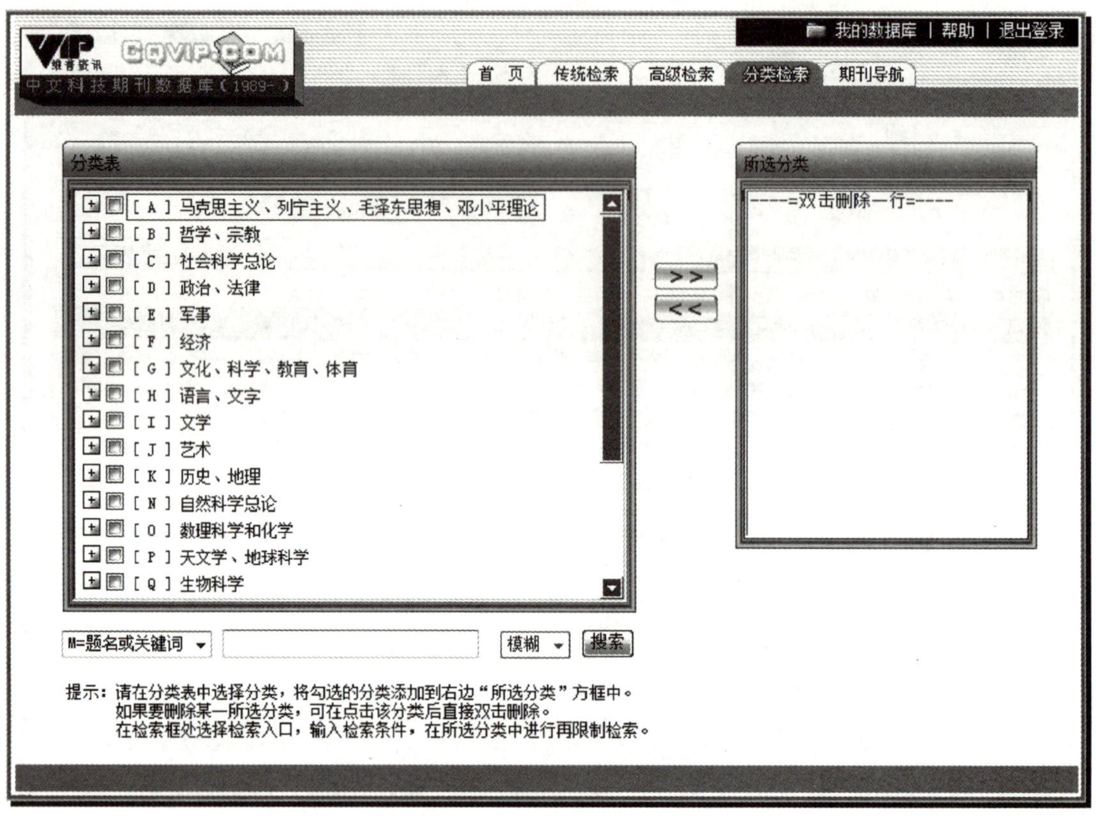

图 4—27 维普分类检索界面

3）按期刊学科分类进行查找。

如图 4—31 所示，点学科分类名称即可查看到该学科涵盖的所有期刊。按学科分类还可选择“核心期刊”、“核心期刊和相关期刊”，选择“核心期刊”则只能查看到所选学科类别下涵盖的核心期刊。

4.1.4 中国人民大学复印报刊资料数据库

1. 中国人民大学复印报刊资料数据库概述

中国人民大学书报资料中心编选的《复印报刊资料》（全文）以其涵盖面广，信息量大，分类科学，筛选严谨，结构合理完备，成为国内最有权威的具有大型、集中、系统、连续和灵活五大特点的社会科学、人文科学专题文献资料宝库。复印报刊资料全文数据库是印刷版《复印报刊资料》的电子版，精选全国各报刊上所发表的人文社会科学论文全文。

收录内容从 1995 年开始，100 多个专题，每年分马列、哲学、社科总论、政治、法律；经济；文化、教育、体育；语言、文学、艺术、历史、地理及其他，数据按每季进行更新。

2. 数据库分类

中国人民大学复印报刊资料数据库的期刊来源类别分为以下几部分：

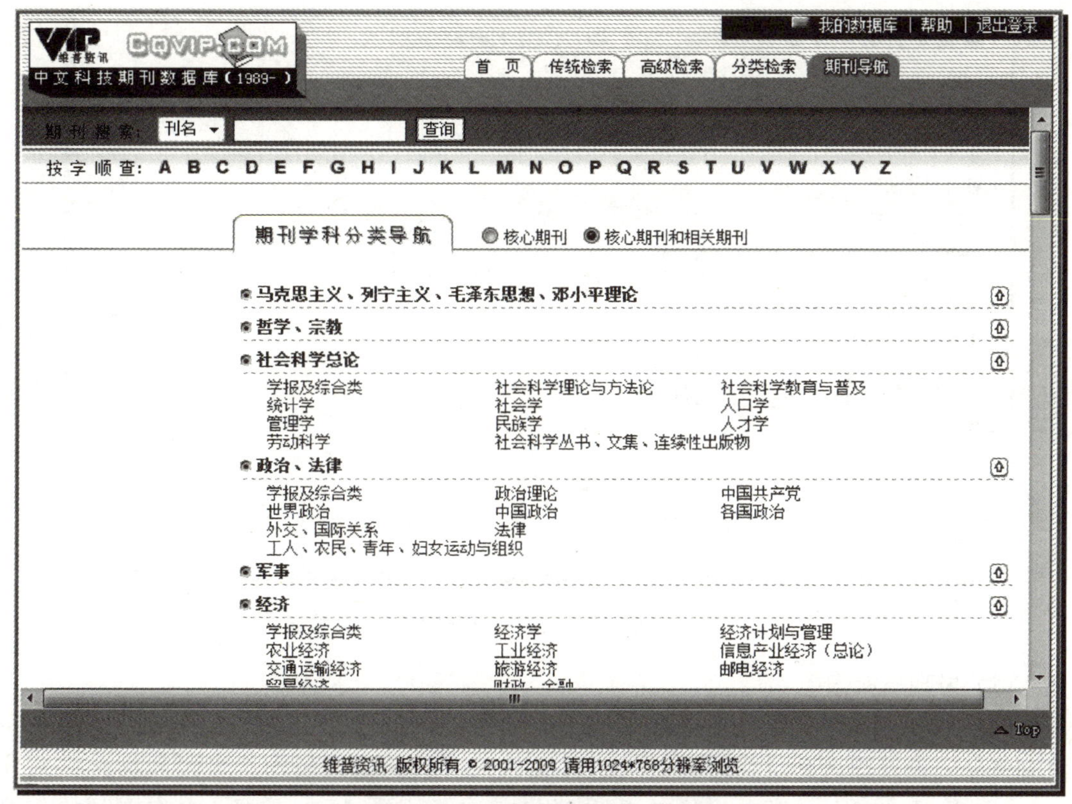

图 4—28　维普期刊导航界面

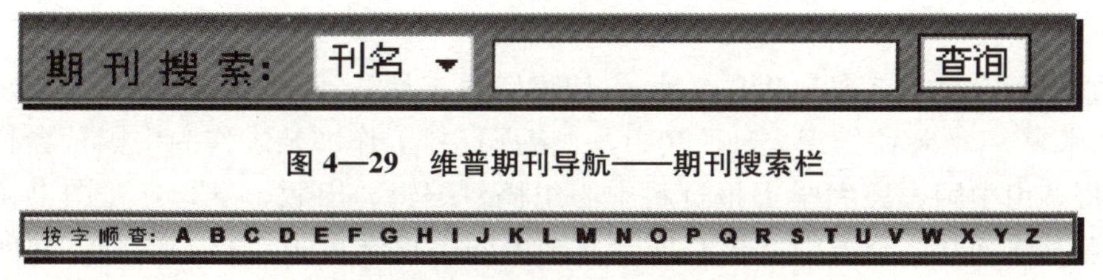

图 4—29　维普期刊导航——期刊搜索栏

图 4—30　维普期刊导航——按字顺查

(1) 资料系列刊

1) 哲学、政法类：共出版专题刊、文摘刊 46 种，覆盖了哲学、政治学、法学各个专业研究方向。

2) 经济、管理类：共出版专题刊、文摘刊 42 种，覆盖了经济学、管理学科各个专业研究方向。

3) 教育类：共出版专题刊、文摘刊 24 种，全面反映了从高等教育直至基础教育的各个教育层次或教育阶段的相关理论研究成果和教育实践经验、方法技能等。

4) 文史类：共出版专题刊、文摘类期刊计 26 种，基本覆盖了汉语言文字、文学艺术、历史学以及与文史相关的边缘学科中各个研究方向。

5) 综合文萃类：该类期刊属大众文化生活类刊，注重趣味性、可读性、知识性和实用性，是读者了解社会、感悟人生、宁静心灵、提高生活质量的有品位的读物。

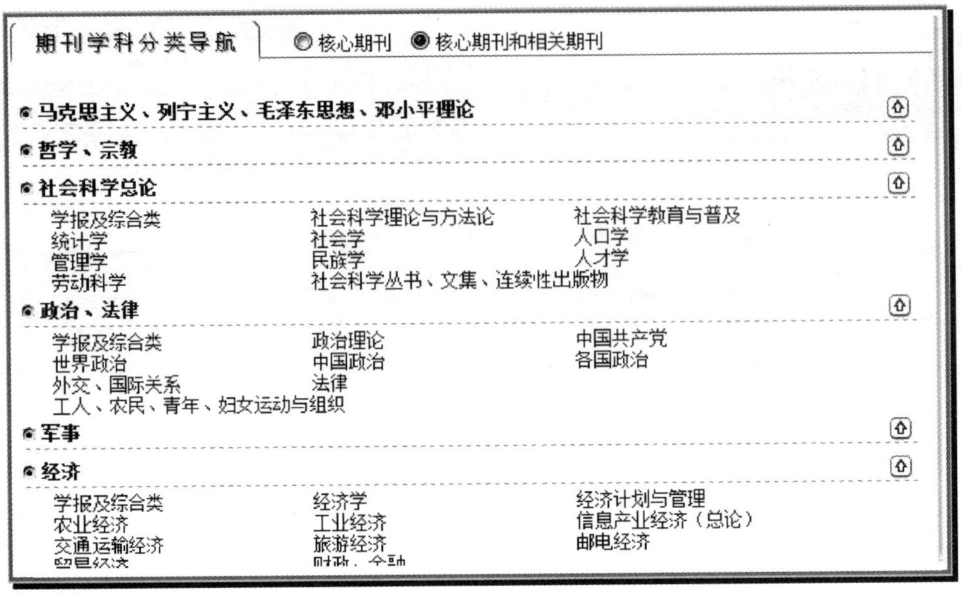

期刊学科分类导航 ◎核心期刊 ◉核心期刊和相关期刊

马克思主义、列宁主义、毛泽东思想、邓小平理论

哲学、宗教

社会科学总论

学报及综合类 社会科学理论与方法论 社会科学教育与普及
统计学 社会学 人口学
管理学 民族学 人才学
劳动科学 社会科学丛书、文集、连续性出版物

政治、法律

学报及综合类 政治理论 中国共产党
世界政治 中国政治 各国政治
外交、国际关系 法律
工人、农民、青年、妇女运动与组织

军事

经济

学报及综合类 经济学 经济计划与管理
农业经济 工业经济 信息产业经济（总论）
交通运输经济 旅游经济 邮电经济

图 4—31 维普期刊导航——期刊学科分类导航

（2）报刊资料索引

该系列刊共 8 个分册，是按月度或年度编排的大型检索工具书，它将年度内复印报刊资料专题系列各刊每期转载文献的目录与未转载的题录集中按专题和学科体系分类编排。每个条目包括题名、著者、原载报刊等项目。第 1～7 分册为各专题刊的分类索引；第 8 分册为著者索引，将分散于各分册的著者集中于此。

（3）原发刊

中心出版发行该系列刊共有 5 种，《情报资料工作》、《投资与理财》、《创业家》、《烹饪艺术家》、《餐饮经理人》，其中，《情报资料工作》杂志作为中国社会科学情报学会学报，由中国人民大学书报资料中心组稿、编辑、出版、发行，是图书馆学、情报学专业学术期刊，全国中文核心期刊、全国图书馆学情报学核心期刊，面向国内外公开发行。其他 4 种刊均以探索实践、创业未来为导向，为期望未来成功的人士搭建了一个经验交流、思想碰撞的平台。

3. 数据库检索应用

从高校图书馆链接进入中国人民大学书报资料中心如图 4—32 所示。

从图 4—32 中可以看到数据库提供两种检索方法：查询和高级查询。

（1）查询

进入检索界面，请先在左侧的“可查询资源”、“未归类的数据库”中选择需要查询的数据库。

字段检索：可在任意词、标题、正文、作者、分类名、分类号、关键词中输入相应的检索词，每个检索词有两种选择：“是否扩检”与“是否相关性排序”。

例如：检索所有数据库中以“创业”为标题的文献。

检索结果为：“在 80 个库中共查询到 494 条记录”。其检索结果是按数据库分类显

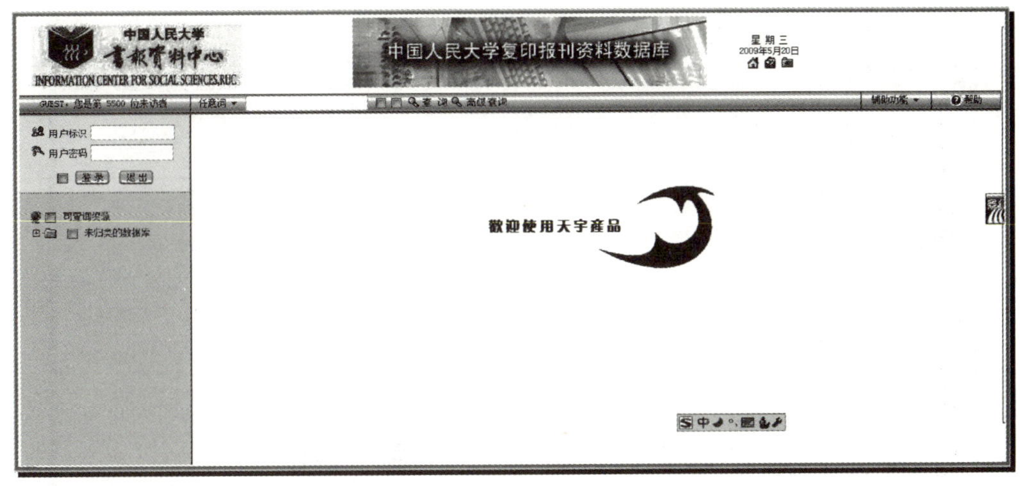

图 4—32　中国人民大学复印报刊资料数据库主界面

示的，如图 4—33 所示。

标题 创业 查询 高级查询 辅助功能

当前位置：首页 >> 查询结果

在 80 个库中共查询到 494 条记录

序号	库名	库中文献数	命中篇数	查阅否
1	人大全文2001年经济类专题(JH)	7274	40	查阅
2	人大全文2000年经济类专题(JF)	7232	38	查阅
3	人大全文1996年经济类专题(JB)	7169	33	查阅
4	人大全文1999年经济类专题(JE)	6611	28	查阅
5	人大全文2005年经济类专题(JL)	6282	25	查阅
6	人大全文2002年经济类专题(JI)	6927	23	查阅
7	人大全文1998年经济类专题(JD)	6946	23	查阅
8	人大全文1997年经济类专题(JC)	7431	21	查阅
9	人大全文2001年政治类专题(MH)	6921	18	查阅
10	人大全文2003年经济类专题(JJ)	7131	17	查阅
11	经济类2006年三季度(J3)	1660	17	查阅
12	人大全文2004年经济类专题(JK)	6737	16	查阅
13	经济类2007年四季度(XQ)	1697	12	查阅
14	经济类2007年二季度(XG)	1617	10	查阅
15	人大全文2002年政治类专题(MI)	6515	10	查阅
16	人大全文2003年政治类专题(MJ)	6594	9	查阅
17	经济类2007年一季度(XB)	1707	9	查阅
18	人大全文2004年政治类专题(MK)	7154	8	查阅
19	人大全文1998年政治类专题(MD)	7251	7	查阅
20	人大全文2004年文史类专题(YK)	6650	7	查阅
21	人大全文2000年教育类专题(GF)	5385	7	查阅
22	人大全文2005年政治类专题(ML)	6790	7	查阅
23	人大全文2003年文史类专题(YJ)	6005	6	查阅
24	人大全文2000年文史类专题(YF)	4482	5	查阅
25	人大全文1997年政治类专题(MC)	7200	5	查阅

图 4—33　中国人民大学复印报刊资料数据库——数据库分类显示结果

点击检索结果中的数据库，以序号排列第一的“人大全文 2001 经济类专题（JH）”为例，点击进入，界面如图 4—34 所示。

若想在查询出来的信息中，继续进行缩小范围的检索，则可在“在结果范围内再检索”后的输入域中输入想继续查找的词（如：“团队”）并按下“GO”按钮。此时在检索结果显示区中就会显示与“创业”和“团队”都相关的文章，如图 4—35 所示。

查询结果显示有单篇显示和多篇显示，用户也可以根据“用户定制”所提供的功能，选择“标题定制”、“全文定制”和“排序”三种显示方式。

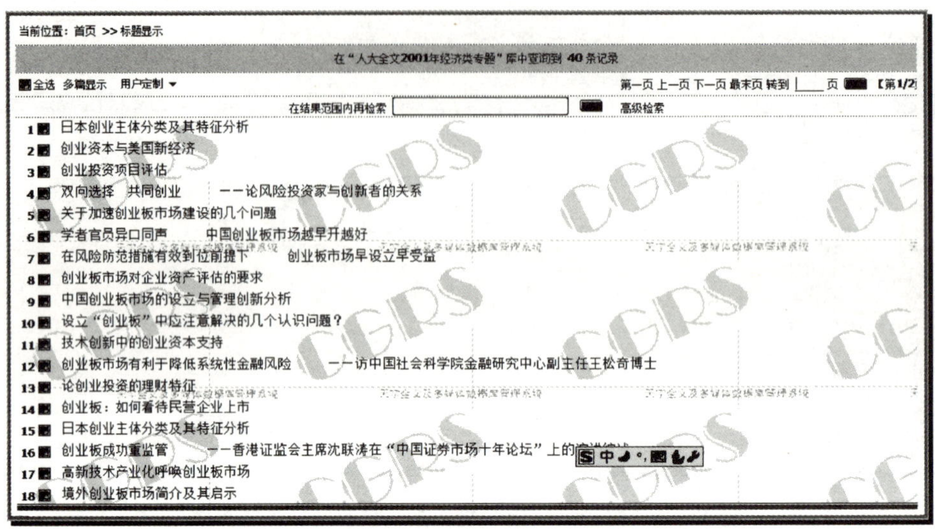

图 4—34　中国人民大学复印报刊资料数据库——论文显示结果

图 4—35　中国人民大学复印报刊资料数据库——二次检索结果

（2）高级查询

选中首页界面左侧要检索的数据库（可查询资源、未归类的数据库），点击"高级查询"，进入高级查询界面，如图 4—36 所示。

左边显示的是所选中的所有资源或是你可使用的所有资源（如果你还未选择资源的话），右侧是检索命令生成区域。有两种选择库的方法：

1）在想要查询的资源库前的空格中打钩，并单击左侧黑体的"重新显示"，则右边区域就出现了该资源的可查询字段。

2）直接用鼠标点击想要查询的某个（或某批）资源库。此时选择名称的背景变色，右边区域就出现了该资源或该类资源的（共有的）可查询字段。

在各个字段中输入想要检索的内容，单击"添加"按钮；再单击"查询"或者"再次查询"按钮，即可显示查询结果。有些字段输入域后面有"帮助"按钮，这表示

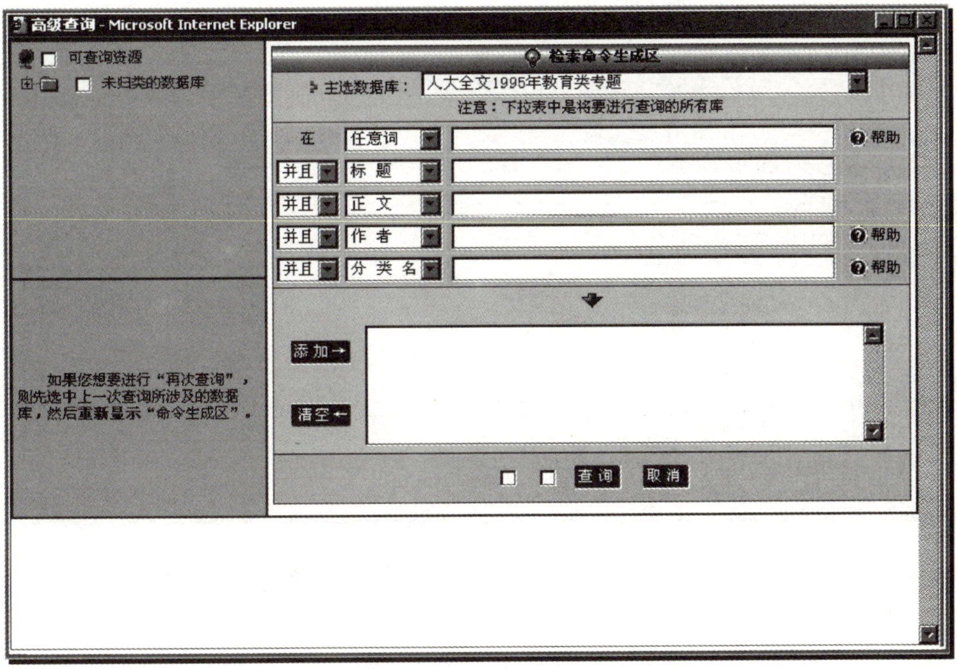

图 4—36　中国人民大学复印报刊资料数据库——高级检索界面

可以通过单击这些帮助键来获得更多的信息。

例如：在任意字段中输入“博弈”，在标题字段中检索“创业”，键入检索式：（任意词＝博弈）并且（标题＝创业），如图 4—37 所示。

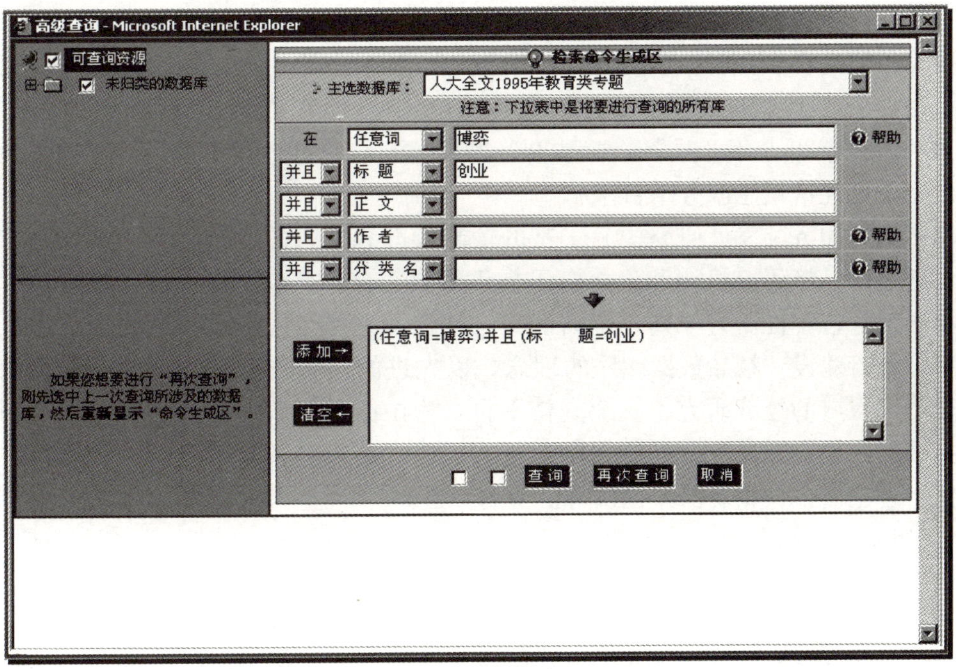

图 4—37　中国人民大学复印报刊资料数据库高级检索——键入检索式

在 80 个库中检索到 19 条，结果如图 4—38 所示。

在 80 个库中共查询到 19 条记录

序号	库名	库中文献数	命中篇数	查阅否
1	人大全文2005年经济类专题(JL)	6282	3	查阅
2	人大全文2004年政治类专题(MK)	7154	2	查阅
3	经济类2007年一季度(XB)	1707	2	查阅
4	人大全文2001年政治类专题(MH)	6921	1	查阅
5	人大全文2002年经济类专题(JI)	6927	1	查阅
6	人大全文2003年经济类专题(JJ)	7131	1	查阅
7	人大全文2003年政治类专题(MJ)	6594	1	查阅
8	人大全文2000年经济类专题(JF)	7232	1	查阅
9	人大全文2000年文史类专题(YF)	4482	1	查阅
10	经济类2006年一季度(J1)	1717	1	查阅
11	语言文字、文学、艺术、历史、地理、其他类2006年三季度(L3)	974	1	查阅
12	经济类2006年四季度(J4)	1555	1	查阅
13	人大全文2001年经济类专题(JH)	7274	1	查阅
14	马列、哲学、政治、法律、社科总论2007年二季度(XF)	1498	1	查阅
15	经济类2007年二季度(XG)	1617	1	查阅

图 4—38 中国人民大学复印报刊资料数据库高级检索结果

4.2 经管类常用的专业性中文数据库

4.2.1 国务院发展研究中心信息网

1. 国研网概述

国务院发展研究中心信息网（http://www.drcnet.com.cn）简称“国研网”，由国务院发展研究中心主管、国务院发展研究中心信息中心主办、北京国研网信息有限公司承办，创建于 1998 年 3 月，并于 2002 年 7 月 31 日正式通过 ISO9001：2000 质量管理体系认证，2005 年 8 月顺利通过 ISO9001：2000 质量管理体系换证年检，是中国著名的专业性经济信息服务平台。

国研网以国务院发展研究中心丰富的信息资源和强大的专家阵容为依托，与海内外众多著名的经济研究机构和经济资讯提供商紧密合作，以“专业性、权威性、前瞻性、指导性和包容性”为原则，全面汇集、整合国内外经济金融领域的经济信息和研究成果，本着建设“精品数据库”的理念，以先进的网络技术和独到的专业视角，全力打造中国权威的经济研究、决策支持平台，为中国各级政府部门、研究机构和企业准确把握国内外宏观环境、经济金融运行特征、发展趋势及政策走向，从而为进行管理决策、理论研究、微观操作提供有价值的参考。

2. 国研网数据库分类

国研网已建成了内容丰富、检索便捷、功能齐全的大型经济信息数据库集群：《国研视点》、《宏观经济》、《金融中国》、《行业经济》、《世经评论》、《国研数据》、《区域经济》、《企业胜经》、《高校参考》、《基础教育》、《职业教育》等 11 个数据库，同时针对金融机构、高等院校、企业和政府等用户的需求特点开发了金融版、教育版、企业版、党政版以及世经版五个专版产品。上述数据库及信息产品已经赢得了政府、企业、金融机构、高等院校等社会各界的广泛赞誉，成为他们在经济研究、管理决策过程中的重要辅助工具。

3. 数据库检索应用

国研网除了综合版，还开发了世经版、金融版、教育版、企业版和党政版五个专业版本，这些版本使用相同的检索方式：检索和检索中心（教育版称为：搜索和高级检索）两种。从高等院校图书馆主页链接进入国研网，默认的是教育版，本文以教育版为例。界面如图 4—39 所示。

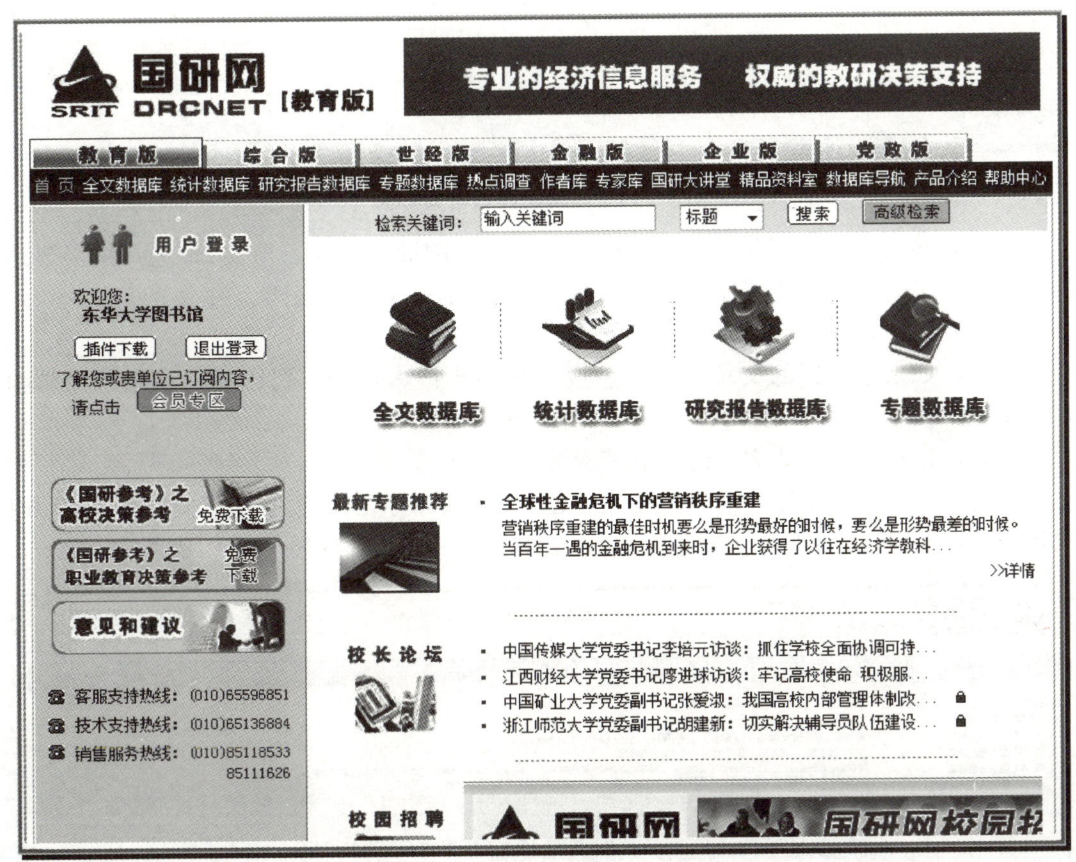

图 4—39　国研网教育版主页面

（1）检索

检索字段包含标题、关键词、作者、全文四种。输入检索关键词，选择相应的检索字段，点击“搜索”即可。

（2）高级检索

点击“高级检索”，进入高级检索界面，如图 4—40 所示。

首先，选择相应的数据库，图 4—40 左侧显示了教育版包含的数据库（全文数据库、专题数据库、统计数据库、研究报告数据库）。

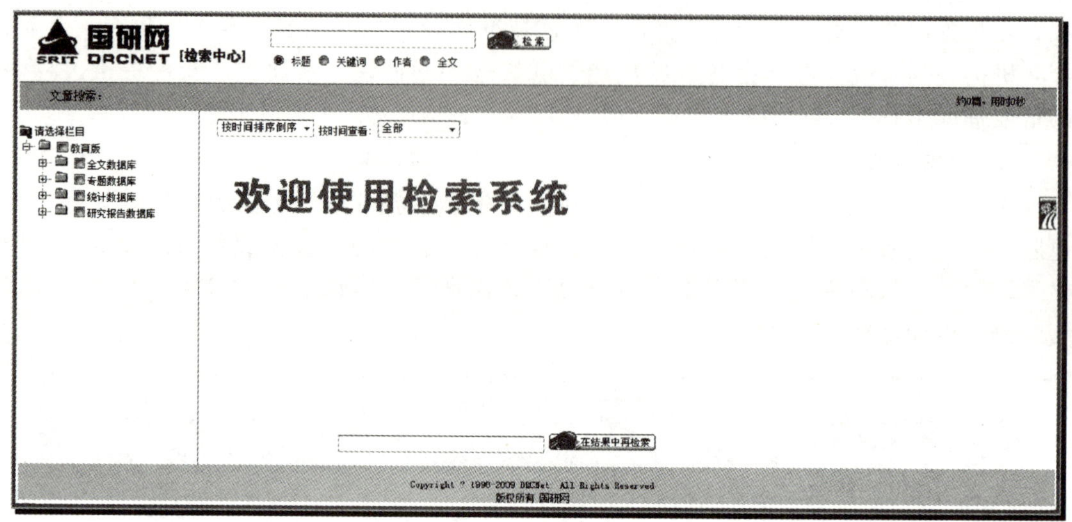

图 4—40 国研网高级检索界面

其次，输入关键词，选择检索字段（标题、关键词、作者、全文），选择结果显示的方式（按时间的倒序或正序）、按时间查看的范围（全部、当天、过去 3 天，…，过去 360 天）。点击“检索”即可。

最后，如果检索到的文章过多，想进一步缩小检索范围，可以用“在结果中再检索”做二次检索。

例如，检索创业团队成员的利益博弈分析。

首先选择全部数据库，输入关键词“创业”，选择标题做检索字段，选择“按照时间排序倒序”，按时间查看“全部”，检索结果为 2 504 篇，如图 4—41 所示。

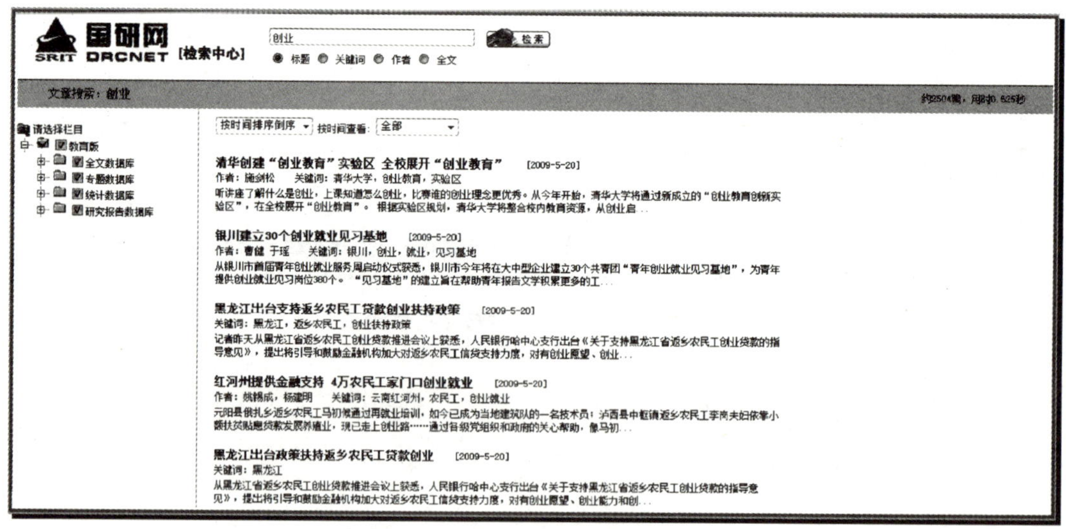

图 4—41 国研网高级检索结果

因为检索到的文章过多，使用“博弈”做关键词，运用“在结果中再检索”，结果为 2 篇，如图 4—42 所示。

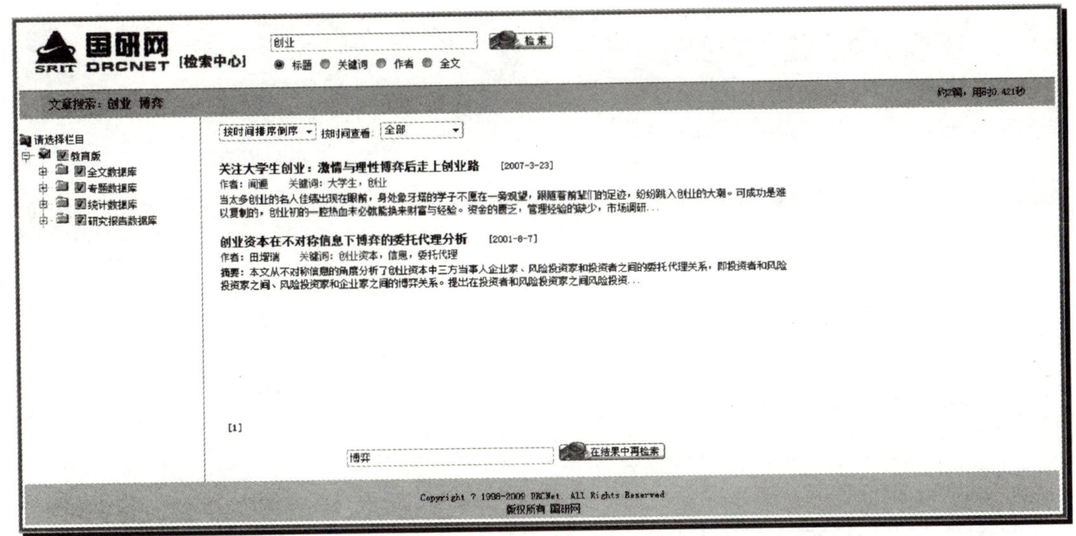

图 4—42　国研网高级检索——在结果中二次检索

4.2.2　中国经济信息网

1. 中国经济信息网概述

中国经济信息网（http://www.cei.gov.cn/），简称“中经网”，是国家信息中心组建的、以提供经济信息为主要业务的专业性信息服务网络，于 1996 年 12 月 3 日正式开通。它继承了国家信息中心多年来的丰富的信息资源和信息分析经验，利用自主开发的专网平台和互联网平台，为政府部门、金融机构、高等院校、企业集团、研究机构及海内外投资者提供宏观经济、行业经济、区域经济、法律法规等方面的动态信息、统计数据和研究报告，帮助其准确了解经济发展动向、市场变化趋势、政策导向和投资环境，为其经济管理和投资决策提供强有力的信息支持。

进入中国经济信息网，可以看到网站栏目下设综合篇、行业篇、区域篇、数据库、视频篇、ChinaEconomy、企业篇、网站篇，如图 4—43 所示。

中经网通过与多个互联网运营商的宽带连接，以及与卫星通信公司的专线连接，为信息内容分发和互联网接入等各类网络应用提供了坚实的基础。

中经网日更新量达 200 万汉字和 500 兆的视频节目，通过卫星广播、专线传送、在线浏览、E-mail 定制、光/软盘、纸介质等方式为用户提供服务，是互联网上最大的中文经济信息库，是描述和研究中国经济的权威网站。

2. 数据库分类

(1) 中外经济动态全文库

它是中经网图文类经济动态内容的全文信息检索库，存放了中经网自 1992 年以来至今 24 个文件库的 200 多万篇经济方面的信息稿件，内容包括中外各行业和各地区的动态、分析、政策、市场行情、产品供求等资料，提供任意词查询和分类查询等多种功能。

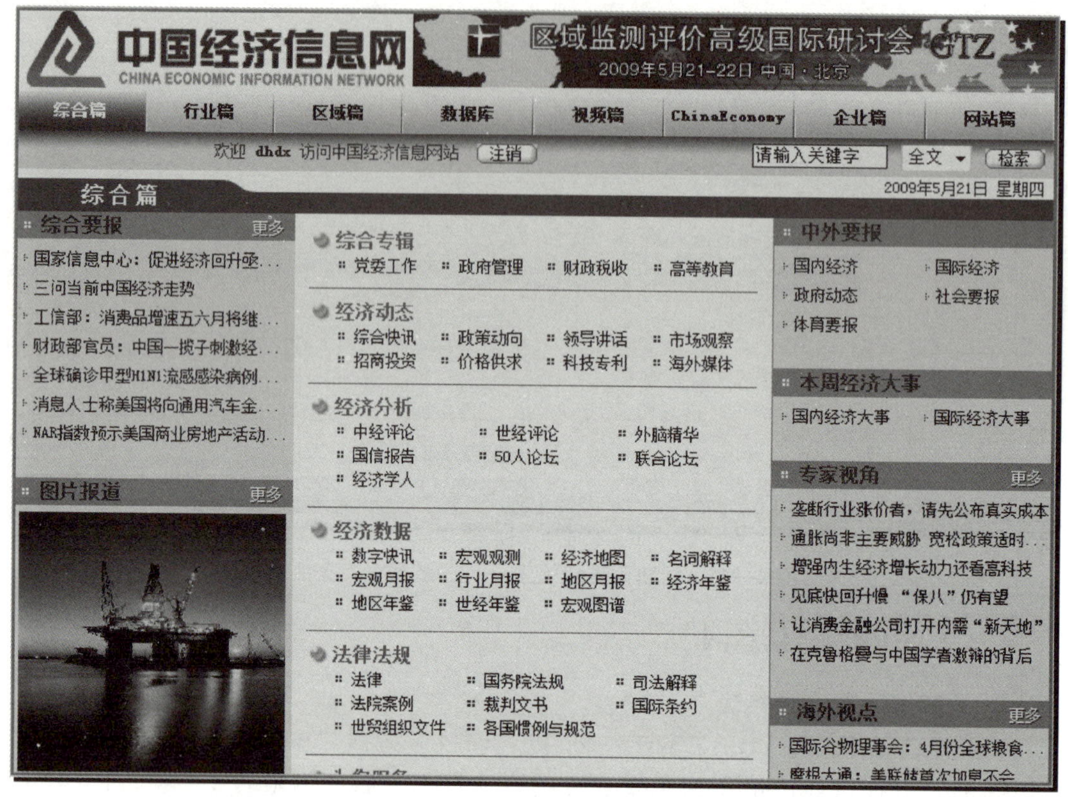

图 4—43　中国经济信息网主界面

（2）中经网统计数据库

它涵盖宏观、行业、区域以及世界经济等各个领域；包括“中国经济统计数据库”和“世界经济统计数据库”两大系列；按时间序列组织数据，提供 EXCEL 数据导出等功能，附加重点指标注解。下设宏观月度库、行业月度库、海关月度库、综合年度库、城市年度库、世界经济统计数据库。其中，世界经济统计数据库包括 OECD 月度库和 OECD 年度库，涵盖 30 个 OECD 组织成员国、8 个非成员国以及国际主要经济组织的宏观经济发展指标，包含国际收支、国民账户、就业、生产、制造业、建筑业、价格、国内需求、金融、贸易、商业趋势调查、先行指标等近 30 个大类专题，按不同国别及专题分类提供详细指标名词解释。

（3）《中国行业年度报告》

为帮助政府有关部门、企业和研究机构更准确地把握国民经济主要行业的运行现状、发展前景和投资机会，国家信息中心中经网利用多年积累的丰富的信息资源，联合一批经济主管部门的负责同志和相关行业的权威专家，推出了《中国行业年度报告》。

《中国行业年度报告》包括宏观经济、资源与能源、加工制造、现代服务以及公用事业等五大板块，涵盖电力、石油天然气、钢铁、汽车、银行、医疗服务、房地产、铁路、轨道交通等 30 个重要行业。

《中国行业年度报告》自 2003 年推出以来，受到各级政府部门、各行业领军企业、各类金融机构的广泛好评，并获得“国家发改委优秀成果三等奖”、“国家信息中心优秀研究成果一等奖”，在中国行业分析领域内创下了旗帜性品牌。

(4)《中国行业季度报告》

它是由国家信息中心中经网与国家部委、行业协会和研究机构及其资深专家合作写成的。分为 24 个大类行业、36 个细分行业，共 60 个行业，每年 240 篇左右的研究报告。内容包括：各行业的相关政策；整体运行状况与产业走势；行业运行的主要问题及原因；行业投资增长及趋势；行业的产品结构、市场结构和区域结构的变动；主要企业的竞争态势、营销策略和市场行为；各行业进入和退出的变化因素，等等。

(5)《中国地区经济发展报告》数据库

它是由中经网公司依托国家信息系统资源和网络，联合全国 31 个省区市、16 个计划单列及副省级省会城市，及部分地级城市信息中心共同开发建设而成的；季度、年度经济形势分析报告，每年更新 200 多篇；国民经济和社会发展规划及专项规划；全国及各地 2000 年以来的统计公报；全国及各地 2001 年以来的政府工作报告。

(6) 中国权威经济论文库

全面汇聚国内外 300 多位顶尖经济学者、40 多家权威机构、10 余所著名高校的学术论文和研究报告，以及经济学和管理学类 30 余份核心期刊、20 余份报纸和杂志的精髓文章。

论文库涉及宏观经济、财政金融、区域经济、产业经济、世界经济、企业经济、经济理论等 7 大类 38 个子类的经济主题，涵盖 35 个经济学科和 12 个管理学科。既反映了当前经济学、管理学理论研究的最前沿，也反映了当前经济运行、企业管理的最新动态。

“中国权威经济论文库”全部信息内容均来自海内外权威机构、著名经济学刊和专家学者的最新研究成果，分为 5 个子论文库：国内论文子库、国外论文子库、发改委成果子库、校内论文子库、中经评论子库。

(7) 中国法律法规库

包括自 1949 年新中国成立以来全国人大、国务院、高法、高检、各部委办、各省（自治区、直辖市、特别行政区）等单位颁布的法律法规条文，以及国际条约法律及惯例等，约 10 万篇；全部从各级人大和政府部门（中央、省区市、中心城市）直接收集数据，包括法律法规条文、司法解释、案例、裁判文书、合同范本、世贸文件、国际条约与市场惯例等；对每一文件都进行了关键性要素的标引，包括标题、颁布单位、颁布日期、实施日期、有效或失效、失效日期和文号。

(8) 中外上市公司资料库

该资料库收集了上海及深圳证券交易所全部上市公司自上市以来公布的招股说明书、上市公告书、年度报告、中期报告、配股公告等全部文件，以及从这些文件中抽取的上市公司的基本情况数据和财务数据。

(9) 中国企业·产品库

该库是由国家信息中心组织，全国各省市信息中心共同参与建设的全国性的企业和产品信息收集、发布和查询服务系统。

已建立全国200多个地市信息中心组成的信息收集、处理与维护系统，并在上海、广东、辽宁等26个省市建立了分库站点，实现了信息的互联、互通与互换。

拥有各类企业27万家、产品45万条。囊括了所有的上市公司、国家重点企业、大型企业集团、外资企业、民营企业、各个行业龙头企业和地方的名、优企业。

包括的子库：企业名录库、企业产品库、企业网址库、企业分析库、企业资信库、市场调查数据库。

(10) 中国环境保护数据库

为促进中国工业可持续发展，满足社会各界对环境保护领域的信息需求，中国—荷兰政府共同建设的“中国工业可持续发展网络化信息共享系统”项目，经过国家信息中心两年多的努力，开发建设了8个环境保护系列数据库，即环境保护资讯库、法律法规库、统计数据库、环保产品库、环保技术库、环保项目库、环保企业库和环保专家库，并在此基础上开发建设了11个行业的污染治理解决方案，为客户提供全方位的环保信息及咨询服务。

(11) 中经网产业数据库

中经网产业数据库是国家信息中心中经网精心打造的，覆盖机械、汽车、电子通信、医药、石油化工、能源、交通、房地产、钢铁、旅游、金融、商贸、宏观等10多个产业集群的全新数据库产品。该数据库将时间序列和截面报表、上下游产业链数据、行业与企业数据按照分析研究人员的使用习惯集成，将数据库与数据图表有机结合，使其成为研究机构、政府机关、企业集团和有关投资者研究我国产业发展的重要的基础工具。

3. 数据库检索应用

中经网首页提供站内检索，较为简单，此处不再赘述。

中经网下的各个数据库检索方法略有不同，这里以《中国权威经济论文库》为例，主界面如图4—44所示。

中国权威经济论文库提供两种检索方式：检索和高级检索。

(1) 检索

提供正文、标题、作者、关键词四种字段的检索。输入关键词，选择相应的检索字段，点击“检索”即可，使用“在结果中检索”按钮，可以缩小检索范围，检索结果有“按照时间排列”和“按照点击率排列”两种显示方式。

例如检索课题：创业团队成员的利益博弈分析。

输入检索词“创业”，选择标题字段，点击“检索”，结果有189篇，如图4—45所示。

文献数量太多，输入“博弈”，选择正文字段，点击 在结果中检索 ，检索结果有3篇，如图4—46所示。

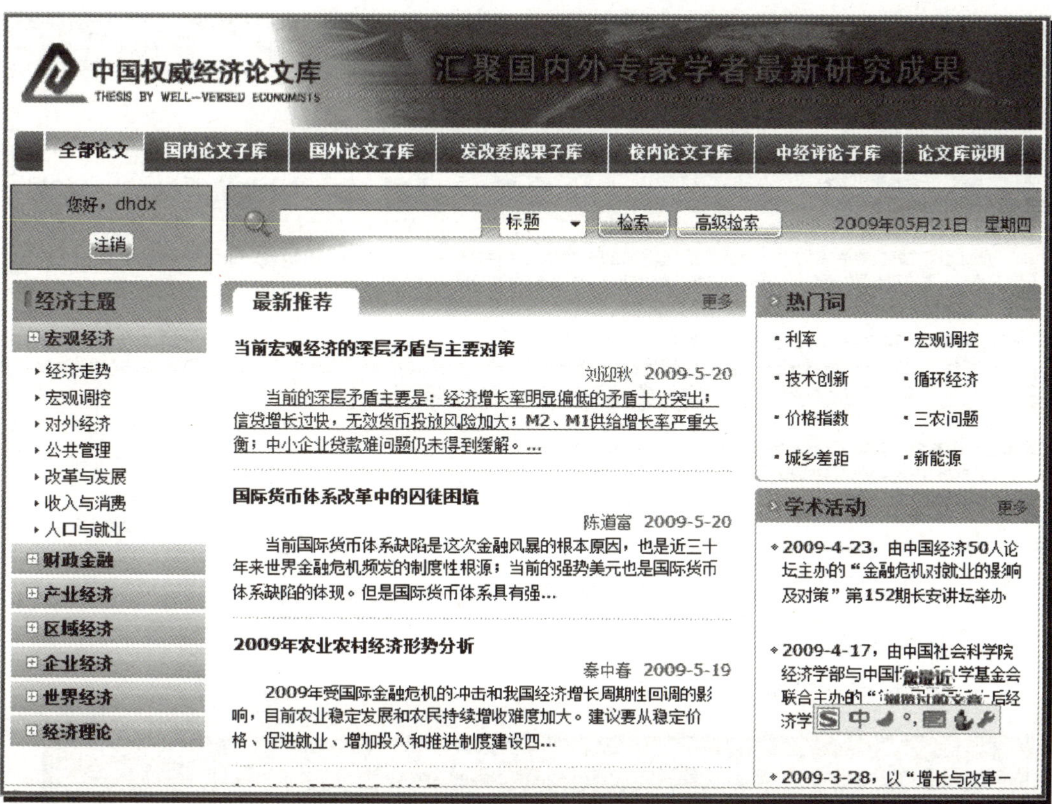

图 4—44　中经网——中国权威经济论文库主界面

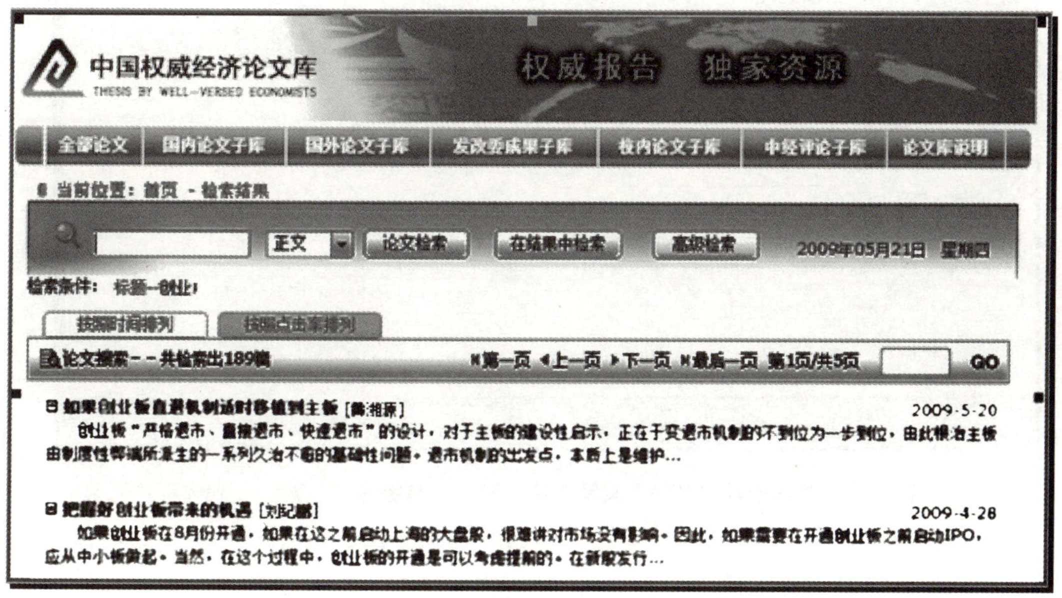

图 4—45　中国权威经济论文库——检索结果

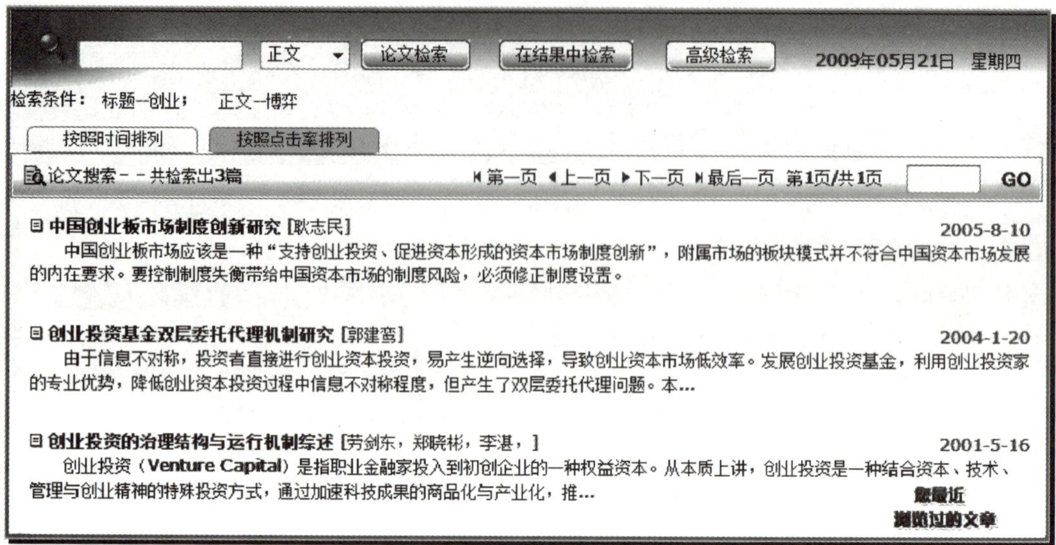

图 4—46　中国权威经济论文库——在结果中检索

(2) 高级检索

点击高级检索，界面如图 4—47 所示。

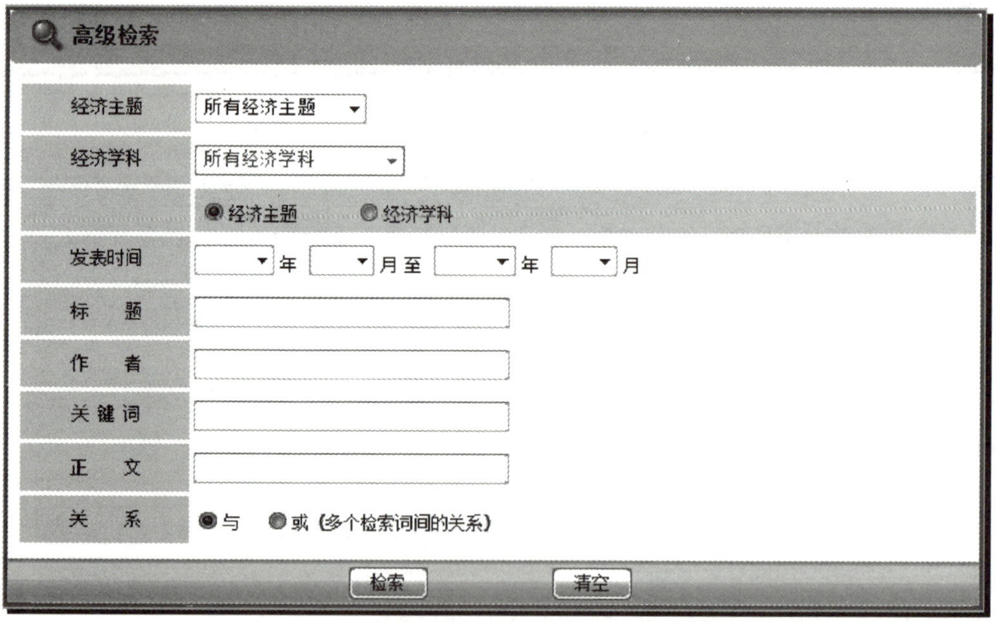

高级检索
经济主题　所有经济主题
经济学科　所有经济学科
经济主题　经济学科
发表时间　年　月至　年　月
标　题
作　者
关键词
正　文
关　系　与　或（多个检索词间的关系）
检索　清空

图 4—47　中国权威经济论文库——高级检索界面

选中“经济主题”或者“经济学科”，并在下拉列表选中检索范围。选择检索时间，在相应检索字段中输入检索词，点击“检索”即可。

例如，检索最近十年中国权威经济论文库所收录的成思危的所有文章。

输入检索词，如图 4—48 所示。

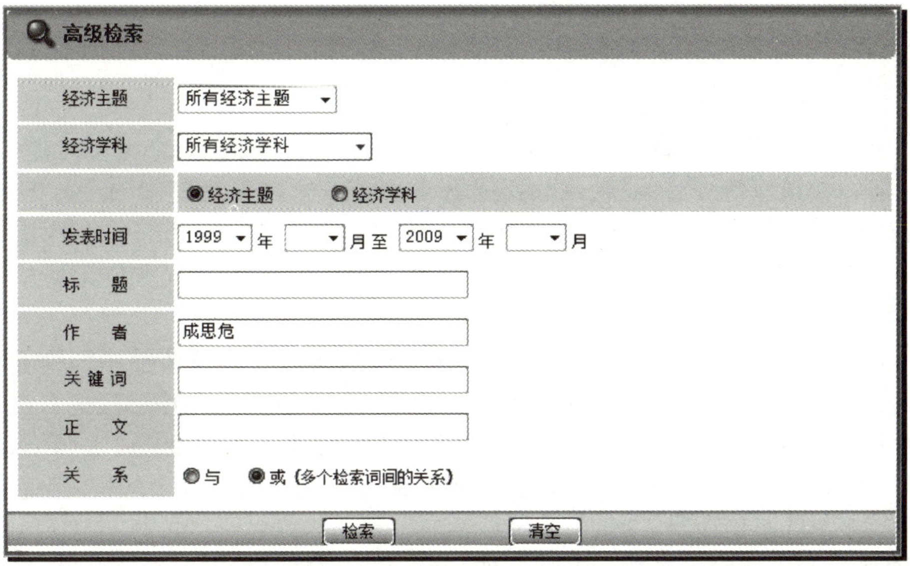

高级检索

经济主题　所有经济主题

经济学科　所有经济学科

◉经济主题　◎经济学科

发表时间　1999 年　月至 2009 年　月

标　　题

作　　者　成思危

关 键 词

正　　文

关　　系　◎与　◉或（多个检索词间的关系）

检索　清空

图 4—48　中国权威经济论文库高级检索——输入检索词

检索到 16 篇，如图 4—49 所示。

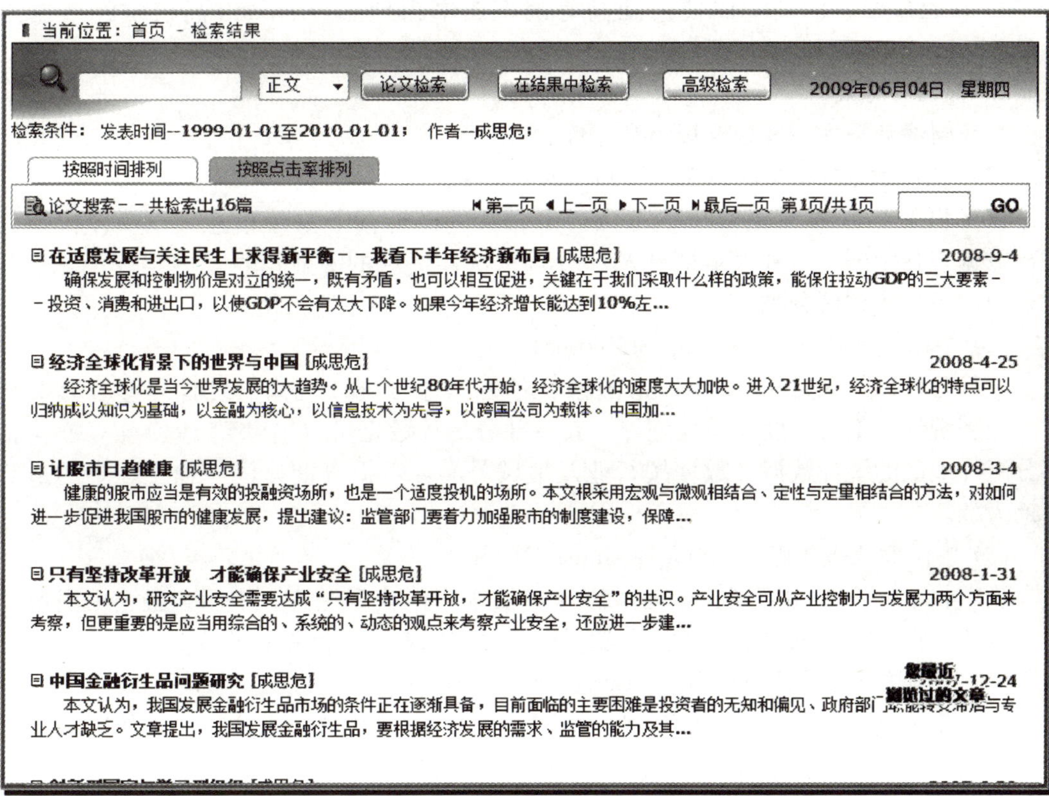

图 4—49　中国权威经济论文库——高级检索结果

4.2.3 Infobank 高校财经数据库系统

1. Infobank 高校财经数据库概述

Infobank 高校财经数据库（www. bjinfobank. com），包括 12 个大型专业数据库、超过 1 200 万篇的商业资料藏量，数据库容量逾 150 亿，每日新增逾 2 000 万汉字，范围涵盖 19 个领域、197 个行业。为确保数据的准确与权威，Infobank 与国家经贸委、外贸部、国家工商总局、路透社等近百家中国政府部门和权威资讯机构建立了战略联盟。

Infobank 于 1995 年在香港成立，是一家专门收集、处理及传播中国商业、经济信息的香港高科技企业。经过十余年的数据积累，Infobank 数据库已经拥有逾 200 亿汉字的信息储备，信息范围涵盖 19 个领域、197 个行业。Infobank 通过网络、光盘、纸版等多种媒体向全球客户提供信息服务，成为目前全球最大的中文信息提供商之一。

在香港，经过与众多高校的友好合作，Infobank 高校财经数据库系统已经成为香港地区所有高等院校图书馆和研究机构的数字化资源，并且受到在校师生广泛的赞许。针对中国内地的网络资源特色，Infobank 在教育网内专为内地的高等院校开通了高校财经数据库网站，以便内地高等院校图书馆使用 Infobank 高校财经数据库系统。

2. 数据库分类

高校财经数据库主要包含以下数据库：

（1）中国经济新闻库（China Economic News）

该库收录了 1992 年至今中国范围内及相关的海外商业财经信息，以媒体报道为主。数据包括中国千余种报章期刊及部分合作伙伴提供的专业信息，内容按 198 个行业及中国各省市地区分类。

（2）中国统计数据库（China Statistics）

大部分数据收录自 1995 年以来国家及各省市地方统计机构的统计年鉴及海关统计、经济统计快报等月度及季度统计，其中部分统计数据可以追溯到 1949 年，亦包括部分海外地区的统计数据。数据按行业及地域分类，数据日期以同一篇文献中的最后日期为准。

（3）中国商业报告库（China Business Report）

该库收录了 1993 年至今经济学家及学者关于中国宏观经济、中国金融、中国市场及中国各个行业的评论文章及研究文献，以及政府的各项年度报告全文。

（4）中国法律法规库（China Laws & Regulations）

该库收录时间从 1903 年至今，收录以中国法律法规文献为主，兼收其他国家法律法规文献。其中包括收录自 1949 年以来中华人民共和国中央及地方的法律法规，以及各行业有关条例和案例。它为用户提供最及时的法律参考。

（5）中国上市公司文献库（China Listed Company）

该库收录从 1993 年至今，在沪、深交易所上市公司（包括 A 股、B 股及 H 股）的资料，网罗深圳和上海证券市场的上市公司各类招股书、上市公告、中期报告、年终报告、重要决议等文献资料。

(6) 中国医疗健康库（China Medical & Health）

该库从 1995 年至今，收录了中国一百多种专业和普及性医药报刊的资料，向用户提供中国医疗科研、新医药、专业医院、知名医生、病理健康等方面的资讯。

(7) 其他参考数据库

包括中国人物库、中国企业产品库、中国中央及地方政府机构库、香港上市公司文献库等。

3. *数据库检索应用*

高校财经数据库提供检索和专业检索两种方式。

(1) 检索

首先，检索界面包含四个下拉式选择按钮：库选择、逻辑关系、时间选择、检索范围，根据检索内容做相应的选择。

其次，输入关键词，点击“检索”。

例如：以“创业团队成员的利益博弈分析”为例。用“创业”做检索词，选择中国经济新闻库，如图 4—50 所示。

图 4—50　高校财经数据库——输入检索式

检索结果为 6 810 篇，如图 4—51 所示。

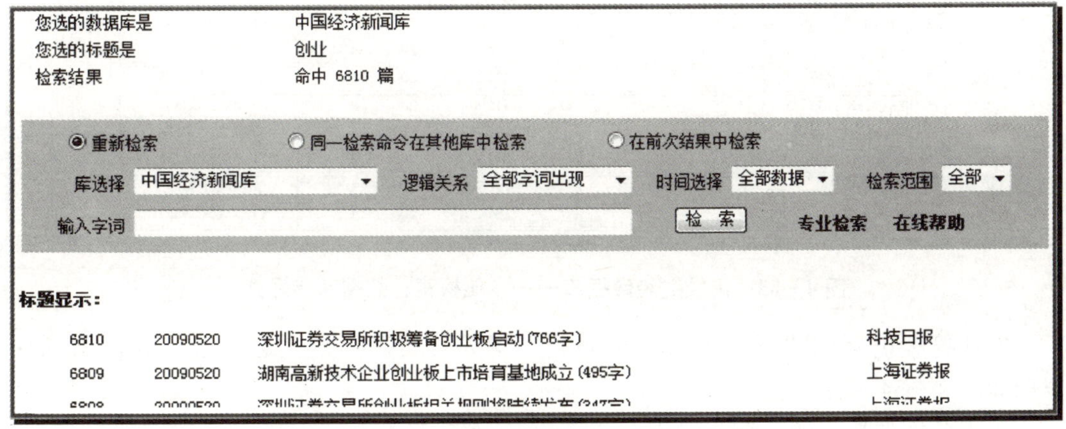

图 4—51　高校财经数据库——检索结果

二次检索：使用“在前次结果中检索”按钮，输入关键词“博弈”，以缩小信息查找范围，检索结果为 3 篇，如图 4—52 所示。

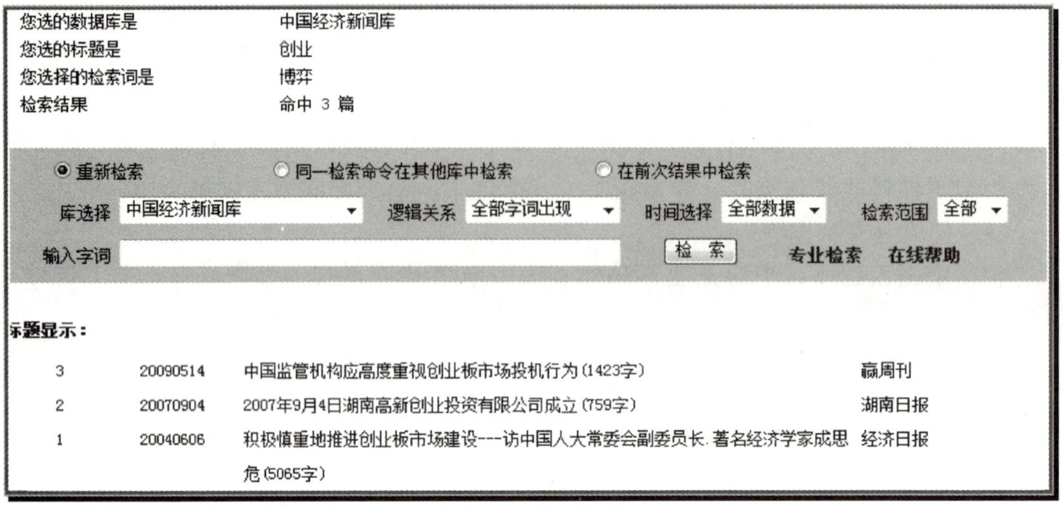

您选的数据库是	中国经济新闻库
您选的标题是	创业
您选择的检索词是	博弈
检索结果	命中 3 篇

◉ 重新检索　○ 同一检索命令在其他库中检索　○ 在前次结果中检索

库选择 中国经济新闻库　逻辑关系 全部字词出现　时间选择 全部数据　检索范围 全部

输入字词　检索　专业检索　在线帮助

标题显示：

3	20090514	中国监管机构应高度重视创业板市场投机行为(1423字)	赢周刊
2	20070904	2007年9月4日湖南高新创业投资有限公司成立(759字)	湖南日报
1	20040606	积极慎重地推进创业板市场建设---访中国人大常委会副委员长.著名经济学家成思危(5065字)	经济日报

图 4—52　高校财经数据库——二次检索结果

(2) 专业检索

从首页点击“专业检索”按钮，进入专业检索数据库选择界面，如图 4—53 所示。

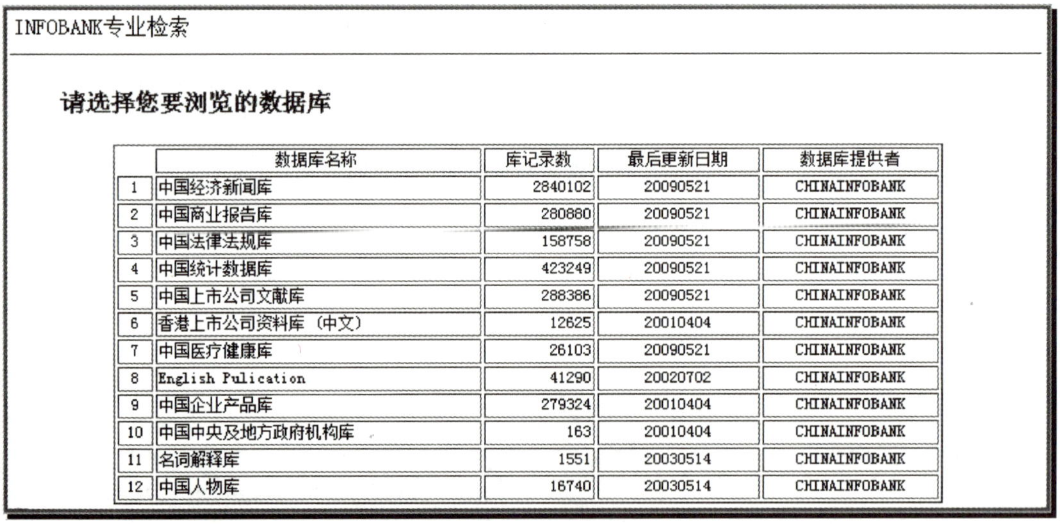

INFOBANK专业检索

请选择您要浏览的数据库

	数据库名称	库记录数	最后更新日期	数据库提供者
1	中国经济新闻库	2840102	20090521	CHINAINFOBANK
2	中国商业报告库	280860	20090521	CHINAINFOBANK
3	中国法律法规库	158758	20090521	CHINAINFOBANK
4	中国统计数据库	423249	20090521	CHINAINFOBANK
5	中国上市公司文献库	288386	20090521	CHINAINFOBANK
6	香港上市公司资料库（中文）	12625	20010404	CHINAINFOBANK
7	中国医疗健康库	26103	20090521	CHINAINFOBANK
8	English Pulication	41290	20020702	CHINAINFOBANK
9	中国企业产品库	279324	20010404	CHINAINFOBANK
10	中国中央及地方政府机构库	163	20010404	CHINAINFOBANK
11	名词解释库	1551	20030514	CHINAINFOBANK
12	中国人物库	16740	20030514	CHINAINFOBANK

图 4—53　高校财经数据库——专业检索：数据库选择界面

专业检索仍然以“创业团队成员的利益博弈分析”为例。选择中国经济新闻库，界面如图 4—54 所示。

检索范围选择标题，输入检索词“创业”，起始日期为 20000522，检索到 5 831 篇，结果如图 4—55 所示。

二次检索：使用“在前次结果中检索”按钮，输入关键词“博弈”，以缩小信息查找范围，专业检索结果与先前的检索结果一致，共检索到 3 篇，如图 4—56 所示。

专业检索

专业检索：中国经济新闻库

行业分类　全部

地区分类　全部

文献出处　全部　　逻辑关系　全部字词命中

检索范围　全部　　返回记录　50条

输入字词　　检 索

起始日期　20080522　　截至日期　20090522

本数据库说明：

本数据库收录了中国范围内及相关的海外商业经济信息，以消息报道为主，数据源自中国千余种报章与期刊及部分合作伙伴提供的专业信息，按行业及地域分类，共包含19个领域197个类别。

本数据库每日更新。

图 4—54　高校财经数据库——专业检索：中国经济新闻库

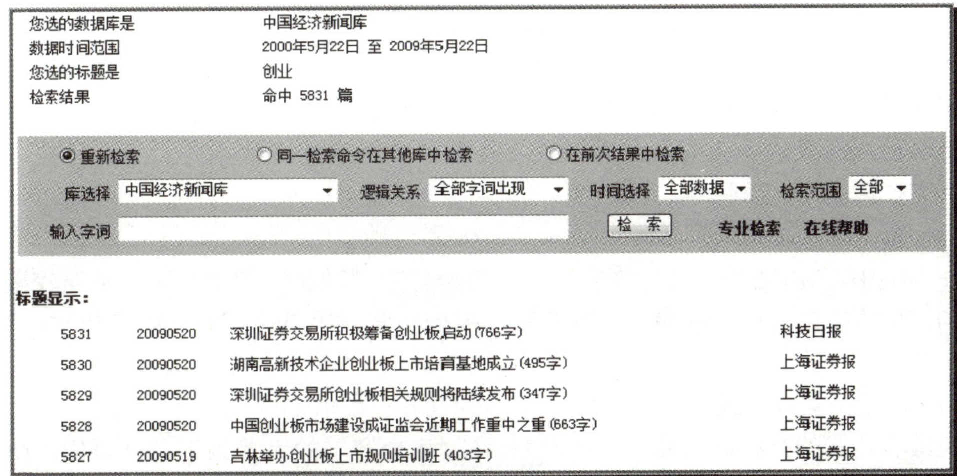

图 4—55　高校财经数据库——专业检索结果

您选的数据库是　中国经济新闻库

数据时间范围　2000年5月22日 至 2009年5月22日

您选的标题是　创业

您选择的检索词是　博弈

检索结果　命中 3 篇

重新检索　同一检索命令在其他库中检索　在前次结果中检索

库选择　中国经济新闻库　逻辑关系　全部字词出现　时间选择　全部数据　检索范围　全部

输入字词　检 索　专业检索　在线帮助

标题显示：

3	20090514	中国监管机构应高度重视创业板市场投机行为(1423字)	赢周刊
2	20070904	2007年9月4日湖南高新创业投资有限公司成立(759字)	湖南日报
1	20040606	积极慎重地推进创业板市场建设---访中国人大常委会副委员长.著名经济学家成思危(5065字)	经济日报

图 4—56　高校财经数据库——二次检索

4.3 经管类信息检索专题应用

4.3.1 生活应用

1. 背景介绍

本节以 3.5.1 节的案例为背景，此处不再详述。

2. 检索实践

(1) 分析检索课题（参见 3.5.1 节）

(2) 选择检索系统和数据库

CNKI、万方和维普等综合性数据库收录的文章期刊有很多交叉重叠，可以选用一个或者几个数据库检索，这里使用 CNKI 和维普数据库。

CNKI 使用高级检索功能，选择跨库检索，涵盖中国期刊全文数据库、中国优秀硕士学位论文全文数据库和中国博士论文全文数据库等。

维普使用高级检索功能，全库检索，涵盖中文科技期刊数据库、中文科技期刊数据库（文摘版）、外文科技期刊数据库（文摘版）等。

(3) 确定检索途径和检索词

在本例中，“房地产业”、“政策”、“发展趋势”、“现状”和“风险”是比较重要的检索词，检索字段可以选择题目、摘要等，根据检索结果具体调整。投资讲求时效性，因此文章时间定为 2008—2009 年。

(4) 构建检索表达式

检索表达式的核心词汇是“房地产”，在“房地产”的大背景下，检索词“政策”、“发展趋势”、“现状”和“风险”之间是并列关系。

因此可以构建如下四个表达式，对其分别检索：

- 房地产 and 政策；
- 房地产 and 发展趋势；
- 房地产 and 现状；
- 房地产 and 风险。

也可以构建一个综合的表达式：房地产 and（政策 or 发展趋势 or 现状 or 风险）。

每个检索词有多种检索字段，可以任意选择检索字段。这里首选标题字段，在检索不到合适文章的情况下，再扩大检索范围，选择范围更广的检索字段。

(5) 上机检索并调整检索策略

1) CNKI

使用 CNKI 高级检索功能，输入检索表达式，如图 4—57 所示。

检索到 580 篇，结果截图如图 4—58 所示。

2) 维普

使用维普高级检索功能，选择直接输入检索式：（T＝政策＋T＝发展趋势＋T＝现

跨库高级检索

逻辑	检索项	检索词	词频	扩展	关系	检索词	词频	扩展
⊞⊟	题名	房地产			并且	政策		
或者	题名	房地产			并且	发展趋势		
或者	题名	房地产			并且	现状		
或者	题名	房地产			并且	风险		

在结果中检索　检索

从 2008 到 2009　排序：时间　匹配：模糊　中英文扩展

图 4—57　跨库高级检索窗口——录入表达式

选中的数据库 跨库检索 (580)

中国期刊全文数据库 (530)　中国期刊全文数据库_世纪期刊 (0)
中国优秀硕士学位论文全文数据库 (50)　中国博士学位论文全文数据库 (0)

【跨库检索】 检索结果显示如下：

共有记录580条　上页　下页

序号	题名	来源	年期	来源数据库
1	我国房地产典当业风险防范	合作经济与科技	2009/02	中国期刊全文数据库
2	基于现状下的房地产顾问式营销浅析	现代商业	2009/02	中国期刊全文数据库
3	健全我国房地产宏观调控政策体系	现代商业	2009/02	中国期刊全文数据库
4	房地产投资风险与防范的分析和研究	商场现代化	2009/01	中国期刊全文数据库
5	我国商业银行房地产贷款风险分析及其防范	商场现代化	2009/02	中国期刊全文数据库
6	对房地产投资风险管理的思考	现代商业	2009/03	中国期刊全文数据库
7	货币政策对房地产行业发展的影响	现代商业	2009/03	中国期刊全文数据库
8	浅议模糊综合评价在房地产投资风险分析中的应用	中国新技术新产品	2009/01	中国期刊全文数据库
9	房地产金融风险管控建议	中国房地产	2009/01	中国期刊全文数据库
10	从金融危机的演变谈房地产业若干政策的调整	城乡建设	2009/01	中国期刊全文数据库

图 4—58　CNKI 跨库高级检索——检索结果

状＋T＝风险）＊T＝房地产，如图 4—59 所示。

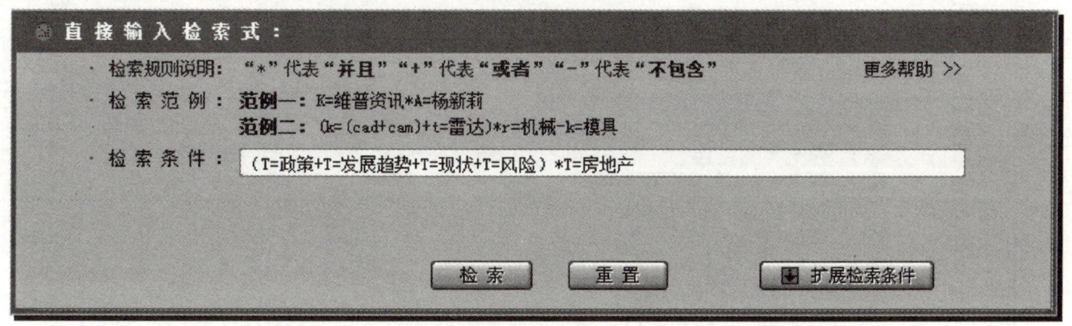

图 4—59　维普高级检索——直接输入检索式

检索到 2 653 条记录，如图 4—60 所示（其默认时间从 1989 年开始）。

在结果中二次检索，限定检索时间为 2008—2009 年，检索到 525 条，结果截图如图 4—61 所示。

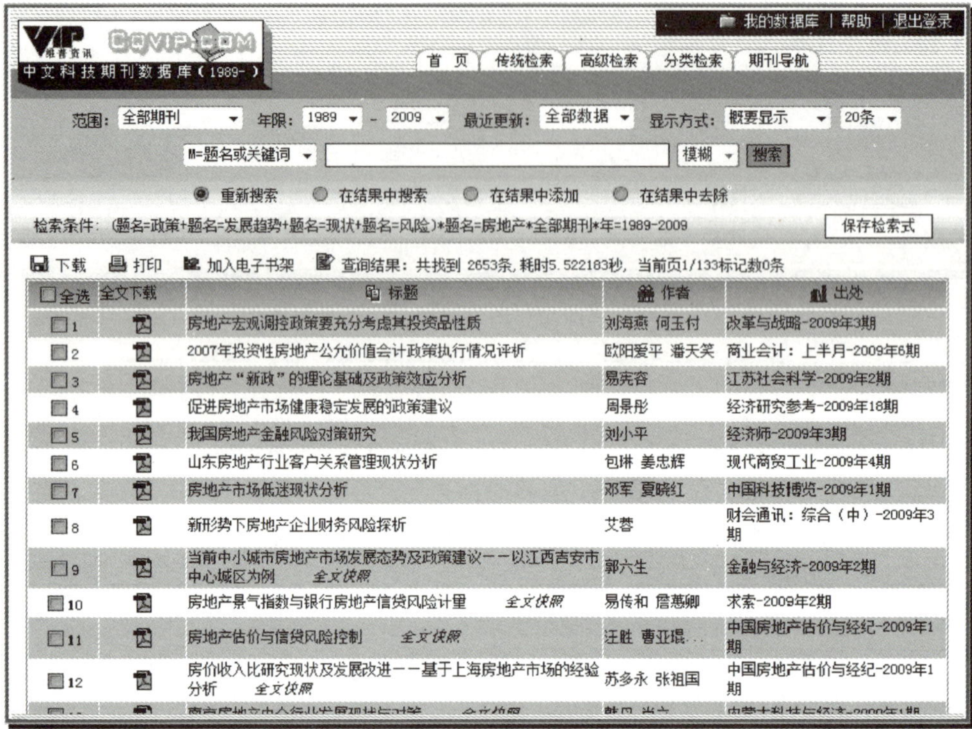

图 4—60 维普高级检索——检索结果

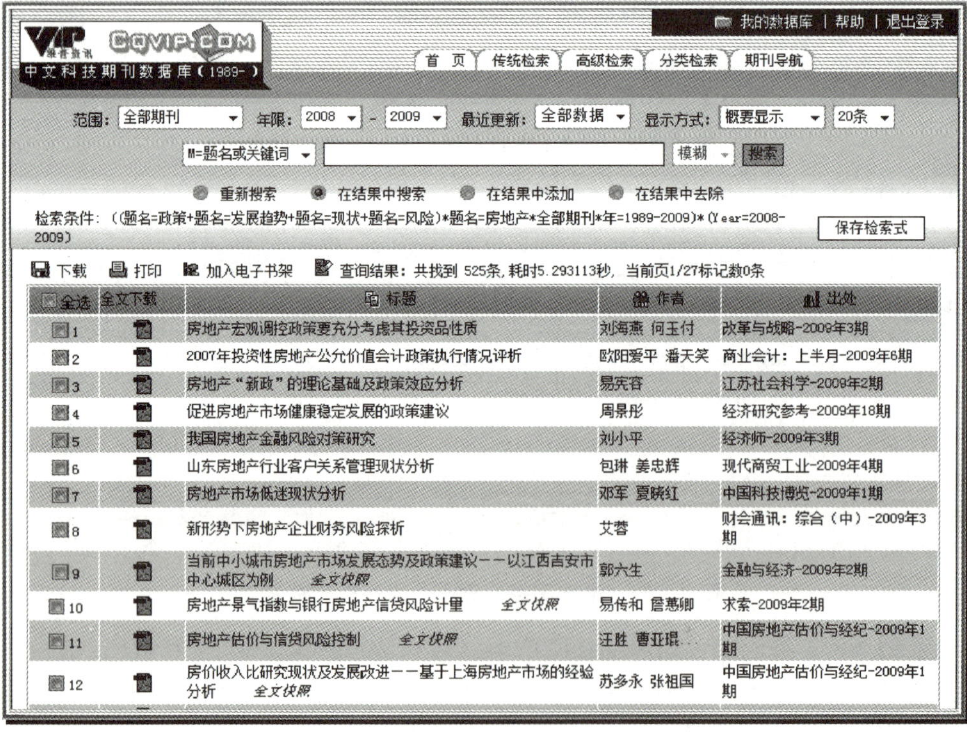

图 4—61 维普高级检索——二次检索

3. 应用小结

使用不同的数据库检索到的文献数量和内容有所不同，但是也有很大程度的交叉重叠，没有必要把所有的数据库尝试一遍，读者可以根据实际情况选择相应的数据库。数据库一般包含初级检索、高级检索、专业检索和二次检索等功能，至于选择哪个检索功能，要视检索词和检索要求而定，在检索过程中反复尝试，才能检索到需要的文献。

通过 CNKI 和维普数据库的信息检索，对 2008—2009 年我国房地产行业的现状、存在的风险、政策以及未来的发展趋势有了一定程度的了解，可以为投资者提供决策依据。

4.3.2　学术应用

本应用以如何写一篇学术论文展开。

1. 背景介绍

本节以 3.5.2 节的案例为背景，此处不再详述。

2. 检索实践

(1) 分析检索课题

该课题是关于“科技型创业企业绩效”的，只需要寻找“科技型企业”、“创业”、“绩效”的相关信息就能了解现阶段该研究方向的大致情况了。

(2) 选择检索系统和数据库

本文选用两个综合性的中文数据库 CNKI 和万方数据库。从综合性数据库和经管类专用的专业性数据库中选择一个数据库，检索相关内容，就能对该研究课题有个大致的了解。

CNKI 使用高级检索功能，选择跨库检索，涵盖中国期刊全文数据库、中国优秀硕士学位论文全文数据库和中国博士学位论文全文数据库等。

万方数据库使用跨库检索功能，涵盖中国学位论文全文数据库、中国学术会议论文全文数据库、中国标准全文数据库、中国法律法规全文库、数字化期刊全文数据库和科技文献等。

选择近 10 年的论文，既能包括一些和时间无关的经典论文在内，也能清楚了解到最近的研究现状，而使得我们的研究成果有理论价值和时间价值。

(3) 确定检索途径和检索词

该课题蕴含了 4 个核心词汇“科技型创业企业”“科技型企业”“创业企业”和“绩效”，首先在标题中检索“科技型创业企业绩效”，看目前是否有与此直接相关的文章；其次，扩大检索范围，分别检索“创业企业绩效”和“科技型企业绩效”这两个最接近课题“科技型创业企业绩效”的检索词，发散检索，为研究该课题做理论扩充和铺垫。时间限于 1999—2009 年。

每个检索词有多种检索字段，可以任意选择检索字段，本例的原则是首选标题字段，在检索不到合适文章的情况下，再扩大检索范围，选择范围更广的检索字段。

(4) 构建检索表达式

检索字段选择标题，构建以下三个检索式，分别检索：

- 检索式 1：科技型＋创业企业＋绩效；
- 检索式 2：科技型企业＋绩效；
- 检索式 3：创业企业＋绩效。

(5) 上机检索并调整检索策略

1) CNKI

① 检索式 1：使用跨库检索高级功能，检索项选择“题名”，输入检索词：科技型＋创业企业＋绩效，如图 4—62 所示。

跨库高级检索
逻辑 检索项 检索词 词频 扩展 关系 检索词 词频 扩展
题名 科技型 并且
并且 题名 创业企业 并且
并且 题名 绩效 并且
并且 题名 并且
检索
从 1999 到 2009 排序: 时间 匹配: 模糊 中英文扩展
选中的数据库
中国期刊全文数据库
中国期刊全文数据库_世纪期刊
中国优秀硕士学位论文全文数据库
中国博士学位论文全文数据库

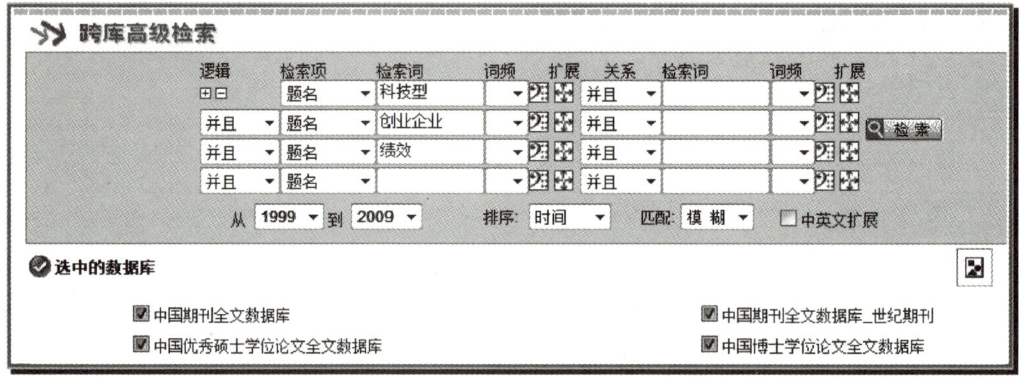

图 4—62　CNKI 跨库高级检索——键入检索式 1

检索到 1 篇，如图 4—63 所示，并且其题目与要研究的课题不完全一致，说明该课题起码在新颖性上值得研究。

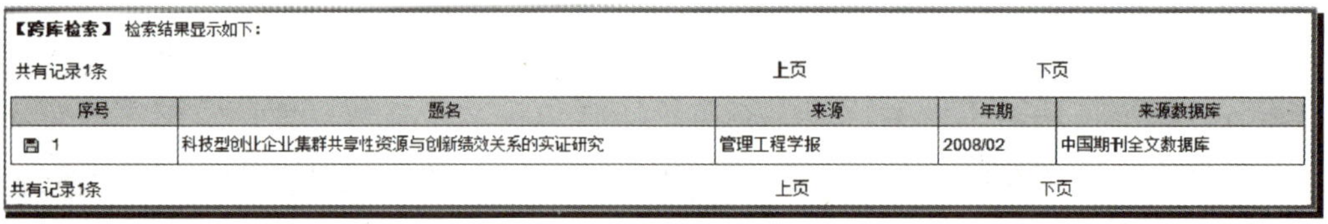

【跨库检索】 检索结果显示如下：

共有记录1条　上页　下页

序号	题名	来源	年期	来源数据库
1	科技型创业企业集群共享性资源与创新绩效关系的实证研究	管理工程学报	2008/02	中国期刊全文数据库

共有记录1条　上页　下页

图 4—63　CNKI 跨库高级检索——检索结果 1

②检索式 2：使用跨库检索高级功能，检索项选用“题名”，输入：科技型企业＋绩效，如图 4—64 所示。

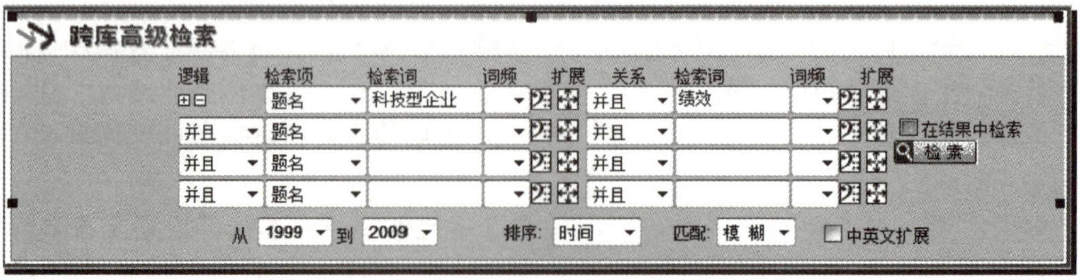

跨库高级检索
逻辑 检索项 检索词 词频 扩展 关系 检索词 词频 扩展
题名 科技型企业 并且 绩效
并且 题名 并且
并且 题名 并且
并且 题名 并且
在结果中检索
检索
从 1999 到 2009 排序: 时间 匹配: 模糊 中英文扩展

图 4—64　CNKI 跨库高级检索——键入检索式 2

检索到 9 篇，结果如图 4—65 所示。

【跨库检索】 检索结果显示如下：

共有记录9条　上页　下页

序号	题名	来源	年期	来源数据库
1	科技型中小企业人力资源管理绩效实现路径	交通企业管理	2008/02	中国期刊全文数据库
2	科技型创业企业集群共享性资源与创新绩效关系的实证研究	管理工程学报	2008/02	中国期刊全文数据库
3	科技型中小企业员工绩效考评的探讨	科技管理研究	2006/05	中国期刊全文数据库
4	科技型企业战略性绩效评价体系研究	财会月刊(综合版)	2006/14	中国期刊全文数据库
5	科技型企业的绩效考评	合肥工业大学学报(社会科学版)	2003/03	中国期刊全文数据库
6	企业R&D绩效测量的实证研究——基于对1162家浙江省科技型中小企业问卷调查与分析	科学学与科学技术管理	2002/03	中国期刊全文数据库
7	民营科技型企业的创新特征与创新绩效研究	中国软科学	2002/08	中国期刊全文数据库
8	科技型中小企业创新绩效的行为因素研究	数量经济技术经济研究	2001/09	中国期刊全文数据库
9	科技型中小企业资本结构与公司绩效关系的实证研究	广东工业大学	2008	中国优秀硕士学位论文全文数据库

共有记录9条　上页　下页

图 4—65　CNKI 跨库高级检索——检索结果 2

③ 检索式 3：使用跨库检索高级功能，检索项选用“题名”，输入：创业企业＋绩效，如图 4—66 所示。

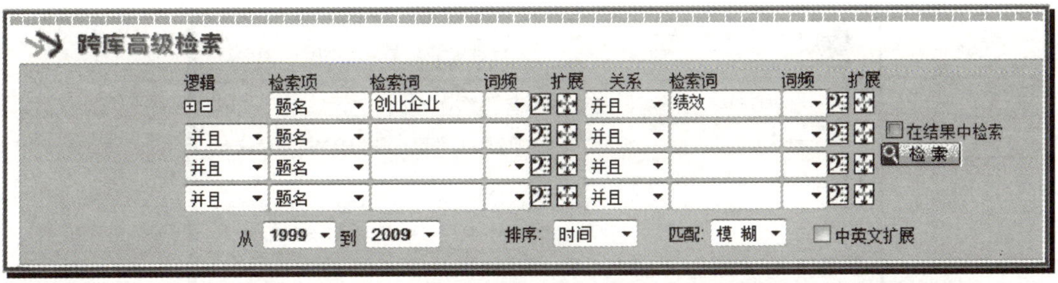

跨库高级检索

逻辑	检索项	检索词	词频	扩展	关系	检索词	词频	扩展
⊞⊟	题名	创业企业			并且	绩效		
并且	题名				并且			
并且	题名				并且			
并且	题名				并且			

☐在结果中检索　检 索

从 1999 到 2009　排序：时间　匹配：模 糊　☐中英文扩展

图 4—66　CNKI 跨库高级检索——键入检索式 3

检索到 44 篇，结果截图如图 4—67 所示。

【跨库检索】 检索结果显示如下：

共有记录44条　上页　下页

序号	题名	来源	年期	来源数据库
1	中小企业创业绩效影响因素:一个结构方程模型	江苏商论	2008/02	中国期刊全文数据库
2	衍生创业企业的战略选择与绩效	研究与发展管理	2008/01	中国期刊全文数据库
3	创业期企业动态能力构建及其对绩效影响研究	价值工程	2008/04	中国期刊全文数据库
4	广东地区中小企业创业发展的绩效分析与战略选择——与江浙地区中小企业比较研究的视角	企业经济	2008/03	中国期刊全文数据库
5	科技型创业企业集群共享性资源与创新绩效关系的实证研究	管理工程学报	2008/02	中国期刊全文数据库
6	影响创业期中小企业资金运营绩效的因素及对策	现代管理科学	2008/06	中国期刊全文数据库
7	技术企业创业智力资本与成长绩效实证研究	科学学研究	2008/03	中国期刊全文数据库
8	企业动态能力与企业创业绩效关系实证研究——以270家孵化企业为例分析	科学学研究	2008/04	中国期刊全文数据库
9	创业投资增值服务对创业企业成长绩效的影响研究	工业技术经济	2008/08	中国期刊全文数据库
10	公司创业视角下企业知识吸收能力与绩效关系研究	情报科学	2008/10	中国期刊全文数据库

共有记录44条　上页　下页

图 4—67　CNKI 跨库高级检索——检索结果 3

2）万方数据库

万方跨库检索只提供“全部字段”。

①检索式 1：使用跨库检索，采用全部字段，键入检索式如图 4—68 所示。

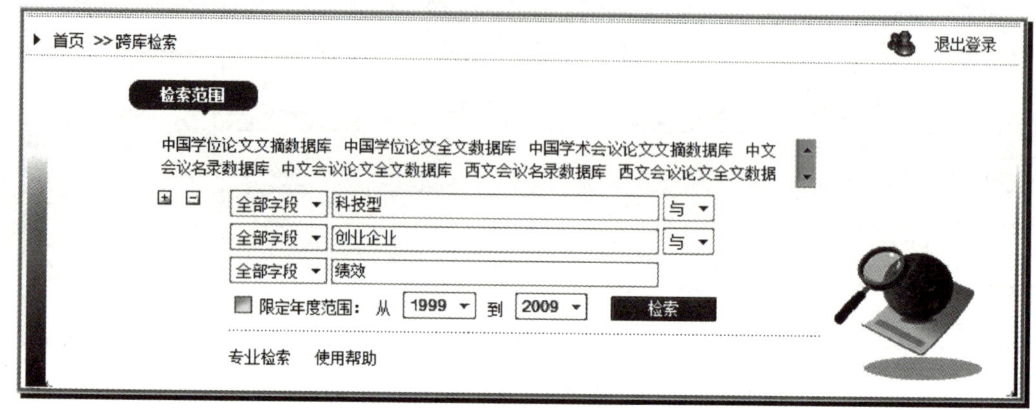

图 4—68 万方跨库检索——键入检索式 1

检索到 2 条，结果如图 4—69 所示。

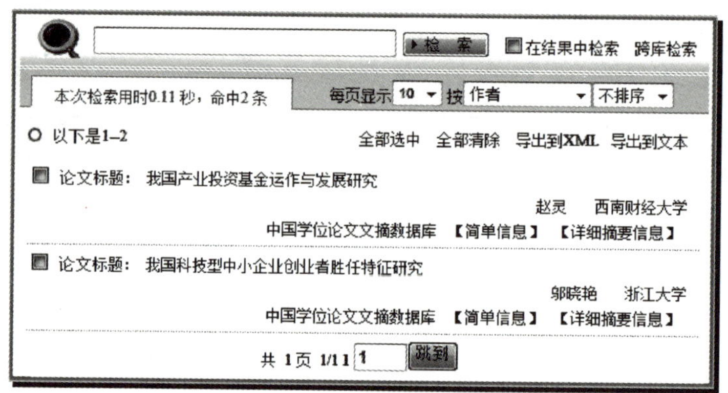

图 4—69 万方跨库检索——检索结果 1

②检索式 2：使用跨库检索，采用全部字段，键入检索式如图 4—70 所示。

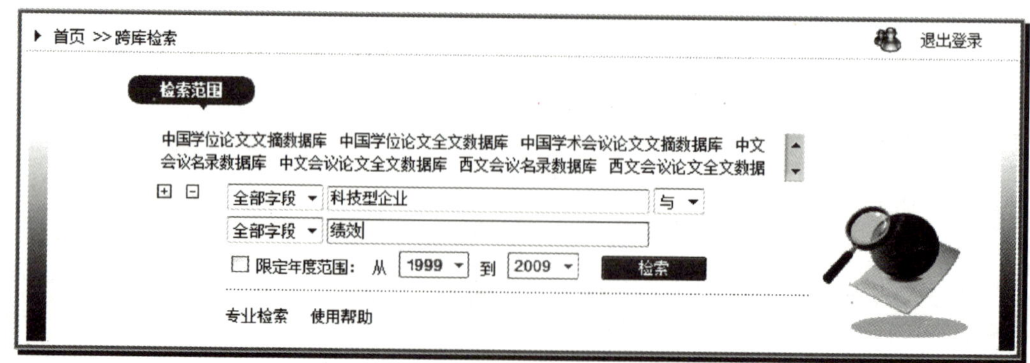

图 4—70 万方跨库检索——键入检索式 2

检索到 35 条，结果截图如图 4—71 所示。

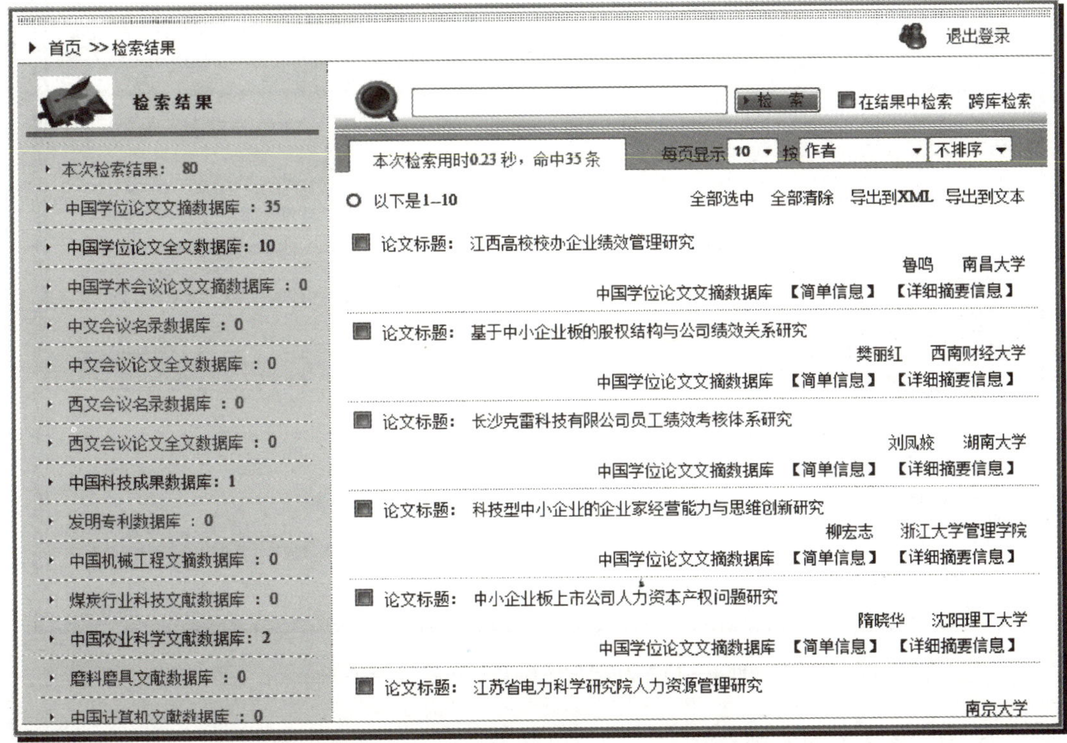

图 4—71　万方跨库检索——检索结果 2

③检索式 3：使用跨库检索，采用全部字段，键入检索式如图 4—72 所示。

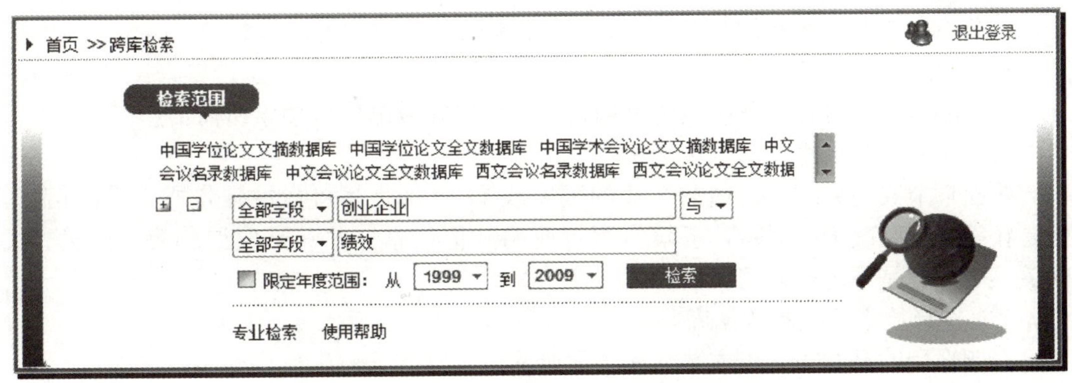

图 4—72　万方跨库检索——键入检索式 3

检索到 26 条，结果截图如图 4—73 所示。

3. *应用小结*

通过 CNKI 和万方数据库的检索，对近十年关于“科技型创业企业绩效”、“创业企业绩效”和“科技型企业绩效”的研究现状有了一定的认识，至少目前没有与该课题完全相关的文章，因此可以认为该课题值得研究。

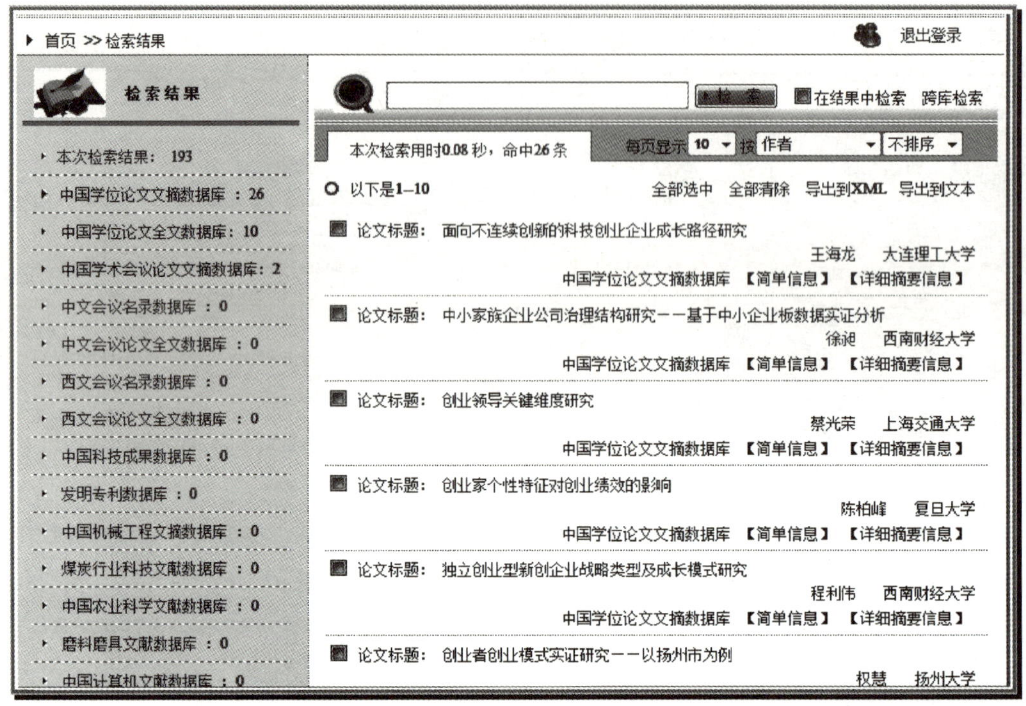

图 4—73 万方跨库检索——检索结果 3

4.3.3 经济管理实践应用

本节继续沿用第 3 章 3.5.3 节中白酒的例子。

1. 背景介绍

本节以 3.5.3 节的案例为背景，此处不再详述。

2. 检索实践

以白酒行业的可行性分析报告为例，介绍如何在数据库中搜索所需信息。

（1）分析检索课题

前面章节我们介绍了“白酒行业的国家政策”，这是写可行性报告所必需的信息。但是在掌握国家政策的同时，了解白酒行业的其他信息，尤其是发展趋势、产量、供求关系等，也是不可或缺的。

（2）选择检索系统和数据库

本例选用的是 CNKI 中文数据库和国研网。

CNKI 使用高级检索功能，选择跨库检索，涵盖中国期刊全文数据库、中国优秀硕士学位论文全文数据库和中国博士学位论文全文数据库等。

国研网包含了全文数据库、统计数据库、研究报告数据库、专题数据库。它侧重于数据的统计与收集，并在数据统计的基础上着重对各个行业的发展趋势进行预测。

（3）确定检索途径和检索词

在本例中，“白酒”、“趋势”、“产量”和“需求”是比较重要的检索词。“趋势”、“产量”和“需求”是做白酒市场可行性分析报告必须清楚的三个要素。检索字段可以选择题目、摘要等，根据检索结果具体调整。文章时间范围定为 2007—2009 年，近三年的数据更具代表性。

(4) 构建检索表达式

检索表达式的核心词汇是“白酒”，在“白酒”的大背景下，检索词“趋势”、“产量”和“需求”之间是并列关系。

因此可构建表达式如下：

- 白酒 and 趋势；
- 白酒 and 产量；
- 白酒 and 需求。

还可构建一个综合表达式：白酒 and (趋势 or 产量 or 需求)。

每个检索词有多种检索字段，可以任意选择检索字段。本例的原则是首选标题字段，在检索不到合适文章的情况下，再扩大检索范围，选择范围更广的检索字段。

(5) 上机检索并调整检索策略

1) CNKI

使用 CNKI 跨库高级检索，输入检索词，如图 4—74 所示。

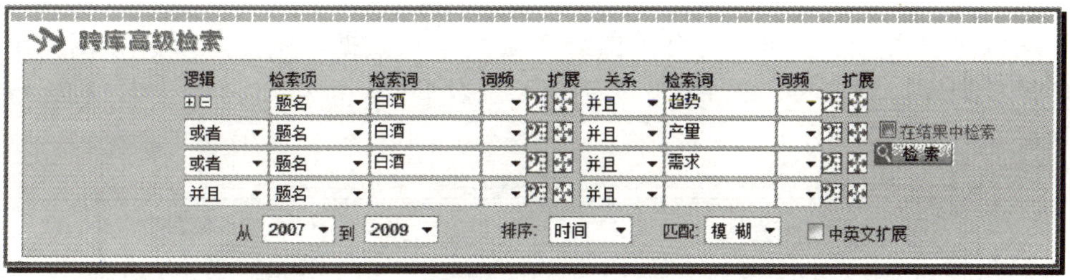

图 4—74 CNKI 跨库高级检索——键入检索式

检索到 10 篇，结果如图 4—75 所示。

【跨库检索】 检索结果显示如下：

共有记录10条 上页 下页

序号	题名	来源	年期	来源数据库
1	浓香型白酒淡雅变化及其品质控制与发展趋势	酿酒科技	2009/01	中国期刊全文数据库
2	芝麻香型白酒的发展历史、现状及发展趋势	酿酒	2009/01	中国期刊全文数据库
3	白酒行业:低价白酒是主流 低度酒成发展趋势	中国酿造	2008/18	中国期刊全文数据库
4	中国低度白酒的历史沿革与白酒发展趋势	酿酒科技	2007/06	中国期刊全文数据库
5	我国白酒行业的现状与发展趋势	时代经贸(中旬刊)	2007/S6	中国期刊全文数据库
6	浓香型白酒糟醅发酵过程中香气成分的变化趋势	食品科学	2007/06	中国期刊全文数据库
7	白酒低度化趋势	酿酒科技	2007/07	中国期刊全文数据库
8	需求价格弹性在白酒定价中的应用	企业家天地(理论版)	2007/05	中国期刊全文数据库
9	固液结合法白酒的特点、发展趋势和目前面临的问题	食品工程	2007/03	中国期刊全文数据库
10	低度白酒发展趋势与应掌握的几个环节	酿酒	2007/06	中国期刊全文数据库

共有记录10条 上页 下页

图 4—75 CNKI 跨库高级检索——检索结果

2) 国研网

使用：白酒 AND 趋势，检索到 2007—2009 年有 4 篇，如图 4—76 所示。

按时间排序倒序 ▾ 按时间查看: 全部 ▾

新工艺白酒渐成发展趋势 [2008-3-25]
作者：杜明松　关键词：白酒
随着人们生活节奏的加快和消费水平的提高，以传统方式生产的白酒因生产周期长等原因，已远远不能（文章来源：华夏酒报·中国酒业新闻网）满足人们的需要。因此，新工艺白酒便有了其发展的空间。　很长一段时间...

白酒市场未来价格趋势 [2007-11-20]
作者：韩永奇　关键词：白酒，价格
在国民经济持续较高速度增长的背景下，我国价格形势发生了明显的变化，各种价格均呈现上升的走势，价格运行呈现新的特征。国家统计局11月13日公布的10月份居民消费价格总水平比去年同月上涨6.5%，比上...

我国白酒消费呈加快向高端产品集中趋势 [2007-8-28]
作者：王丽　关键词：白酒
去年我国人均白酒消费量为2.76升，但消费者热衷于高档名牌酒和健康酒，全国千余家规模以上白酒生产企业中，行业市场份额向高端产品集中趋势加快。　中国食品工业协会白酒专业委员会秘书长马勇日前在此间...

低度化成为我国白酒发展趋势 [2007-6-28]
关键词：白酒
白酒作为世界上六大蒸馏酒之一，是世界上最古老的酒种，至今已有数千年的酿造历史和文化积淀，与不同时代的人们生活息息相关。白酒产业发展到今天，已有众多值得总结和探讨的课题，其中低度白酒的研制成功和目前...

图 4—76　国研网检索结果

在国研网中我们还能搜索到有关白酒产量的相关数据，例如在统计数据库中选择产品产量数据库，我们可以搜到 2008 年全年以及 2009 年 1—3 月的全国白酒月产量，搜索结果如图 4—77 所示。

		本月产量
		全国
其中：白酒(折65度,商品量)(千升)	2008年1-2月	434,706.65
	2008年1-3月	458,591.23
	2008年1-4月	412,761.93
	2008年1-5月	402,500.36
	2008年1-6月	475,413.53
	2008年1-7月	388,427.52
	2008年1-8月	399,734.90
	2008年1-9月	501,578.64
	2008年1-10月	512,941.32
	2008年1-11月	561,702.75
	2008年1-12月	687,464.60
	2009年1-2月	480,742.82
	2009年1-3月	535,819.27
数据来源：原始数据来源中国国家统计局　国研网整理		

图 4—77　国研网——统计数据库

3. 应用小结

数据库中收录了大量与输入的关键词相关的资料，其中大部分不是我们所需要的，筛选的过程会耗费大量的时间和精力，而选择合适的检索词和检索策略往往能事半功倍。

通过 CNKI 和国研网的信息检索，对白酒行业的发展趋势、产量和供求关系有了一定程度的了解，尤其是国研网的行业数据统计和趋势预测，为撰写市场可行性分析报告提供可靠的科学依据。

4.4 本章小结

本章主要介绍了经济管理类常用的中文综合性数据库、经管类专用中文数据库和专题应用三部分。其中，综合性数据库主要介绍了 CNKI、万方数据库、维普数据库和中国人民大学复印报刊资料数据库；经管类专用中文数据库主要介绍了国研网、中国经济信息网、Infobank 高校财经数据库系统；专题应用包括生活应用、学术应用和经济管理实践应用，是对上述中文数据库的综合运用。

希望通过本章的学习，读者能够熟练掌握中文数据库的使用方法，提高中文信息检索能力。

4.5 思考与练习

1. 如何在 CNKI 中查找期刊论文？其跨库高级检索功能如何使用？
2. 如何使用万方数据库查找学位论文？
3. 如何使用维普数据库进行分类检索？
4. 如何使用国研网、中国经济信息网获取某个行业产品产量的详细数据？
5. 利用高校财经数据库如何查询有关上市公司信息披露方面的信息？
6. 利用 CNKI、万方和维普数据库，检索同一课题，比较其检索结果数量有何差别？比较它们的收录范围有何差异？

第 5 章

经济管理学科常用的英文数据库

5.1 经管类常用的综合性英文数据库

5.1.1 EBSCO

1. 概述

EBSCO 数据库是美国 EBSCO 集团公司出版发行的一套大型全文数据库系统。该公司主要提供期刊订购服务、参考文献数据库、电子期刊服务、图书订购服务以及与之相关的文献订购、服务和管理平台等。现有 60 多个电子文献数据库，其中期刊数据库约 50 余种，涉及自然科学、社会科学、人文和艺术等多个学术领域，是全球最大的多学科、综合性数据库之一。

2. 数据库分类

下面是部分 EBSCO 系列数据库学科内容说明：

(1) Academic Source Premier（学术期刊全文数据库，简称 ASP）

该数据库专门为研究机构设计，提供多达 4 700 多种全文出版物，包括 3 600 多种同行评审期刊（peer-reviewed）的全文；该数据库几乎涉及所有学术领域，包括社会科学、人文、教育、计算机科学、工程科学、物理、化学、语文及语言学、艺术与文学、医学、种族研究等，其中 100 多种全文期刊回溯到 1975 年或者更早，大多数期刊有 PDF 全文。

(2) Business Source Premier（商业资源全文数据库，简称 BSP）

该数据库是业界最常用的商业研究数据库，提供 2 300 多种全文期刊。学科领域包括市场营销、管理、管理信息系统、会计、金融和经济学。BSP 包括世界上最著名的商业类期刊，特别是管理学和市场学方面的较全，如：*Harvard Business Review*，*California*

Management Review, *Administrative Science Quarterly*, *Academy of Management Journal*, *Academy of Management Review*, *Industrial & Labor Relations Review*, *Journal of Management Studies*, *Journal of Marketing Management*, *Journal of Marketing Research (JMR)*, *Journal of Marketing*, *Journal of International* 等。

(3) ERIC (the Education Resource Information Center)

该数据库是由美国教育部、国家教育图书馆和教育研究与发展办公室资助的国家信息系统。该数据库包含 1 282 000 条记录和超过 314 000 个全文文件。

(4) History Reference Center

该数据库提供 2 500 多种全文参考书、百科全书和非文学类书籍，全文覆盖几乎 170 种主流历史期刊，超过 112 000 个历史文件，113 000 个历史人物传记，多于 112 000 张历史图片，80 多小时的历史视频资料。

(5) Newspaper Source

该数据库提供 35 种国家（国际）报纸的完整全文。该数据库还包含 375 种以上的地区（美国）报纸精选全文。此外，也提供全文电视和广播新闻脚本。

(6) Professional Development Collection

该数据库为专业教育人员提供高度专业化的电子信息，包括儿童健康教育与发育教学理论及其实践的各个方面。提供 520 种高品质的教育期刊，200 多个教育报告，是世界上最全面的收集了全文教育期刊的数据库。

(7) Master File Premier

该数据库是为公共图书馆设计的一般性参考数据库。提供 1 750 种一般参考出版物的全文信息，并可以追溯到 1975 年，内容包括一般性参考文献、商业、保健、教育等。

3. 检索应用

从高校图书馆主页进入 EBSCOhost，其界面如图 5—1 所示。

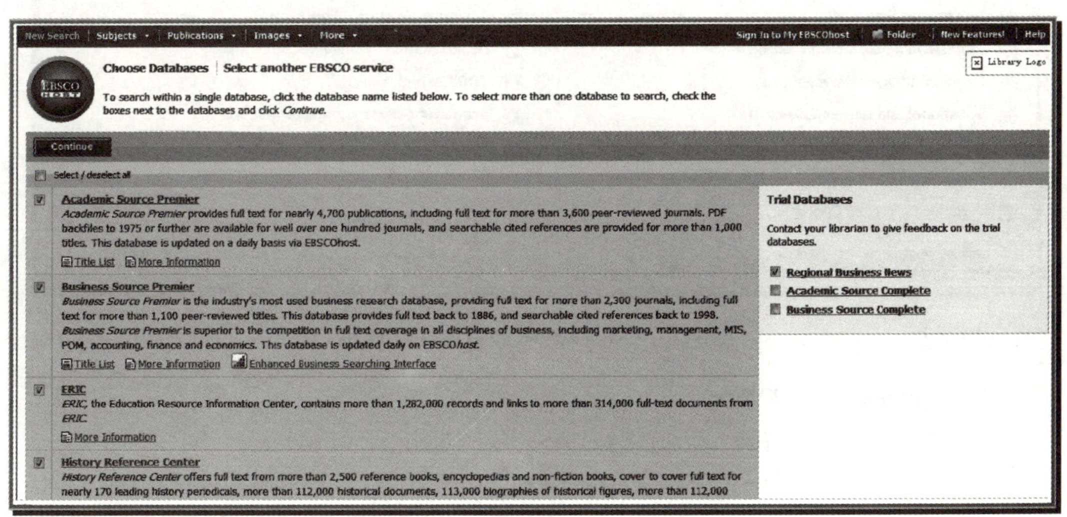

图 5—1　EBSCOhost 界面

首先需要选择数据库，然后点击 Continue ，进入检索界面，如图 5—2 所示。

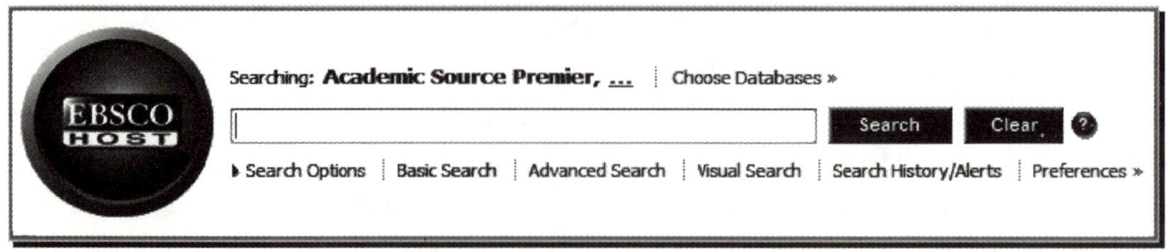

图 5—2　EBSCOhost 基本检索界面

EBSCOhost 检索界面主要有 Choose Database（选择数据库）、Search Options（检索选项）、Basic Search（基本检索）、Advanced Search（高级检索）、Search History/Alerts（检索历史记录/快讯）和 Preferences（参数选择）。

（1）Choose Databases（选择数据库）

点击 Choose Databases » 按钮，进入选择数据库界面，选中数据库名称前的复选框，点击 OK 即可。例如，选择 Academic Source Premier、Business Source Premier、ERIC 和 History Reference Center，如图 5—3 所示。

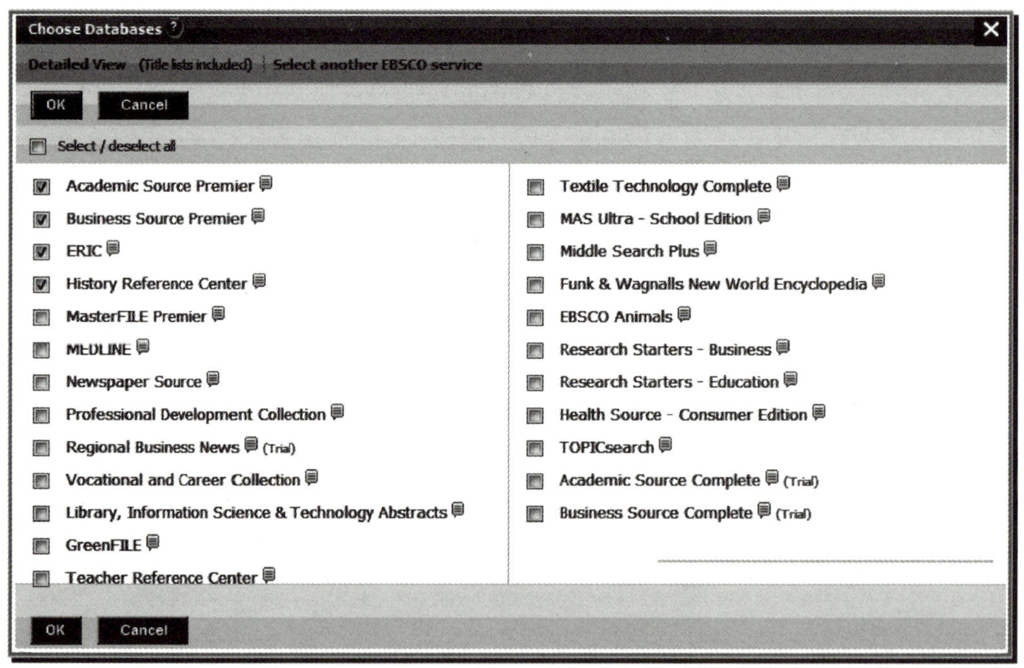

图 5—3　EBSCOhost 数据库选择界面

（2）Preferences（参数选择）

点击 Search Options 按钮，进入参数选择界面，如图 5—4 所示。

例如，为了更改 EBSCO 检索界面为中文，在语言下拉列表中选择中文，单击 "Save" 按钮，则 EBSCO 检索界面以中文显示，如图 5—5 所示。

（3）Basic Search（基本检索）

进入检索界面，系统默认的是基本检索，输入检索式，选择检索数据库，点击

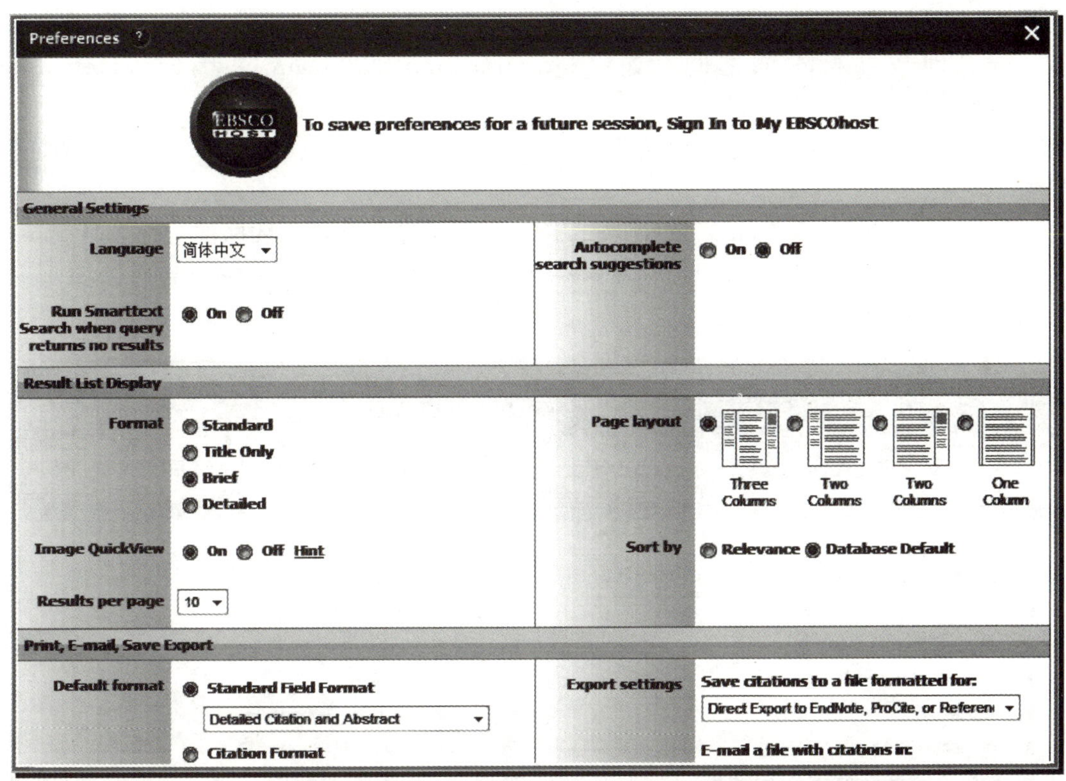

图 5—4　EBSCOhost 参数选择界面

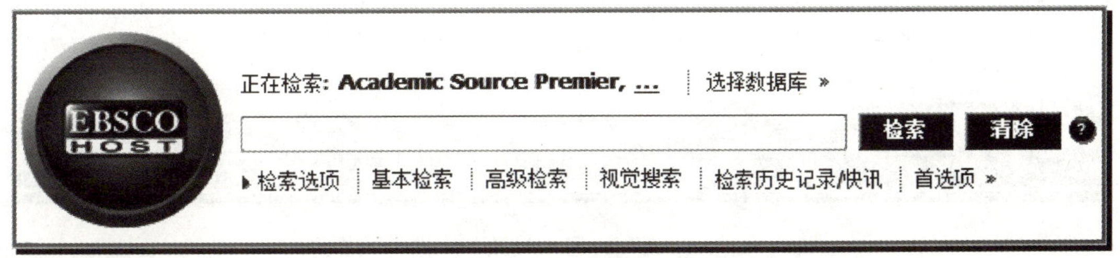

图 5—5　EBSCOhost 基本检索界面——中文显示

检索 即可。

检索式可以是一个词，也可以由检索字段标识符、检索词、通配符、逻辑算符（AND、OR、NOT）以及位置算符等联合构成。

字段标识符用两个字母表示，用于限定关键词检索的字段，输入在检索词的前面。缺省状态下在全文范围内检索。其代用含义如下：Au 为责任者、TI 为题名、SU 为主题词、AB 为文摘、AN 为登记号、IS 为国际标准刊号、SO 为刊名等。在高级检索界面的检索指导框下拉菜单中都列了出来。

通配符问号“?”只代替一个字符。可以输入在词中或词尾，不能用在词首。星号“*”可以代替一个或多个字符。

位置算符有两个：N 和 W。N 只限定检索词之间的单词数，而不限制检索词的顺序；W 既限定检索词之间的单词数，又保证检索词的顺序与输入的完全一致。输入时放在检索词之间，如：entrepreneurial N3 team 或者 entrepreneurial W5 team。

另外，检索词的词间关系默认为逻辑"或"。使用双引号（""），可以进行词组检索。

例如：在 Business Source Premier 库中，检索标题含有创业团队的全部文献。

首先，选择数据库。点击 Choose Databases »，选择 ☑ Business Source Premier，如图 5—6 所示。

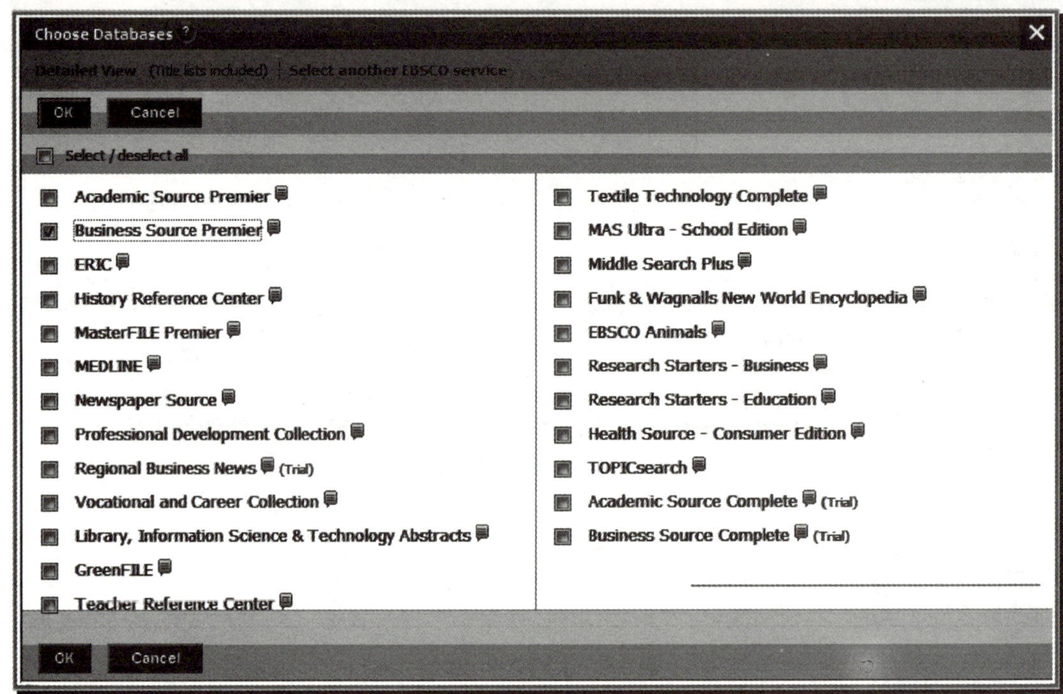

图 5—6　EBSCOhost 基本检索——选择数据库

点击 OK，返回检索界面。

其次，输入检索式 TI="entrepreneurial team?"，如图 5—7 所示。

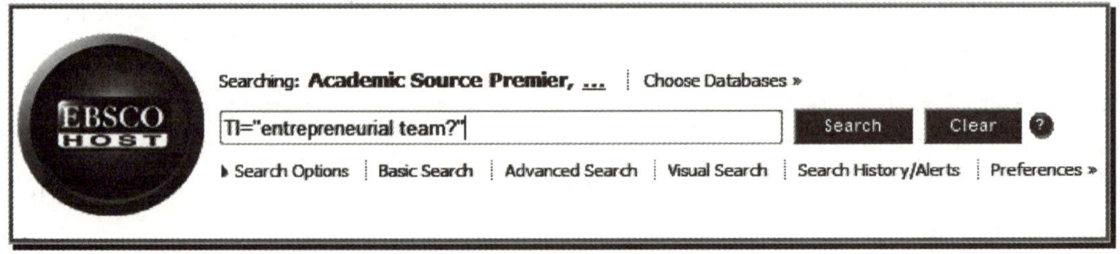

图 5—7　EBSCOhost 基本检索——输入检索式

点击 Search，检索到 18 篇，结果截图如图 5—8 所示。

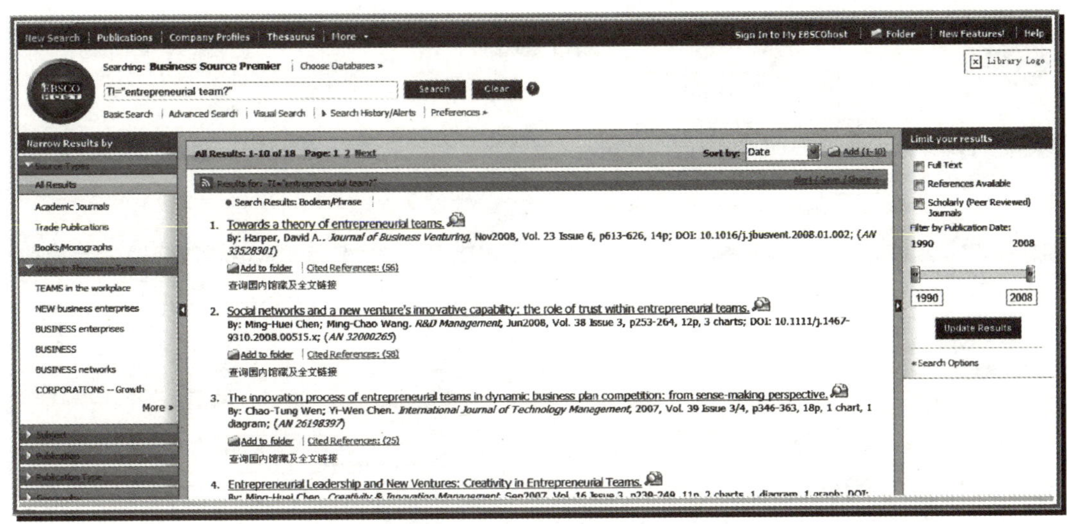

图 5—8　EBSCOhost 基本检索——检索结果

图 5—8 的右侧是：Limit your results，包括“Full Text”限定检出的结构都是全文；“Reference Available”限定在参考文献中检索；“Scholarly（Peer Reviewed）Journal”限定在经专家评定过的期刊中检索；“Filter By Published Date”限定在某段时间内出版的文献中检索；点击 « Search Options 可以设置更多限定条件。

例如，上例要求只显示能查看全文的文章，选中 Full Text，点击 Update Results，检索到 11 篇，结果截图如图 5—9 所示。

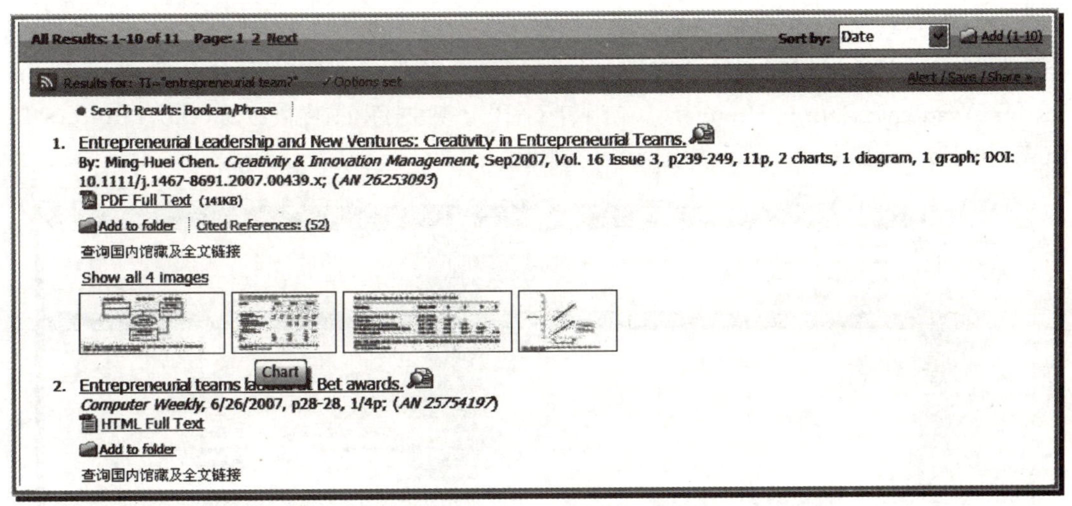

图 5—9　EBSCOhost 基本检索——限定检索结果

(4) Advanced Search（高级检索）

点击按钮 Advanced Search，进入高级检索界面，高级界面如图 5—10 所示。

可以看到高级检索界面主要由两部分组成，一部分是检索词、检索字段、逻辑关系等输入区域，如图 5—11 所示。

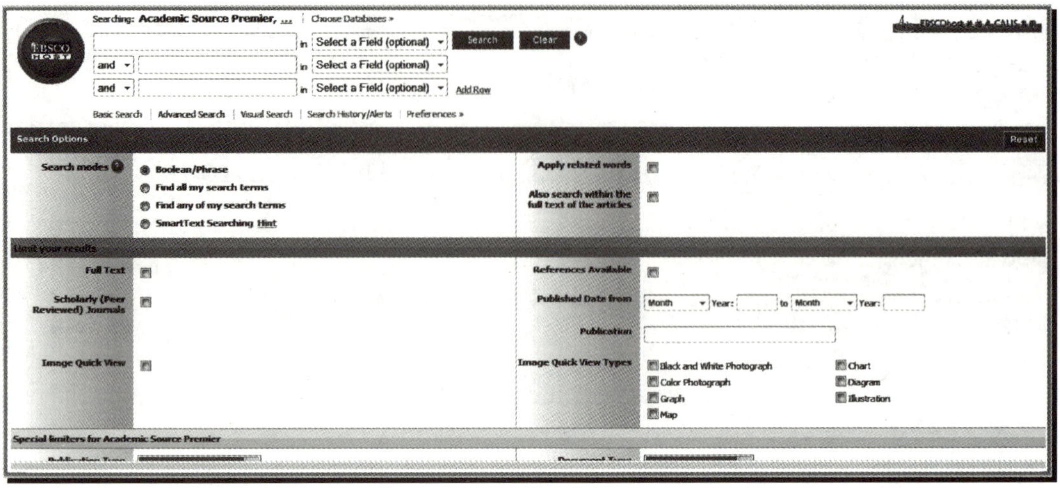

图 5—10 EBSCOhost 高级检索界面

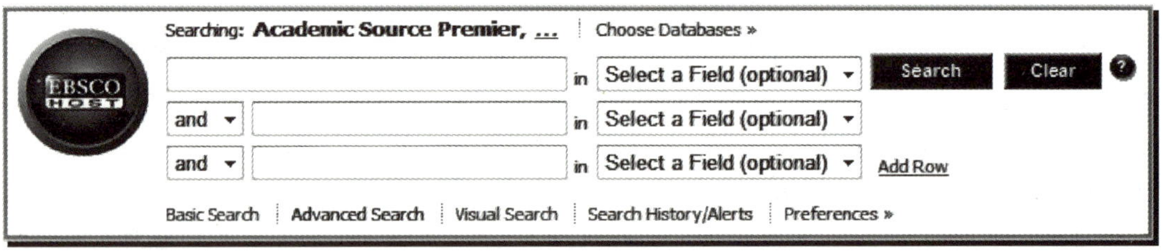

图 5—11 EBSCOhost 高级检索——检索式输入区域

另一部分是 Search Options 区域，包括 Search modes、Limit your results 以及选择相应数据之后的专门限制功能区域，如专门针对 ASP 数据库的限制：Special Limiters for Academic Source Premier、专门针对 BSP 数据库的限制：Special Limiters for Business Source Premier 等，如图 5—12 所示。

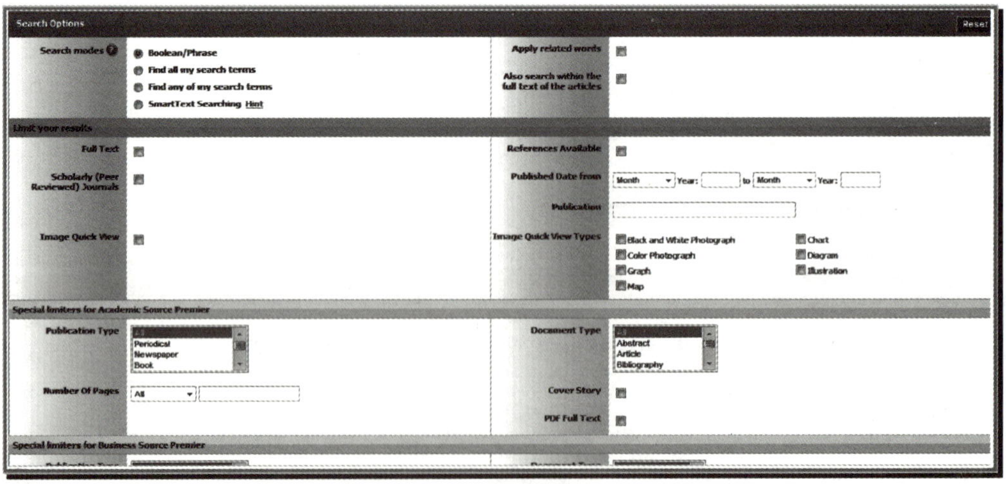

图 5—12 EBSCOhost 高级检索——检索选项区域

例如，在 BSP、ASP 库中，检索可以查看全文，并且标题中含有创业团队的文献。选择数据库（步骤同前面的检索），输入检索式，如图 5—13 所示。

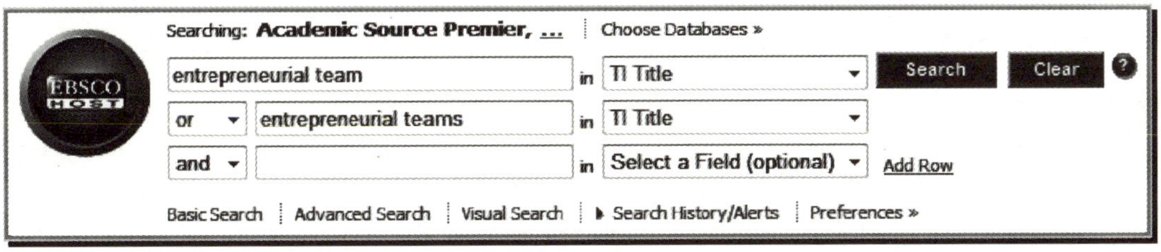

Searching: Academic Source Premier, ...　Choose Databases »
EBSCO HOST
entrepreneurial team　in　TI Title　Search　Clear
or　entrepreneurial teams　in　TI Title
and　in　Select a Field (optional)　Add Row
Basic Search　Advanced Search　Visual Search　Search History/Alerts　Preferences »

图 5—13　EBSCOhost 高级检索——输入检索式

在 Search Options 区域，选择 Full Text，检索到 16 篇，结果截图如图 5—14 所示。

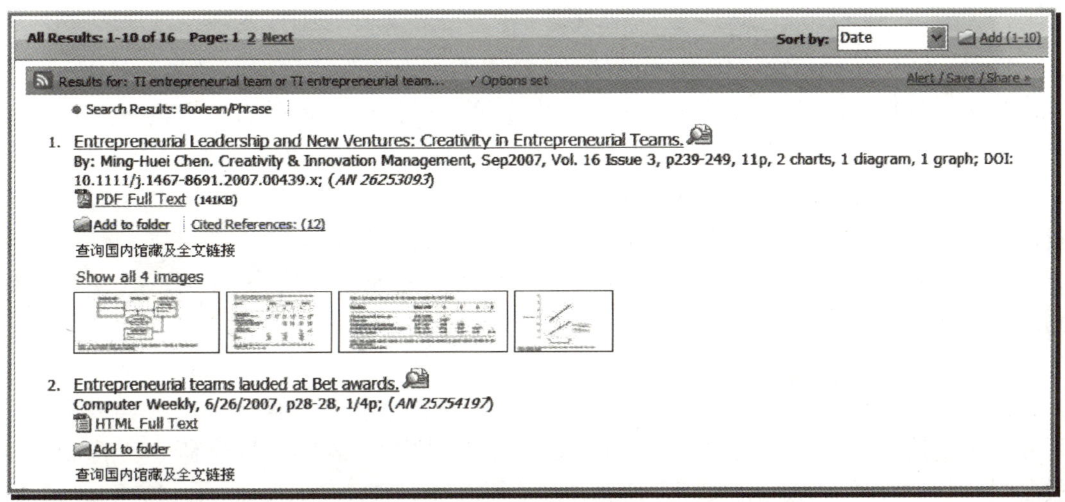

图 5—14　EBSCOhost 高级检索——检索结果

（5）Search History/Alerts（检索结果的浏览及下载）

EBSCO 对检索结果提供结果浏览、标记记录等功能，还可对检索结果进行保存、打印，或通过 E-mail 发送到用户的邮箱。

检索结果列表显示每一个记录的文章篇名、作者、刊名、卷期、页数，点击文章题名，查看该记录的详细题录信息；点击"PDF Full Text"查看全文；点击"查询国内馆藏及全文链接"查看该期刊印刷版的国内馆藏信息或所在图书馆订购的其他电子数据库中收藏的全文。点击"Add"按钮标记该界面上所有或需要的记录，点击"View Folder"或"Folder has Items"查看标记过的记录，标记过的记录可以输出（打印、发送 E-mail 和保存）。

5.1.2　Emerald

1．概述

Emerald 于 1967 年由来自世界著名百所商学院之一——Bradford University Management Center 的学者建立。主要出版经济管理学、图书馆学、工程学等专业领域的期刊。经济管理学期刊有 175 种以上，占全球同类期刊的 10%；图书馆学期刊有 27 种，其中 9 种被 ISI 收录，占该学科收录期刊的 30%；工程学 16 种期刊全部被 ISI 收录。全球 7 600 多所商学院校有 3 000 多所在使用 Emerald，世界百强商学院有 97%在使用。

2. 数据库分类

Emerald 全文期刊覆盖领域包括：会计金融和法律，经济和社会政策，健康护理管理，工业管理，企业创新，国际商务，管理科学及研究，人力管理，质量管理，市场学，营运与后勤管理，组织发展与变化管理，财产与不动产，策略和通用管理，培训与发展，教育管理，图书馆管理与研究，信息和知识管理，自动化，电子制造和包装，材料科学与工程。

下面主要对以下数据库作介绍：

(1) Emerald Management Xtra（EMX）——Emerald 管理学全集

EMX 是 Emerald 2006 年推出的管理学和图书馆学综合性数据库产品，是 Emerald 专家与工商管理学院的老师、研究人员、学生等共同探讨，发展研究出的一个创新的管理学信息系统。EMX 提供 Emerald 出品的 150 种高质量的管理学全文期刊，管理学评论，以及包括案例分析、预选文集、采访录、书评、专业的教学资源和作者及研究资源在内的许多管理学科的其他辅助内容。无论是要阐述某个观点的讲师、开展新研究项目的学者、准备撰写论文的学生或是商业经理、专业图书馆员，在 EMX 中都能找到问题的答案。

(2) Emerald Engineering Library（EEL）——Emerald 工程图书馆

Emerald 出版 16 种高品质的工程学期刊，涵盖自动化、工程计算、材料科学与工程和电子制造与封装等相关领域，所有期刊曾多年被 SCI 索引。顶尖研究机构和蓝筹股公司，如 BMW、Cambridge University、MIT、NASA、Nanyang Technological University 和 Nokia 等公司和机构都长期有文章在期刊中发表。同时它们也是 Emerald 期刊的用户。该数据库所有期刊内容经专家评审，确保每篇文章具有既定的学术标准和价值，是工科院校的重要参考资源。

(3) International Civil Engineering Abstracts (ICEA) ——土木工程文摘库

该库主要有来自全球著名的 150 多种期刊的超过 120 000 篇的文摘，内容涵盖建筑管理、环境工程和结构工程，等等。著名的期刊包括 ASCE Journal of Structural Engineering（USA）、Engineering with Computers（UK）、International Journal for Numerical Methods in Engineering（UK）等。

(4) Computer Abstracts International Database (CAID) ——国际计算机文摘库

自从 1957 年第一次出版开始，CAID 就树立了其在该领域的先锋形象，并跟随惊人的计算机科学发展步伐直到现在。超过 140 000 篇来自于 200 多种计算机期刊的文摘，涉及人工智能、通讯和网络与系统工程等专业领域。著名期刊有 ACM Trans、On Computer Systems（USA）、The Computer Journal（UK）、SIAM Journal on Computing（USA）等。

(5) Computer and Communications Security Abstracts (CCSA) ——计算机和通讯安全文摘库

CCSA 提供超过 100 多种期刊的 9 000 多篇文摘内容，主要覆盖的领域包括电子商务安全、网络安全和第三方信任等。同时该数据库还包括每年 40 多个国际重要会议的会议文摘。CCSA 收录的所有期刊都参照在该相关领域具有不凡成果的大学图书馆的馆藏，如剑桥大学图书馆。著名期刊有 Eurocrypt、IEEE Security and Privacy (USA) 等。

(6) Current Awareness Abstracts (CAA) ——图书馆和信息管理文摘库

CAA 确保你能知晓在全球 400 多种核心期刊中出版的每一篇重要的有关图书馆学和信息管理科学的文章。26 000 多篇文摘存档回溯至 1989 年，并且每月更新。一目了然的结构性文摘和不受限制的远程访问，使校园里的每一位用户都能快速直接地网上检索和浏览，将有限的时间用在有品质保证的刊物阅读上。CAA 同时以期刊出现，每年 6 期印刷版本。

Emerald 出版物不仅注重理论研究，而且包含大量实践内容，有效搭起了学术研究领域和决策实践领域的桥梁，这一点由目前的用户群体和稿件来源可以得到印证。此外，根据 Consortium of University Libraries of Catalonia (CBUC) 的使用统计，80%的 Emerald 使用量来自高达 47%的 Emerald 期刊品种，这与 Emerald 自身统计相吻合的结果说明了 Emerald 出版物的较高水准。

3. *检索应用*

Emerald 检索规则主要有以下几点：

- 支持布尔逻辑符：直接在检索框中输入布尔逻辑运算符，AND，OR 和 NOT，需要注意的是布尔逻辑符必须大写。
- 短语检索和完全匹配检索：可以选择检索框下面的选项，进行短语检索和完全匹配检索。也可以在检索框中使用双引号（“”）将检索词锁定。注意：如选择完全匹配 Exact Match 检索，则只返回与检索词完全相同的检索结果，例如，检索 marketing，并选择 journal title 字段和完全匹配，则检索结果只返回期刊名称为 marketing 的期刊，而不包括期刊名称为 The European Journal of Marketing 或 Marketing Intelligence and Planning 等刊名中包含 marketing 的期刊。
- 词干检索：使用通配符 * 和?，通配符只能出现在检索词的中间和末尾，不能出现在检索词开头。
- 模糊检索：使用～，如输入检索词“roam～”，可以返回包含“room”和“foam”内容的检索结果。
- 权重检索：使用权重符号^，如检索“work^4 management”，则检索结果中 work 的权重是 management 的 4 倍。

从高校图书馆进入 Emerald 数据库，不需要输入用户名和密码，如图 5—15 所示。

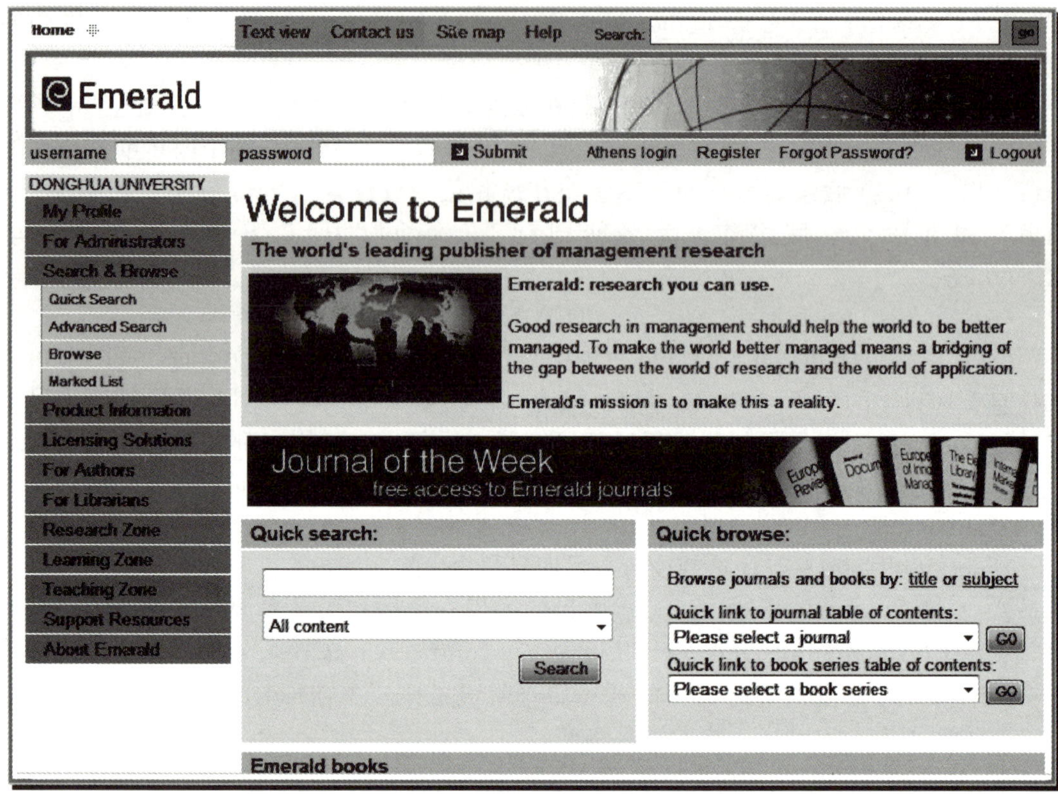

图 5—15　Emerald 主界面

Emerald 提供 Quick Search（快速检索）、Advanced Search（高级检索）和 Quick Browse（快速浏览）三种方式。

（1）Quick Search（快速检索）

可在主页直接进行快速检索，输入关键词，在下拉列表：All Content、Journals、Books、Bibliographic Databases、Site Pages 中选择检索范围，检索结果也以上述 5 种分类方式显示，并可以在检索结果中进行二次检索。

例如检索创业团队（entrepreneurial team）有关的所有文献，如图 5—16 所示。

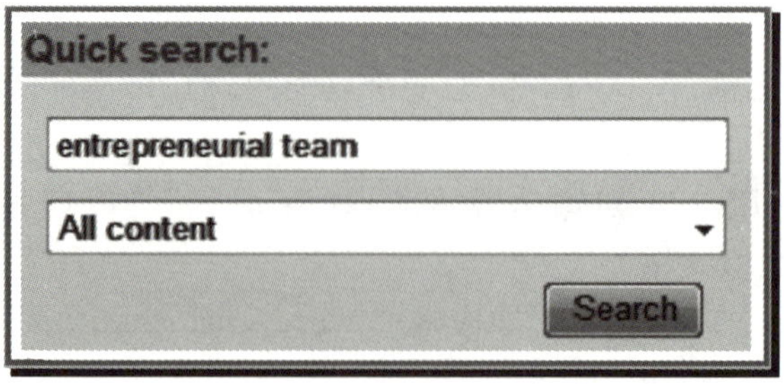

Quick search:

entrepreneurial team

All content

Search

图 5—16　Emerald 快速检索——输入检索式

检索结果见图 5—17 所示。

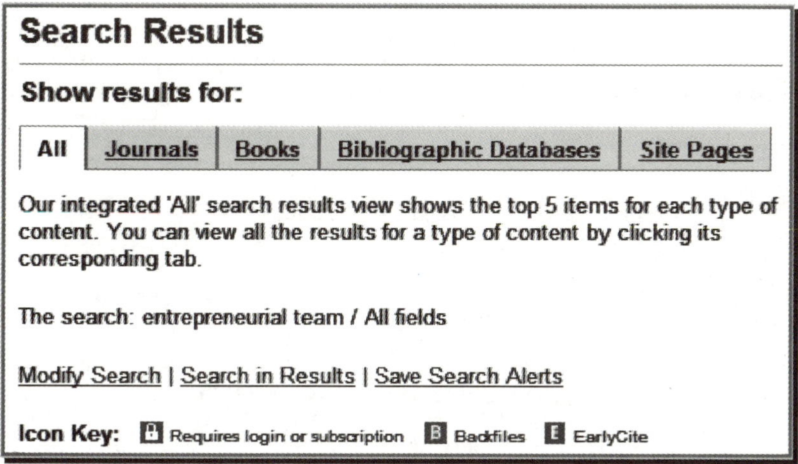

图 5—17　Emerald 快速检索——检索结果

其中，Journals 的结果有 3 021 条、Books 的结果有 272 条、Bibliographic Databases 的结果有 139 条、Site Pages 的结果有 6 条。

此外，检索结果界面提供 Modify Search（修改检索条件）、Search in Results（在结果中检索）、Save Search Alerts（保存检索条件）三种功能。

上例，为了保证检索到的文献都能查看，点击 Search in Results ，输入检索表达式，选择限制条件 My subscribed content ，如图 5—18 所示。

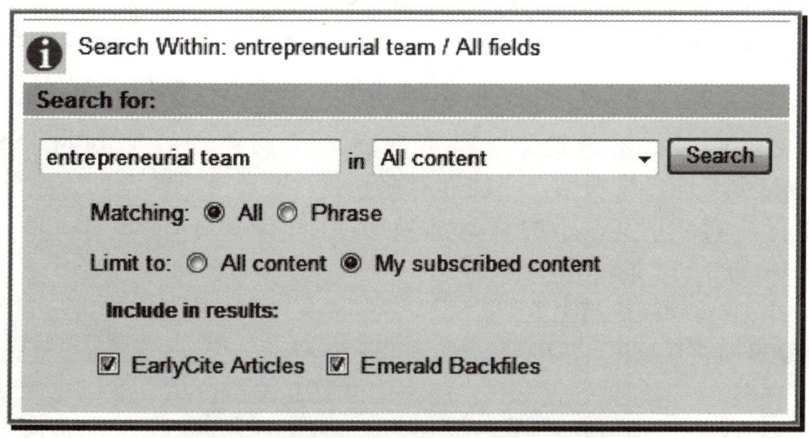

图 5—18　Emerald 快速检索——在结果中检索

分类显示的检索结果为：Journals 有 2 161 条、Books 无、Bibliographic Databases 有 139 条、Site Pages 有 6 条。

检索结果阅读可以选择 HTML 格式和 PDF 格式。HTML 格式速度快、可直接链接，PDF 格式方便保存，其排版格式与纸本一样。

（2）Advanced Search（高级检索）

点击主页面左侧的 Search & Browse ，再点击 Advanced Search ，进入高级检索界面，例如，检索标题中含有 entrepreneurial team 或者 entrepreneurial teams 的所有文献，输

入检索表达式，如图 5—19 所示。

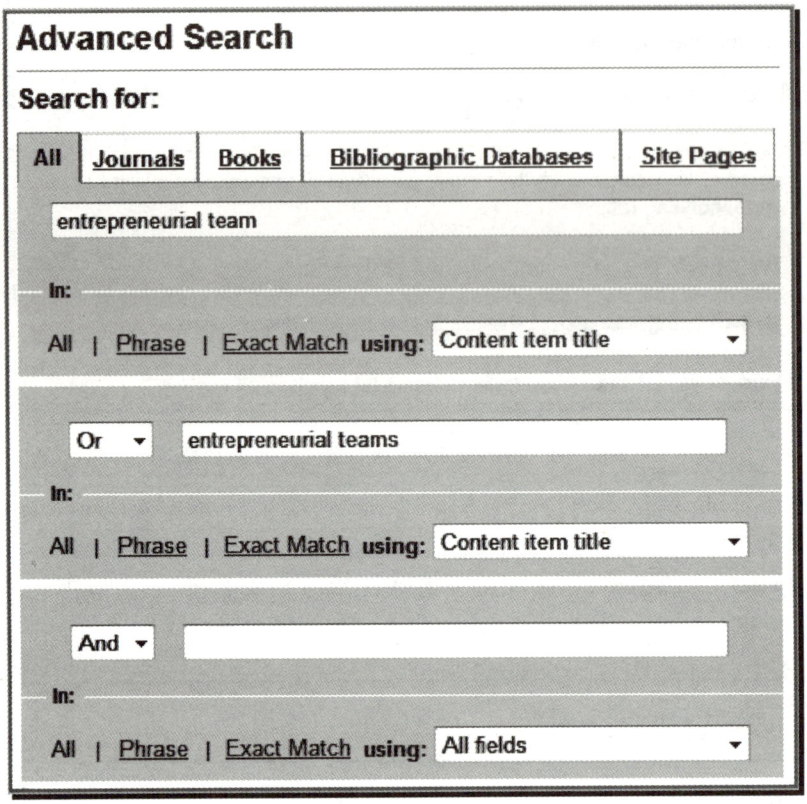

图 5—19　Emerald 高级检索界面——输入检索式

其中，Phrase 表示短语检索，检索的多个单词连在一起才符合检索条件。Exact Match 表示完全匹配检索，只能针对期刊名、文章名、关键词、参考文献数量、作者名字进行检索。分类显示的检索结果为：Journals 有 5 条、Books 无、Bibliographic Databases 有 13 条、Site Pages 无。

(3) Quick Browse（快速浏览）

快速浏览界面在数据库主页面上，如图 5—20 所示。

图 5—20　Emerald 快速浏览界面

Tile 表示按照期刊名字首字母顺序浏览；Subject 表示按照学科进行浏览。也可以直接从期刊列表和书籍列表中选择要浏览的内容。

例如：点击 Tile，进入界面，如图 5—21 所示。

Browse Journals and Book Series
Browse in:
All content
My subscribed content
Browse in:
Title
Subject
Browse
A B C D E F G H I J K L M N O P Q R S T U
V W X Y Z
Title
ISSN:
Type
Accounting Research Journal
1030-9616
Journal
Accounting, Auditing & Accountability Journal
0951-3574
Journal

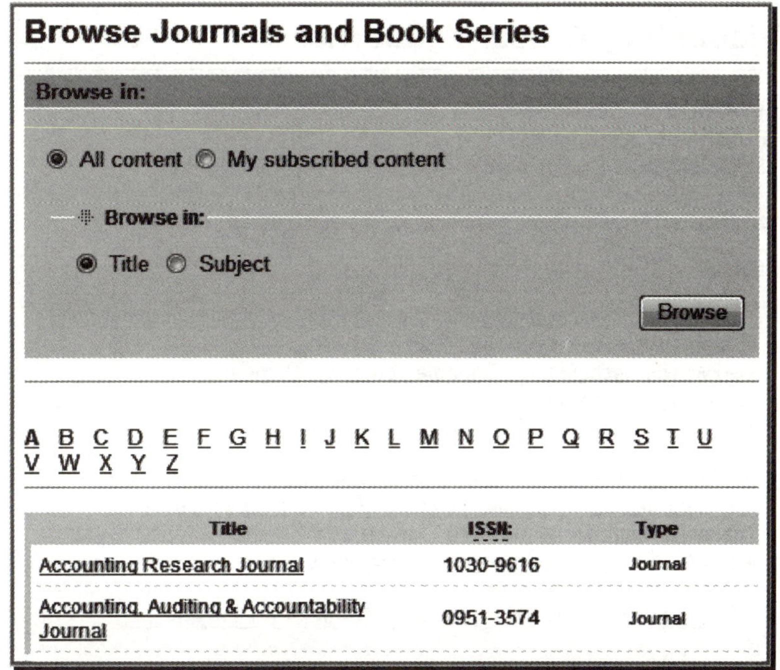

图 5—21　Emerald 快速浏览——按期刊名称首字母浏览界面

图 5—21 是按照期刊名字的字母顺序排列，点击期刊名称就可以进入该期刊，如点击 Accounting Research Journal，进入界面，如图 5—22 所示。

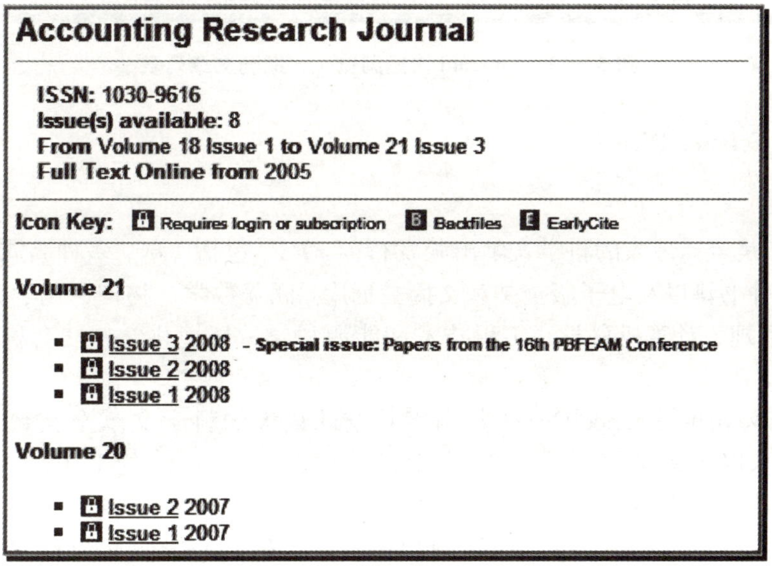

Accounting Research Journal
ISSN: 1030-9616
Issue(s) available: 8
From Volume 18 Issue 1 to Volume 21 Issue 3
Full Text Online from 2005
Icon Key:
Requires login or subscription
Backfiles
EarlyCite
Volume 21
Issue 3 2008 - Special issue: Papers from the 16th PBFEAM Conference
Issue 2 2008
Issue 1 2008
Volume 20
Issue 2 2007
Issue 1 2007

图 5—22　Emerald 快速浏览——期刊界面

点击进入某期刊物，将显示该期的文章列表，如点击 Issue 3 2008，结果如图 5—23 所示。

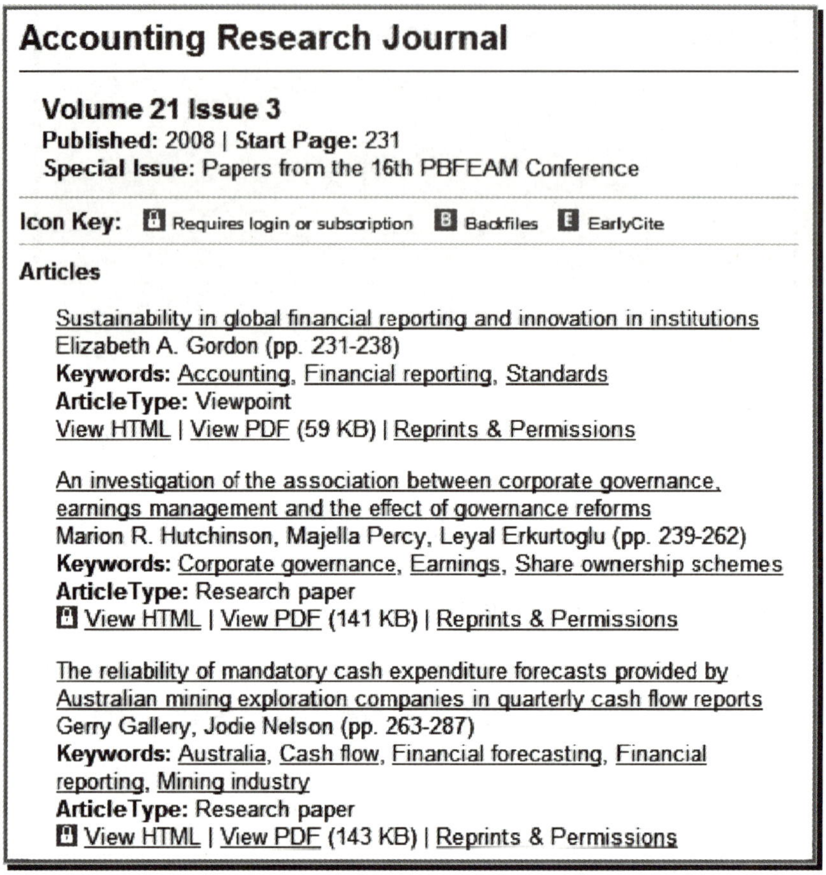

Accounting Research Journal

Volume 21 Issue 3
Published: 2008 | **Start Page:** 231
Special Issue: Papers from the 16th PBFEAM Conference

Icon Key: Requires login or subscription Backfiles EarlyCite

Articles

Sustainability in global financial reporting and innovation in institutions
Elizabeth A. Gordon (pp. 231-238)
Keywords: Accounting, Financial reporting, Standards
ArticleType: Viewpoint
View HTML | View PDF (59 KB) | Reprints & Permissions

An investigation of the association between corporate governance, earnings management and the effect of governance reforms
Marion R. Hutchinson, Majella Percy, Leyal Erkurtoglu (pp. 239-262)
Keywords: Corporate governance, Earnings, Share ownership schemes
ArticleType: Research paper
View HTML | View PDF (141 KB) | Reprints & Permissions

The reliability of mandatory cash expenditure forecasts provided by Australian mining exploration companies in quarterly cash flow reports
Gerry Gallery, Jodie Nelson (pp. 263-287)
Keywords: Australia, Cash flow, Financial forecasting, Financial reporting, Mining industry
ArticleType: Research paper
View HTML | View PDF (143 KB) | Reprints & Permissions

图 5—23 Emerald 快速浏览——期刊文章列表

5.1.3 Science Direct

1. 概述

Elsevier 是全球最大的科学文献出版发行商，产品包括 1 800 多种高质量的学术期刊，5 000 多种书籍以及电子版全文和文摘数据库，涵盖数学、物理、化学、生命科学、商业及经济管理、计算机科学、工程技术和能源科学、环境科学、社会科学和材料科学等各个领域。

Elsevier 公司的 Science Direct 数据库是全球最大的科学文献全文数据库，涵盖了科学、技术以及医学等领域的 21 个学科。它提供 Elsevier 的 1 800 多种期刊的检索和全文下载，其中 SCI 收录了 1 393 种，EI 收录了 515 种。通过一个简单直观的界面，研究人员可以浏览 700 多万篇 HTML 格式和 PDF 格式的文章全文，检索到著名 STM 索引数据库中 6 000 多万篇文章文摘，并可以链接到许多 STM 出版社的文章。

Science Direct 得到了 70 多个国家的认可，目前在中国有 110 多所高校、国家图书馆及中科院已成为 Science Direct 的用户，每个月的全文下载量达几百万篇，是目前国内使用率最高、下载量最多的科学数据库。

2. 数据库分类

Science Direct 以书籍和期刊的形式，包含超过 25%的世界科学、技术和医学全文和书目信息。

（1）期刊（Journals）

Science Direct 广泛和独特的全文数据库包含来自核心科学文献的权威文章，譬如 The Lancet、Cell and Tetrahedron。2 500 多种期刊和 900 多万篇全文文章可用。

（2）过刊（Journal Backfiles）

过刊是历史存档期刊，从 1994 年甚至更早些时候至今，许多可追溯到第 1 册，第 1 期。连同最近的备份，有 900 多万篇。

（3）在线书籍（Online Books）

提供给查询者全面、可靠的内容，是世界最权威的在线书籍和期刊混合提供商。

3. 检索应用

从高校图书馆直接进入 Science Direct，无需注册，界面如图 5—24 所示。

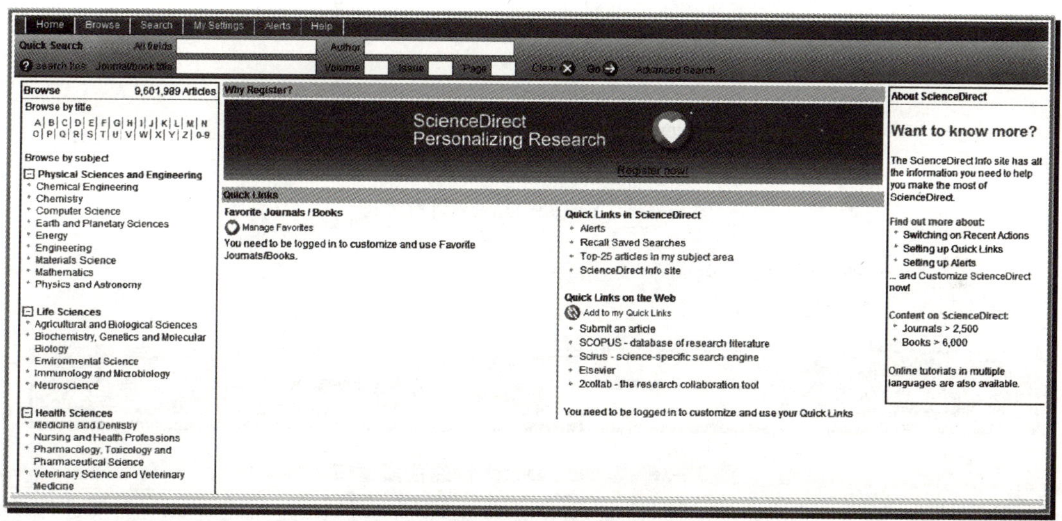

图 5—24　Science Direct 主页面

Science Direct 数据库提供浏览（Browse）、快速检索（Quick Search）、高级检索（Advanced Search）和专业检索（Expert Search）四种方式。

Science Direct 支持布尔逻辑算符（AND，OR，AND NOT）、截词符（*和?）、词组检索（“”和 {}）、位置算符（W/nn 和 PRE/nn）。

- 布尔逻辑算符：AND 表示所连接的两个检索词同时出现于检索结果中；OR 表示检索词之一出现于检索结果中；AND NOT 表示后面连接的检索词不出现在检索结果中。
- 截词符：* 在词中或词尾代表多个字母，如 transplant *，可检索到 transplan-

tation、transplanting 等；? 代表 1 个字母，如 transplant??，将可以检索出 transplanted、transplanter 等。

- 词组检索：“” 表示将双引号之内的多个词作为词组来检索，但是词间的标点符号、禁用词会被忽略，检索词的复数形式也会出现于检索结果中；{} 可实现精确的词组检索，禁用词、特殊符号、标点符号也会被检索。
- 位置算符：W/nn 表示两个检索词之间间隔 $\leqslant n$ 个词，词序任意；PRE/nn 表示前后两个检索词之间间隔 $\leqslant n$ 个词，前后词序不变。

（1）Browse（浏览）

数据库主页左侧即为浏览界面，它提供三种浏览方式：按书刊名称字顺（by title）浏览；按学科主题（by subject）浏览；按个人偏好的书刊名（by Favorite Journals/Books）字顺浏览（这种方式需要先注册个人账户，并进行书刊选择定制）。浏览界面如图 5—25 所示。

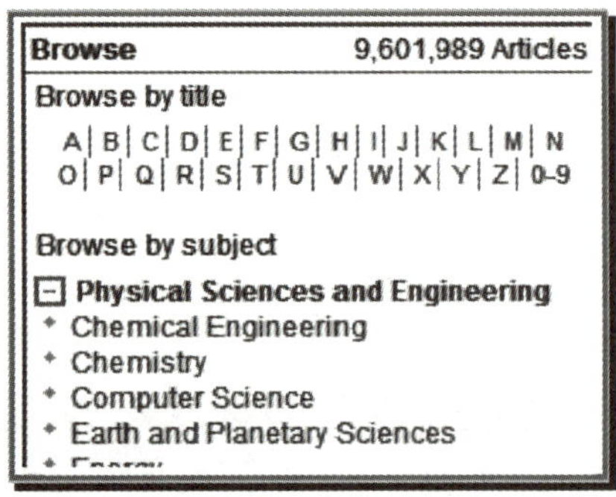

图 5—25　Science Direct 浏览界面

（2）Quick Search（快速检索）

快速检索界面如图 5—26 所示。

图 5—26　Science Direct 快速检索窗口

在 Science Direct 的任何网页上端都可看到快速检索框，提供 All Fields（所有字段）、Author（作者）、Journal/Book Title（刊/书名）、Volume、Issue、ISSN（国际期刊号）等几种常规的字段查询方式。

（3）Advanced Search（高级检索）

高级检索界面如图 5—27 所示。

- 提供两组 “Term（s）” 检索词输入框，通过下拉菜单来限定检索词出现的字段，如 Abstract、Title、Keywords、Authors、Source Title、Full Text 等；两组检索词之间可选择布尔逻辑算符 “AND、OR、AND NOT” 进行组配。
- 检索框下方，提供了 Include（书、刊）、Source（数据源）、Subject（学科主题）、Dates（日期）来进一步限定选项。

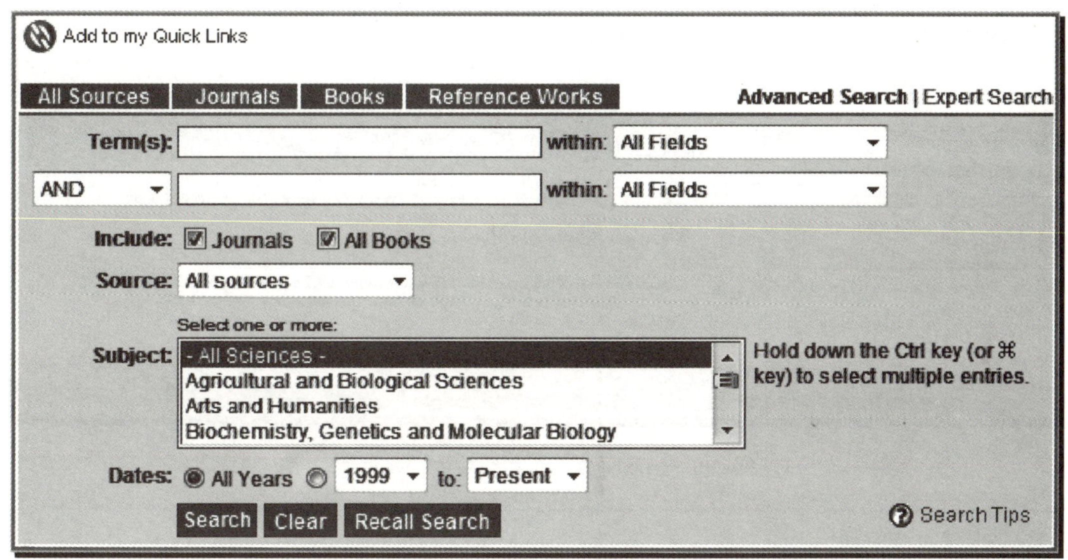

图 5—27　Science Direct 高级检索界面

例如，检索题目中含有创业团队（entrepreneurial team），且与博弈论（game theory）有关的所有资料。输入检索词，选择检索条件，如图 5—28 所示。

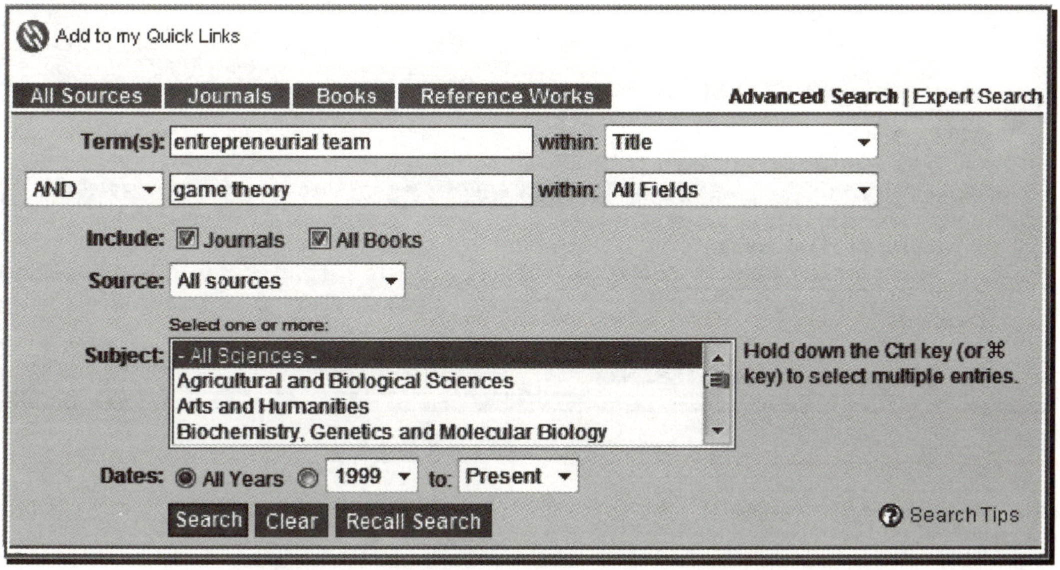

图 5—28　Science Direct 高级检索——输入检索式

检索到 2 条，结果如图 5—29 所示。

（4）Expert Search（专业检索）

点击检索框上方右侧的“Expert Search”进入专业检索页面如图 5—30 所示。

在“Term（s）”栏输入由检索算符组配的检索表达式。检索式输入框下方的限定选项同高级检索。如：检索与创业团队成员利益博弈相关的文献，输入检索表达式：

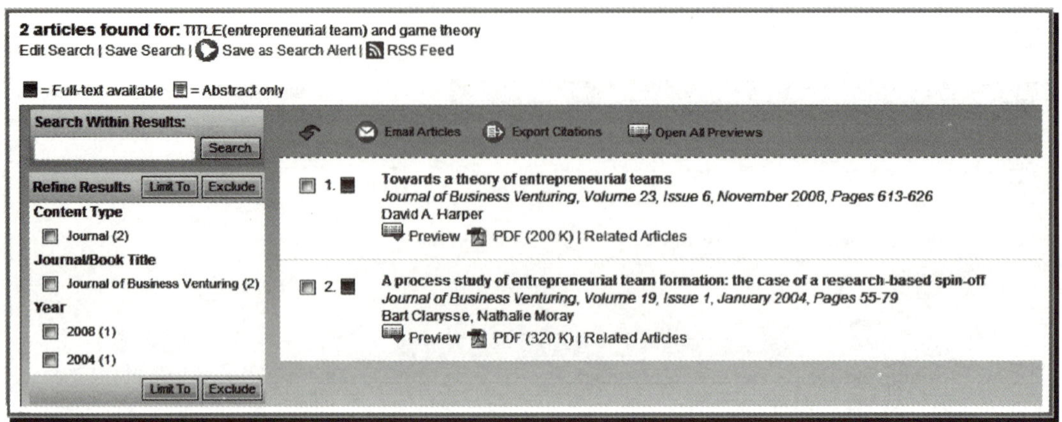

图 5—29 Science Direct 高级检索——检索结果

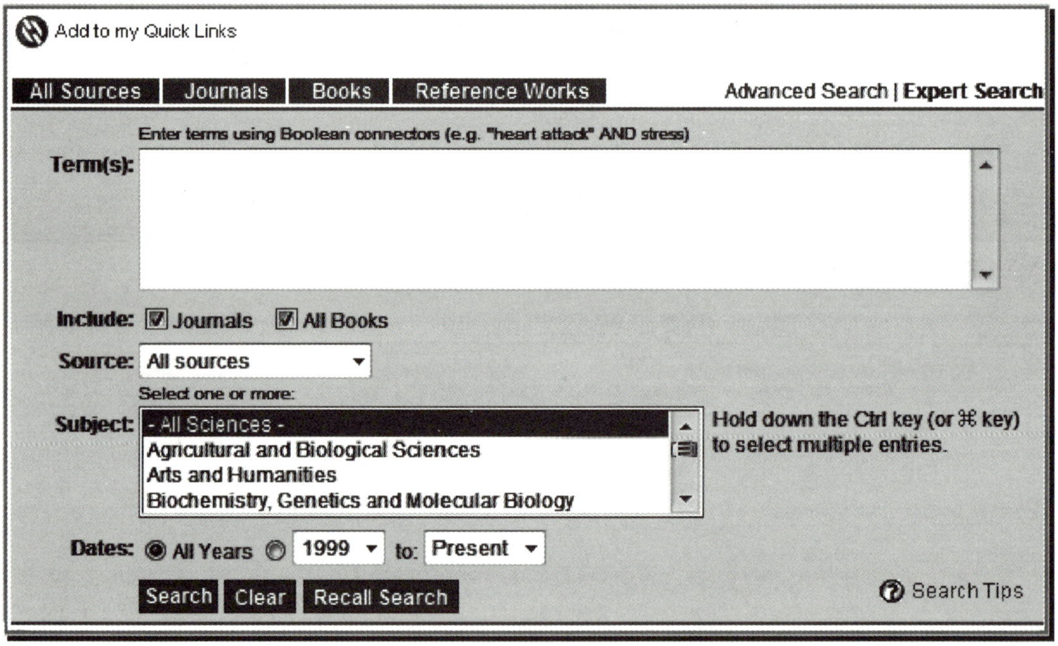

图 5—30 Science Direct 专业检索界面

title (entrepreneu *) and title-abs-key (Game or Game theory)，命中 3 篇，结果如图 5—31 所示。

如果对检索结果不满意，可以修改检索式 (Edit Search)，或在检索结果中进行二次检索 (Search Within Results)；可以通过 Content Type (期刊、图书、参考书)、Journal/Book Title (书刊名)、Year (年份) 等进行分组浏览限定，以缩小检索结果的范围。

5.1.4 ISI Web of Knowledge

1. 概述

ISI Web of Knowledge 是一个基于 Web 的集成平台，提供高质量的内容及用于访

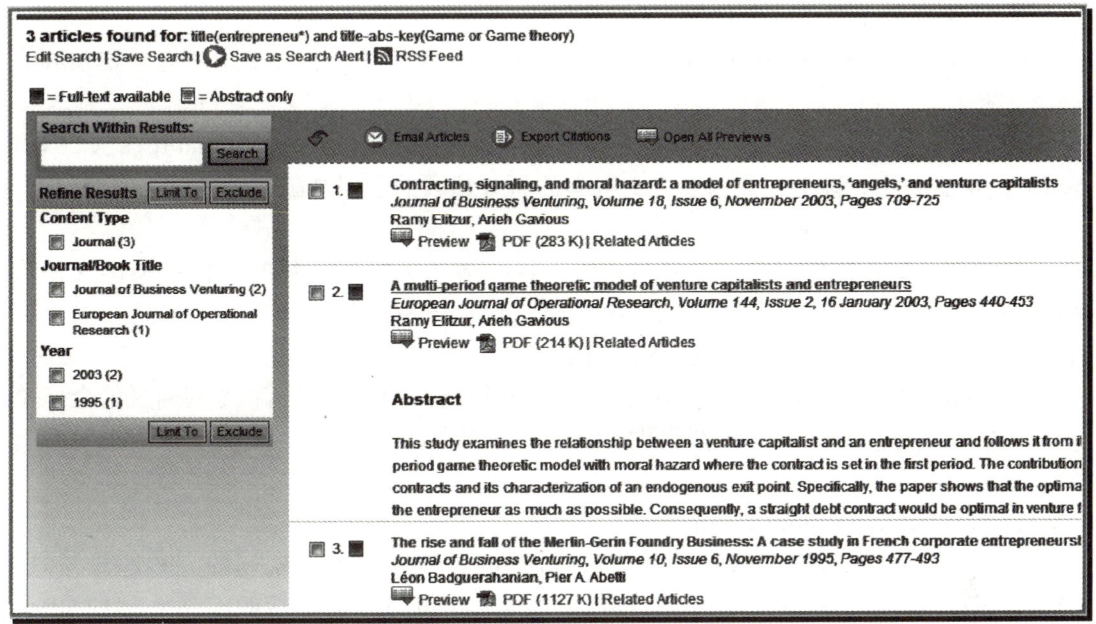

图 5—31　Science Direct 专业检索——检索结果

问、分析和管理研究信息的工具。ISI Web of Knowledge 是 Thomson Scientific 公司开发的信息检索平台，通过这个平台用户可以检索关于自然科学、社会科学、艺术与人文学科的文献信息，包括国际期刊、免费开放资源、图书、专利、会议录、网络资源等，可以同时对多个数据库（包括专业数据库和多学科综合数据库）进行单库或跨库检索，可以使用分析工具，可以利用书目信息管理软件。

2. *数据库分类*

ISI Web of Knowledge 平台整合了众多的数据库资源，其主要源数据库包含：

(1) Web of Science

Web of Science 内容包含来自数以千计的学术期刊、书籍、丛书、报告及其他出版物的信息，共七个数据库组成，其中包括三个引文数据库（SCI、SSCI 和 A&HCI）、两个会议文献引文数据库和两个化学数学库。

1）三个引文数据库

Science Citation Index Expanded™（SCI™ Expanded）：是针对科学期刊文献的多学科索引。它为跨 150 个自然科学学科的 6 650 多种主要期刊编制了全面索引，并包括从索引文章中收录的所有引用的参考文献。

Social Sciences Citation Index（SSCI）：是针对社会科学期刊文献的多学科索引。它为跨 50 个社会科学学科的 1 950 多种期刊编制了全面索引，同时还为从 3 300 多种世界一流科技期刊中单独挑选的相关项目编制了索引。

Arts & Humanities Citation Index（A&HCI）：是针对艺术和人文科学期刊文献的多学科索引。它完整收录了 1 160 种世界一流的艺术和人文期刊。同时还为从 6 800 多种主要自然科学和社会科学期刊中单独挑选的相关项目编制了索引。

2）两个会议文献引文数据库

Conference Proceedings Citation Index . Science（CPCI-S）：涵盖了所有科技领域的会议文献。

Conference Proceedings Citation Index . Social Sciences & Humanities（CPCI-SSH）：涵盖了社会科学、艺术及人文科学的所有领域的会议文献。

3）两个化学数学库

Index Chemicus 包含国际一流期刊所报告的最新有机化合物的结构和关键支持数据。许多记录显示了从原始材料到最终产物的反应流程。Index Chemicus 是有关生物活性化合物和天然产物最新信息的重要来源。

Current Chemical Reactions 包含从 39 个发行机构的一流期刊和专利摘录的全新单步和多步合成方法。每种方法都提供有总体反应流程，以及每个反应步骤详细、准确的示意图。

（2）Current Contents Connect

是了解当前多学科发展的网络资源，包含世界一流学术性期刊的完整题录信息。通过它还可以检索经过评估的一组优秀学术网站并访问经过评估的网站文献的全文，这些资料大致分为三种资源类型：预印本、资金来源和研究活动。Current Contents Connect 共出版七个专辑和两个合集。

（3）Derwent Innovations Index

它将来自 Derwent World Patents Index 的专利信息与来自 Derwent Patents Citation Index 的专利引用信息结合在一起。

（4）Biological Abstracts

它是 4 200 多种生命科学期刊的全面的参考信息数据库。Biological Abstracts 具有独特的索引系统，称为相关索引，它可以显示词语之间的关系。它还包括分类名称的分层索引，以便于专家和新用户进行检索。

（5）BIOSIS Previews

它是生命科学文献的全面的信息数据库。它将 Biological Abstracts 的期刊内容与 Biological Abstracts/RRM 的非期刊内容（报告、综述和会议）相结合。编入索引的出版物包括 5 500 多种国际丛刊、会议报告、书籍和专利。BIOSIS Previews 具有独特的索引系统，称为相关索引，它可以显示词语之间的关系。它还包括分类名称的分层索引，以便于专家和新用户进行检索

（6）CABI：CAB Abstracts and Global Health

CAB 涵盖农业、林业、人类健康、人类营养、动物健康以及管理和保护自然资源等领域的重大研究和发展文献。除 9 000 种期刊之外，编入 CABI 索引的出版物包括会议录、书籍、报告和论文。该数据库包含 4 700 000 多条记录。每年新增 200 000 余条记录。显著的功能包括综合叙词和 CABICODES，后者是表示来源文献所针对的广泛学科类别的分类代码。

（7）Food Science and Technology Abstracts（FSTA）

它是根据世界食品科学、食品技术以及与食品相关的人类营养文献制作的一系列

摘要。来自 International Food Information Service（国际食品信息服务协会，IFIS）的专业科学家从原始文献中摘录与食品相关的信息，以形成简明、全面的概要。这为繁忙的食品专业人士提供了快速、方便的途径，使他们能够及时掌握食品领域的研发成果。FSTA 显著的功能板块包括专利报道、可检索的叙词和主题分类体系。

（8）Inspec

它涵盖物理、电子、通信、电气工程、控制工程、信息技术以及计算机应用到各种学科领域的重大研究和发展文献。编入 Inspec 索引的出版物包括 3 850 多种期刊、约 2 000 份会议录和大量的书籍、技术报告和论文。显著的功能板块包括综合叙词、主题分类体系、数值索引和化学索引。

（9）MEDLINE

它是美国 National Library of Medicine（美国国家医学图书馆，NLM）的主数据库。它包含所有生命科学领域的 16 950 000 余条期刊文献记录，特别偏重于生物医学。MEDLINE 记录由 NLM 和协作伙伴创建。编入 MEDLINE 索引的文献发表于以 30 多种语言出版的 4 900 多种国际期刊。显著的功能板块包括权威的 MeSH 叙词以及与 MeSH 主题词和限定词自动对应的检索词。

（10）Zoological Record

它是一个全面的参考文献数据库，内容涵盖现代动物研究的所有方面。它的内容涵盖从生物多样性和环境到分类学和兽医科学等动物学的各个领域。Zoological Record 叙词是动物分类和命名以及与动物相关的主题的卓越权威叙词。编入索引的出版物包括 100 个国家/地区的 5 000 种国际丛刊。

（11）Web Citation Index

它提供可通过万维网访问的学术性材料的引文索引。Thomson Reuters 编者借助先进的 Web 检索技术，从与你的研究相关的一流机构中查找、评估和选择合适的 Web 知识库。在这些知识库中，你会找到各种技术报告、预印本、论文、白皮书等资料。你可以通过可移植文档格式（PDF）和 PostScript（PS）立即访问这些文献的全文。

（12）Journal Citation Reports

它是一种全面和独特的资源，它使你能够使用引文数据来评估和比较期刊，这些引文数据摘自 60 多个国家和地区的 3 300 多家出版商出版的 7 500 多种学术性技术期刊。它是期刊中引文数据的唯一来源，几乎涵盖科学、技术和社会科学的各个领域。

3. 检索应用

ISI Web of Knowledge 支持以下检索规则：

- 布尔逻辑运算符：布尔逻辑运算符 AND、OR、NOT 和 SAME 可用于组配检索词，从而扩大或缩小检索范围。使用 AND 可查找包含被该运算符分开的所有检索词的记录；使用 SAME 可查找被该运算符分开的检索词出现在同一个句子中的记录；使用 OR 可查找包含被该运算符分开的任何检索词的记录；使用 NOT 可将包含特定检索词的记录从检索结果中排除。如果在检索式中使用不同的运算符，其运算优先顺序是 SAME、NOT、AND、OR。

- 通配符：在大多数检索式中都可以使用通配符（＊ ？ $）；但是，通配符的使用规则却不尽相同。星号（＊）表示任何字符组，包括空字符；问号（?）表示任意一个字符；美元符号（$）表示零或一个字符。
- 短语检索：若要精确查找短语，要用引号括住短语。例如，检索式“energy conservation”将检索包含精确短语 energy conservation 的记录。这仅适用于“主题”和“标题”检索。如果输入不带引号的短语，则检索引擎将检索包含所输入的所有单词的记录。这些单词可能连在一起出现，也可能不连在一起出现。例如，energy conservation 将可查找到包含精确短语 energy conservation 的记录，还可查找到包含短语 conservation of energy 的记录。
- 括号、撇号和连字号：使用括号可以改写运算符优先级，括号内的表达式优先执行；撇号被视为空格，是不可检索字符，例如，Paget's OR Pagets 可查找包含 Paget's 和 Pagets 的记录；输入带连字号的词语可以检索用连字号连接的单词和短语，例如，speech-impairment 可查找包含 speech-impairment 和 speech impairment 的记录。

ISI Web of Knowledge 既可以跨库检索也可以单库检索，从高校图书馆直接进入主界面，看到四个选项卡：“所有数据库”、“选择一个数据库”、“Web of Science”和“其他资源”，其用法和属性简要介绍如下：

(1) 所有数据库

进入主界面默认的就是“所有数据库”，如图 5—32 所示。

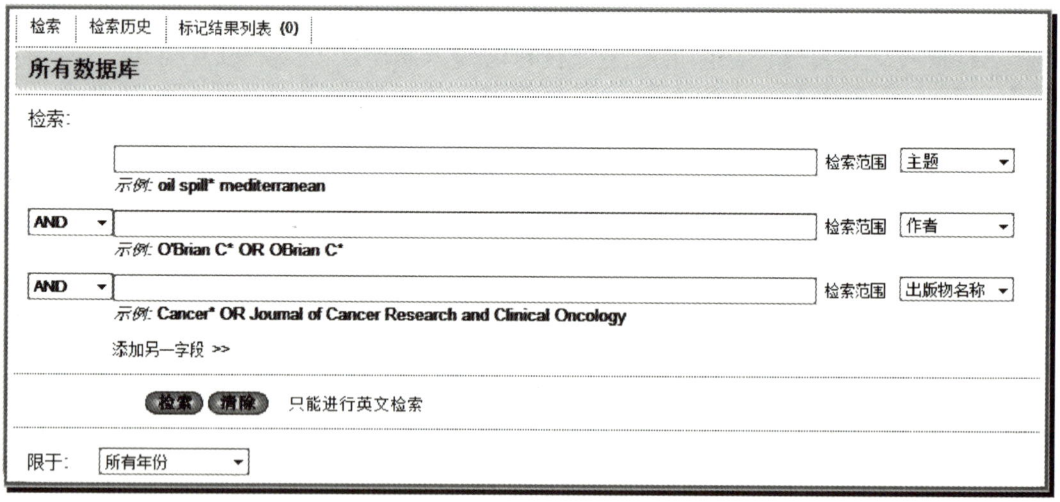

图 5—32 ISI Web of Knowledge 所有数据库界面

在一个或者多个检索字段中输入检索词，选择检索范围（主体、标题、作者、出版物名称、出版年、地址、出版物名称）、逻辑运算关系和时间限制，点击检索即可。

例如，检索与“创业”和“博弈”同时有关的文献，如图 5—33 所示。

所有数据库

检索:

entrepreneu*　检索范围 主题

示例: oil spill* mediterranean

AND　Game theory　检索范围 主题

示例: O'Brian C* OR OBrian C*

AND　检索范围 主题

示例: Cancer* OR Journal of Cancer Research and Clinical Oncology

添加另一字段 >>

检索 清除 只能进行英文检索

限于: 所有年份

图 5—33　ISI Web of Knowledge 所有数据库——输入检索式

检索到 19 篇，结果截图如图 5—34 所示。

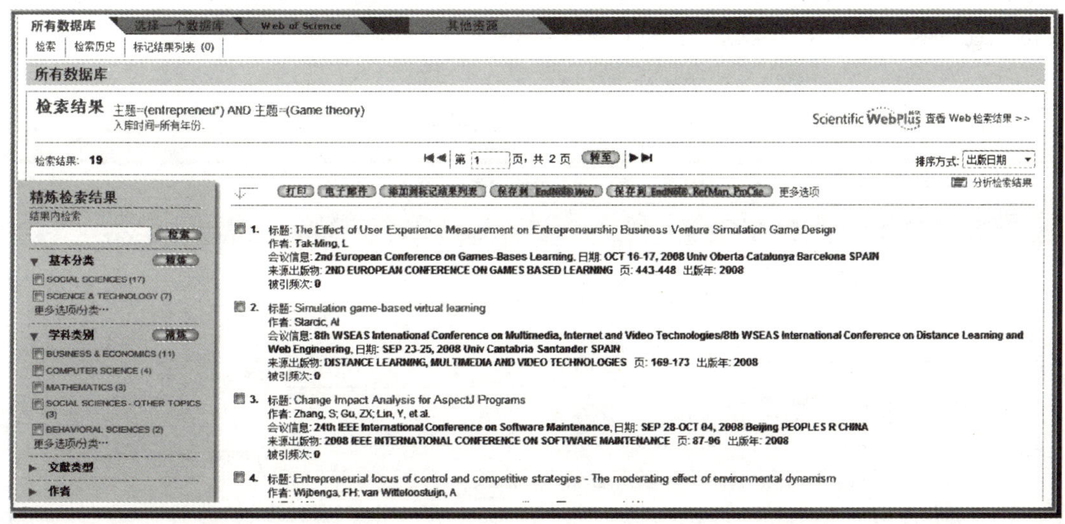

图 5—34　ISI Web of Knowledge 所有数据库——检索结果

检索结果有以下几种处理方式：

二次检索：在结果内检索文本框中输入检索式，然后单击检索，此检索将只返回原始检索式中包含所输入的主题词的记录。

精炼检索结果：选中一个或多个复选框，然后单击精炼，以便仅显示包含所选项目的记录。

标记结果：就是将记录添加到标记结果列表中，以便今后从“标记记录”页面中打印、保存、通过电子邮件发送、订购或导出记录。

分析检索结果：是从列表选择的字段中提取数据值，单击分析之后，系统会生成一份报告，按等级顺序显示这些值，从而可以查看或者删除选择的记录。例如，按照文献类型分析图 5—34 的检索结果，如图 5—35 所示。

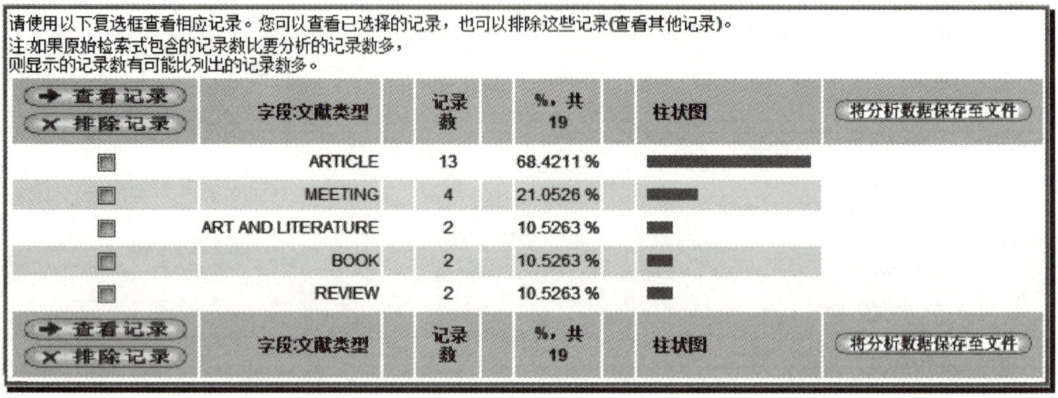

请使用以下复选框查看相应记录。您可以查看已选择的记录，也可以排除这些记录(查看其他记录)。
注:如果原始检索式包含的记录数比要分析的记录数多，
则显示的记录数有可能比列出的记录数多。

→ 查看记录 ✕ 排除记录	字段:文献类型	记录数	%，共19	柱状图	将分析数据保存至文件
☐	ARTICLE	13	68.4211 %		
☐	MEETING	4	21.0526 %		
☐	ART AND LITERATURE	2	10.5263 %		
☐	BOOK	2	10.5263 %		
☐	REVIEW	2	10.5263 %		
→ 查看记录 ✕ 排除记录	字段:文献类型	记录数	%，共19	柱状图	将分析数据保存至文件

图 5—35 ISI Web of Knowledge——分析检索结果

（2）选择一个数据库

从“选择一个数据库”选项卡进行访问，此页面只显示读者所在机构已订阅的产品数据库。从众多订阅的数据库中选择一个进入即可，由于数据库众多且各数据库都支持上述的检索规则，所以这里不再一一赘述。

（3）Web of Science

点击 Web of Science 选项卡，进入主界面，如图 5—36 所示。

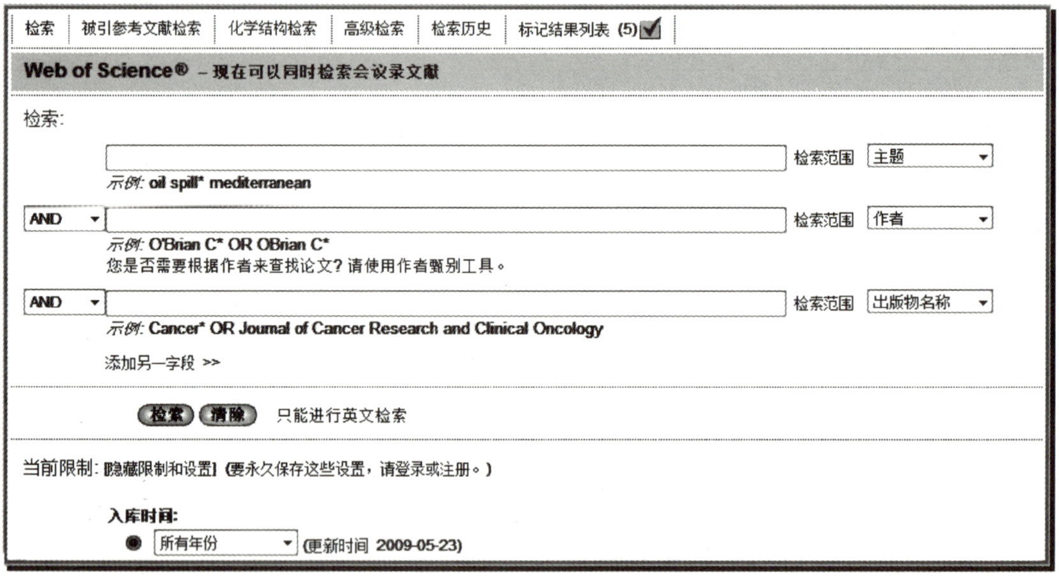

检索 | 被引参考文献检索 | 化学结构检索 | 高级检索 | 检索历史 | 标记结果列表 (5)

Web of Science® – 现在可以同时检索会议录文献

检索:

检索范围 主题
示例: oil spill* mediterranean

AND 检索范围 作者
示例: O'Brian C* OR OBrian C*
您是否需要根据作者来查找论文? 请使用作者甄别工具。

AND 检索范围 出版物名称
示例: Cancer* OR Journal of Cancer Research and Clinical Oncology

添加另一字段 >>

检索 清除 只能进行英文检索

当前限制: [隐藏限制和设置] (要永久保存这些设置，请登录或注册。)

入库时间:
所有年份 (更新时间 2009-05-23)

图 5—36 ISI Web of Knowledge——Web of Science

该界面有多个选项卡，由于“检索”界面与“所有数据库”的跨库检索基本相同，“检索历史”和“标记结果列表”前面也有所涉及，这里只是重点介绍“被引参考文献检索”和“高级检索”。

1）被引参考文献检索

被引参考文献检索：检索引用了过去发表的著作的文章。所有成功的检索均添加至检索历史表。通过被引参考文献检索，可以了解某个已知理念或创新已获得确认、应用、改进、扩展或纠正的过程。界面如图 5—37 所示。

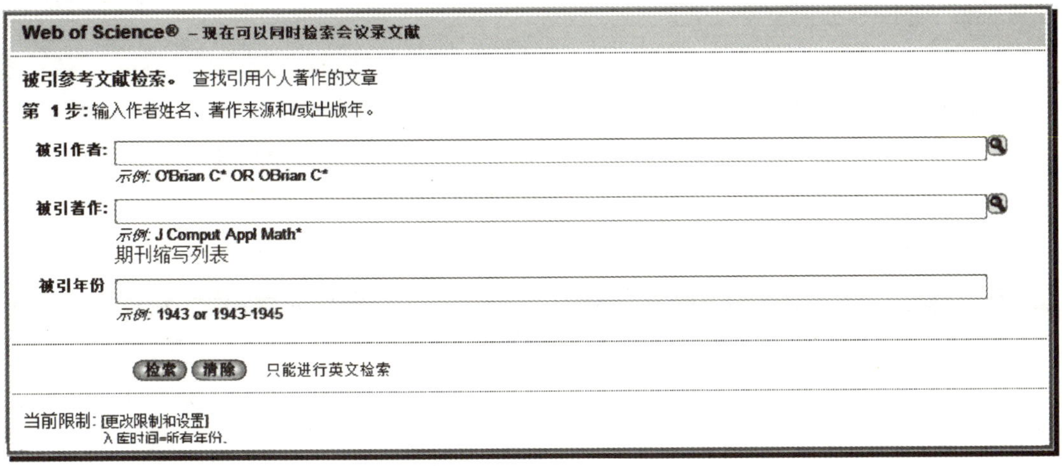

Web of Science® – 现在可以同时检索会议录文献

被引参考文献检索。查找引用个人著作的文章

第 1 步：输入作者姓名、著作来源和/或出版年。

被引作者：

示例：O'Brian C* OR OBrian C*

被引著作：

示例：J Comput Appl Math*
期刊缩写列表

被引年份

示例：1943 or 1943-1945

检索　清除　只能进行英文检索

当前限制：[更改限制和设置]
入库时间=所有年份。

图 5—37　ISI Web of Knowledge—Web of Science—被引参考文献检索界面

输入主要的被引作者的姓名和被引著作的缩写标题，单击检索即可。还可以只在一个字段中输入检索词，但可能会检索到数以百计或千计的参考文献。如果检索到太多的条数，可以添加被引年份或有限的被引年份范围。单击检索之后，会看到引文索引的参考文献，这些参考文献包含所输入的被引作者/被引著作数据。

2）高级检索

使用两个字母的字段标识、布尔逻辑运算符、括号和检索式引用来创建检索式，检索结果显示在页面底部的“检索历史”中。界面如图 5—38 所示。

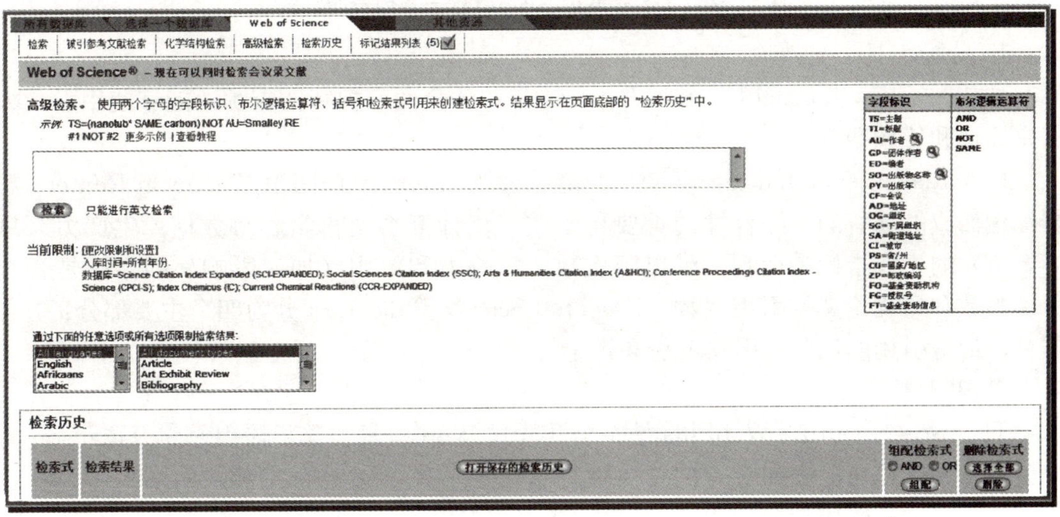

图 5—38　ISI Web of Knowledge—Web of Science—高级检索界面

例如，查找文章主题与“创业”和“博弈”同时有关的文章，输入表达式 TS=(entrepreneu＊) AND TS=（Game theory)，检索到 18 篇，结果如图 5—39 所示。

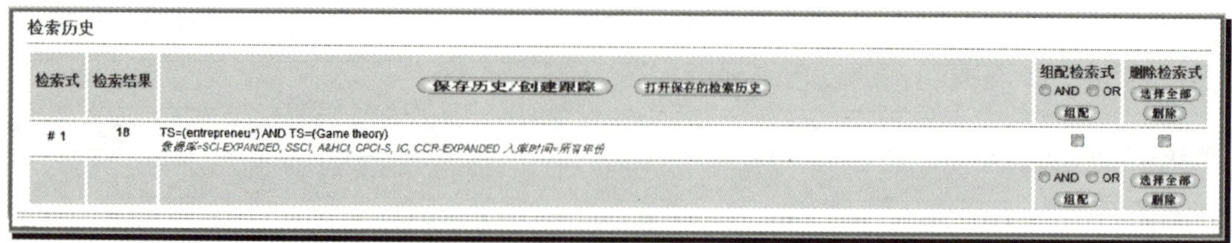

图 5—39 ISI Web of Knowledge—Web of Science—检索结果

(4) 其他资源

主要包括分析工具、Web 检索工具和网站，其界面如图 5—40 所示。

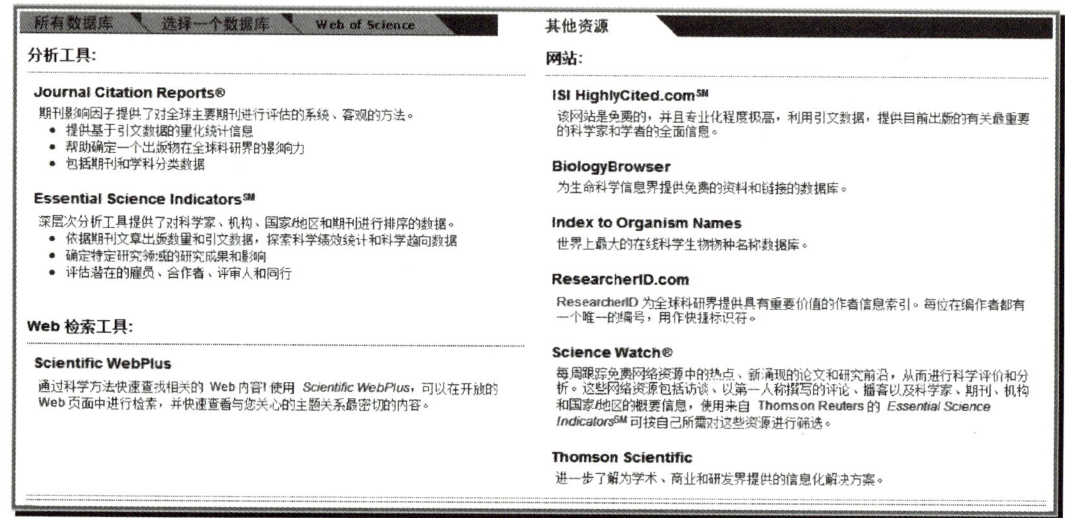

图 5—40 ISI Web of Knowledge—其他资源界面

1) 分析工具

如前文所述，Journal Citation Reports 是一种全面和独特的资源，能够使用引文数据来评估和比较期刊。

Essential Science Indicators 使用户能够通过 Internet 访问由 Thomson Reuters 数据汇编而成的独特的、综合性的重要科学成就统计资料与科学趋势数据。生产力（总体影响）的主要指标是期刊文献出版次数。影响力和效用（加权影响）的指标是合计引用次数和每篇论文的引用次数。Essential Science Indicators 分为四个主要部分：引文排名、最常引用的论文、引文分析和评论。

2) Web 检索工具

Thomson Scientific WebPlus 是一个开放式 Web 检索引擎，该引擎将 Thomson 的编辑技术、受控词汇表和专有的相关性算法集于一体。它旨在完善检索结果，为专业研究人员提供最密切相关的 Web 资源。在 WebPlus 中，可以按主题、人员/作者、来源出版物、机构、生物、药品和基因检索 Web 网页。

3) 网站

➢ ISI HighlyCited. com：该网站是免费的，并且专业化程度极高，利用引文数据，提供目前出版的有关最重要的科学家和学者的全面信息。

- BiologyBrowser：为生命科学信息界提供免费的资料和链接的数据库。
- Index to Organism Names：世界上最大的在线科学生物物种名称数据库。
- ResearcherID. com：ResearcherID 为全球科研界提供具有重要价值的作者信息索引。每位在编作者都有一个唯一的编号，用作快捷标识符。
- Science Watch：每周跟踪免费网络资源中的热点、新涌现的论文和研究前沿，从而进行科学评价和分析。这些网络资源包括访谈、以第一人称撰写的评论、播客、科学家、期刊、机构和国家/地区的概要信息，使用来自 Thomson Reuters 的 Essential Science IndicatorsSM 可按自己所需对这些资源进行筛选。
- Thomson Scientific：可通过它进一步了解为学术、商业和研发界提供的信息化解决方案。

5.1.5 PQDD

1. 概述

PQDD 的全称是 ProQuest Digital Dissertations，是国外著名的博硕士学位论文数据库。收录有欧美 1 000 余所大学文、理、工、农、医等领域的博士、硕士学位论文，是学术研究中十分重要的信息资源。

2002 年开始，为满足国内对博士论文全文的广泛需求，国内各高等院校、学术研究单位以及公共图书馆，以优惠的价格、便捷的手段共同采购国外优秀博硕士论文，建立了 ProQuest 博士论文全文数据库，实现了学位论文的网络共享。

该联盟的运作模式是：凡参加联盟的成员馆皆可共享各成员馆订购的资源；各馆所订购资源不会重复；一馆订购，全国受益；且随时间的推移，加盟馆的增多，共享资源数量也会不断增长。

2. 检索应用

从高校图书馆链接进入主页，PQDD 提供基本检索、高级检索和论文分类浏览三种方式。

(1) 基本检索

进入 PQDD 主页，系统默认的是基本检索，如图 5—41 所示。

	[　　]	摘要 (AB) ▼
与 ▼	[　　]	作者 (AU) ▼
与 ▼	[　　]	论文名称 (TI) ▼

从[　　]年到[　　]年

▶查 询

图 5—41　PQDD 基本检索界面

检索字段包括摘要（AB）、作者（AU）、论文名称（TI）、学校（SC）、学科（SU）、指导老师（AD）、学位（DG）、论文卷期次（DISVOL）、ISBN（ISBN）、语种（LA）、论文号（PN），输入检索词，选择逻辑关系和时间范围，点击 查询 即可。

例如，检索论文题目中含有 entrepreneurial 且摘要中含有 team 的所有文献。输入关键词，选择检索字段和逻辑关系，检索到 6 篇，结果截图如图 5—42 所示。

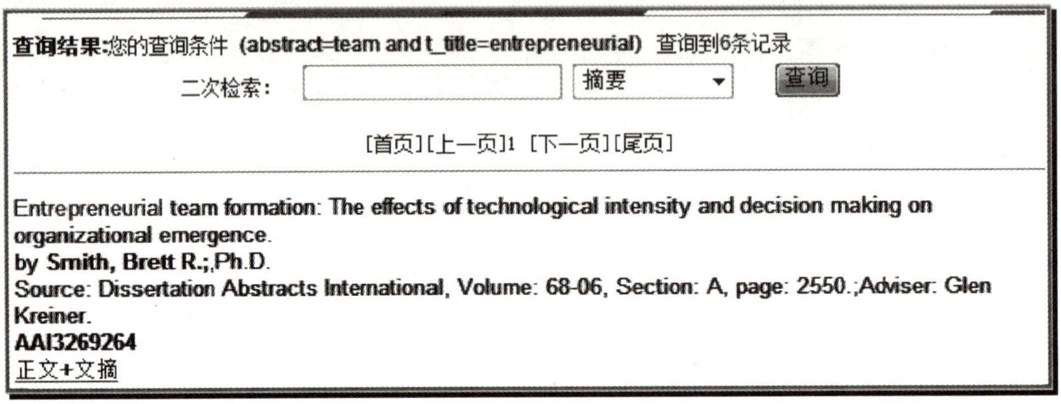

查询结果:您的查询条件 (abstract=team and t_title=entrepreneurial) 查询到6条记录
二次检索： 摘要 查询
[首页][上一页]1 [下一页][尾页]
Entrepreneurial team formation: The effects of technological intensity and decision making on organizational emergence.
by Smith, Brett R.;,Ph.D.
Source: Dissertation Abstracts International, Volume: 68-06, Section: A, page: 2550.;Adviser: Glen Kreiner.
AAI3269264
正文+文摘

图 5—42　PQDD 基本检索——检索结果

（2）高级检索

在 PQDD 主页面点击高级检索，进入高级检索界面，如图 5—43 所示。

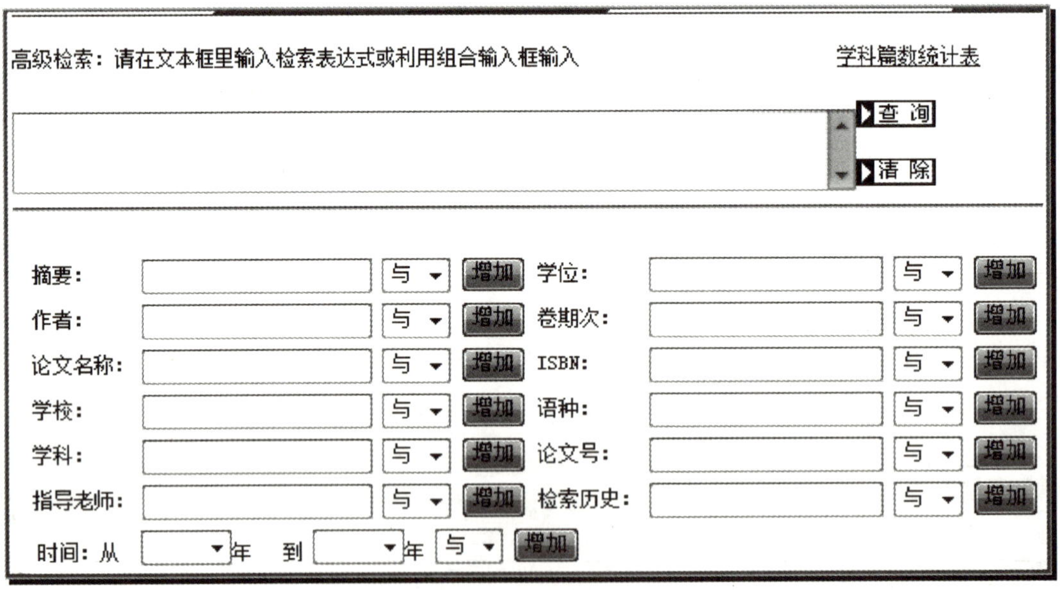

高级检索：请在文本框里输入检索表达式或利用组合输入框输入　学科篇数统计表
查 询
清 除
摘要：与 增加　学位：与 增加
作者：与 增加　卷期次：与 增加
论文名称：与 增加　ISBN：与 增加
学校：与 增加　语种：与 增加
学科：与 增加　论文号：与 增加
指导老师：与 增加　检索历史：与 增加
时间：从 年 到 年 与 增加

图 5—43　PQDD 高级检索界面

高级检索可以直接在文本框里输入检索表达式，也可以利用组合输入框输入表达式。例如，检索论文题目中含有 entrepreneurial 且摘要中含有 team 的所有文献。既可以直接输入检索式：(abstract=team) AND (t _ title=entrepreneurial)，也可以通过组合框输入，如图 5—44 所示。

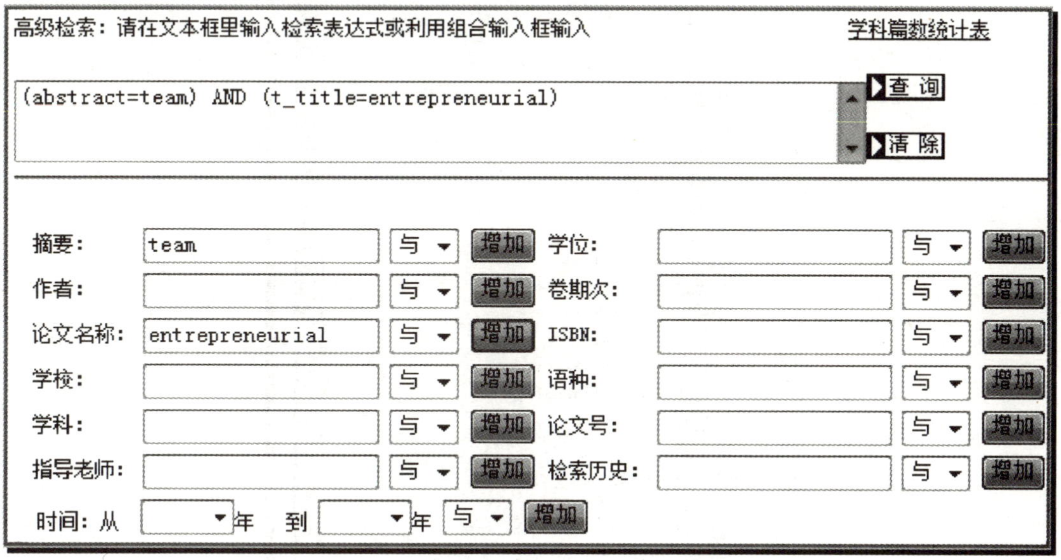

图 5—44　PQDD 高级检索——利用组合框输入检索式

检索到 6 篇，结果截图如图 5—45 所示。

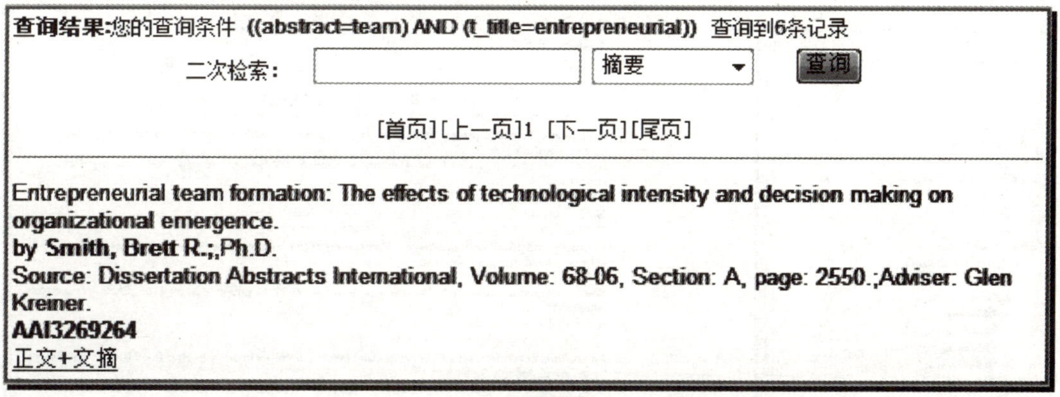

图 5—45　PQDD 高检检索——检索结果

如果对检索结果不满意，可以进行二次检索。

(3) 论文分类浏览

点击 PQDD 主页面的论文分类浏览，进入论文分类浏览界面如图 5—46 所示。

根据导航树，选择要检索的论文所属类别，然后在该类别中进行二次检索。例如，检索 Management 论文集中题目含有 entrepreneurial 的所有文献。

从导航树逐步点击 Social Sciences—Business Administration—Management，然后在二次检索中输入关键词 entrepreneurial，选择论文名称作为检索字段，检索到 71 篇，结果截图如图 5—47 所示。

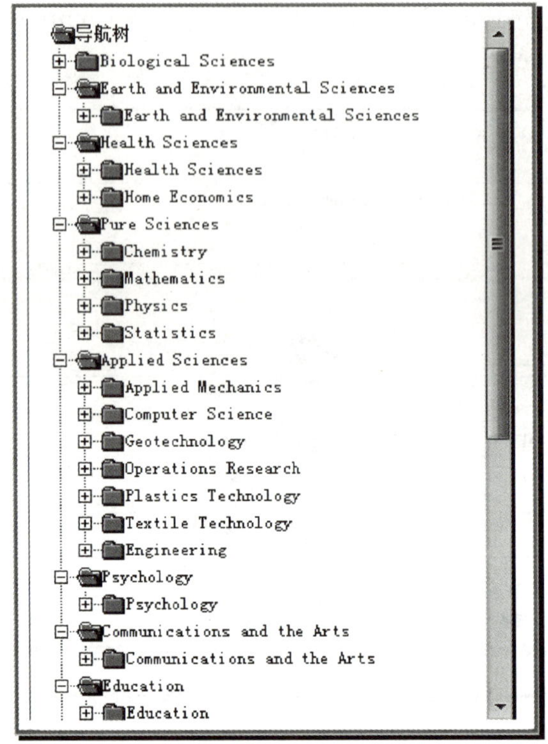

图 5—46 PQDD 论文分类浏览界面

图 5—47 PQDD 论文分类浏览——论文列表

5.2 经管类常用的专业性英文数据库

1. ABI/INFORM

ABI/INFORM（商业信息数据库）的网址为 http://proquest.umi.com/pqdweb，其主界面如图 5—48 所示。

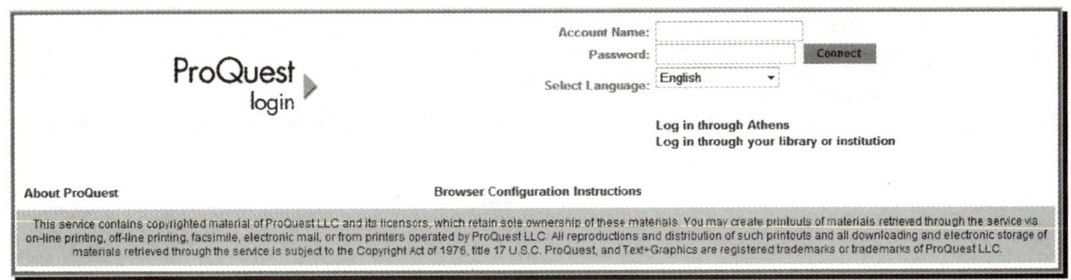

图 5—48 ABI/INFORM 主界面

该数据库是 ProQuest 公司开发的世界著名的商业、经济管理全文图像数据库。它全面覆盖重要的商业经济与管理性学术期刊的内容，深入报道影响全球商业环境和影响本国市场与经济的具体事件。收录世界顶级的国际性商业管理全文期刊 2 000 多种，提供有关全世界近 20 万个公司的商业信息。ADI 数据库的回溯年限长达 30 多年，用户可以从网上检索到自 1971 年以来的期刊文摘和自 1986 年以来的期刊全文。

该数据库有以下几部分组成：

ABI/INFORM Global——商业及经济管理期刊论文数据库：收录自 1971 年至今的有关财政、商业、经济方面的期刊、公司信息、《华尔街杂志》，涉及商业及经济状况、管理技术、理论、商务、广告、市场、经济学、人力资源、财务、税收、计算机等，包括全世界 6 万多家公司的商业信息。

ABI/INFORM Dateline——商情分析全文数据库：提供近 160 种收录自 1985 年至今的美加重要地区性商学期刊，其中 150 余种期刊全文，涵盖北美地区多数公司的商业信息、区域市场经济、地区性贸易发展等资料。

ABI/INFORM Trade & Industry——工商企业商情全文数据库：提供近 800 种期刊论文索引、文摘资料（1971 年至今），其中 780 余种期刊全文（1987 年至今），包括全文、图像、图表等各类资料。

ABI Archive——ABI 档案：收录 ABI/INFORM 部分期刊，1986 年以前的过期期刊、论文相关资料，将陆续扩增至 ABI/INFORM Global 及 ABI/INFORM Research 内，最早可追溯至 1918 年。

2. Library of Economics and Liberty

Library of Economics and Liberty（经济学图书馆）的网址为 http://www.econlib.org，其主界面如图 5—49 所示。

这是由美国自由基金会（Liberty Fund，Inc.）建立的网站。集原始信息资源与搜索引擎于一体，提供经济学、市场和民主自由方面的信息及线索。网站内的经典经济学图书和文集可直接点击到原著的全文，供免费阅读，并不断增加新书。还有大量的现期期刊和网站资源信息供用户浏览。学术价值较高。

3. Wilson's Business Periodicals Database

Wilson's Business Periodicals Database（威尔逊商务期刊数据库），其网址为：http://www.hwwilson.com/，主界面如图 5—50 所示。

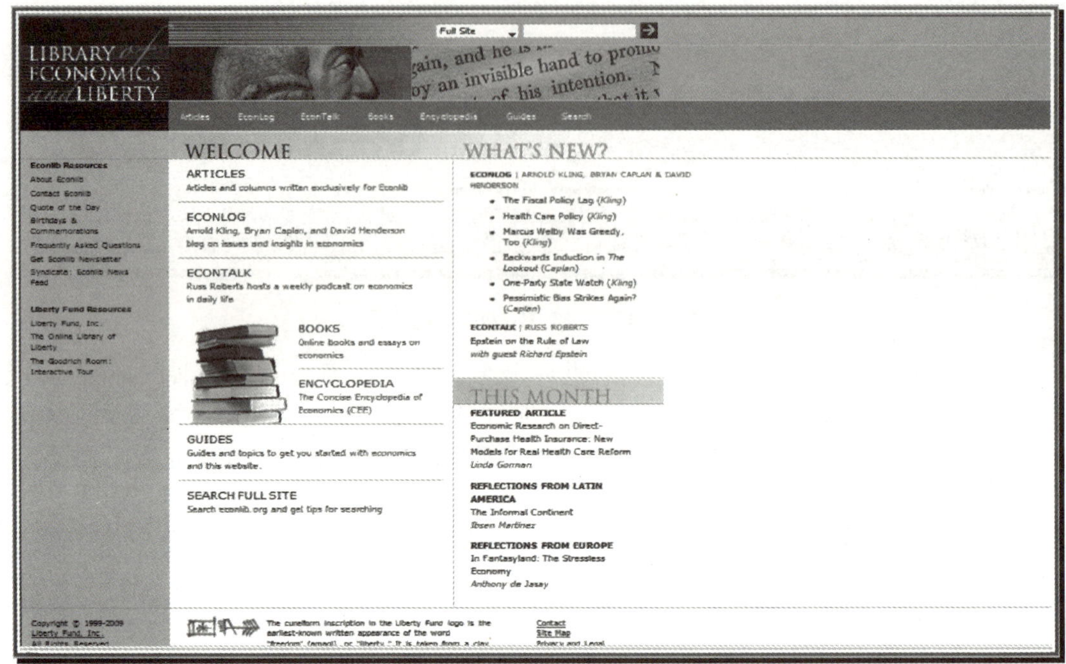

图 5—49　Library of Economics and Liberty 主界面

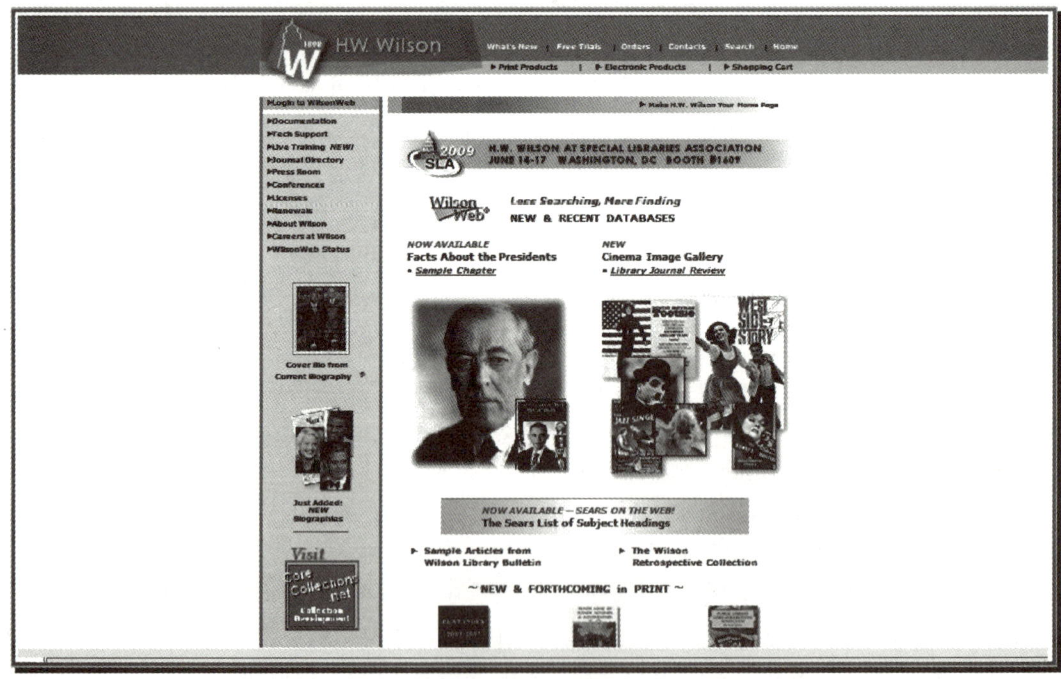

图 5—50　Wilson's Business Periodicals Database 主界面

这是起源于美国著名的经济和设备检索刊物《商务期刊索引》（Business Periodicals Index）的网络数据库，收录商务和贸易类英语期刊 780 多种以及少量报纸的商务版。这些刊物在全球范围的商业经济领域里具有代表性。内容涉及管理、会计、广告、市场、银行、金融、投资、保险、娱乐、商业经济学、贸易经济、商业税收、交通运输、信息技术、公共关系、商业自动化等。关注企业、公司、近期新闻、经济领域内的大事、公众关注的政策和管理实践。这是一个收费数据库，分为全文版、文摘版和索引版。

4. D&B Million Dollar Database

D&B Million Dollar Database（D&B 百万企业数据库），网址为 http://www.dnbmdd.com/mddi/，主界面如图 5—51 所示。

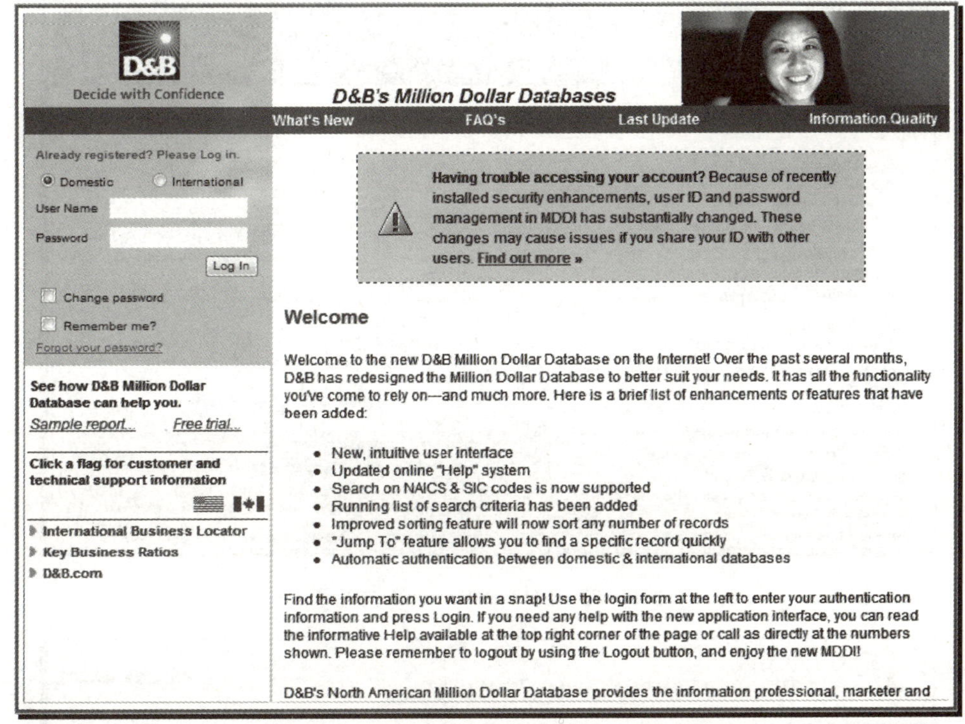

图 5—51　D&B Million Dollar Database 主界面

这是美国较大、较权威的制造商数据库，包括北美公司和国际公司两个子库。北美公司子库收录美国和加拿大 150 万个大型公司的指南数据库；国际公司子库收录 160 万个国际公司的数据库。该数据库可用来查找一个公司的基本信息，也可查找某一行业或某一特定地点或某一确定销售额的公司。

5. Market Research

Market Research（市场研究数据库），网址为 http://www.marketresearch.com/，主界面如图 5—52 所示。

该库收录 350 多个主要咨询研究公司的 5 万多份有关全球产品及市场的研究及出版物，包括生产厂商、公司、产品及发展趋势的信息，还能按国家检索。每日更新，是一个收费数据库。

6. Global Financial Data

Global Financial Data（全球金融数据库），网址为 https://www.globalfinancialdata.com/，主界面如图 5—53 所示。

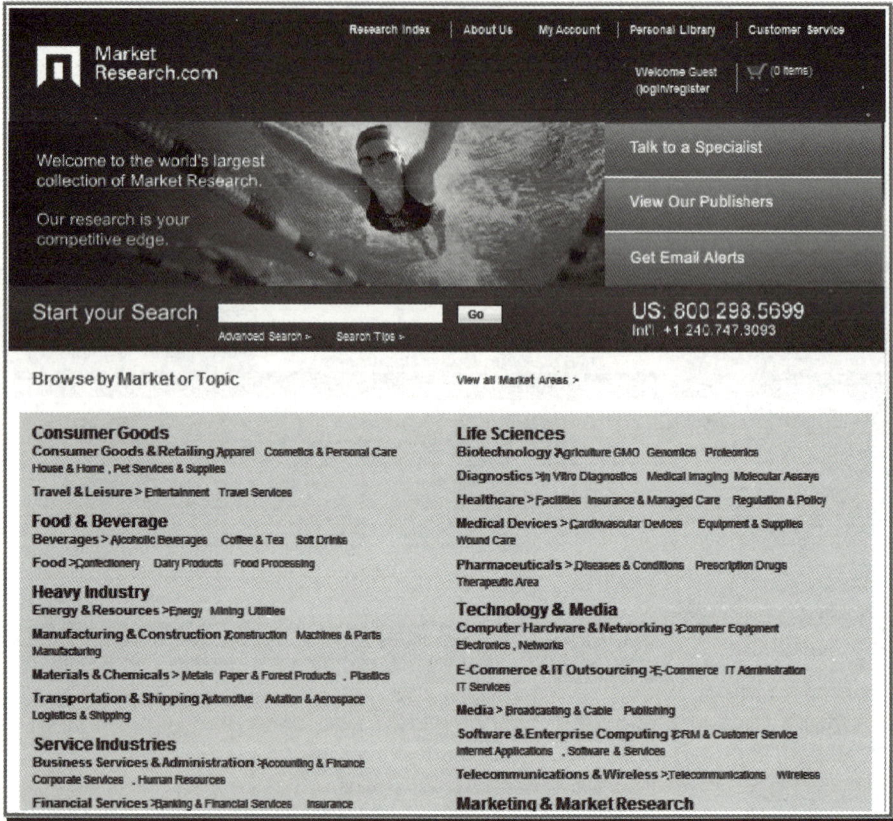

图 5—52 Market Research 主界面

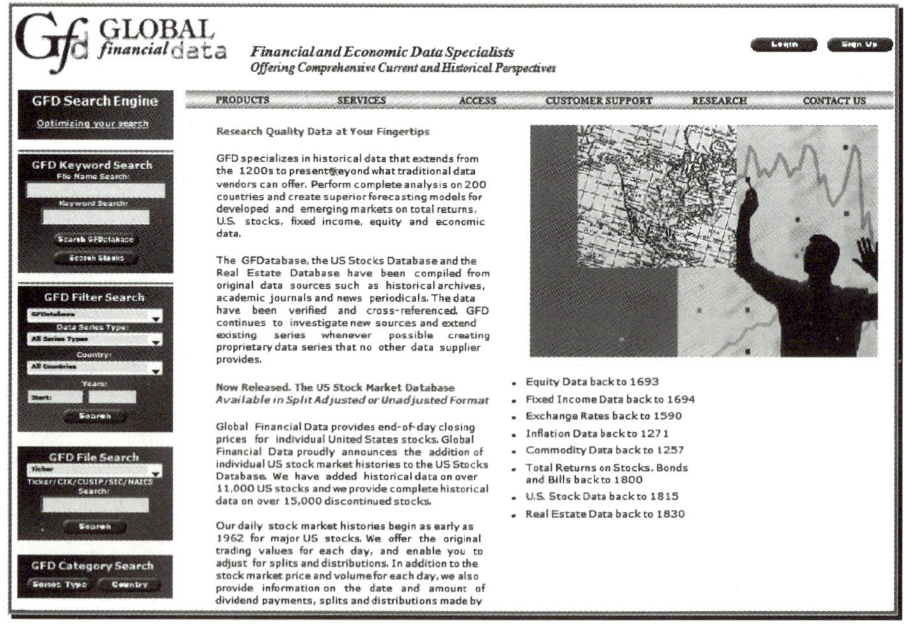

图 5—53 Global Financial Data 主界面

该库是由美国全球金融数据公司（Global Financial Data，Inc）建立的。它是世界范围内最全面的收录金融与经济信息的数据库，覆盖世界上150多个国家和地区，提供6 000多种数据系列，容纳大量的经济统计数据、图表等信息。大多数数据信息始自1900年，少数商品价格数据始自1964年，每日更新，是一个收费数据库。

5.3 经管类信息检索专题应用

5.3.1 生活应用

前文通过搜索引擎和国内的数据库检索了我国房地产行业的大量信息，为全面了解我国房地产行业的风险和发展趋势，还可以从英文数据库检索相关信息，了解国外的专家、学者对我国房地产业的研究，为投资者决策提供更充分的依据。此处采用与4.3.1节相同的案例。

1. 背景介绍

本节以3.5.1节的案例为背景，此处不再详述。

2. 检索实践

（1）分析检索课题（参见3.5.1节）

（2）选择检索系统和数据库

此处选用Emerald和EBSCO数据库。

Emerald选用高级检索功能，全库检索，涵盖Emerald Management Xtra、Emerald Engineering Library和Current Awareness Abstracts等数据库。

EBSCO选用高级检索功能，全库检索，涵盖Academic Source Premier、Business Source Premier和Newspaper Source等数据库。

（3）确定检索途径和检索词

在本例中，"中国（China或者Chinese，用Chin＊替代）"和"房地产（real estate）"是最重要的检索词，首先把文章限定在中国房地产市场的框架下，再往下检索，细分检索词，"发展趋势（development或者trend）"、"现状（present situation）"和"风险（risk）"是比较重要的检索词。投资讲求时效性，因此文章时间定为2008—2009年。

（4）构建检索表达式

房地产有较强的区域性，初步估计国外关于中国房地产行业的信息不会太多，表达式中必须包含"中国"和"房地产"两个关键词汇，逻辑关系选择AND，即Chin＊AND real estate。

每个检索词有多种检索字段，可以任意选择检索字段。本例的原则是首选标题字段，在检索不到合适文章的情况下，再扩大检索范围，选择范围更广的检索字段。如果检索到的结果很多，则用风险、现状、趋势等词汇在结果中做二次检索。

（5）上机检索并调整检索策略

1）Emerald

选用Emerald高级检索功能，输入检索表达式，如图5—54所示。

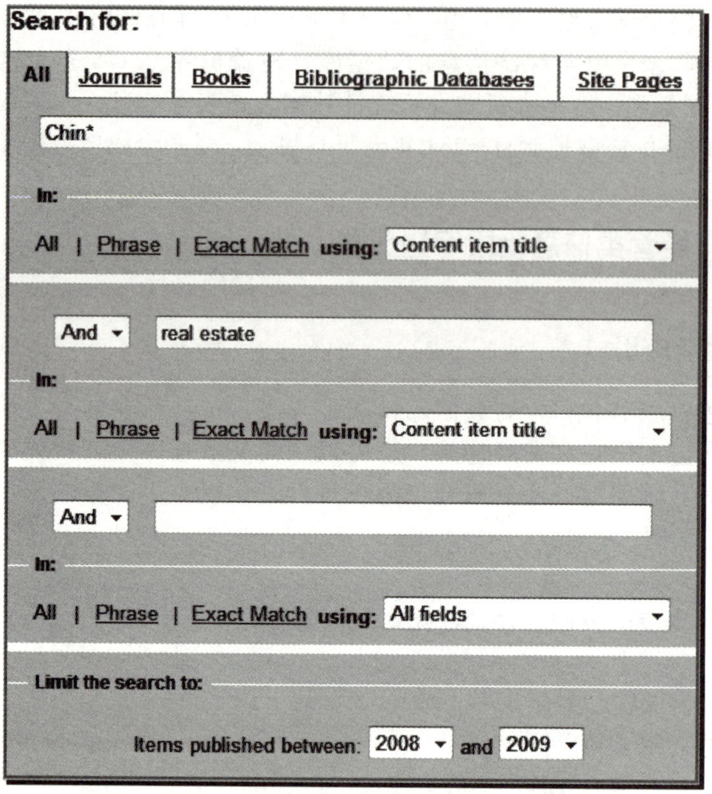

Search for:

All | Journals | Books | Bibliographic Databases | Site Pages

Chin*

In:

All | Phrase | Exact Match using: Content item title

And real estate

In:

All | Phrase | Exact Match using: Content item title

And

In:

All | Phrase | Exact Match using: All fields

Limit the search to:

Items published between: 2008 and 2009

图 5—54 Emerald 高级检索——输入检索表达式

从 Journals 中检索到 2 篇，从 Bibliographic Databases 数据库中检索到 1 篇，而 Books 和 Site Pages 没有满足要求的文章。结果如图 5—55 所示。

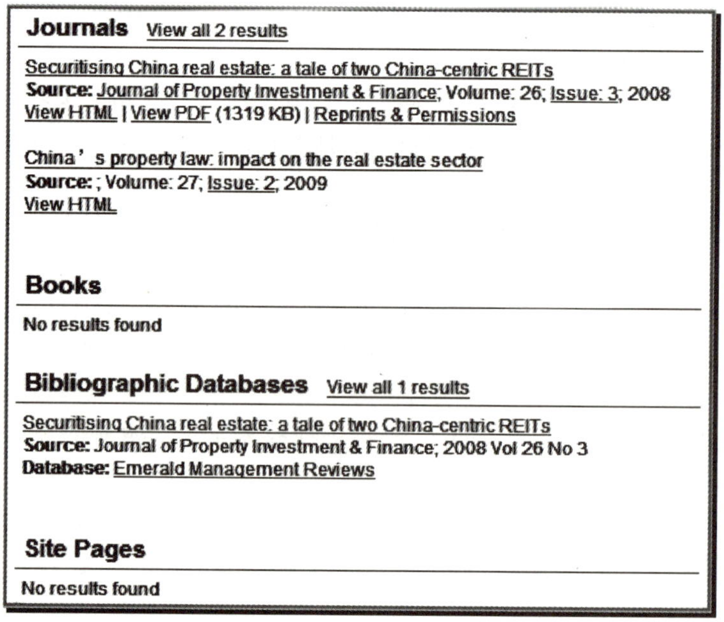

Journals View all 2 results

Securitising China real estate: a tale of two China-centric REITs
Source: Journal of Property Investment & Finance; Volume: 26; Issue: 3; 2008
View HTML | View PDF (1319 KB) | Reprints & Permissions

China' s property law: impact on the real estate sector
Source: ; Volume: 27; Issue: 2; 2009
View HTML

Books

No results found

Bibliographic Databases View all 1 results

Securitising China real estate: a tale of two China-centric REITs
Source: Journal of Property Investment & Finance; 2008 Vol 26 No 3
Database: Emerald Management Reviews

Site Pages

No results found

图 5—55 Emerald 高级检索——检索结果

检索结果太少，扩大检索字段，采用 All Fields (Excluding Full Text)，调整如图 5—56 所示。

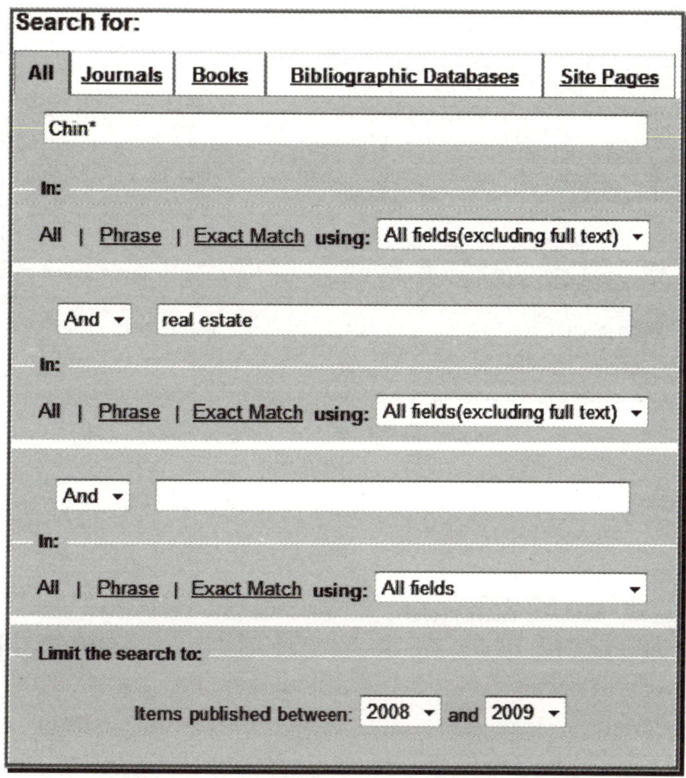

图 5—56 Emerald 高级检索——调整检索表达式

分别从 Journals 和 Bibliographic Databases 数据库中各检索到 10 篇，而 Books 和 Site Pages 中没有满足条件的结果，检索结果如图 5—57 所示。

Journals View all 10 results

China' s property law: impact on the real estate sector
Source: ; Volume: 27; Issue: 2; 2009
View HTML

Securitising China real estate: a tale of two China-centric REITs
Source: Journal of Property Investment & Finance; Volume: 26; Issue: 3; 2008
View HTML | View PDF (1319 KB) | Reprints & Permissions

Moving towards a global real estate index
Source: Journal of Property Investment & Finance; Volume: 26; Issue: 4; 2008
View HTML | View PDF (387 KB) | Reprints & Permissions

Special considerations for designing pilot REITs in China
Source: Journal of Property Investment & Finance; Volume: 27; Issue: 2; 2009
View HTML | View PDF (241 KB) | Reprints & Permissions

A study of corporate market and non-market behaviors in Chinese transitional environment
Source: Journal of Chinese Economic and Foreign Trade Studies; Volume: 1; Issue: 1; 2008
View HTML | View PDF (156 KB) | Reprints & Permissions

图 5—57 Emerald 高级检索——最终检索结果

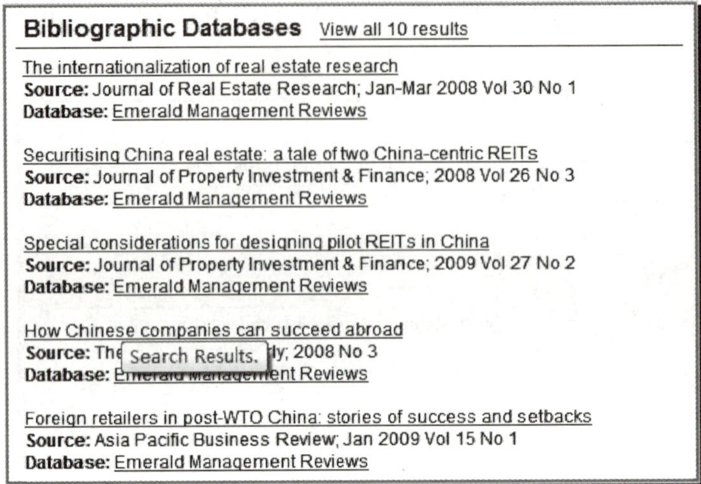

图 5—57 Emerald 高级检索——最终检索结果（续）

2）EBSCO

输入检索式 Chin＊ AND real estate，用题目字段，检索时间为 2008—2009 年，如图 5—58 所示。

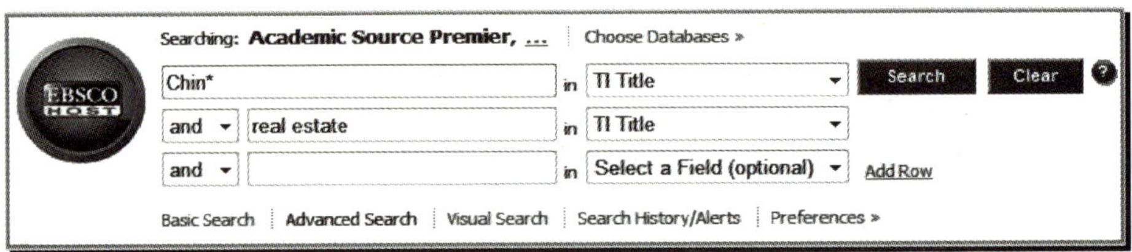

图 5—58 EBSCO 高级检索——输入检索式

检索到 25 篇，结果如图 5—59 所示。

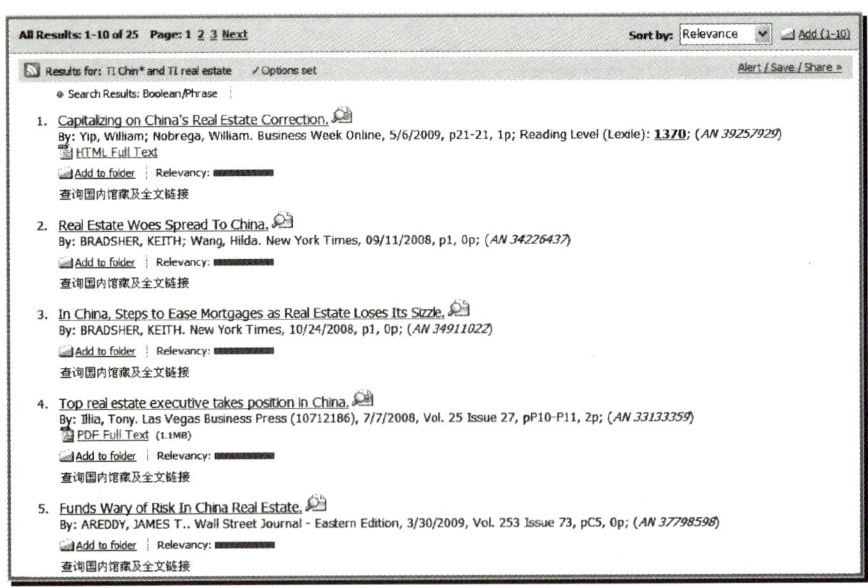

图 5—59 EBSCO 高级检索——检索结果

3. 应用小结

通过英文数据库的检索，可以了解到一些外国专家学者对中国房地产业发展状况的分析评论，不同的文化背景有不同看待问题的方式，从他们的视角解读中国房地产的发展前景和未来趋势，或许能给投资者提供更客观的决策依据。

5.3.2 学术应用

本应用是以如何写一篇学术论文展开的。

1. 背景介绍

本节以 3.5.2 节的案例为背景，此处不再详述。

2. 检索实践

（1）分析检索课题（详见 3.5.2 节）

该课题是关于“科技型创业企业绩效”的，只需要寻找“科技型企业”、“创业”、“绩效”的相关信息就能了解现阶段该研究方向的大致情况了。

（2）选择检索系统和数据库

本例选用 Science Direct 数据库，使用专业检索功能，全库检索，涵盖 Journals、Journal Backfiles 和 Online Books 等。从综合性数据库和经管类专用的专业性数据中选择一个数据库，检索相关内容，就能对该研究课题有个大致的了解。

选择近 10 年的论文，既能涵盖一些和时间无关的经典论文，也能清楚了解到最近的研究现状，从而使得我们的研究成果有理论价值和时间价值。

（3）确定检索途径和检索词（省略）

该课题蕴含 4 个核心词汇“科技型创业企业”、“科技型企业”、“创业企业”和“绩效”，首先在标题中检索“科技型创业企业绩效”，看目前是否有与此直接相关的文章；其次，扩大检索范围，分别检索“创业企业绩效”和“科技型企业绩效”这两个最接近课题“科技型创业企业绩效”的检索词，发散检索，为研究该课题做理论扩充和铺垫。时间限于 1999—2009 年。

科技型：technology-based，可以用 tech * 替代；

创业企业：Venture Enterprise 或者 venture firms；

绩效：performance。

每个检索词有多种检索字段，可以任意选择检索字段，本例的原则是首选标题字段，在检索不到合适文章的情况下，再扩大检索范围，选择范围更广的检索字段。

（4）构建检索表达式

根据以上分析，限定时间范围 1999—2009 年，构建三个检索表达式：

科技＋创业企业＋绩效：pub-date＞1998 and TITLE（tech * ）and TITLE（venture enterprise OR venture firms）and TITLE（performance）；

科技企业＋绩效：pub-date＞1998 and TITLE（tech * enterprise OR tech * firms）and TITLE（performance）；

创业企业＋绩效：pub-date＞1998 and TITLE（venture enterprise OR venture firms）and TITLE（performance）。

（5）上机检索并调整检索策略

1）科技＋创业企业＋绩效，选择 Title 字段，输入检索式：pub-date>1998 and TITLE（tech＊）and TITLE（venture enterprise OR venture firms）and TITLE（performance）。

检索结果只有 1 篇，结果如图 5—60 所示。

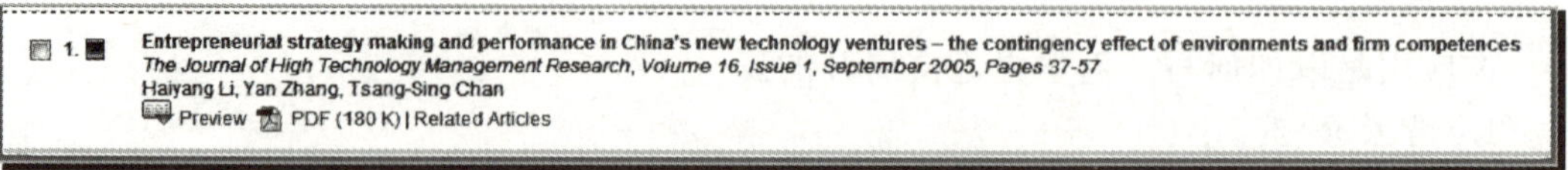

图 5—60　Science Direct 检索结果

扩大检索范围，选择 TITLE-ABSTR-KEY 做检索字段，构造检索表达式：pub-date>1998 and TITLE-ABSTR-KEY（tech＊）and TITLE-ABSTR-KEY（venture enterprise OR venture firms）and TITLE-ABSTR-KEY（performance）

检索到 44 篇，结果截图如图 5—61 所示。

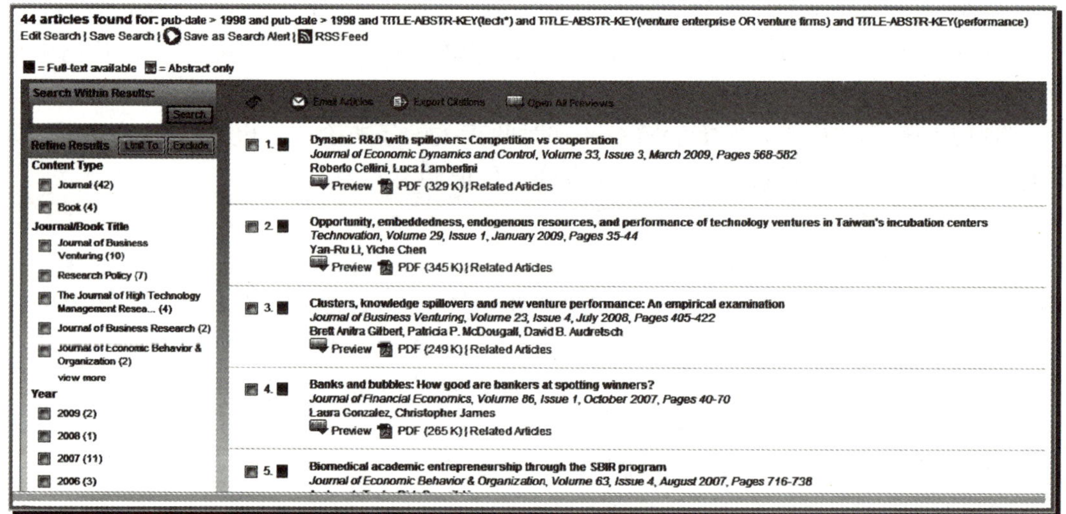

图 5—61　Science Direct 调整后的检索结果

2）创业企业＋绩效，选择 Title 字段，构建检索表达式：pub-date>1998 and TITLE（venture enterprise OR venture firms）and TITLE（performance）。

检索到 7 篇，结果截图如图 5—62 所示。

3）科技企业＋绩效，选用 Title 字段，构建检索表达式：pub-date>1998 and TITLE（tech＊ enterprise OR tech＊ firms）and TITLE（performance）。

检索到 42 篇，结果截图如图 5—63 所示。

3. *应用小结*

通过 Science Direct 数据库，结合前文 Google 搜索引擎、CNKI 和万方数据库检索到的资料，对近十年有关“科技型创业企业绩效”、“创业企业绩效”和“科技型企业绩效”的研究现状有了全面的认识，感兴趣的同学可以尝试研究该课题。

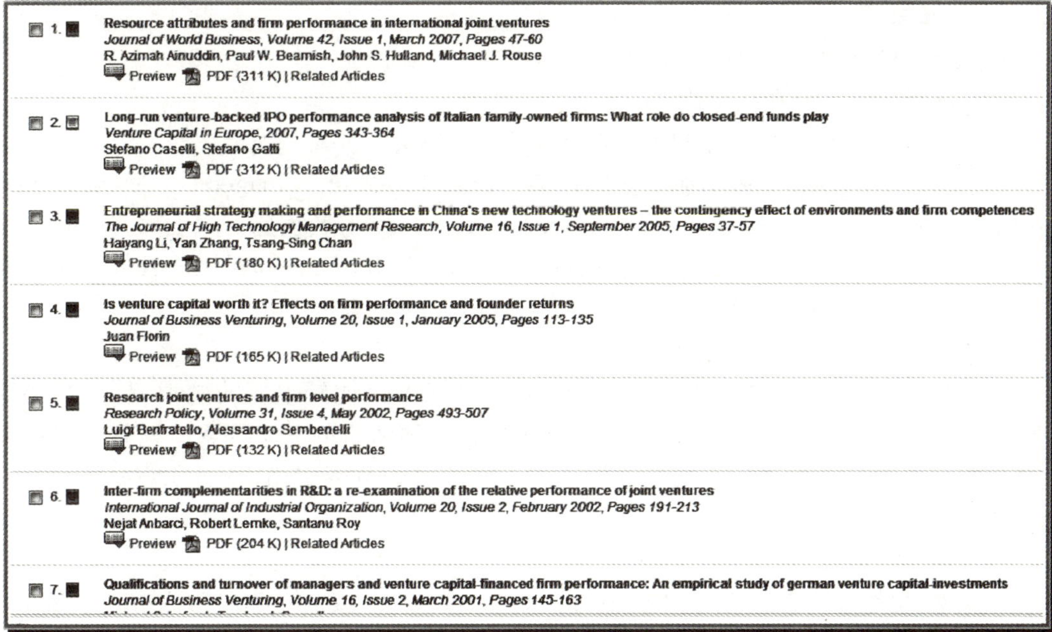

图 5—62　Science Direct 检索结果

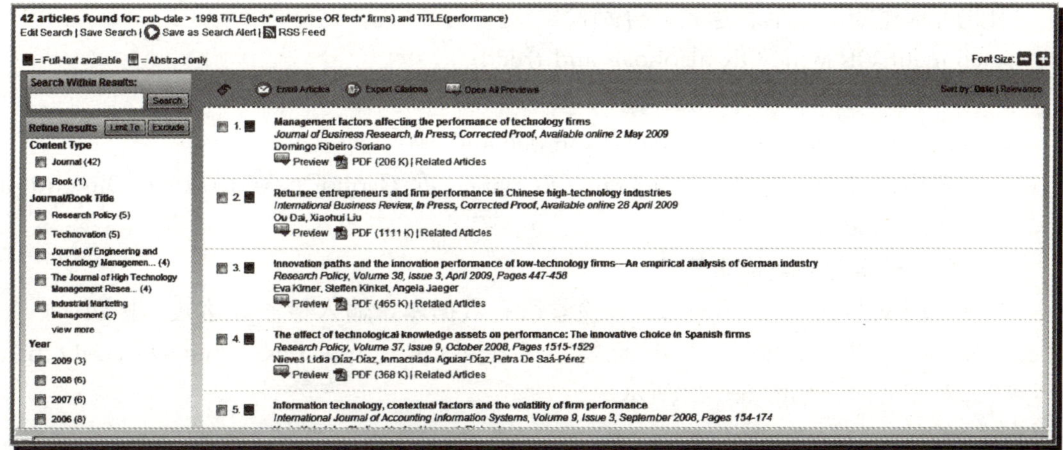

图 5—63　Science Direct 检索结果

5.3.3　经济管理实践应用

在全球经济一体化飞速发展的时代，无论白酒厂商如何定位自己的产品，都不可避免地要参与国际竞争：或者主动打入海外市场成为国际知名品牌，或者在国内市场被动接受国际品牌的挤压。因此，白酒市场可行性分析报告的着眼点不能只放在国内，还应放眼海外。本节仍以 3.5.3 节的案例为例，用英文数据库检索相关信息。

1. 背景介绍

本节以 3.5.3 节的案例为背景，此处不再详述。

2. 检索实践

(1) 分析检索课题（参见 3.5.3 节）

(2) 选择检索系统和数据库

本例选择 Emerald 数据库和 ISI Web of Knowledge。

Emerald 选用高级检索功能，全库检索，涵盖 Emerald Management Xtra、Emerald Engineering Library 和 Current Awareness Abstracts 等数据库。

ISI Web of Knowledge 检索所有数据库，涵盖 Web of Science、Current Contents Connect、Web Citation Index、Journal Citation Reports 等。

(3) 确定检索途径和检索词

在本例中，“白酒”、“趋势”、“产量”和“需求”是比较重要的检索词。“趋势”、“产量”和“需求”是做白酒市场可行性分析报告必须清楚的三个要素。检索字段可以选择题目、摘要等，根据检索结果具体调整。文章时间范围定为 2007—2009 年，近三年的数据更具代表性。

(4) 构建检索表达式

检索表达式的核心词汇是“白酒（liqueur 或 wine 或 alcohol)”，在“白酒（liqueur 或 wine 或 alcohol)”的大背景下，检索词“趋势（trend)”、“产量（output)”和“需求（demand)”之间是并列关系。

因此可构建如下三个表达式，分别检索：

- (liqueur OR wine OR alcohol) and trend；
- (liqueur OR wine OR alcohol) and output；
- (liqueur OR wine OR alcohol) and demand。
- 或者构建综合表达式：(liqueur OR wine OR alcohol) And (trend OR output OR demand)。

(5) 上机检索并调整检索策略

1) 使用 ISI Web of Knowledge。检索所有数据库，输入检索表达式：标题=((liqueur OR wine OR alcohol)) AND 标题=((trend OR output OR demand)) AND 出版年=(2007—2009)，如图 5—64 所示。

所有数据库

检索:

	(liqueur OR wine OR alcohol) 示例: oil spill* mediterranean	检索范围	标题
AND	(trend OR output OR demand) 示例: oil spill* mediterranean	检索范围	标题
AND	2007-2009 示例: 2001 or 1997-1999	检索范围	出版年
AND	 示例: oil spill* mediterranean	检索范围	主题

添加另一字段 >>

检索 清除 只能进行英文检索

图 5—64 ISI Web of Knowledge 所有数据库——输入检索式

检索 74 条，结果截图如图 5—65 所示。

图 5—65　ISI Web of Knowledge 所有数据库检索结果

2）Emerald。使用高级功能，全库检索，输入检索表达式：（wine OR liqueur OR alcohol）AND（trend OR output OR demand）/Content item title AND 2007：2009/YEAR，如图 5—66 所示。

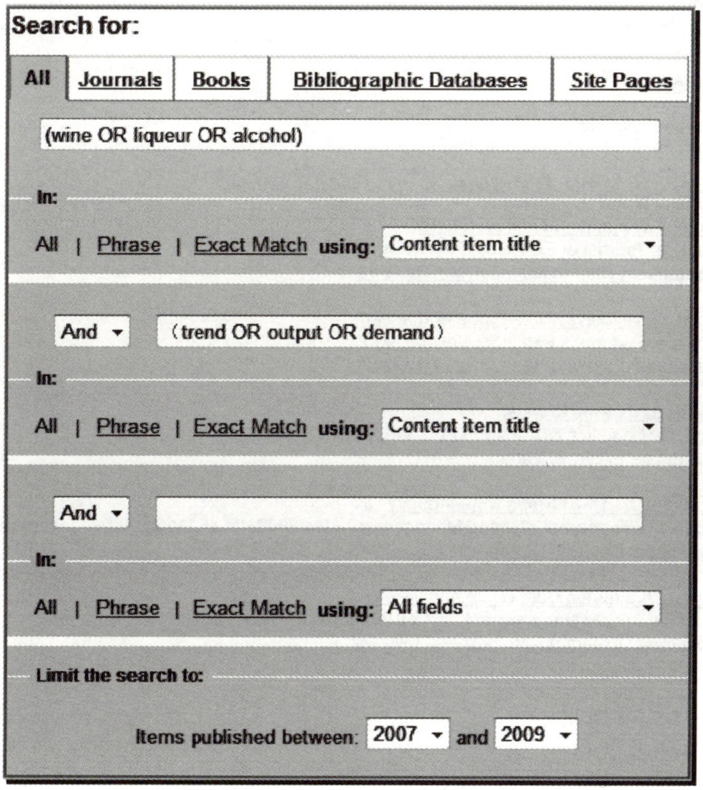

Search for:

All | Journals | Books | Bibliographic Databases | Site Pages

(wine OR liqueur OR alcohol)

In:

All | Phrase | Exact Match using: Content item title

And （trend OR output OR demand）

In:

All | Phrase | Exact Match using: Content item title

And

In:

All | Phrase | Exact Match using: All fields

Limit the search to:

Items published between: 2007 and 2009

图 5—66　Emerald 高级检索——输入检索式

在 Journals 中检索到 68 条，在 Bibliographic Databases 中检索到 24 条，在 Books 和 Site Pages 中没有检索到，检索结果如图 5—67 所示。

Icon Key: Requires login or subscription Backfiles EarlyCite

Journals View all 68 results

Structural changes in the demand for wine in Canada
Source: International Journal of Wine Business Research; Volume: 19; Issue: 4; 2007
View HTML | View PDF (284 KB) | Reprints & Permissions

Accounting for social taste: application to the demand for wine
Source: International Journal of Wine Business Research; Volume: 20; Issue: 3; 2008
View HTML | View PDF (365 KB) | Reprints & Permissions

Effects of non-sensory cues on perceived quality: the case of low-alcohol wine
Source: International Journal of Wine Business Research; Volume: 20; Issue: 3; 2008
View HTML | View PDF (270 KB) | Reprints & Permissions

Alcohol education
Source: Health Education; Volume: 108; Issue: 5; 2008
View HTML

Women and alcohol
Source: ; Volume: 39; Issue: 3; 2009
View HTML

Books

No results found

Bibliographic Databases View all 24 results

Alcohol demand and risk preference
Source: Journal of Economic Psychology; Dec 2008 Vol 29 No 6
Database: Emerald Management Reviews

Want to live forever? (Red wine and ageing)
Source: Fortune; 5 Feb 2007 Vol 155 No 2
Database: Emerald Management Reviews

Tesco turns wine to water
Source: Logistics & Transport Focus; Apr 2008 Vol 10 No 4
Database: Emerald Management Reviews

Branding and the Cyprus wine industry
Source: The Journal of Brand Management; Dec 2008 Vol 16 No 3
Database: Emerald Management Reviews

Not such a rose picture (alcohol policies)
Source: People Management; 26 Feb 2009 Vol 15 No 5
Database: Emerald Management Reviews

Site Pages

No results found

图 5—67 Emerald 检索结果

3. 应用小结

本节采用了国外数据库信息检索，深入研究国外学者的学术成果，从中汲取养料，取其精华，可以拓宽我们的视野，结合前文 Google 搜索引擎和国内数据库的信息检索，可以使我们对白酒行业的政策、发展趋势、产量和供求关系有较全面的了解，大量翔实的数据和资料为撰写白酒市场可行性报告提供了可靠的科学依据，可以使我们的可行性报告更具权威性，更具说服力。

5.4 本章小结

本章主要介绍了经济管理类常用的英文综合性数据库、经管类专用英文数据库和专题应用三部分。其中，综合性数据库主要介绍了 EBSCO、Emerald、Science Direct、ISI Web of Knowledge 和 PQDD；经管类专用英文数据库主要介绍了 ABI/INFORM、Library of Economics and Liberty、Wilson's Business Periodicals Database、D&B Million Dollar Database、Market Research 和 Global Financial Data；专题应用包括生活应用、学术应用和经济管理实践应用，是对上述英文数据库的综合运用。

希望通过本章的学习，读者能够熟练掌握英文数据库的使用方法，提高英文信息检索能力。

5.5 思考与练习

1. EBSCO 提供了哪些主要检索途径？

2. Emerald 的检索结果分几类显示？

3. 用相同字段，检索同一课题，比较 Science Direct、EBSCO 和 Emerald 的检索结果有何差异？

4. 使用 ISI Web of Knowledge 平台，检索最近 5 年本校论文收录的情况。

5. 使用 PQDD 的分类浏览功能，如何查询自己所学专业近几年的优秀博士论文。

第 6 章

专利信息检索

6.1 专利基础知识

1. 专利及其分类

专利是指在建立了专利制度的国家，某一发明创造由发明人或设计人向专利主管部门提出申请，经审查批准授予在一定年限内享有独占该发明创造的权利，并在法律上受到保护，任何人不得侵犯。这种受法律保护、技术专有的权利，称之为专利。广义的专利具有三个方面的含义，即专利权、专利发明、专利文献。

根据发明创造的性质，通常将专利分为发明专利、实用新型专利和外观设计专利三类。

(1) 发明专利，是指对产品、方法及其改进所提出的新的技术方案，一般是指通过利用自然规律对特定技术问题的解决方案。

(2) 实用新型专利，是指对产品的形状、构造及其结合所提出的适于使用的新技术方案。实用新型专利与发明专利的区别在于，前者只保护具有一定形状的产品发明，方法发明不属于实用新型保护的范围。另外，实用新型的技术水平和创造性要低于发明专利。实用新型专利的授予不需要经过实质性审查，专利权保护期限也较短。

(3) 外观设计专利，是指对产品的形状、图案、色彩或其结合所做出的富有美感，并适于工业上应用的新设计。这种设计是产品的装饰性和艺术性的代表。一件外观设计专利只保护所申请的产品。如果有人将其用于其他产品上，不视为侵犯外观设计专利权。

2. 授予专利的条件

对一项发明，授予专利权的条件包括形式条件和实质条件两方面。

(1) 形式条件

指专利局对专利申请初步进行审查、实质审查及授予专利权所必须的文件格式和应履行的必要手续。

（2）实质条件

是确定专利申请能否授予专利权的关键，被授予专利权的发明创造必须具有新颖性、创造性和实用性三个实质条件。

1）新颖性

我国专利法规定：新颖性，是指在申请日以前没有同样的发明或者实用新型在国内外出版物上公开发表过、在国内公开使用过或者以其他方式为公众所知，也没有同样的发明或者实用新型由他人向国务院专利行政部门提出过申请并且记载在申请日以后公布的专利申请文件中。各国对判断新颖性的地域标准的规定大致分为三种：一是全世界新颖性，或称绝对新颖性，即发明在申请日以前在世界范围内未在出版物上公开发表或以其他方式为公众所知，也未被人们公开使用；二是本国新颖性或称相对新颖性，即发明在本国范围内未公开发表和公开使用；三是混合新颖性，在世界范围内未公开发表，在本国未公开使用的发明都具有新颖性。我国专利法实行的是混合新颖性这一标准。

2）创造性

一项发明或者实用新型具备了新颖性，不一定就有创造性。新颖性主要侧重判断某一技术是否是前所未有的，而创造性侧重判断的是技术水平的问题。我国专利法规定：创造性，是指同申请日以前已有的技术相比，该发明有突出的实质性特点和显著的进步，该实用新型有实质性特点和进步。

3）实用性

是指该发明或者实用新型能够制造或者使用，并且能够产生积极效果。也就是说，所提出的技术解决方案不是抽象的思维阶段的东西，而必须是在技术上可以实现，具有使用价值的方案。

3. 国际专利分类法

国际专利分类法（International Patent Classification，IPC）是根据1971年签订的《国际专利分类的斯特拉斯堡协定》编制的，是目前唯一国际通用的专利文献分类和检索工具。目前采用的是IPC-2006（从2006年1月开始使用）。正式采用国际专利分类法的国家已增至70余个，我国从1985年4月1日实行专利法开始就采用了IPC。

（1）IPC分类对象

IPC协定规定，国际专利分类法主要是对发明和实用新型专利文献（包括出版的发明专利申请书，发明证书说明书，实用新型说明书和使用证书说明书等）进行分类。对于外观设计专利文献来说，使用国际外观设计分类法（也称为洛迦诺分类法）进行分类。

（2）IPC分类原则

国际专利分类法采用按照功能分类、应用分类和最后位置分类的原则。

按功能分类是指发明的性质或其功能和它使用在哪一个特定技术领域无关，技术上不受使用范围影响或无明确使用范围，这类发明属功能发明，按功能分类。

按应用分类是指具有特殊用途或应用的发明，或发明的构成与其特殊的使用范围有关，在技术上受使用范围的影响，则这类发明属于应用发明，按应用分类。

最后位置规则即当一个发明的技术主题可以分在分类表中的两个或更多的等级相

同或具有相同圆点数的分类位置时，就按“最后位置规则”来分类。

IPC 采用哪种分类主要根据发明的具体内容确定，有些分类并不仅仅是功能性或应用性的，而是混合系统。

(3) IPC 的编排

通常所说的国际专利分类法是指国际专利分类表，国际专利分类表的设置包括了与发明创造有关的全部技术领域，IPC 有八个部，每一个部定为一个分册，用英文字母 A～H 表示。IPC 分类体系是由高至低依次排列的等级式结构，把与发明创造有关的全部技术领域按不同的技术范围设置成部、大类、小类、大组和小组，由大到小的递降次序排列。

1) 部

IPC 共有八个部，这八个部分别是：

A 部：人类生活必需；

B 部：作业、运输；

C 部：化学；

D 部：纺织、造纸；

E 部：固定建筑物；

F 部：机械工程；

G 部：物理；

H 部：电学。

2) 大类

大类是对部的进一步细分，大类号用一个二位数进行标记，其完整的表示形式为：部号＋类号。

3) 小类

小类是 IPC 的第三级类目，是对大类的进一步细分，小类的类号用一个大写字母进行标记，其完整的表示形式为：部号＋大类号＋小类号。

4) 大组

大组是 IPC 的第四级类目，是对小类的进一步细分。大组号由小类的类号加 1～3 位的阿拉伯数字及“/00”组成。其完整的表示形式为：部号＋大类号＋小类号＋大组类号。

5) 小组

小组是 IPC 的第五级类目，是对大组的进一步细分。其类号的标记是将大组类号中“/00”后的 00 改为相应的数字。小组之内还可以继续划分出来更低的等级，并用在小组文字标题前加注圆点的方法来表示小组之内的等级划分，标题前的圆点的数目越多表示其类目等级越低。

4. 专利信息检索

(1) 专利信息的特点

专利信息和专利文献是密不可分的，专利信息是指以专利文献作为主要内容或以专利文献为依据，经过分解、加工、标引、统计、分析、整合和转化等信息化手段处理，并通过各种信息化方式传播而形成的与专利有关的各种信息的总和。专利信息在产生和运动过程中，体现了五大特点：

新颖性：根据专利法的规定，申请专利的内容必须是国内外没有公开发表和使用过的内容，应包含最新的技术创新内容，这是专利信息最根本的特征，也是专利制度规定的专利信息必须附有的特征。

完整性：是指专利信息所涉及的技术领域非常广泛，几乎包含了社会生活的各个方面，无所不包。

规范性：指专利信息有专门的分类体系和著录编排规则，信息的管理制度相当规范，查阅起来十分方便。

重复性：指一个专利发明可以在多个国家申请专利，以取得不同国家的保护，这是知识产权的一般特性。

快速性：即指“优先申请原则”（谁申请得早，谁先取得保护）和“早期公开制度”（规定在提出申请的一年半后就要将说明书公开），这些原则和制度有力地保证了专利新技术的报道速度。

（2）专利信息检索的应用

专利信息检索就是为了一定的目的，借助一定的检索工具，通过一定的检索途径，从众多的专利信息或专利数据库中查找出符合条件的专利信息，并加以分析和利用的过程。专利信息检索的应用一般有以下几个方面：

1）申请新专利，分析现有技术：人们在申请新的专利发明之前，一般都要先进行必要的专利信息的检索和分析，一是为了避免重复或无效的专利申请，二是为了确定所申请的新专利的法律保护范围，以便撰写出合格的专利说明书。

2）研制新产品，寻找新的技术方案：工程技术人员在开发新的技术项目之前，一般都要进行相关专利技术的检索，以了解和吸取他人的长处，做出最优的技术设计方案。

3）摸清行业动向，洞察发展趋势：所有的技术产业都有新生、发展和消亡的自然过程，情报人员通过对一个产业的专利信息的分析研究，就可以把握它的发展趋势，以便企业做出合理的发展规划，以保障企业的持久竞争力。

4）避免技术诈骗，确保企业利益：在企业的竞争中，往往有许多商业欺诈行为，因此企业在引进技术或进行商业合作之前，都必须要进行相关的专利检索，以明确相关专利技术的实际情况，如：专利保护年限、专利权人和专利技术的创新程度等情况，拿捏主动权，以保证企业的最大利益。

5）帮助寻找证据，处理专利纠纷：随着人们知识产权意识的日益提高，在社会生活中有越来越多的专利纠纷，为处理这些纠纷，人们必须要在专利信息中寻找有利于自己的证据，以维护自己的合法权益，这些都少不了专利信息的检索和利用。

6.2 中国专利检索

6.2.1 中华人民共和国国家知识产权局专利检索系统

1. 概述

中华人民共和国国家知识产权局的网址为 http：//www.sipo.gov.cn，其主页如所示图 6—1。

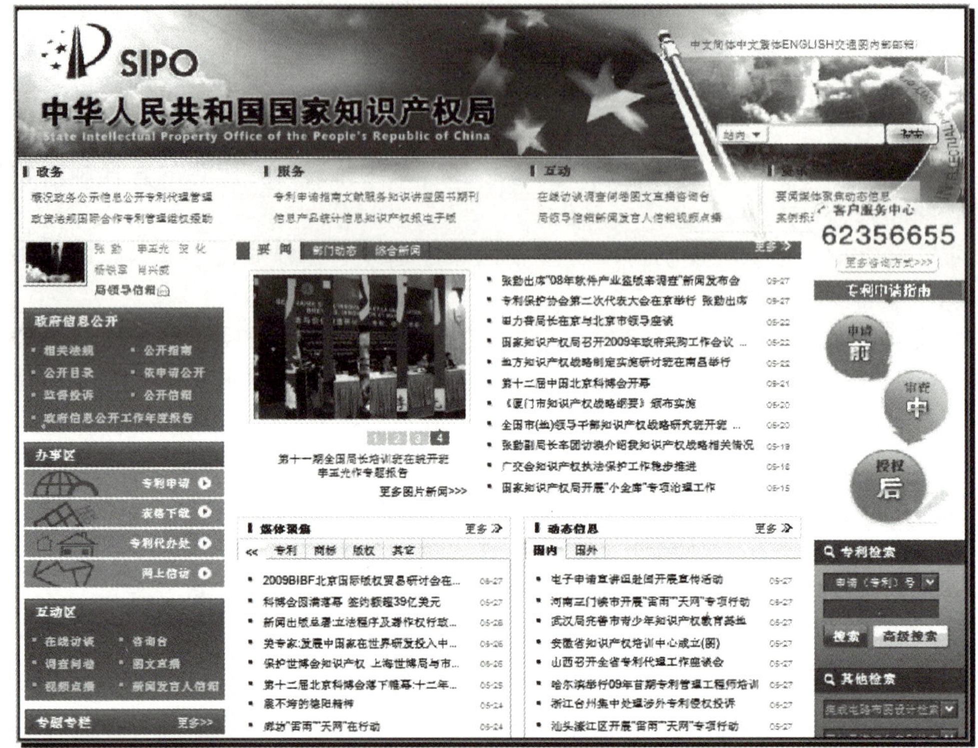

图 6—1 中华人民共和国国家知识产权局——网站主页

数据库内容包含 1985 年 9 月 10 日以来公布的全部中国专利信息，包括发明、实用新型和外观设计三种专利的著录项目及摘要，并可浏览到各种说明书全文及外观设计图形。数据库面向公众提供免费专利检索服务。

2. 检索方法及应用

主页的右下方是中国专利信息检索系统，点击即可进入，检索界面如图 6—2 所示。

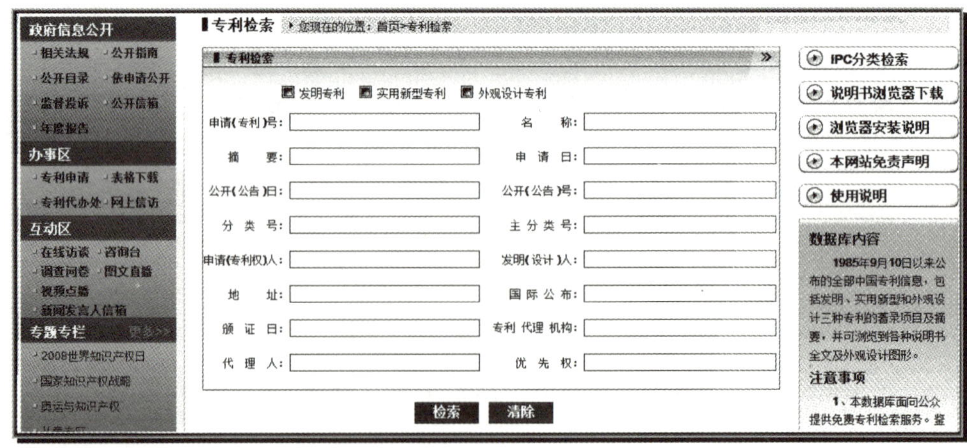

图 6—2 中华人民共和国国家知识产权局——专利检索系统界面

从图 6—2 中可以看到该系统提供的检索入口有 16 个，分别是申请（专利）号、名称、摘要、申请日、公开（公告）日、公开（公告）号、分类号、主分类号、申请（专利权）人、发明（设计）人、地址、国际公布、颁证日、专利代理机构、代理人和优先权。

该检索系统的检索方法简单易用，本系统有检索帮助，只要将鼠标放在输入词对话框的边上，系统就会自动显示该检索词的组词方法和检索示例，当鼠标放置到“分类号”输入框时，显示如图 6—3 所示，这样就可以帮助我们准确输入检索词。

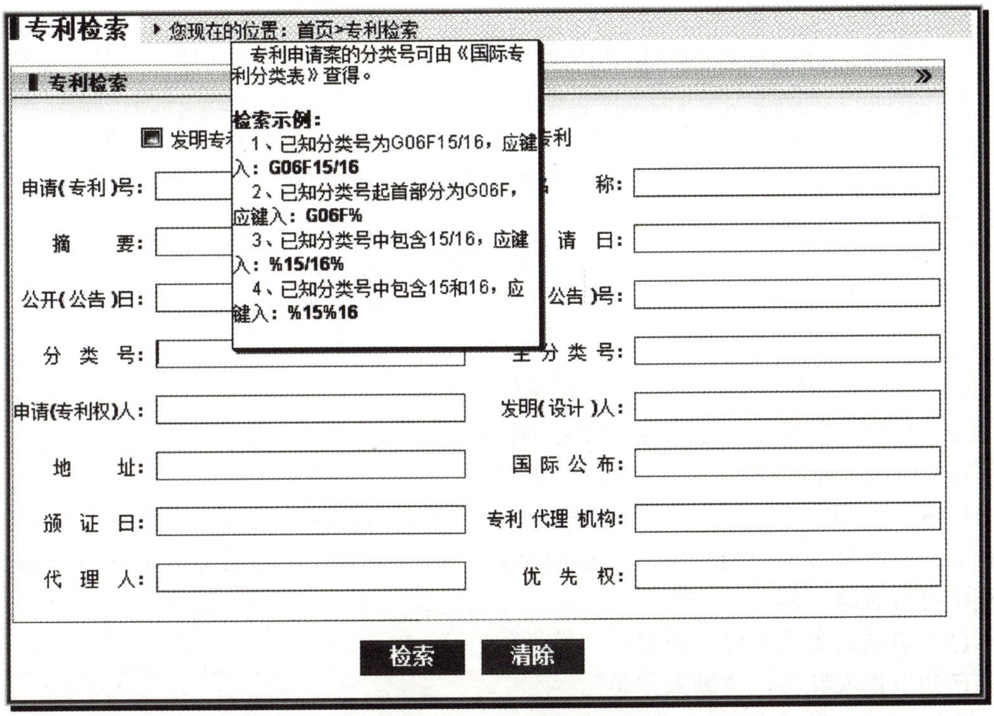

图 6—3　中华人民共和国国家知识产权局——检索帮助

本系统提供了 16 个字段的检索入口，并且在多个检索字段支持模糊检索。其中，字符“?”（半角问号），代表 1 个字符；模糊字符“%”（半角百分号），代表 0～n 个字符。

下面从每个字段的含义和检索实例来介绍本系统的使用方法。

（1）申请（专利）号

该字段可对申请号和专利号进行检索。申请号和专利号由 8 位或 12 位数字组成，小数点后的数字或字母为校验码。申请（专利）号可实行模糊检索。模糊部分位于申请号（或专利号）起首或中间时应使用模糊字符“?”或“%”，位于申请号（或专利号）末尾时模糊字符可省略。例如：

已知申请号为 99120331.3，可键入“99120331”或“99120331.3”；如申请号为 200410016940.6，应键入“200410016940”或“200410016940.6”。

已知申请号前五位为 99120，应键入“99120%”。

已知申请号中间几位为 2033，应键入“ %2033%”。

已知申请号中包含 91 和 33，且 91 在 33 之前，应键入“%91%33”。

(2) 申请日

申请日由年、月、日三部分组成，各部分之间用圆点隔开；“年”为 4 位数字，“月”和“日”为 1 或 2 位数字。例如：

已知申请日为 1999 年 10 月 5 日，应键入“1999. 10. 5”。

已知申请日在 1999 年 10 月，应键入“1999. 10”。

已知申请日在 1999 年，应键入“1999”。

如需检索申请日为 1998—1999 年间的专利，应键入“1998 to 1999”。

(3) 公开（公告）号

公开（公告）号由 7 位或 8 位数字组成。公开（公告）号可实行模糊检索。模糊部分位于公开号起首或中间时应使用模糊字符“?”或“%”，位于公开（公告）号末尾时模糊字符可省略。例如：

已知公开号为 1219642，应键入“CN1219642”或“1219642”。

已知公开号的前几位为 12192，应键入“CN12192%”。

已知公开号中包含 1964，应键入“%1964”。

(4) 公开（公告）日

与“申请日”检索方法一致，此处不再细述。

(5) 申请（专利权）人

申请（专利权）人可为个人或团体，键入字符数不限。申请人可实行模糊检索，模糊部分位于字符串中间时应使用模糊字符“?”或“%”，位于字符串起首或末尾时模糊字符可省略。例如：

已知申请人为吴学仁，应键入“吴学仁”。

已知申请人姓吴，应键入“吴”。

已知申请人名字中包含“仁”，应键入“%仁”。

已知申请人姓吴，且名字中包含“仁”，应键入“吴%仁”。

已知申请人为北京某电子遥控开关厂，应键入“北京%电子遥控开关厂”。

(6) 发明（设计）人

与检索“申请人”的方法一致，此处不再细述。

(7) 地址

地址的键入字符数不限。地址可实行模糊检索，模糊部分位于字符串中间时应使用模糊字符“?”或“%”，位于字符串起首或末尾时模糊字符可省略。例如：

已知申请人地址为香港新界，应键入“香港新界”。

已知申请人地址邮编为 100088，应键入“100088”。

已知申请人地址邮编为 300457，地址为某市泰华路 12 号，应键入“300457%泰华路 12 号”(注意邮编在前)。

已知申请人地址为陕西省某县城关镇某街 72 号，应键入“陕西省%城关镇%72

号”；也可键入“陕西省%72号”、“城关镇%72号”或“72号”。

(8) 名称

专利名称的键入字符数不限。专利名称可实行模糊检索，模糊检索时应尽量选用关键字，以免检索出过多无关文献。模糊部分位于字符串中间时应使用模糊字符“?”或“%”，位于字符串起首或末尾时模糊字符可省略。字段内各检索词之间可进行and、or、not的逻辑运算。例如：

已知名称中包含“照相机”，应键入“照相机”。

已知名称中包含“汽车”和“化油器”，且“汽车”在“化油器”之前，应键入“汽车%化油器”。

已知名称中包含“汽车”和“化油器”，应键入“汽车 and 化油器”。

已知名称中包含“汽车”或者“化油器”，应键入“汽车 or 化油器”。

已知名称中包含“汽车”，但不包含“化油器”，应键入“汽车 not 化油器”。

(9) 摘要

与检索“名称”的方法一致，此处不再细述。

(10) 分类号

专利申请的分类号可由《国际专利分类表》查得，键入字符数不限（字母大小写通用）。分类号可实行模糊检索，模糊部分位于分类号起首或中间时应使用模糊字符“?”或“%”，位于分类号末尾时模糊字符可省略。例如：

已知分类号为G06F15/16，应键入“G06F15/16”。

已知分类号起首部分为G06F，应键入“G06F”。

已知分类号中包含15/16，应键入“%15/16”。

已知分类号前三个字符和中间三个字符分别为G06和5/1，应键入“G06%5/1”。

已知分类号中包含06和15，且06在15之前，应键入“%06%15”。

(11) 主分类号

同一专利申请中具有若干个分类号时，其中第一个称为主分类号。主分类号的键入字符数不限（字母大小写通用）。主分类号可实行模糊检索，模糊部分位于主分类号起首或中间时应使用模糊字符“?”或“%”，位于主分类号末尾时模糊字符可省略。例如：

已知主分类号为G06F15/16，应键入“G06F15/16”。

已知主分类号起首部分为G06F，应键入“G06F”。

已知主分类号中包含15/16，应键入“%15/16”。

已知主分类号前三个字符和中间三个字符分别为G06和5/1，应键入“G06%5/1”。

已知主分类号中包含06和15，且06在15之前，应键入“%06%15”。

(12) 颁证日

与检索“申请日”的方法一致，此处不再细述。

(13) 专利代理机构

专利代理机构的键入字符数不限。专利代理机构可实行模糊检索，模糊部分位于字符串中间时应使用模糊字符“?”或“%”，位于字符串起首或末尾时模糊字符可省略。例如：

已知专利代理机构为广东专利事务所，应键入“广东专利事务所”，也可键入“广东”。

已知专利代理机构名称中包含“贸易”和“商标”，且“贸易”在“商标”之间，应键入“贸易%商标”。

(14) 代理人

专利代理人通常为个人。专利代理人可实行模糊检索，模糊部分位于字符串中间时应使用模糊字符“?”或“%”，位于字符串起首或末尾时模糊字符可省略。例如：

已知专利代理人为张李三，应键入“张李三”。

已知专利代理人姓张，应键入“张”。

已知专利代理人名字中包含“三”，应键入“%三”。

已知专利代理人姓张，且名字中包含“三”，应键入“张%三”。

(15) 优先权

优先权信息中包含表示优先权日、国别的字母和优先权号。优先权可实行模糊检索，模糊部分位于字符串中间时应使用模糊字符“?”或“%”，位于字符串起首或末尾时模糊字符可省略。例如：

已知专利的优先权日为1994.12.28，应键入“1994.12.28”。

已知专利的优先权属于日本，应键入“JP”(字母大小写通用)。

已知专利的优先权号为327963/94，应键入“327963/94”。

已知专利的优先权属于日本，且编号为327963，应键入“JP%327963”。

(16) 国际公布

国际公布信息中包括国际公布号、公布的语种和公布的日期。例如：已知国际公布的语种为日文，应输入“日”。

已知PCT公开号为wo94/17607，应输入“wo94/17607”，或输入“wo94.17607”，或输入“94/17607”。

已知公布日期为1999.3.25，应输入“1999.3.25”，或输入“99.3.25”。

在进行检索时，首先要设置检索的范围：发明专利、实用新型专利和外观设计专利，检索范围缺省的时候默认为全部专利。检索结果依据发明专利、实用新型专利、外观设计专利的顺序显示专利申请号及专利号。在检索结果显示页，可以根据检索条件和选定的范围，对结果进行进一步选择。我们以下面的具体实例来做详细介绍。

例如，检索我国“杂交水稻之父”袁隆平的所有专利文献。

检索步骤：

1) 进入检索界面。

2) 选择检索范围，这里缺省默认为全部专利。

3) 输入检索词，在“发明（设计）人”输入框中输入袁隆平。

4) 点击检索，检索到11项发明专利，结果如图6—4所示。

该检索系统还提供了IPC分类检索，以便读者可以通过IPC分类号检索专利信息，界面如图6—5所示。

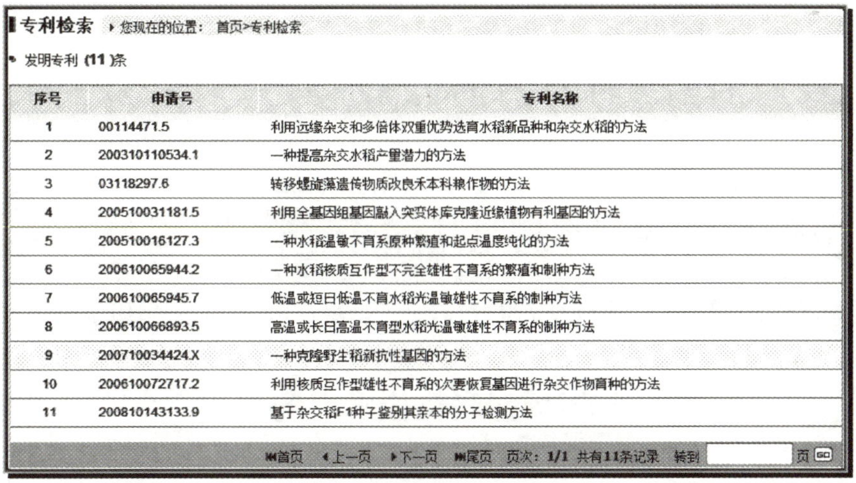

专利检索 ▸您现在的位置：首页>专利检索

• 发明专利（11）条

序号	申请号	专利名称
1	00114471.5	利用远缘杂交和多倍体双重优势选育水稻新品种和杂交水稻的方法
2	200310110534.1	一种提高杂交水稻产量潜力的方法
3	03118297.6	转移螺旋藻遗传物质改良禾本科粮作物的方法
4	200510031181.5	利用全基因组基因融入突变体库克隆近缘植物有利基因的方法
5	200510016127.3	一种水稻温敏不育系原种繁殖和起点温度纯化的方法
6	200610065944.2	一种水稻核质互作型不完全雄性不育系的繁殖和制种方法
7	200610065945.7	低温或短日低温不育水稻光温敏雄性不育系的制种方法
8	200610066893.5	高温或长日高温不育型水稻光温敏雄性不育系的制种方法
9	200710034424.X	一种克隆野生稻新抗性基因的方法
10	200610072717.2	利用核质互作型雄性不育系的次要恢复基因进行杂交作物育种的方法
11	200810143133.9	基于杂交稻F1种子鉴别其亲本的分子检测方法

⏮首页 ◂上一页 ▸下一页 ⏭尾页 页次：1/1 共有11条记录 转到 页 GO

图 6—4　中华人民共和国国家知识产权局——检索结果

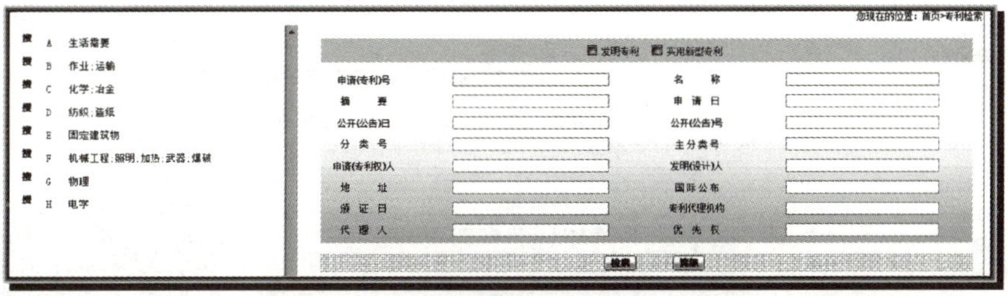

您现在的位置：首页>专利检索

搜 A 生活需要
搜 B 作业；运输
搜 C 化学；冶金
搜 D 纺织；造纸
搜 E 固定建筑物
搜 F 机械工程；照明；加热；武器；爆破
搜 G 物理
搜 H 电学

☐ 发明专利　☐ 实用新型专利

申请(专利)号	名　称
摘　要	申 请 日
公开(公告)日	公开(公告)号
分 类 号	主分类号
申请(专利权)人	发明(设计)人
地　址	国际公布
颁 证 日	专利代理机构
代 理 人	优 先 权

检索　清除

图 6—5　中华人民共和国国家知识产权局——IPC 分类检索

该检索界面有三部分组成，一部分是 IPC 分类系统中 8 个部的导航栏，另一部分是“发明专利”和“实用新型专利”的复选框区域，再就是检索词和检索结果显示区域。选择发明专利或者实用新型专利的类型，然后点击左侧某个部类字母前的“搜”按钮，则会在结果显示区域显示出所有该类的发明专利或实用新型专利的结果。如检索依次点击 A01、A01C 和 A01C1/00，检索结果如图 6—6 所示，选择专利号或者专利名称，可以查看详细的专利信息。

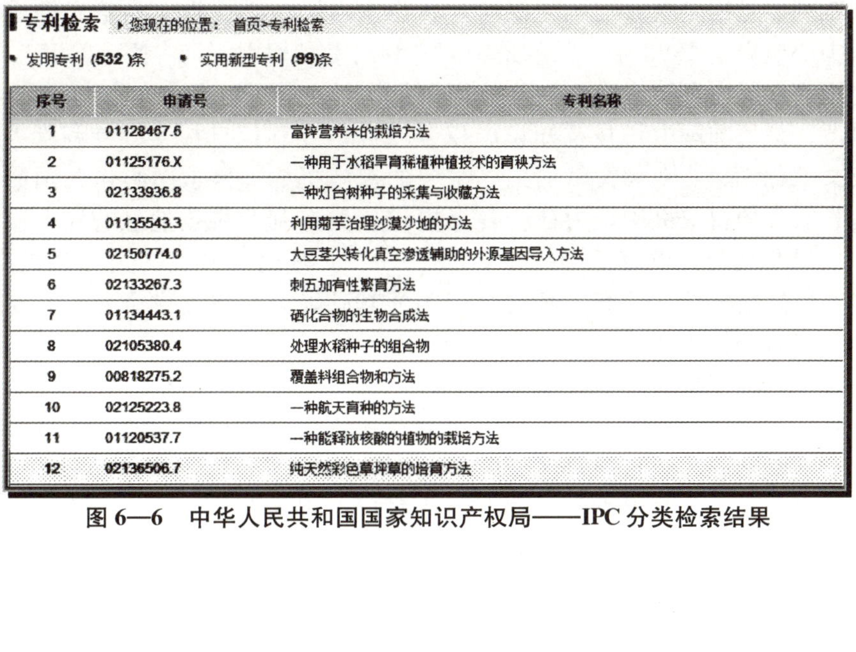

专利检索 ▸您现在的位置：首页>专利检索

• 发明专利（532）条　• 实用新型专利（99）条

序号	申请号	专利名称
1	01128467.6	富锌营养米的栽培方法
2	01125176.X	一种用于水稻旱育稀植种植技术的育秧方法
3	02133936.8	一种灯台树种子的采集与收藏方法
4	01135543.3	利用菊芋治理沙漠沙地的方法
5	02150774.0	大豆茎尖转化真空渗透辅助的外源基因导入方法
6	02133267.3	刺五加有性繁育方法
7	01134443.1	硒化合物的生物合成法
8	02105380.4	处理水稻种子的组合物
9	00818275.2	覆盖料组合物和方法
10	02125223.8	一种航天育种的方法
11	01120537.7	一种能释放核酸的植物的栽培方法
12	02136506.7	纯天然彩色草坪草的培育方法

图 6—6　中华人民共和国国家知识产权局——IPC 分类检索结果

6.2.2 中国专利信息网专利检索系统

1. 概述

中国专利信息网网址为 http：//210.82.89.169/web/，主页如图 6—7 所示。

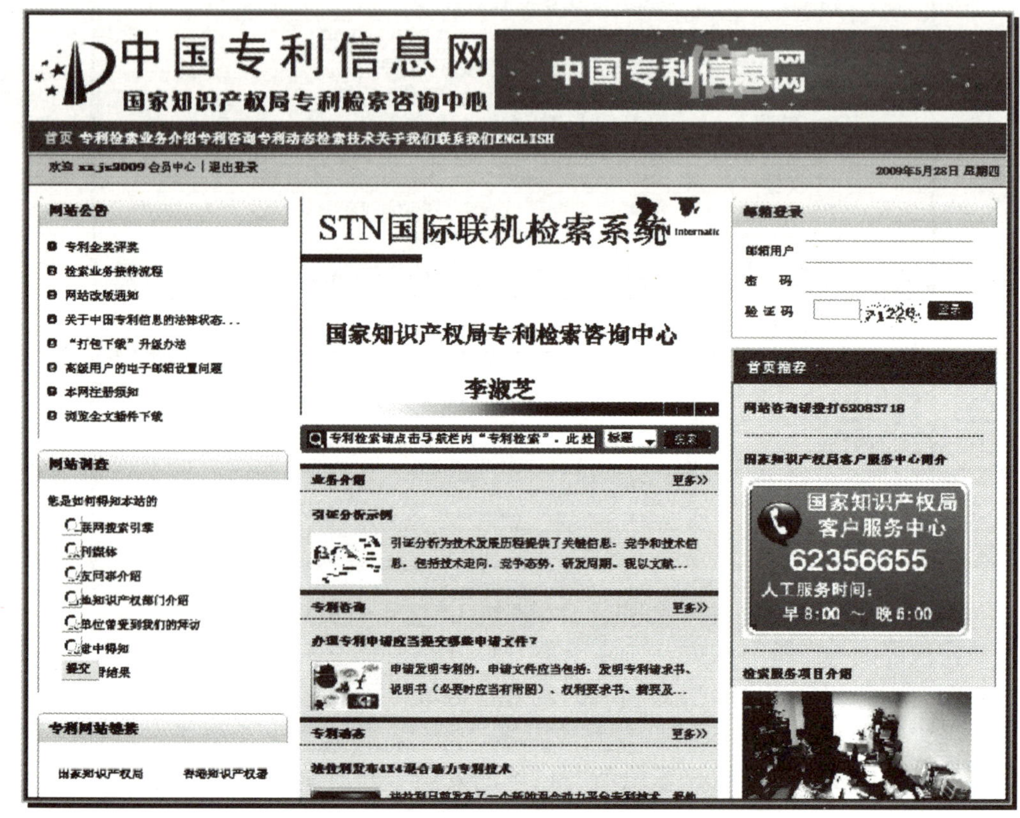

图 6—7 中国专利信息网——网站主页

中国专利信息网是国家知识产权局专利检索咨询中心提供专利信息的综合性网络平台，该中心成立于 1993 年，前身是中国专利局专利检索咨询中心，2001 年 5 月更名为国家知识产权局专利检索咨询中心（以下简称“检索中心”），是国家知识产权局直属事业单位，是目前国内科技及知识产权领域提供专利信息检索、专利事务咨询、专利及科技文献翻译、非专利文献加工等服务的权威机构。检索中心作为国家知识产权局提供检索服务的权威机构，为社会各界提供有关专利及科技信息的检索服务；为国家知识产权局专利局各审查部门提供 STN、Dialog 等商业系统的国际联机检索服务；以多款专业性高级分析软件和多种信息资源为基础，为客户提供全方位、专业化的检索、咨询和战略分析等高端服务。

该系统既有收费检索，也有免费检索，用户可以在网上自行注册，成功后可用注册的用户名、密码登录，然后就可使用中国专利信息网的相关功能，所有注册用户均可使用专利检索功能，能够检索自 1985 年 4 月 1 日中国专利法实施以来至今的 203 万件专利的题录信息；免费用户可以自由浏览专利说明书全文的首页，普通和高级用户可以查看并打印、下载发明专利和实用新型专利说明书的题录和摘要信息，以及说明书的全部内容（外观设计另行收费）。下面是以免费用户的身份进入该检索系统的介绍。

2. 检索方法及应用

点击导航栏的“专利检索”进入检索界面，系统提供简单检索、逻辑组配检索、菜单检索三种方式。

(1) 简单检索

简单检索保持了原有检索的功能，搜索范围是所有专利文献的题录信息。简单检索界面如图6—8所示。

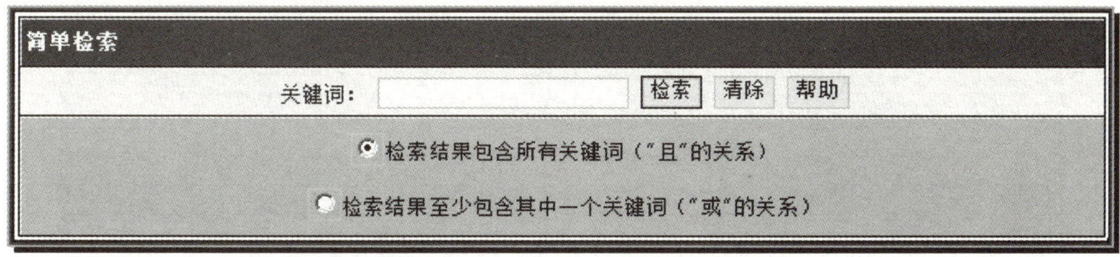

图6—8　中国专利信息网——简单检索界面

在检索框内键入关键词，各关键词之间用空格隔开，然后选择检索框下方的选项，简单检索默认关键词之间的逻辑联系是“且”的关系，最后单击检索按钮。系统会在新打开的窗口中列出检索结果。如果选“或”的关系，则检索出的专利文献的题录信息中至少包含其中的一个关键词；如果选“且”的关系，则检索结果包含全部关键词。

(2) 逻辑组配检索

逻辑组配可以更准确地检索出用户所要求的专利，检索式1和检索式2是检索提问输入框，分别可以输入多个关键词并可以进行组配，检索词之间的组配关系为：空格、逗号、*和&这四个符号（支持半角和全角）及“AND”都可以表示“且”的关系；“+”，“|”，“OR”，都表示“或”的关系；减号（支持全角和半角）、“NOT”都表示“非”的关系；“检索式1”与“检索式2”之间的逻辑组配关系可通过中间的逻辑关系选项（AND、OR、NOT）选择。在检索式1和检索式2的下方给出了可供选择的检索字段，默认为在全部字段中进行检索。如果用户要将检索限定在特定字段，则可在检索字段下拉菜单中进行选择。

例如，检索袁隆平申请的关于水稻的专利。

在检索1中输入“水稻”，检索字段1选择“全部字段”，在检索式2中输入“袁隆平”，检索字段2选择“申请人”，如图6—9所示。

检索到1篇，结果如图6—10所示。

(3) 菜单检索

该功能可提供多字段组配检索，各字段之间的逻辑关系为AND，各字段的名称可点击，用于查询各检索式的输入格式及要求。键入各项相应的内容，然后，点击“检索”按钮，即可得检索结果。例如检索袁隆平关于水稻的专利。在“发明名称”字段中输入“水稻”，在“申请人”字段中输入“袁隆平”，如图6—11所示。

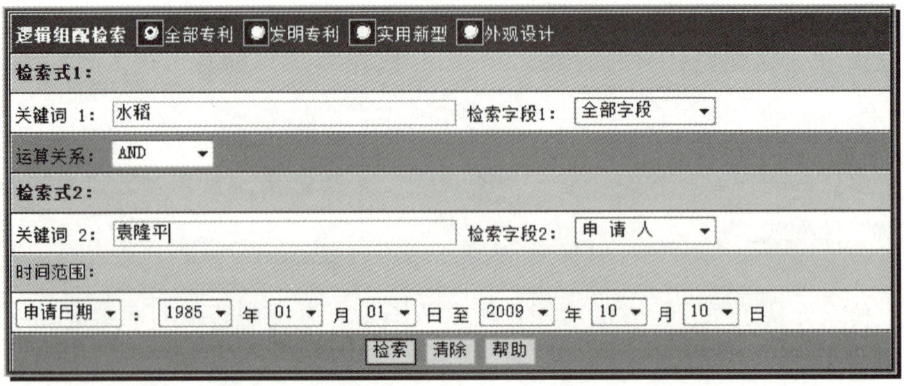

图 6—9 中国专利信息网——逻辑组配检索

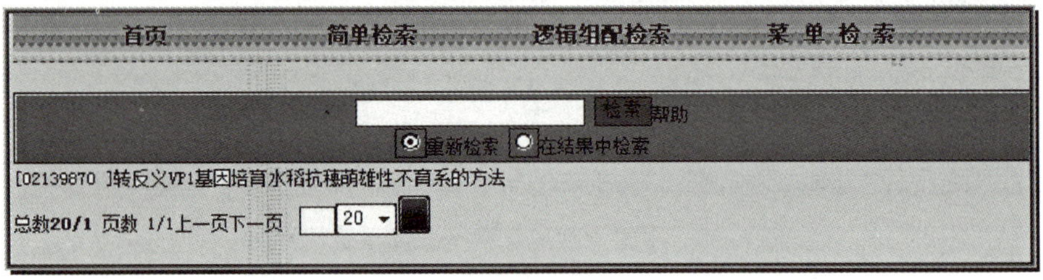

图 6—10 中国专利信息网——逻辑组配检索结果

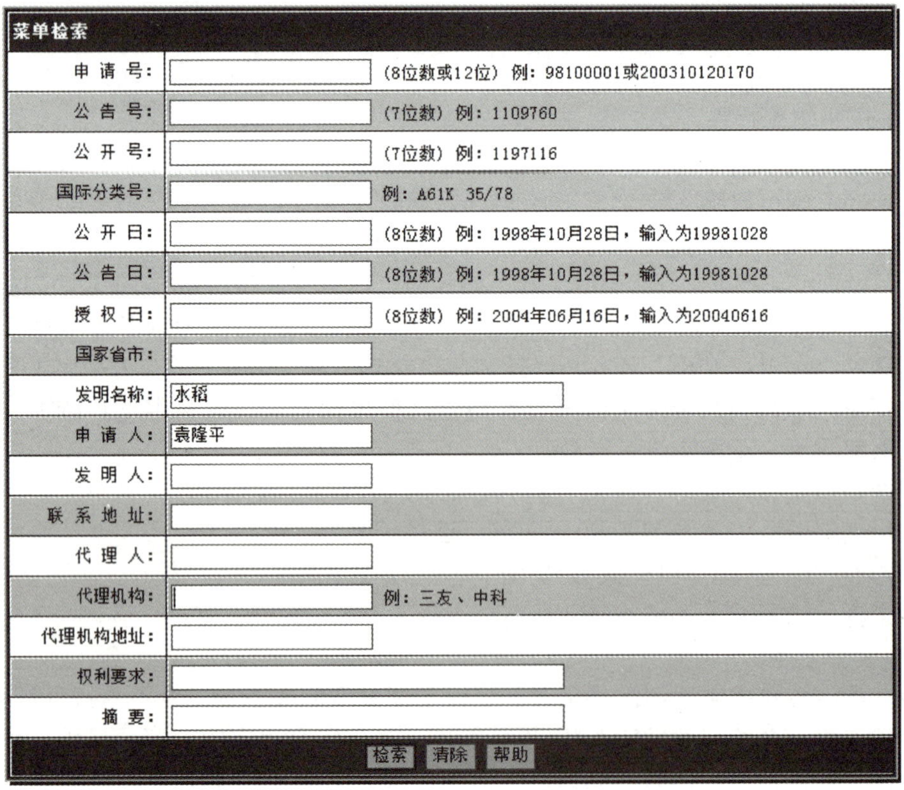

图 6—11 中国专利信息网——菜单检索界面

检索到 1 篇，结果如图 6—12 所示。

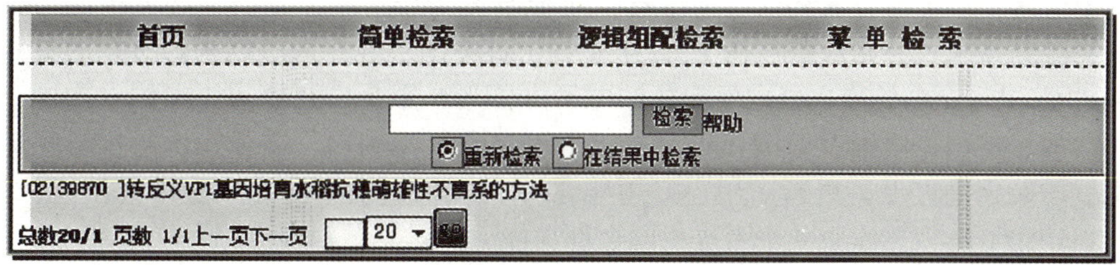

图 6—12　中国专利信息网——菜单检索结果

如果对检索结果不满意，可以重新检索或者在结果中二次检索。

6.2.3　中国知识产权网专利检索系统

1. 概述

中国知识产权网网址为 http：//www.cnipr.com/，其主页界面如图 6—13 所示。

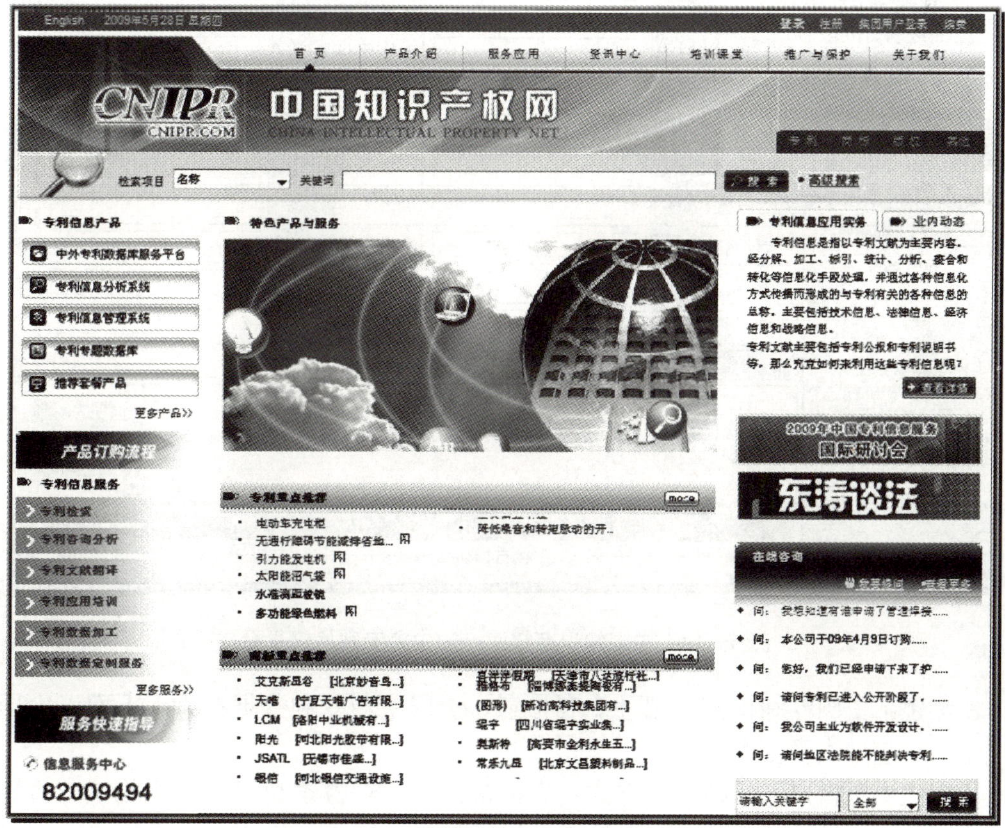

图 6—13　中国知识产权网——网站主页

中外专利数据库服务平台（CNIPR）是由国家知识产权局知识产权出版社通过“中国知识产权网”提供的中外专利文献检索系统，是依托领先的设计理念和先进的技术手段，针对专利信息应用和专利战略咨询的需求而开发的专利数据库资源共享平台。

它包括专利信息采集、信息加工、信息检索、信息分析、信息应用等部分，通过完整的价值链体系，可以有效利用专利信息、改善研发工作效率、提高核心竞争能力、满足科技创新需求。原始数据包括1985年4月1日中国实施专利法以来，所有的专利公报通过OCR（光电转换）处理而形成的电子（图形）数据，还涵盖了七国（中国、日本、美国、英国、法国、德国、瑞士）两组织（欧洲专利局、国际知识产权组织）的数据。该数据一直保持更新。用户必须购买专利文献阅读卡，并成功进行用户注册，才可以使用专利数据库服务平台提供的全部功能。

2. 检索方法及应用

主页面提供搜索和高级检索搜索按钮，重点介绍高级搜索。点击高级搜索，进入中外专利数据库服务平台，界面如图6—14所示。

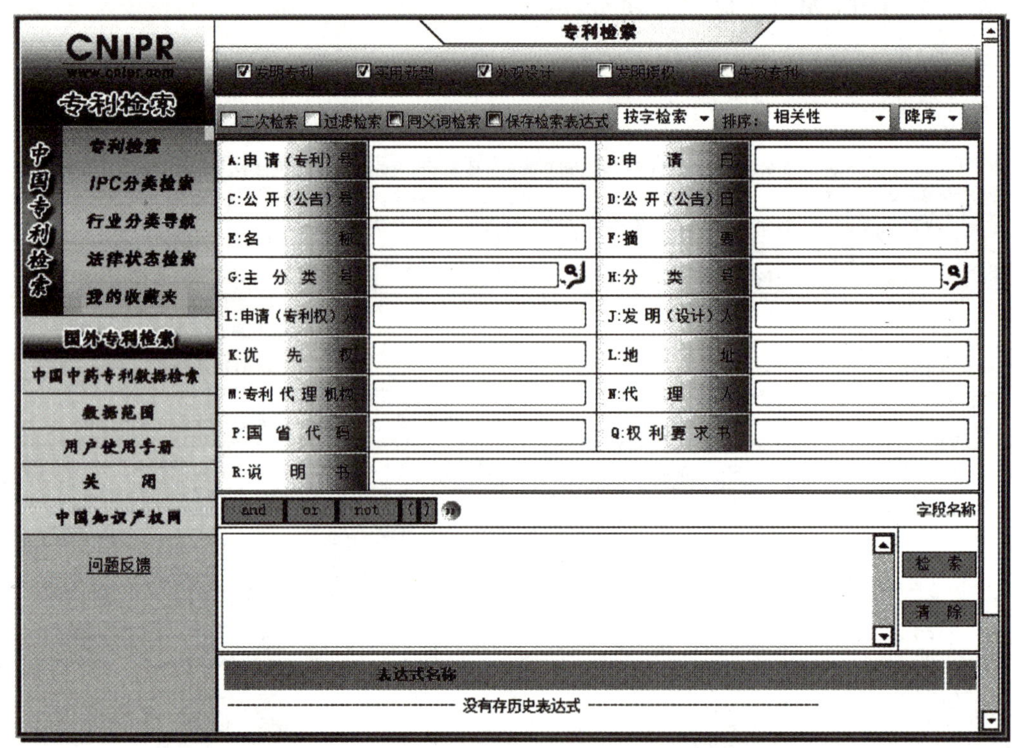

图6—14 中国知识产权网——中外专利检索平台

左侧包括中国专利检索、国外专利检索、中国中药专利数据检索，下面以中国专利检索来对该检索平台作介绍。

平台主要提供以下几种检索方式：表格检索、逻辑检索和IPC分类检索，每种检索方式还提供辅助检索方式：二次检索、过滤检索、同义词检索。如果用户希望保存本次检索条件，以供今后使用，需要选中保存检索表达式。保存后的检索表达式可以在逻辑检索的历史表达式中进行重命名、删除、锁定等操作。

(1) 表格检索

表格检索界面如图6—15所示。

A:申请（专利）号		B:申　请　日	
C:公 开（公告）号		D:公 开（公告）日	
E:名　称		F:摘　要	
G:主 分 类 号		H:分　类　号	
I:申请（专利权）人		J:发 明（设计）人	
K:优　先　权		L:地　址	
M:专利 代 理 机构		N:代　理　人	
P:国 省 代 码		Q:权 利 要 求 书	
R:说　明　书			

图 6—15　中国知识产权网——表格检索界面

检索界面提供了 17 个检索字段，表格检索方法简单易用，系统有检索帮助，当鼠标放置到某字段的输入框时，会自动提示该字段的检索规则和检索示例，与之前详细讲述的中华人民共和国国家知识产权局专利检索系统极为相似，这里不再赘述。

（2）逻辑检索

界面如图 6—16 所示。

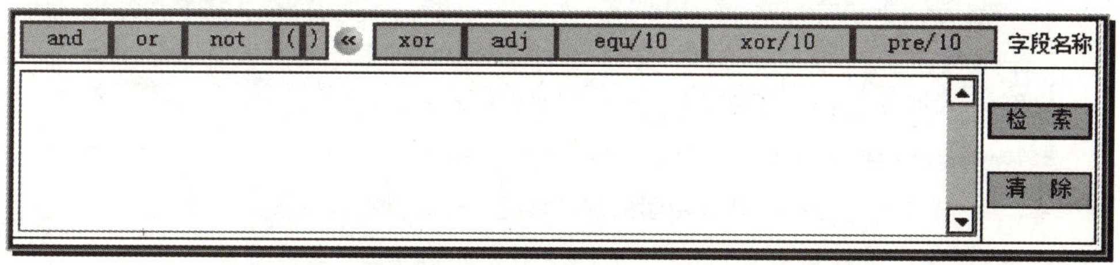

图 6—16　中国知识产权网——逻辑检索界面

部分运算符的说明：

除了熟知的 not、and 和 or，还提供了其他检索符号：xor（逻辑异或）、adj（两者邻接，次序有关）、equ/n（两者相隔 n 个字，次序有关（默认相隔 10 个字））、xor/n（两者在 n 个字之内不能同时出现（默认相隔 10 个字））、pre/n（两者相隔至多 n 个字，次序有关（默认相隔 10 个字）），具体使用方法参见中国知识产权网的用户使用手册，此处不再详述。

点击右上角的“字段名称”按钮，可以查看字段名称代码，如图 6—17 所示。

例如，检索袁隆平关于水稻的专利。键入检索表达式：袁隆平/IN and 水稻/FT，检索到 11 条，结果如图 6—18 所示。

更多检索条件的输入规则可查阅表格检索中的相关内容。

（3）IPC 分类检索

其界面如图 6—19 所示，IPC 分类检索是将 IPC 分类和表格检索结合在一起进行检索。这里的表格检索和前述的表格检索规则一样，同时也可以不与 IPC 分类结合，单独进行表格检索。在此仅介绍如何将 IPC 分类和表格检索相结合来进行专利检索。

名称/TI	申请（专利）号/AN	申请日/AD
公开（公告）号/PNM	公开（公告）日/PD	申请（专利权）人/PA
发明（设计）人/IN	主分类号/PIC	分类号/SIC
地址/AR	摘要/AB	优先权/PR
专利代理机构/AGC	代理人/AGT	主权项/CL
国际申请/IAN	国际公布/IPN	颁证日/IPD
分案原申请号/DAN	国省代码/CO	权利要求书/CLM
说明书/FT		

图 6—17　中国知识产权网——字段名称代码

发明专利(11)　实用新型(0)　外观设计(0)

申请（专利）号	主分类号	名称
CN00114471.5	A01H1/02	利用远缘杂交和多倍体双重优势选育水稻新品种和
CN03118297.6	C12N15/31	转移螺旋藻遗传物质改良禾本科粮作物的方法
CN200310110534.1	A01H1/02	一种提高杂交水稻产量潜力的方法
CN200510031181.5	C12N15/09(2006.01)	利用全基因组基因融入突变体库克隆近缘植物有利
CN200510016127.3	A01H1/02(2006.01)	一种水稻温敏不育系原种繁殖和起点温度纯化的方
CN200710034424.X	C12N15/29(2006.01)	一种克隆野生稻新抗性基因的方法
CN200610066893.5	A01H1/02(2006.01)	高温或长日高温不育型水稻光温敏雄性不育系的制
CN200610065944.2	A01H1/02(2006.01)	一种水稻核质互作型不完全雄性不育系的繁殖和制
CN200610065945.7	A01H1/02(2006.01)	低温或短日低温不育水稻光温敏雄性不育系的制种
CN200610072717.2	A01H1/02(2006.01)	利用核质互作型雄性不育系的次要恢复基因进行杂

图 6—18　中国知识产权网——逻辑检索结果

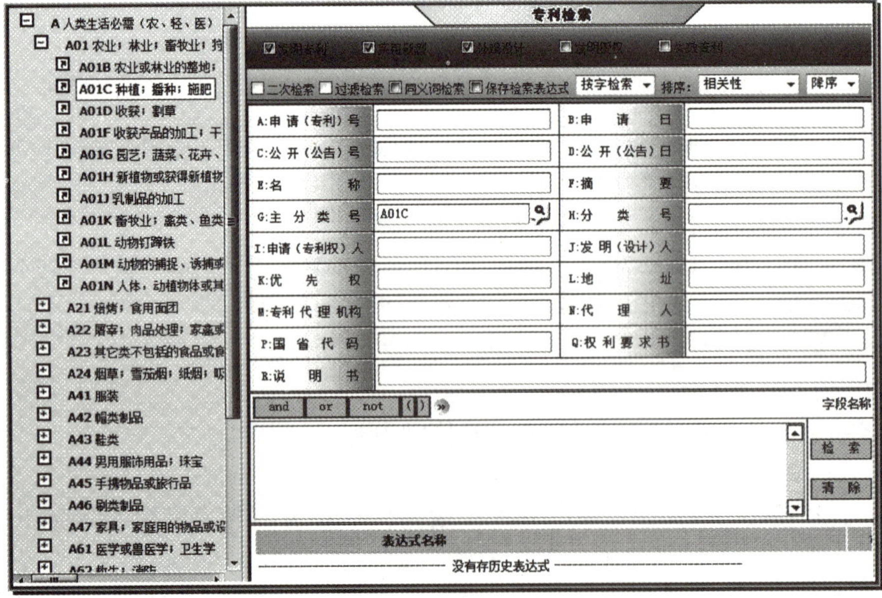

图 6—19　中国知识产权网——IPC 分类检索界面

点击图 6—19 中 A01C 种植；播种；施肥 的的区域，将自动在表格检索的主分类中输入该 IPC 分类号，可以再配合输入其他检索条件，进行检索。点击图 6—19 中可以直接检索该 IPC 分类的专利。

（4）行业分类导航

为促进专利信息的普及应用、提高检索效率、降低初学者检索难度，中外专利数据库平台设计了分类导航检索功能。该分类导航是以《国际标准产业分类》和《国民经济行业分类与代码》为依据构建的，与之对应的检索表达式是由国家知识产权局专家编写的。

行业分类导航是中外专利数据库平台的新增功能，按照行业的分类对中外专利进行检索。行业分类导航可进行与全库检索类似的表格检索、二次检索、过滤检索等。

6.2.4　中国专利网专利检索系统

1. 概述

中国专利网的网址为 http：//www.cnpatent.com，其主界面如图 6—20 所示。

图 6—20　中国专利网——主页面

中国专利网由中国专利技术开发公司创建，是中国最大的从事专利技术与专利产品信息的发布，并为专利供需双方提供全方位服务的权威性中文网站。该网站具有强大的发布信息与展示功能以及完善的网络专利检索功能。而且它通过与世界最大的搜索引擎公司 Google 合作，利用最先进的网络信息匹配技术，为每一项网上发布的专利都匹配了与之技术或产品相关的生产、科研、贸易、投资、媒体等机构信息，为专利推广与合作提供了更广泛的机遇。利用拥有庞大数据量的中国专利数据库，为专利发明人及科研、生产机构提供与专利申请相关的最新中国专利技术文摘检索资料。

2. *检索方法*

该系统有两类主要的数据库：中国专利检索数据库和中国专利经济数据库，分别予以介绍。

(1) 中国专利检索数据库

该系统无法检索专利全文，只能获取专利文摘。使用方法比较简单，信息类型较多，因此对于需要了解各领域专利现状或专利技术及其生产机构的读者比较适合。

单击主页面右侧的“中国专利检索数据库”链接，可以进入检索的界面，如图 6—21 所示。

专利检索

专利号		中国专利IPC分类信息
发明名称		A. 人类生活需要　B. 作业，运输
摘要		C. 化学，冶金　D. 纺织和造纸
申请日		E. 固定构架　F. 机械工程
公开/公告日		G. 物理　H. 电学
公开/公告号		
IPC分类号		
申请人		
发明人		
申请人地址		
国省代码		
专利种类	□ 发明 □ 实用新型 □ 外观设计	
	检索　重置	

图 6—21　中国专利检索数据库——主界面

1) 字段检索

只要将鼠标放置在每个检索入口的检索字段上点击，都可以显示出使用提示，按照这个提示方法输入检索词，单击“检索”即可以查到所需要的信息。与“中华人民共和国国家知识产权局专利检索系统”的使用方法一致，此处不再详述。

2) 中国专利 IPC 分类检索

根据课题需要选择相应的类别，点击“检索”即可。

该系统只能检索到摘要和权利要求等项的专利信息，如果需要专利全文，就需要选择其他的专利全文数据库。

(2) 中国专利经济数据库

点击主页右侧的中国专利经济信息库，进入该库的检索界面如图 6—22 所示。

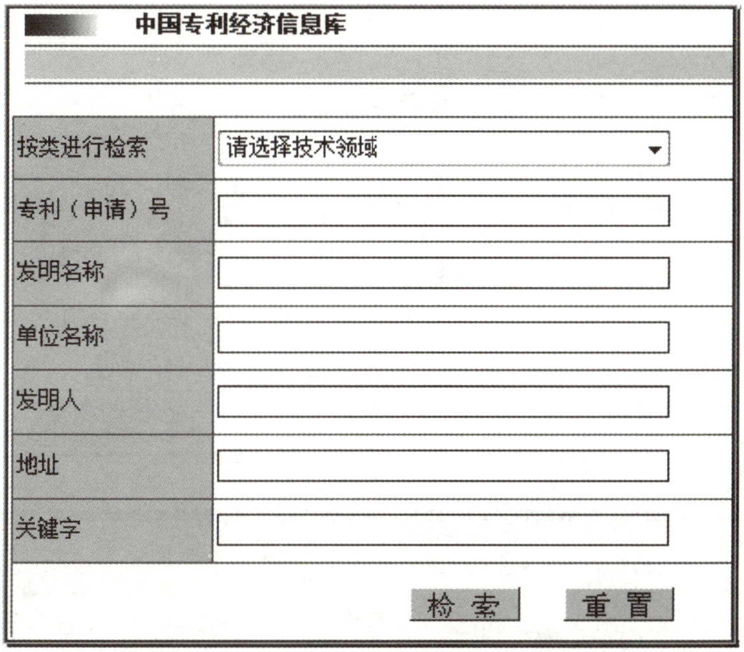

中国专利经济信息库

按类进行检索	请选择技术领域
专利（申请）号	
发明名称	
单位名称	
发明人	
地址	
关键字	

检 索　重 置

图 6—22　中国专利经济信息库——主界面

该系统不仅可以按照分类进行检索，也可以通过字段进行检索。

检索界面最上面有一个“按类进行检索”的下拉菜单，如图 6—23 所示，根据课题需要选择相应的类别，点击“检索”即可。

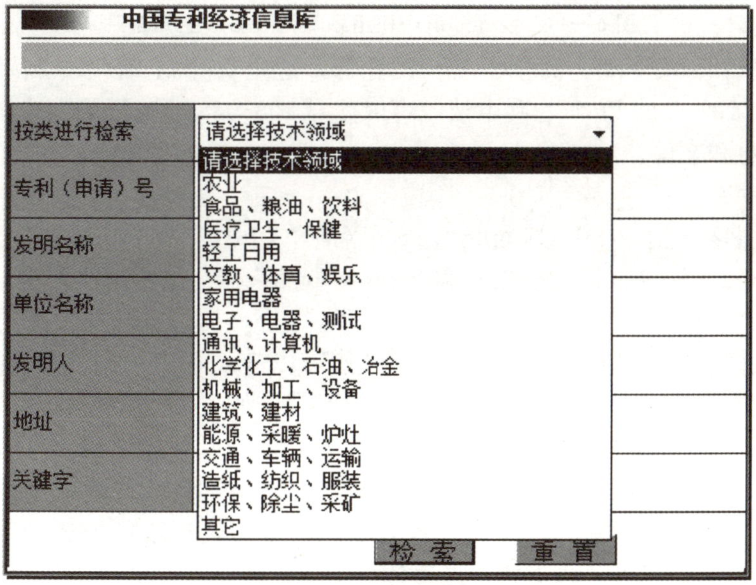

中国专利经济信息库

按类进行检索　请选择技术领域

专利（申请）号

发明名称

单位名称

发明人

地址

关键字

请选择技术领域
农业
食品、粮油、饮料
医疗卫生、保健
轻工日用
文教、体育、娱乐
家用电器
电子、电器、测试
通讯、计算机
化学化工、石油、冶金
机械、加工、设备
建筑、建材
能源、采暖、炉灶
交通、车辆、运输
造纸、纺织、服装
环保、除尘、采矿
其它

检 索　重 置

图 6—23　中国专利经济信息库——按类进行检索

其字段检索方法与“中华人民共和国国家知识产权局专利检索系统”的字段检索方法一致。

6.3 外国专利检索

6.3.1 世界知识产权组织专利数据库

1. 概述

世界知识产权组织（WIPO）是联合国的一个专门机构，致力于发展兼顾各方利益、便于使用的国际知识产权（IP）制度，以奖励创造，促进创新，在为经济发展做出贡献的同时维护公共利益。现有成员国 184 个，超过全世界国家数量的 90%，成员国召开各种大会、委员会和其他决策机构会议，决定该组织的战略方向和各项活动。

世界知识产权组织专利文献可以通过知识产权数字图书馆网站（IPDL）免费检索，该网站的网址为 http：//www.wipo.int/ipdl/en/，进入后主页如图 6—24 所示。

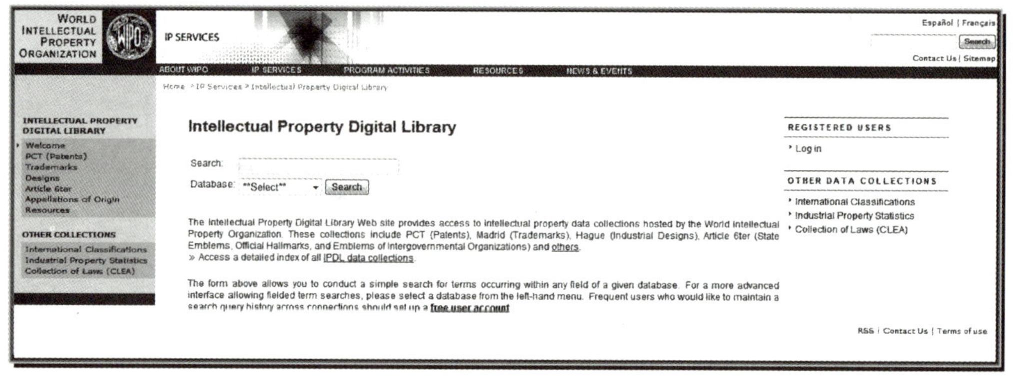

图 6—24 世界知识产权组织专利数据库主界面

该系统包括 PCT 专利、商标、工业设计等，这里仅介绍 PCT 专利，其数据包括 1997 年 1 月以后公开的 PCT 专利申请，可以搜寻 1583038 项国际专利申请，查看 WIPO 的最新信息和文件。

2. 检索方法

系统提供四种检索方式：Simple Search（简单检索）、Advanced Search（高级检索）、Structured Search（结构检索）和 Browse By Week（按周浏览）。

(1) Structured Search（结构检索）

点击导航栏左侧的“PCT（Patents）”链接可以进入 PCT 专利检索界面，这里系统默认的检索方法是 Structured Search（结构检索），如图 6—25 所示。

结构化检索提供 12 个检索词输入框，可以分别制定其检索字段，并且可以指定它们之间的逻辑关系，也可以只使用一个字段检索。该检索方式简单，系统提供了模式化的工具，检索词的检索字段、逻辑关系等项目均采用选择项的方式，用户不必输记忆字段名称、逻辑字符等，只需要通过鼠标点击选择就能完成检索任务。

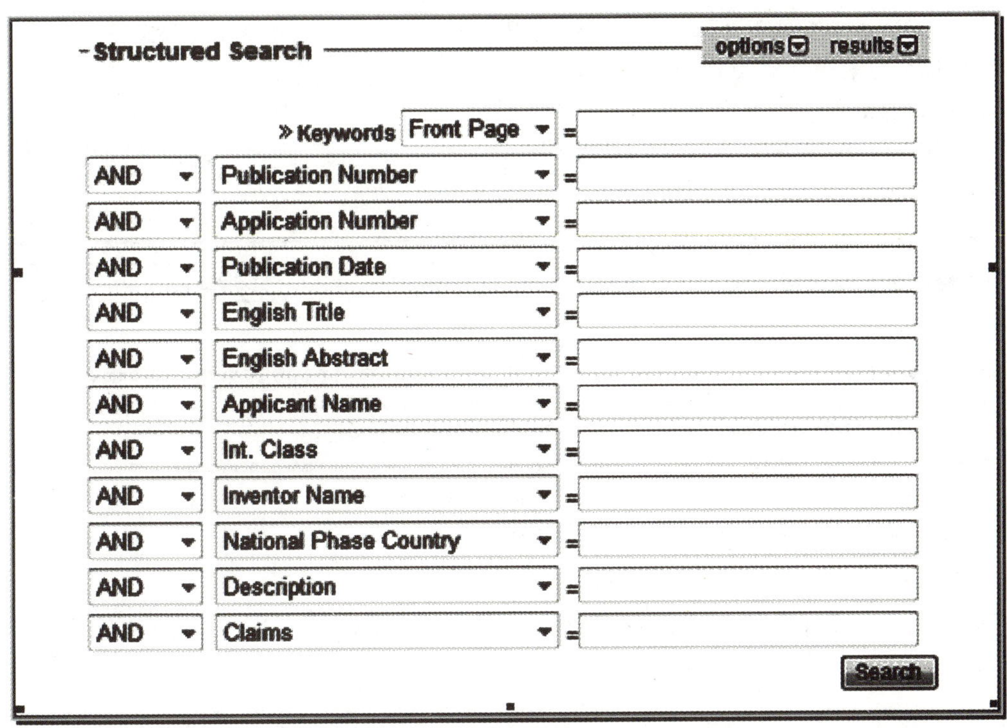

图 6—25　WIPO 结构化检索界面

(2) Advanced Search（高级检索）

点击图 6—25 中的 options 下拉列表中的 Advanced Search 选项，进入高级检索界面，如图图 6—26 所示。

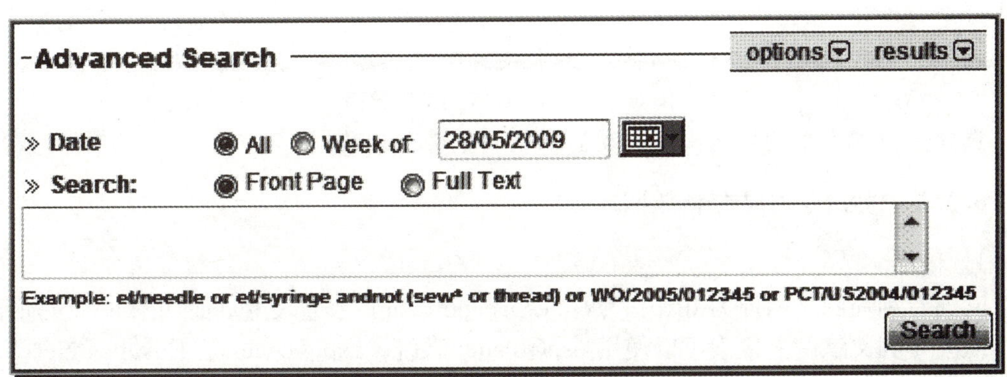

图 6—26　WIPO 高级检索界面

采用命令行方式输入检索语句，可以实现复杂的检索，具体检索规则可以参考帮助文件。高级检索可以按照下列步骤进行：

1) 在“Date”栏目中选择要检索的时间范围。“All”表示整个数据库；“Week of”表示具体时间周。

2) 在 Search 栏目点选单选按钮“Front Page”（专利首页）或者“Full Text”（专利全文）选择要检索的数据库类型。

3）打开“results”的下拉菜单，选择结果的排序方式、每页记录显示条数等。

4）输入检索语句，点击 Search 即可。

（3）Simple Search（简单检索）

点击图 6—26 中的 options 下拉列表中的 Simple Search 选项，进入简单检索界面，如图 6—27 所示。

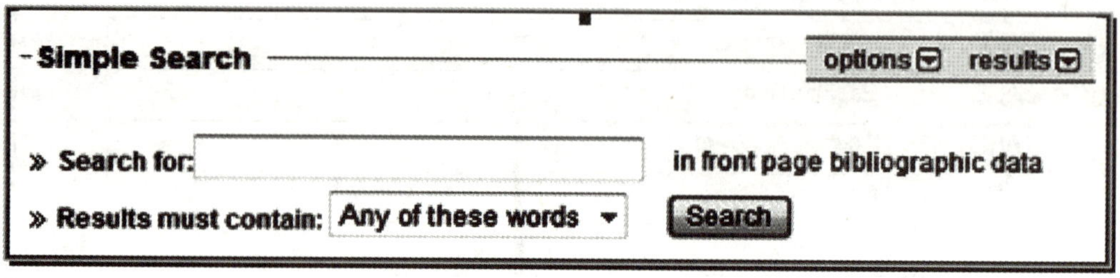

图 6—27　WIPO 简单检索界面

输入检索词，选择检索条件，点击搜索即可。

（4）Browse By Week（按周浏览）

点击图 6—27 中的 options 下拉列表中的 Browse By Week 选项，进入按周浏览界面，如图 6—28 所示。

图 6—28　WIPO 按周浏览界面

选择下拉列表中的时间周，自动显示该周全部专利数据。

6.3.2　欧洲专利局专利数据库

1．概述

欧洲专利局网站网址为 http：//ep.espacenet.com/，进入主页面如图 6—29 所示。

欧洲专利文献网上检索可以使用 esp@cenet 系统，esp@cenet 是 Europes Network of Patent Database 的简称，是欧洲专利局和其成员国的国家专利局提供的基于 Web 方式的免费专利信息数据库检索系统。该系统收录了 1836 年以来的世界专利文献，总计超过 5 000 万条记录，其中多数为专利申请案，用户可直接检索全世界专利，也可以进入子库单独检索日本、世界知识产权组织、欧洲专利局等专利组织和 20 多个欧洲专利局成员国的专利。该系统可提供对世界 50 多个国家专利信息的网上免费检索，大多数国家的专利数据可追溯至 20 世纪 70 年代，但每个国家可检索专利信息的详细程度和覆盖年限并不完全相同，有些国家、地区、组织的专利可检索到全文，有些国家的专利可检索到文摘，而有些国家的专利则只能检索到题录。

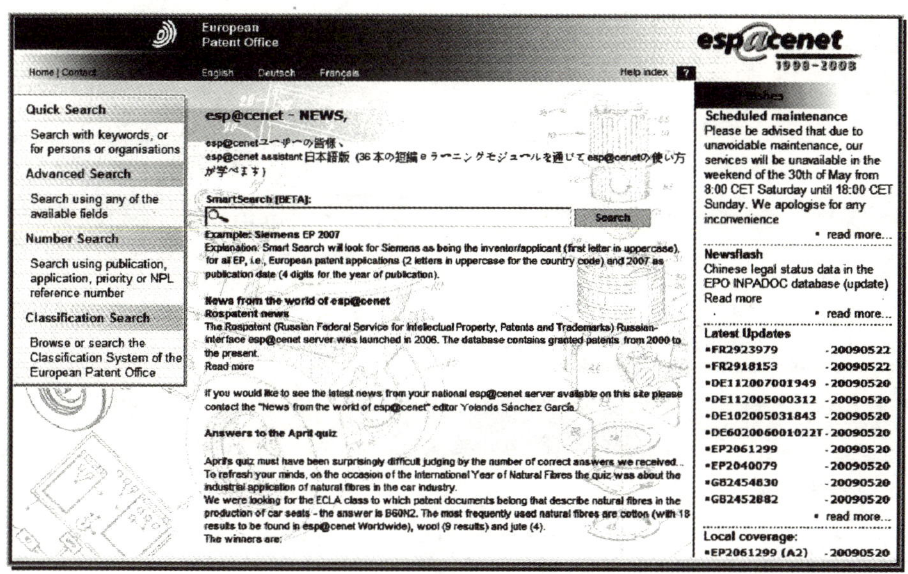

图 6—29　欧洲专利局——网站主页

目前 esp@cenet 数据库有三种类型：EP-esp@cenet（欧洲专利数据库）、World-wide Database（世界多国专利数据库）和 WIPO-esp@cenet（世界知识产权组织专利数据库）。

2. 检索方法

在主界面左侧栏目可以看到，该系统有 4 种检索方法：Quick Search（快速检索）、Advanced Search（高级检索）、Number Search（号码检索）和 Classification Search（分类号检索）。

（1）Quick Search（快速检索）

快速检索界面如图 6—30 所示。

快速检索主要是在标题或摘要中通过关键词进行检索，或者通过专利发明人或申请人的姓名或机构名称进行检索。

其步骤如下：

1）在“Database”中选择数据库。

2）在“Type of search”中选择检索字段。

3）在“Search terms”中输入检索表达式。

esp@cenet 检索系统支持逻辑运算符号：and（逻辑与）、or（逻辑或）、not（逻辑非）。用词组检索时，使用双引号（“ ”）将词引起来作为一个检索词进行精确检索。该检索系统提供的通配符有：*（代替任意多个字符）、?（代替 0 或 1 个字符）、#（代替一个字符）。

检索式中的省略号、连字符、斜线均不输入而用空格代替，多个检索词之间用空格分隔，缺省逻辑运算符号为 AND，每个搜寻栏的表达式最多可以输入 4 个检索词。

4）点击“SEARCH”。

（2）Advanced Search（高级检索）

高级检索界面如图 6—31 所示。

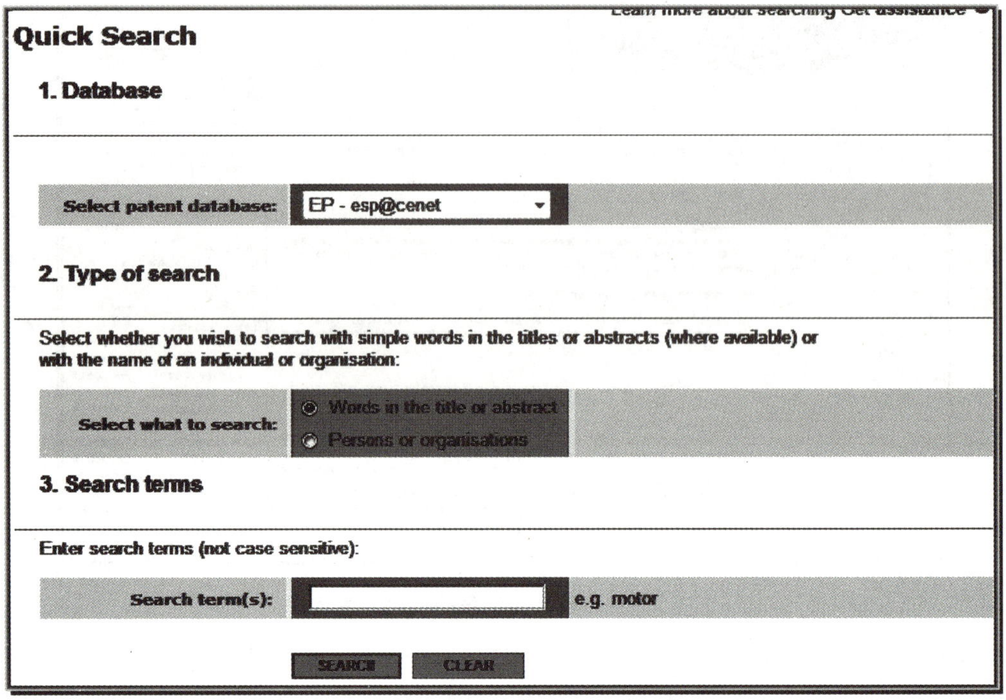

Learn more about searching Get assistance

Quick Search

1. Database

Select patent database: EP - esp@cenet

2. Type of search

Select whether you wish to search with simple words in the titles or abstracts (where available) or with the name of an individual or organisation:

Select what to search: Words in the title or abstract / Persons or organisations

3. Search terms

Enter search terms (not case sensitive):

Search term(s): e.g. motor

SEARCH CLEAR

图 6—30 esp@cenet 快速检索界面

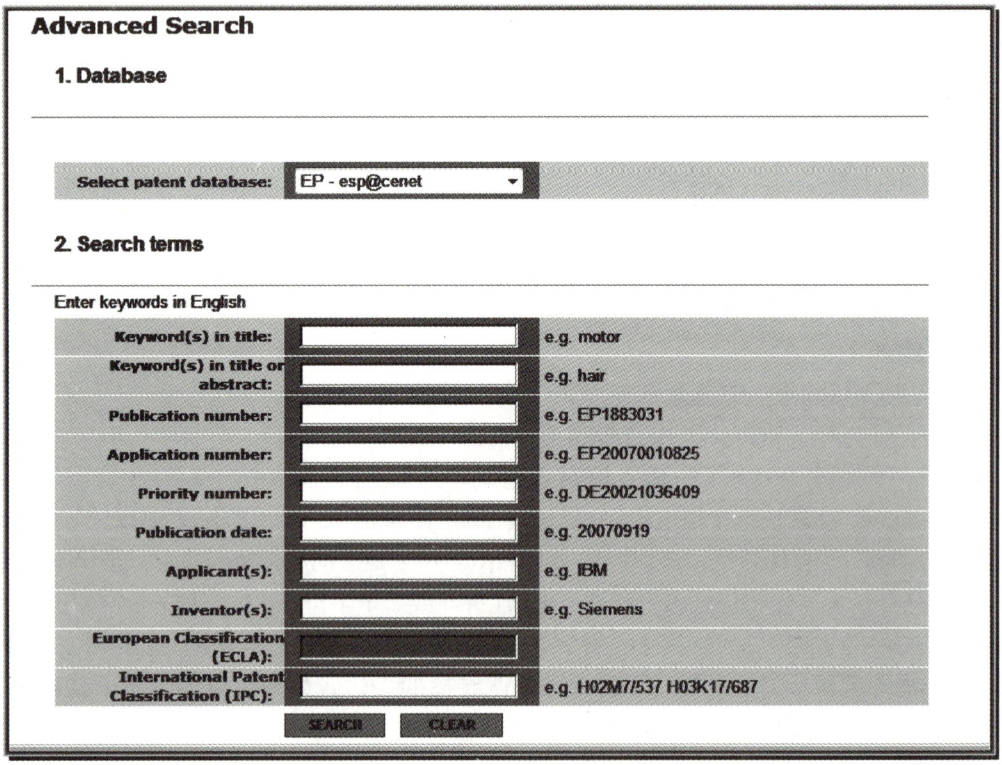

Advanced Search

1. Database

Select patent database: EP - esp@cenet

2. Search terms

Enter keywords in English

Keyword(s) in title: e.g. motor

Keyword(s) in title or abstract: e.g. hair

Publication number: e.g. EP1883031

Application number: e.g. EP20070010825

Priority number: e.g. DE20021036409

Publication date: e.g. 20070919

Applicant(s): e.g. IBM

Inventor(s): e.g. Siemens

European Classification (ECLA):

International Patent Classification (IPC): e.g. H02M7/537 H03K17/687

SEARCH CLEAR

图 6—31 esp@cenet 高级检索界面

高级检索可以在 Keyword（s）in title（标题）、Keyword（s）in title or abstract（标题或摘要）、Publication number（公布号）、Application number（申请号）、Priority number（优先权号）、Publication date（公布日期）、Applicant（s）（申请人）、Inventor（s）（发明人）、European Classification（ECLA）（欧洲专利分类号）、International Patent Classification（IPC）（国际分类专利号）等字段中用检索表达式检索，可以实现比较复杂的检索。

每个检索字段的输入框中最多可以输入 4 个检索词，当在一个检索字段输入多个检索词时，不必输入逻辑运算符，检索系统会采用缺省运算符号，并且不同的字段具有不同的缺省运算符号，其中专利名称、摘要、发明人、申请人、欧洲专利分类号和国际专利分类号字段的缺省运算符为 AND，而公布号、申请号和优先权号字段的缺省运算符为 OR。

（3）Number Search（号码检索）

号码检索界面如图 6—32 所示。

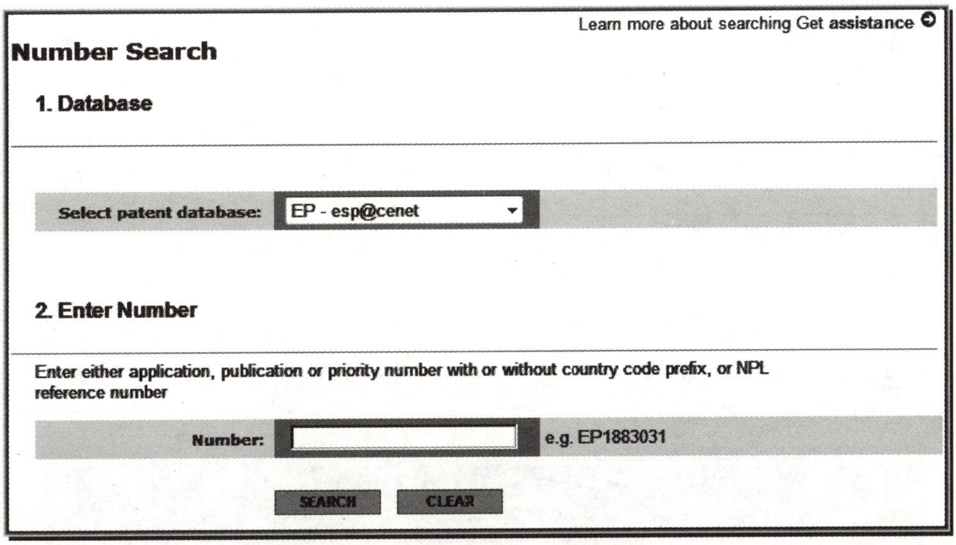

图 6—32　esp@cenet 号码检索界面

号码检索可以通过专利申请号、公布号、优先权号等进行检索。输入号码时注意格式：公布号是两个字母组成的国家代码后接 1～12 位数字；申请号和优先权号是两个字母组成的国家代码后接 4 位数字的申请年。

（4）Classification Search（分类号检索）

分类号检索界面如图 6—33 所示。

分类号可以帮助用户查找相关的专利分类号，这样可以更有效地在专利数据库中检索到所需要的专利文献。

页面左侧是 IPC 的 A～H 八个部类名称以及标签类名称 Y，右边是对应的类号，点击可以打开该部类下的大类类别列表，依次点击可以得到类号。选中类号后面的复选框，则该类号被添加到页面下面的“Copy to searchform”输入框，该框旁边的“Copy”按钮可以向检索表单中提交用于检索的分类号。

How do I use the Classification search? Get assistance
Search the European classification
View Section
Index A B C D E F G H Y
Find classification(s) for keywords
syringe injection Go
Find description for a symbol
e.g. A21D10 Go
Next page: A
HUMAN NECESSITIES A
PERFORMING OPERATIONS; TRANSPORTING B
CHEMISTRY; METALLURGY C
TEXTILES; PAPER D
FIXED CONSTRUCTIONS E
MECHANICAL ENGINEERING; LIGHTING; HEATING; WEAPONS; BLASTING ENGINES OR PUMPS F
PHYSICS G
ELECTRICITY H
GENERAL TAGGING OF NEW TECHNOLOGICAL DEVELOPMENTS[N0403] Y
show notes Expand groups Copy to searchform Copy Clear

图 6—33 esp@cenet 分类号检索界面

页面上部的“Find classification (s) for keywords”输入框可以输入关键词，点击旁边的“Go”可以检索与该关键词有关的分类号及其内容说明。

页面右上部位的“Find description for a symbol”输入框可以输入分类号，点击旁边的“Go”可以检索与该分类号有关的内容。

6.3.3 美国专利数据库

1. 概述

检索美国专利文献经常用到美国专利与商标局（USPTO）的专利全文数据库，该数据库可以通过 http：//patft. uspto. gov/进入，用来检索美国授权专利和申请公开专利，其主页如图 6—34 所示。

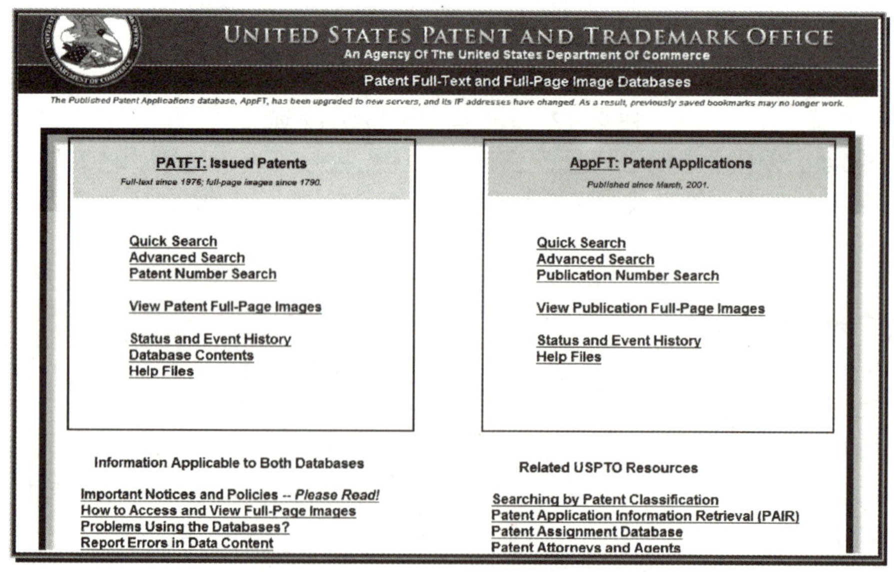

图 6—34 USPTO 专利检索主界面

界面主要有两部分组成，左面是 PATFT：Issued Patents（授权专利数据库）的几种检索方式及其有关项目的链接；右边是 AppFT：Patent Applications（专利申请数据库）的几种检索方式及其有关项目的链接。PATFT：Issued Patents 与 AppFT：Patent Applications 的检索方法相似，因此这里只介绍 PATFT：Issued Patents（授权专利数据库），该库包括 1790 年至今的美国专利说明书全文，1976 以后的专利可以进行全文检索，1790—1975 年的专利仅可以通过公布日期、专利号及目前美国专利分类号进行检索，用其他字段检索会出现错误信息。

2. 检索方法

从图 6—34 的左侧授权专利库部分可以可以看到，该专利数据库提供三种检索方法：Quick Search（快速检索）、Advanced Search（高级检索）和 Patent Number Search（专利号检索），点击其中的任意一个，可以进入相应的检索界面。

（1）Quick Search（快速检索）

点击图 6—34 中的“Quick Search”，进入快速检索的界面，如图 6—35 所示。

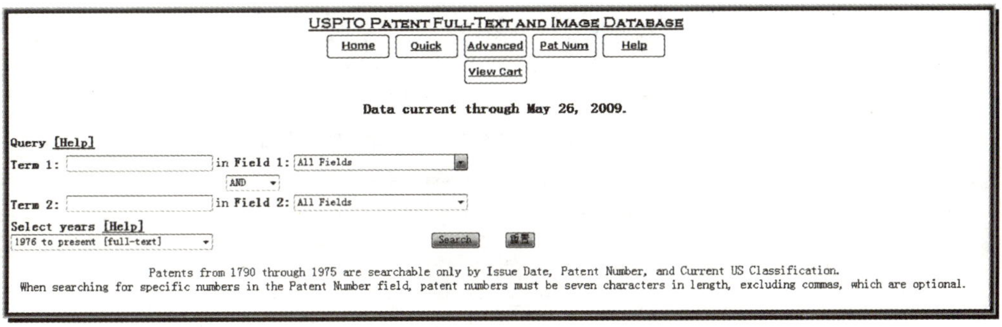

图 6—35　USPTO 专利检索——快速检索界面

快速检索提供两行检索词 Term1 和 Term2，检索字段从 Field1 和 Field2 的下拉菜单中选择。

两行检索词之间可以选择逻辑运算符号 AND、OR 和 ANDNOT，运算符的含义与其他检索系统相同。

选择 Select Years 下拉菜单，限定检索时间，包含两个时间段：1976 年至今的全文数据库和 1790 年至今的整个数据库。

（2）Advanced Search（高级检索）

点击图 6—34 中的“Advanced Search”，进入高级检索界面，如图 6—36 所示。

高级检索就是用户通过命令行方式检索专利数据库。界面的上端为检索式输入部分，下端为字段代码和字段名称列表，每个字段名称上均有链接，点击链接可以查看该字段的检索使用帮助，这里不再细述。

检索时，在“Select Years”下拉菜单中选择所需要的检索年限范围，在“Query”文本框中输入检索语句，点击“Search”按钮即可。例如，检索专利号是 6666666 的专利，选择检索年限：1976 to present [full-text]，输入检索表达式：PN/6923014，点击检索，结果如图 6—37 所示。

USPTO PATENT FULL-TEXT AND IMAGE DATABASE

Home | Quick | Advanced | Pat Num | Help

View Cart

Data current through May 26, 2009.

Query [Help]

Examples:
ttl/(tennis and (racquet or racket))
isd/1/8/2002 and motorcycle
in/newmar-julie

Select Years [Help]
1976 to present [full-text]

Search

Patents from 1790 through 1975 are searchable only by Issue Date, Patent Number, and Current US Classification.
When searching for specific numbers in the Patent Number field, patent numbers must be seven characters in length, excluding commas, which are optional.

Field Code	Field Name	Field Code	Field Name
PN	Patent Number	IN	Inventor Name
ISD	Issue Date	IC	Inventor City
TTL	Title	IS	Inventor State
ABST	Abstract	ICN	Inventor Country
ACLM	Claim(s)	LREP	Attorney or Agent
SPEC	Description/Specification	AN	Assignee Name
CCL	Current US Classification	AC	Assignee City
ICL	International Classification	AS	Assignee State
APN	Application Serial Number	ACN	Assignee Country
APD	Application Date	EXP	Primary Examiner
PARN	Parent Case Information	EXA	Assistant Examiner
RLAP	Related US App. Data	REF	Referenced By
REIS	Reissue Data	FREF	Foreign References
PRIR	Foreign Priority	OREF	Other References
PCT	PCT Information	GOVT	Government Interest
APT	Application Type		

图 6—36　USPTO 专利检索——高级检索界面

USPTO PATENT FULL-TEXT AND IMAGE DATABASE

Home | Advanced | Pat Num | Help

Bottom

View Cart | Add to Cart

Images

(1 of 1)

United States Patent　　6,666,666
Gilbert , et al.　　December 23, 2003

Multi-chamber positive displacement fluid device

Abstract

A pump comprises multiple, axially stacked positive displacement fluid device sections, such as circumferential piston pumps having chambers and contra-rotating chambers. The device can be similarly employed as a fluid motor. The stacked sections are arranged within an outer retaining barrel in one or more stages. The pump is particularly suitable for installation downhole in the casing of a wellbore. Each section comprises a pair of rotors fit to shafts which are rotatably supported on hard faced bearings between the shafts and the bosses. Each pump section draws fluid from an inlet port and discharges fluid to a common and contiguous discharge manifold. The inlets of the pump sections for a suction stage communicate with a fluid source. Cross-over sections route fluid between stages. Successive pressure stages draw fluid from the cross-over fit to the preceding stage's discharge manifold.

Inventors: Gilbert; Denis (Airdrie, Alberta, CA), Struyk; Arnoud (Calgary, Alberta, CA)
Appl. No.: 10/155,083
Filed: May 28, 2002

图 6—37　USPTO 专利检索——高级检索结果

(3) Patent Number Search（专利号检索）

点击图 6—34 中的“Patent Number Search”，进入专利号检索界面，如图 6—38 所示。

检索时在“Query”输入框中输入一个或者多个专利号，点击“Search”即可。输入多个专利号时每个专利号之间用空格分隔，专利号中间的逗号可以省略，例如检索专利号为 6,666,666 和 1 的两种专利，只需要输入：6666666 1 或者 6,666,666 1 或者 6666666 0000001 即可，检索结果如图 6—39 所示。

在检索页面上有各种专利号的格式，读者可以参考。

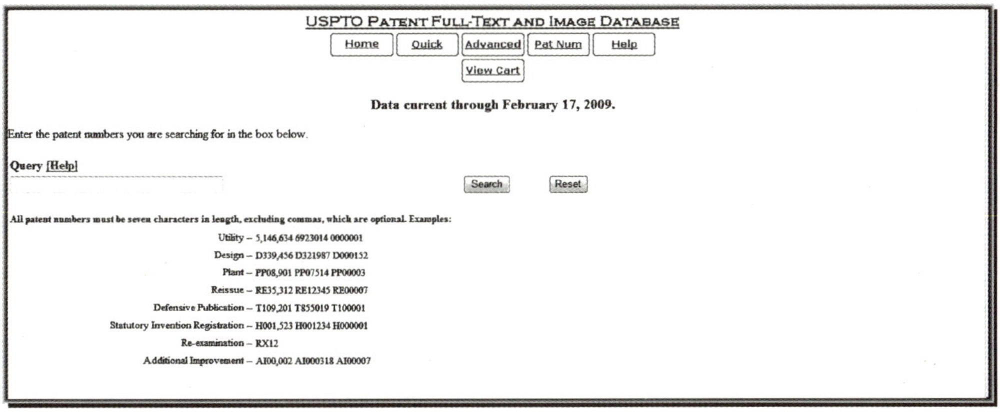

USPTO PATENT FULL-TEXT AND IMAGE DATABASE

Home　Quick　Advanced　Pat Num　Help

View Cart

Data current through February 17, 2009.

Enter the patent numbers you are searching for in the box below.

Query [Help]

Search　Reset

All patent numbers must be seven characters in length, excluding commas, which are optional. Examples:

Utility -- 5,146,634 6923014 0000001
Design -- D339,456 D321987 D000152
Plant -- PP08,901 PP07514 PP00003
Reissue -- RE35,312 RE12345 RE00007
Defensive Publication -- T109,201 T855019 T100001
Statutory Invention Registration -- H001,523 H001234 H000001
Re-examination -- RX12
Additional Improvement -- AI00,002 AI000318 AI00007

图 6—38　USPTO 专利检索——专利号检索界面

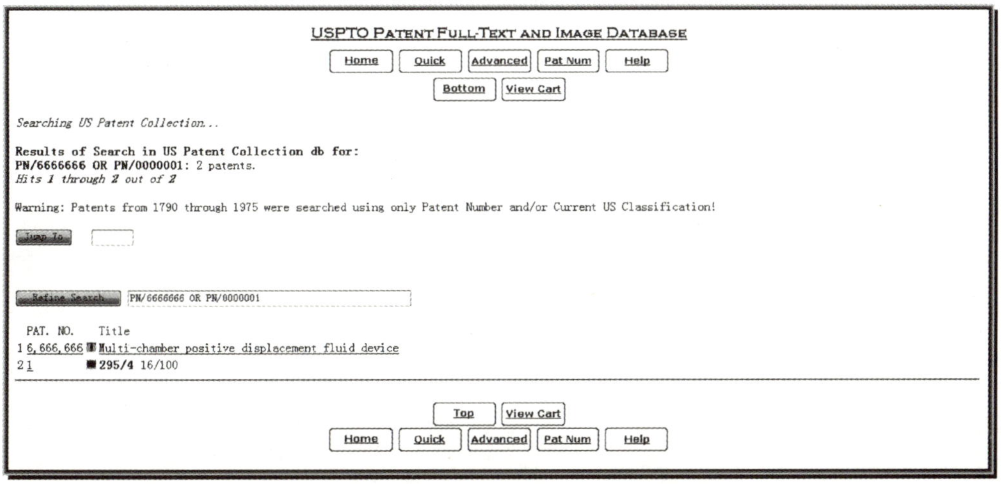

USPTO PATENT FULL-TEXT AND IMAGE DATABASE

Home　Quick　Advanced　Pat Num　Help

Bottom　View Cart

Searching US Patent Collection...

Results of Search in US Patent Collection db for:
PN/6666666 OR PN/0000001: 2 patents.
Hits 1 through 2 out of 2

Warning: Patents from 1790 through 1975 were searched using only Patent Number and/or Current US Classification!

Jump To

Refine Search　PN/6666666 OR PN/0000001

PAT. NO.　Title
1 6,666,666 Multi-chamber positive displacement fluid device
2 1 **295/4** 16/100

Top　View Cart

Home　Quick　Advanced　Pat Num　Help

图 6—39　USPTO 专利检索——专利号检索结果

6.4 本章小结

本章介绍了专利基础知识、中国专利检索和外国专利检索三部分。其中，专利基础知识主要介绍了专利及其分类、专利授予条件、国际专利分类法和专利信息检索；中国专利检索主要介绍了中华人民共和国国家知识产权局专利检索系统、中国专利信息网专利检索系统、中国知识产权网专利检索系统和中国专利网专利检索系统；外国专利检索则主要介绍了世界知识产权组织专利检索系统、欧洲专利局专利检索系统和美国专利检索系统。

希望通过本章的学习，读者能够掌握专利的基础知识，熟悉国内外常用的专利信息检索系统，提高专利信息检索能力。

6.5 思考与练习

1. 专利有几种？其授予条件是什么？
2. 国际专利分类是如何编排的？我国是否采用国际专利分类法？
3. 国内查找专利的途径有哪些？哪些途径可以免费获取专利信息？
4. 如何查找美国专利和欧洲专利？

第 7 章

数字图书馆

传统的图书馆收集、存储并重新组织信息，使读者能方便地查到他所想要的信息，同时跟踪读者使用情况，以保护信息提供者的权益，而信息是以纸质书籍或刊物等形式体现的。而数字图书馆是收集或创建数字化馆藏，把各种文献替换成计算机能识别的二进制系列图像，在安全保护、访问许可和记账服务等完善的权限处理之下，经授权的信息利用因特网的发布技术，实现全球共享。数字图书馆的建立将使人们在任何时间和地点通过网络获取所需的信息变为现实，大大地促进资源的共享与利用。

7.1 数字图书馆概述

关于数字图书馆的定义有很多种，“电子图书馆”、“数字图书馆”、“虚拟图书馆”、“无墙图书馆”等术语常常被当作同义词使用，这显示出数字图书馆概念内涵的宽泛性。数字图书馆是对以数字化形式存在的信息进行收集、整理、保存、发布和利用的实体，其形式可以是具体的社会机构或组织，也可以是虚拟的网站或者任何数字信息资源集合。本书认为，数字图书馆就是电子图书数据库，它收集各类电子图书，并提供相关的查询、阅读、下载、文献链接等功能，是功能强大而齐全的电子图书信息平台。

目前，国内主要有四大电子图书系统：超星数字图书馆、书生之家数字图书馆、方正 Apabi 数字图书馆和中国数字图书馆。

超星数字图书馆（www.ssreader.com）是北京超星信息技术发展有限责任公司于1998 年研究开发的，开通于 1999 年，是国家“863 计划”中国数字图书馆示范工程。它向互联网用户提供数十万种中文电子书免费和收费的阅读、下载、打印等服务。同时还向所有用户、作者免费提供原创作品发布平台、读书社区、博客等服务。

书生之家数字图书馆（www.21dmedia.com）由北京书生数字技术有限公司于

2000 年 4 月 7 日开始试运行，5 月 28 日正式开通，除可以从分类号、关键词、作者、书名、ISBN 号等入口进行单项检索外，还提供分类检索、高级检索、二次检索、全文检索等强大的检索功能，并具有前后一致和逻辑组配检索功能。

方正 Apabi 数字图书系统（www. apabi. com）是由北京北大方正电子有限公司于 2000 年 12 月创建的。利用该系统可以建立个人图书馆，实现个人书库的分类管理；可以通过 Apabi Reader 直接链接书店，实现网上购买电子图书；具有版面的缩放以及翻转版面、页面笔记、全文查找、支持词典等功能；兼容世界流行的 PDF 文件格式。

中国数字图书馆（www. d-library. com. cn）是由中国数字图书馆有限责任公司于 2000 年 9 月创建的。其特点为：资源组织科学有序，便于查找浏览；界面美观、操作简洁；支持个性化服务等。

“数字图书馆”概念一经提出，就得到了世界广泛的关注，纷纷组织力量进行探讨、研究和开发，进行各种模型的试验。随着数字地球概念、技术、应用领域的发展，数字图书馆已成为数字地球家庭的成员，为信息高速公路提供必需的信息资源，是知识经济社会中的主要信息资源载体。

7.2 超星数字图书馆

超星数字图书馆成立于 1993 年，长期致力于纸张图文资料数字化技术开发及相关应用与推广，是国内专业的数字图书馆解决方案提供商和数字图书资源提供商。超星经过多年的研发，已经拥有了成熟的整套图书馆数字化解决方案，被公认为数字图书馆行业中的第一品牌。超星依托雄厚的资源和技术，不仅迅速占领了国内绝大部分的图书馆市场，也已经跻身于世界图书馆数字化进程中的领跑者行列。

超星数字图书馆于 2000 年被列入国家“863 计划”中国数字图书馆示范工程，以其数字图书馆的方式对数字图书馆技术进行推广和示范。超星电子图书数据按照“中图法”分为文学、历史、法律、军事、经济、科学、医药、工程、建筑、交通、计算机、环保等大类，是国内数字图书资源最丰富的数字图书馆。

7.2.1 超星数字图书馆的启用

超星数字图书馆的网址为 www. ssreader. com。

打开网站后，在主页上找到超星阅览器的下载链接，如图 7—1 所示。

图 7—1 超星阅览器下载链接

点击后，出现如图7—2所示的下载页面。

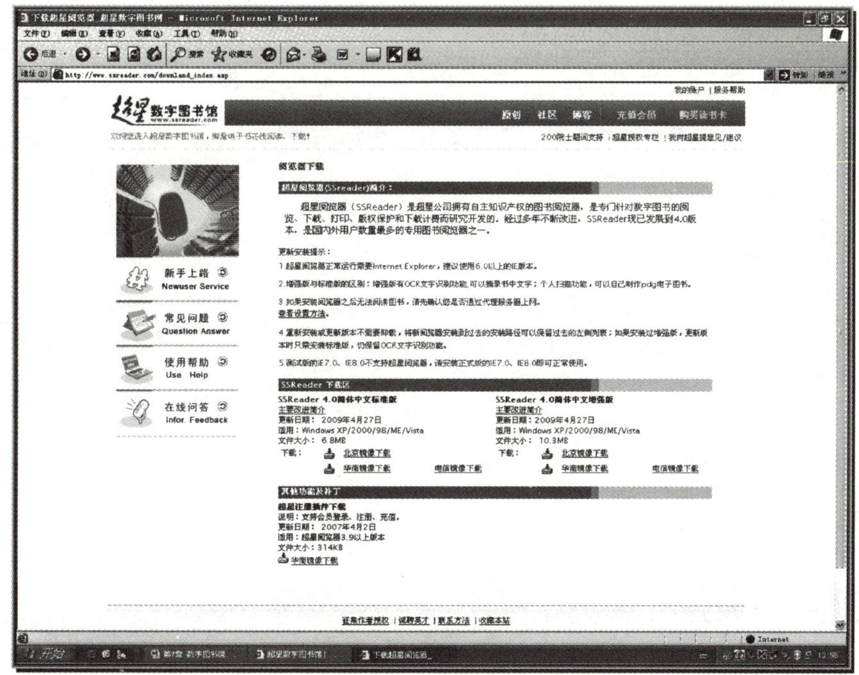

图7—2　超星阅览器下载页面

选择所要下载的版本点击下载，如点击“北京镜像下载”，下载并保存（如图7—3所示）。

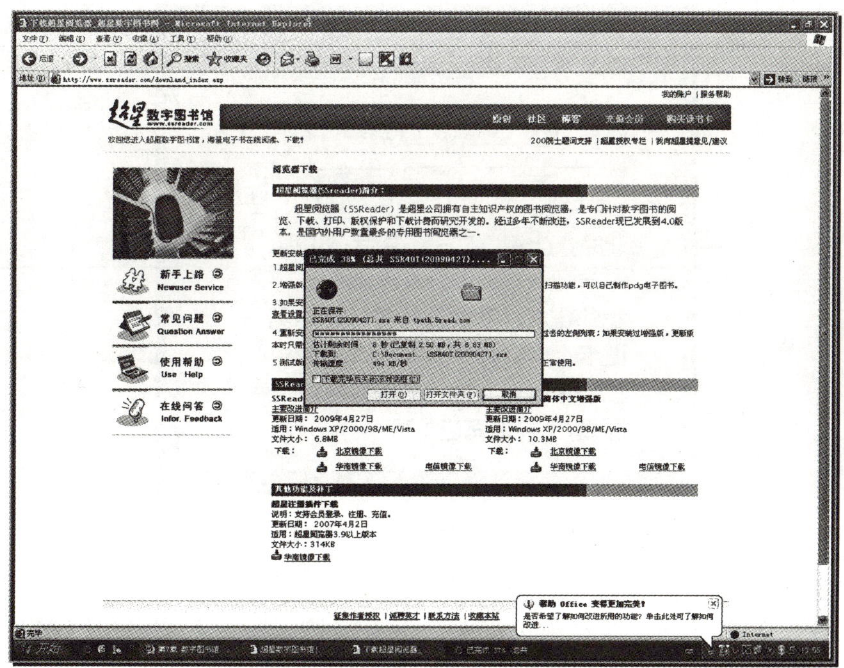

图7—3　超星阅览器下载保存

下载并运行安装，安装完成后，运行超星阅览器，出现以超星数字图书馆为背景的用户登录界面（如图 7—4 所示）。

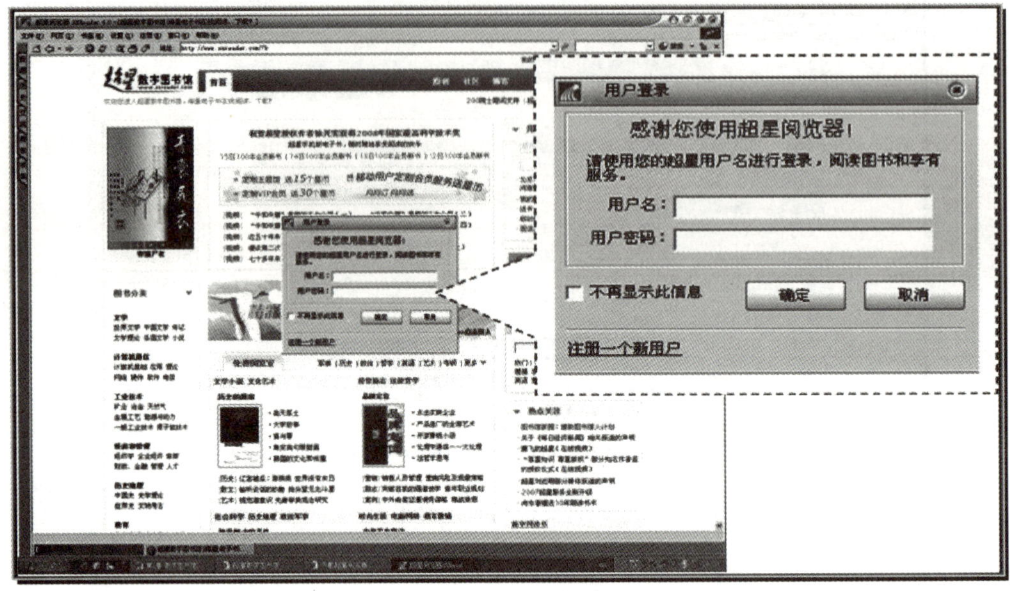

图 7—4　超星阅览器登录

然后用户就能从这里登录，如果没有登录账号则点击“注册一个新用户”进行注册。另外，也可以直接在超星数字图书馆的主页上找到用户登录和注册的入口（如图 7—5 所示）。

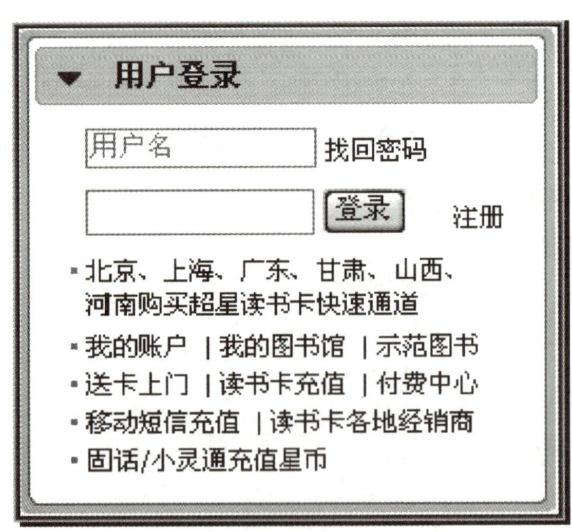

图 7—5　网站首页登录入口

两种注册方式都会链接到如图 7—6 所示的注册界面。

完成注册后用用户名登录。由于一般大学里的校园网或者图书馆网都有直接的镜像，无需登录。

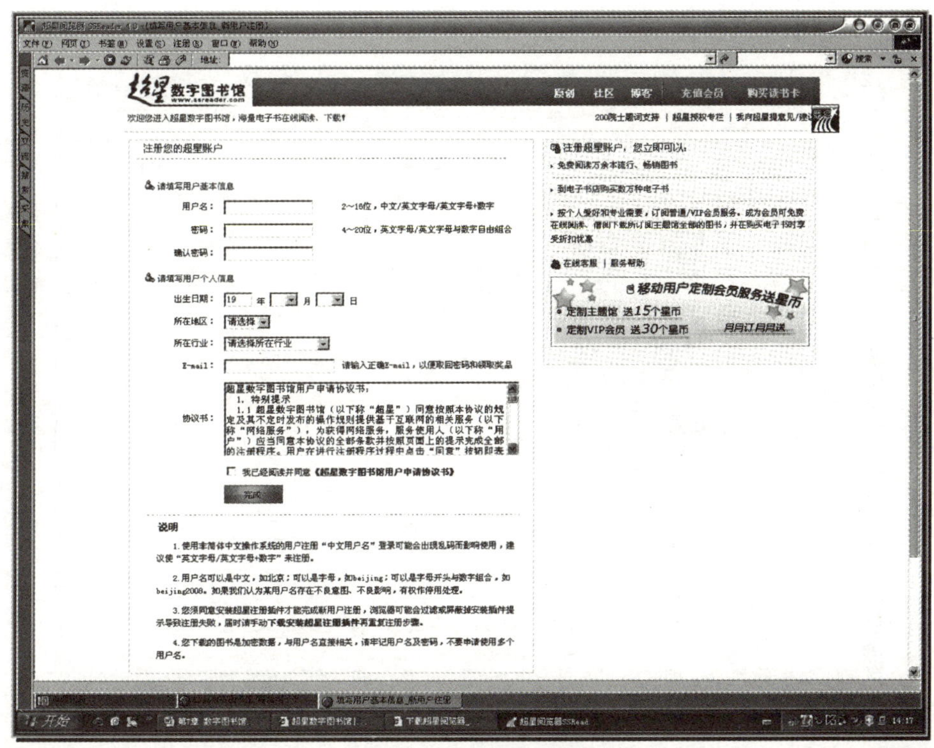

图 7—6　用户注册界面

7.2.2　超星数字图书馆的图书检索方式

超星数字图书馆的检索与利用在超星浏览器或 WWW 浏览器环境下进行，且两者效果一致。超星数字图书馆主要提供两种检索方式，分别是导航检索和关键词检索。

1. 网站导航检索（分类检索）

超星数字图书馆的门户网站提供了各个功能板块，帮助用户了解超星所包含的各类信息。首页包括免费阅览室、会员图书馆、华文出版网、社区、博客、原创等网页链接，精选了一些主要信息供用户浏览。首页左侧的图书分类将待检索图书分为文学、工业技术、经济、历史地理、教育、社会科学、语言文字、医药卫生等 21 大类，各大类别又细分为多个种类，如文学包括：世界文学、中国文学、传记、文学理论、各国文学、小说六个种类。

用户可根据图书分类提供的导航，选择所需类别的图书进行查找。对这些图书进行阅览的权限为会员，普通注册用户只能查阅免费阅览室中的图书资料。中国多数大学图书馆提供镜像服务，学生只需从校园网入口进入超星即可享受会员待遇。

2. 超星阅览器检索

超星阅览器的右上方有搜索文本框和搜索按钮，输入搜索内容即可进行快速搜索。除了本身的数字图书检索，还具有 Internet 导航功能。如输入“物流”并选择搜索项为图书搜索，则搜索结果如图 7—7 所示。

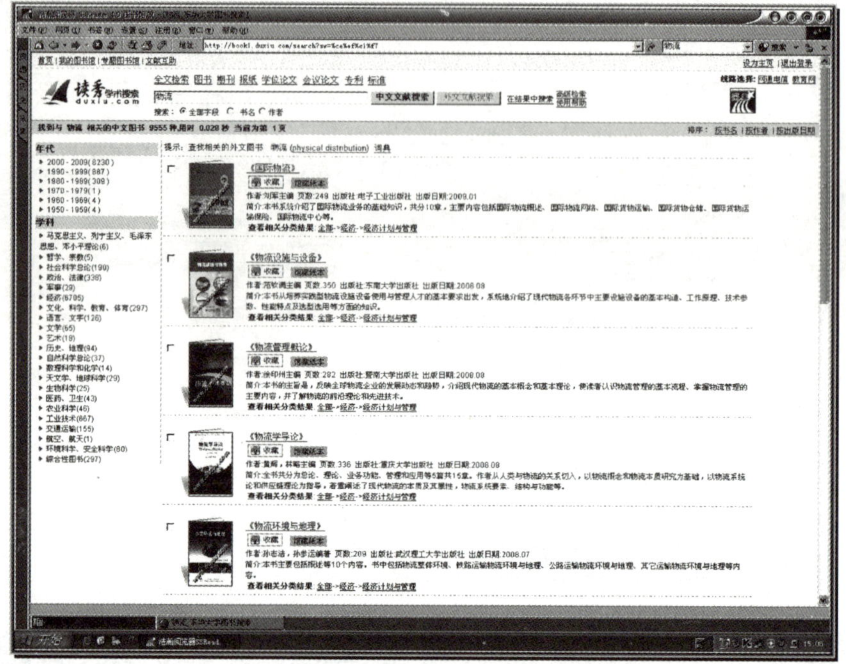

图 7—7　图书搜索

这里需要说明的是，使用这种方式检索，系统自动链接到读秀学术搜索进行检索。

3. 关键词检索及高级检索

这是最常用的检索方式，也是相对最有针对性、检索效率最高的检索方式，下一节将对此检索方式进行详细介绍。

7.2.3　图书检索基本方法与步骤

下面将以检索"创业股东利益博弈分析"这一课题的相关图书为例，演示图书检索的方法和步骤。

在大学图书馆网页上打开超星数字图书馆的链接，找到如图 7—8 所示的搜索界面。

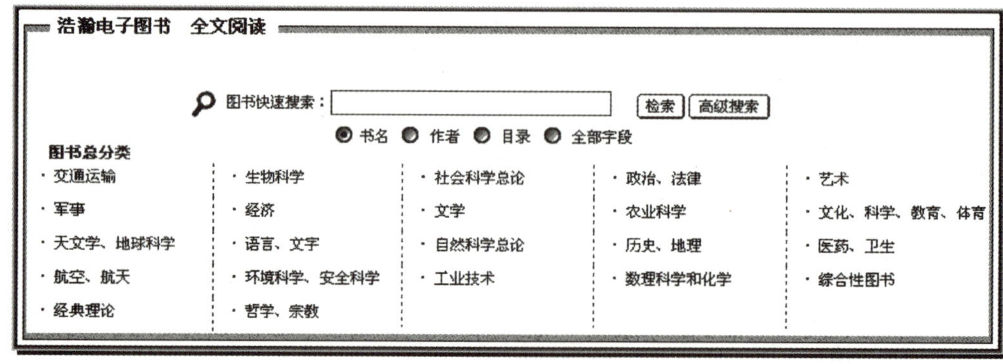

图 7—8　检索界面

在图书快速搜索的文本域中输入“创业股东利益博弈分析”，点击“检索”（如图 7—9 所示）。

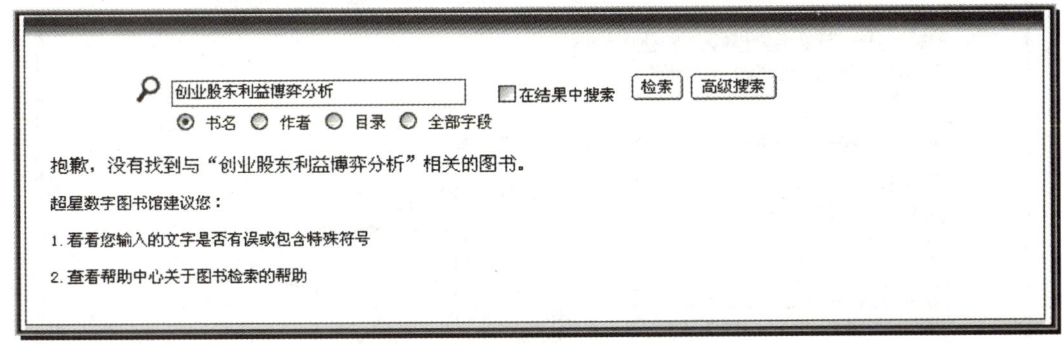

图 7—9　书名检索结果

结果显示没有找到相关图书。这时注意到选择的只是书名，说明没有以包含“创业股东利益博弈分析”这一字段为书名的图书。因此，选择“全部字段”，再次点击“检索”（如图 7—10 所示）。

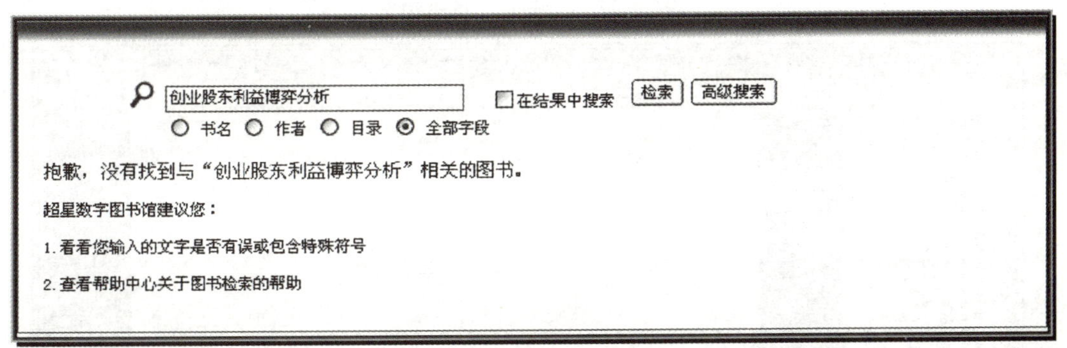

图 7—10　全部字段检索结果

结果显示仍然没有找到相关图书。这说明没有包含“创业股东利益博弈分析”这一整体字段的图书。

有些同学遇到此种情况会放弃继续检索，事实上，上面的检索是初步和浅显的。对于专业性强或比较特殊的搜索字段，如“创业股东利益博弈分析”，其学术性强，概念组合不常见，因此可能没有专门研究此课题的图书，导致检索不到。这时，应当结合自己的理解和需要，对所检索字段进行适当的调整、分解或改动，继续进行检索。

我们发现，“创业股东利益博弈分析”包含几个关键词：创业、股东、利益、博弈。这样，我们应当以这几个关键词作为检索字段进行检索。如检索“博弈”，检索到相关图书 138 种，如图 7—11 所示。

浏览检索结果，根据书名和简介选择所需图书。如选择“博弈论导引”，点击“阅览器阅读”，即可进行阅读，如图 7—12 所示。

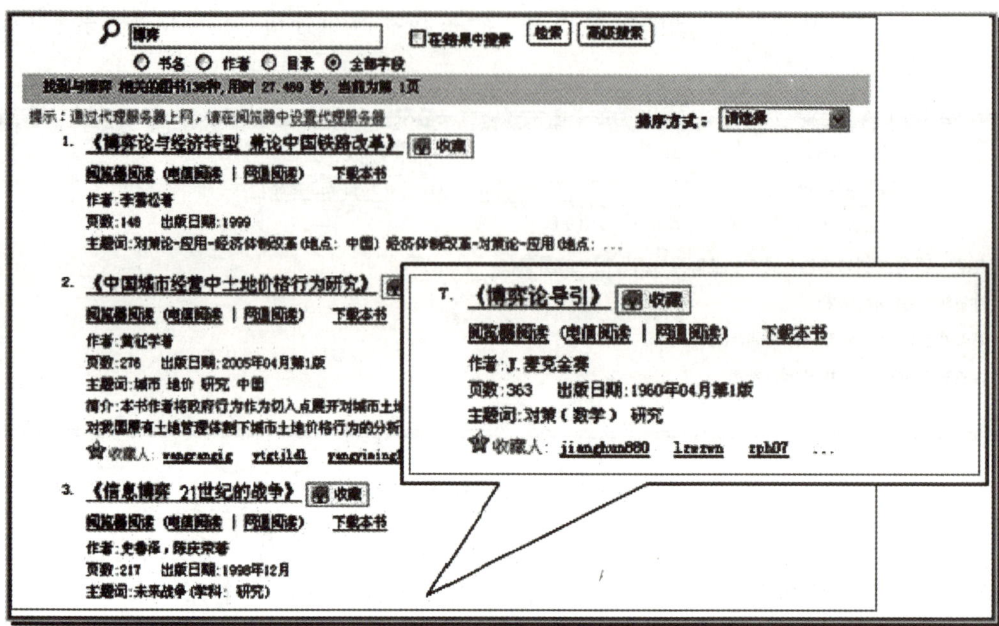

图 7—11 “博弈”检索结果

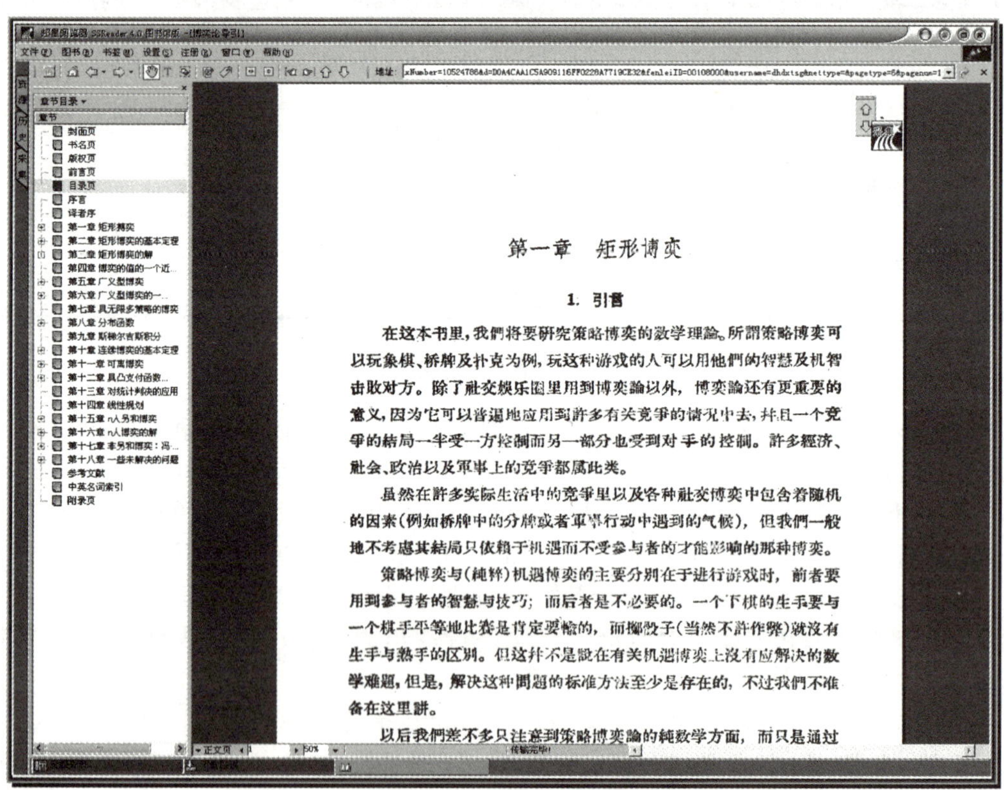

第一章 矩形博奕

1. 引言

在这本书里，我們将要研究策略博奕的数学理論。所謂策略博奕可以玩象棋、桥牌及扑克为例，玩这种游戏的人可以用他們的智慧及机智击敗对方。除了社交娱乐圈里用到博奕論以外，博奕論还有更重要的意义，因为它可以普遍地应用到許多有关竞爭的情况中去，并且一个竞爭的結局一半受一方控制而另一部分也受到对手的控制。許多經济、社会、政治以及軍事上的竞爭都属此类。

虽然在許多实际生活中的竞爭里以及各种社交博奕中包含着隨机的因素（例如桥牌中的分牌或者軍事行动中遇到的气候），但我們一般地不考虑其結局只依賴于机遇而不受参与者的才能影响的那种博奕。

策略博奕与（純粹）机遇博奕的主要分别在于进行游戏时，前者要用到参与者的智慧与技巧；而后者是不必要的。一个下棋的生手要与一个棋手平等地比赛是肯定要输的，而掷骰子（当然不許作弊）就沒有生手与熟手的区别。但这并不是說在有关机遇博奕上沒有应解决的数学难題，但是，解决这种問題的标准方法至少是存在的，不过我們不准备在这里講。

以后我們差不多只注意到策略博奕論的純数学方面，而只是通过

图 7—12 阅览器阅读

或者点击“下载”，如图 7—13 所示。

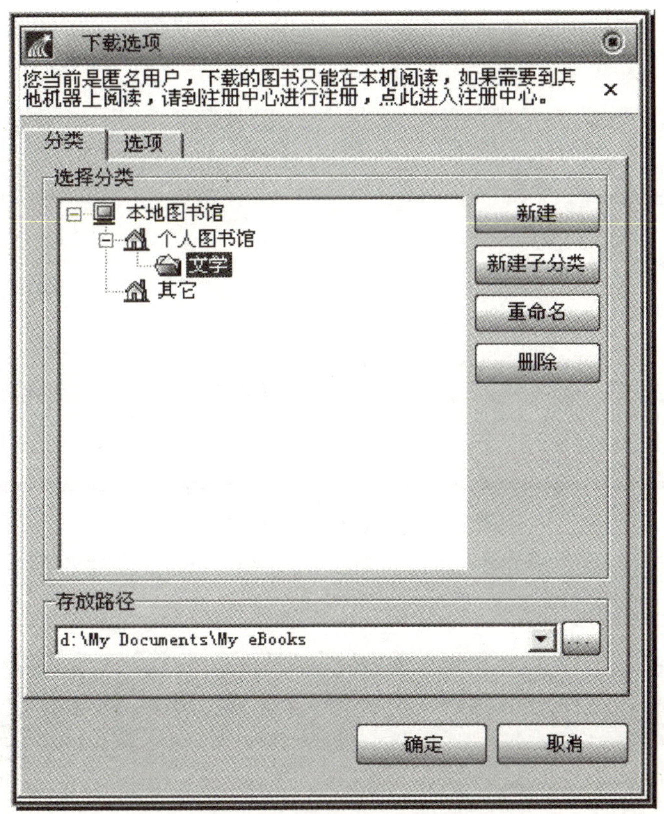

图 7—13　下载选项

可以新建子分类，并为其命名，如新建学术子分类，见图 7—14。

图 7—14　新建子分类

注意记住默认的存放路径，或者修改存放路径进行保存。点击“确定”，则图书自动下载。如图 7—15 所示。

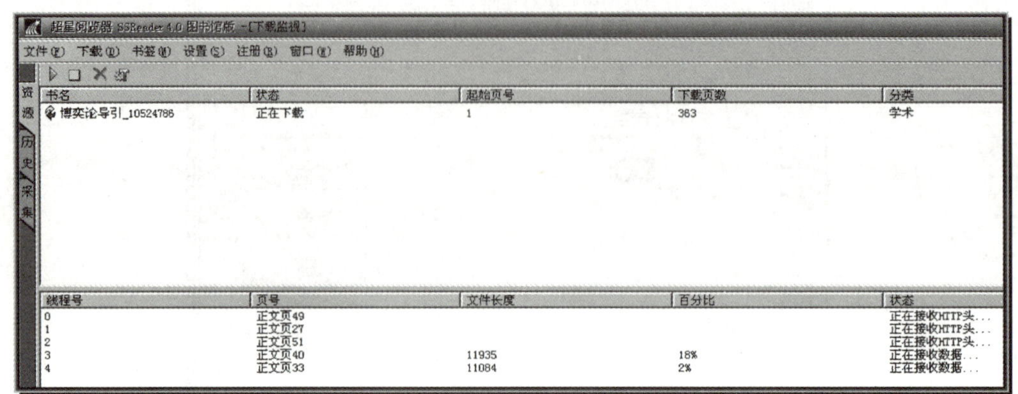

图 7—15 超星阅览器下载图书

这样，选择超星阅览器左下角的资源列表，可查看下载的资源，并选择图书进行阅读。如图 7—16 所示。

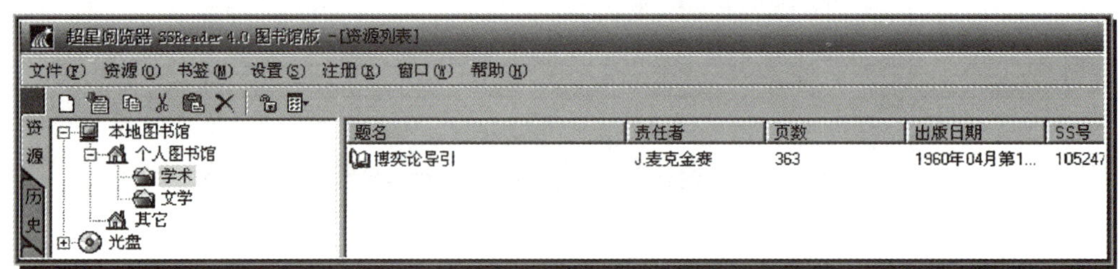

图 7—16 超星阅览器资源列表

7.2.4 图书高级检索

上一小节以博弈为关键词进行了检索。而这只是“创业股东利益博弈分析”的一部分。其实还可以分别输入相关的“创业”、“股东”、“利益”或者组合词“创业股东”、“股东利益”，或者相关词“创业者利益”等进行检索。但以上的检索方法对检索条件的限定比较宽泛，主要用于浏览性查阅。而对具体的已知的图书进行检索，例如已知图书名或作者，则无需进行大范围检索。本小节以搜索北京大学张维迎教授的《博弈论和信息经济学》为例，介绍高级搜索功能。如图 7—17 所示，点击高级搜索。

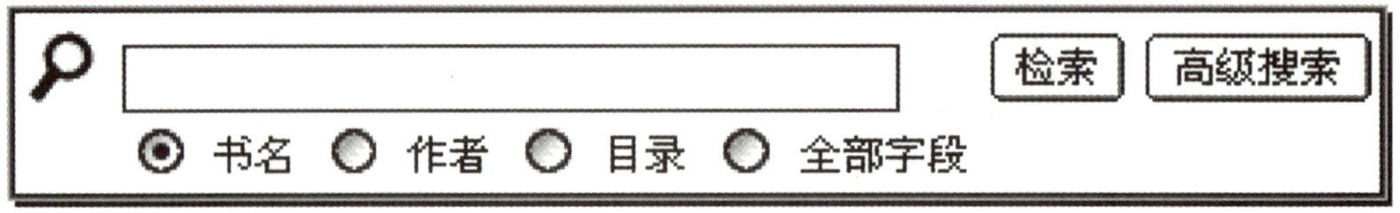

图 7—17 高级搜索

高级搜索可以同时对书名、作者、主题词进行限定。三者间的逻辑关系为“并且”或“或者”，根据需要选择（如图 7—18 和图 7—19 所示）。

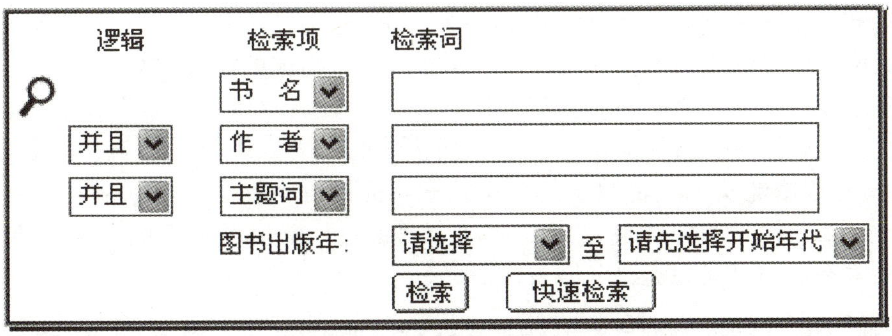

逻辑　检索项　检索词
书　名
并且　作　者
并且　主题词
图书出版年：请选择　至　请先选择开始年代
检索　快速检索

图 7—18　高级搜索界面

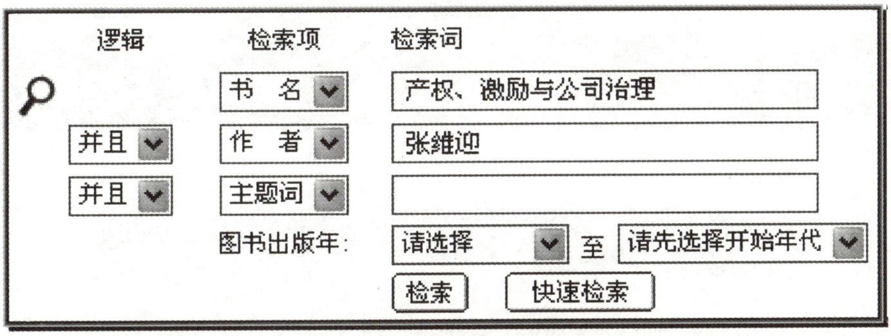

逻辑　检索项　检索词
书　名　产权、激励与公司治理
并且　作　者　张维迎
并且　主题词
图书出版年：请选择　至　请先选择开始年代
检索　快速检索

图 7—19　输入高级搜索条件

检索到所需图书，如图 7—20 所示。

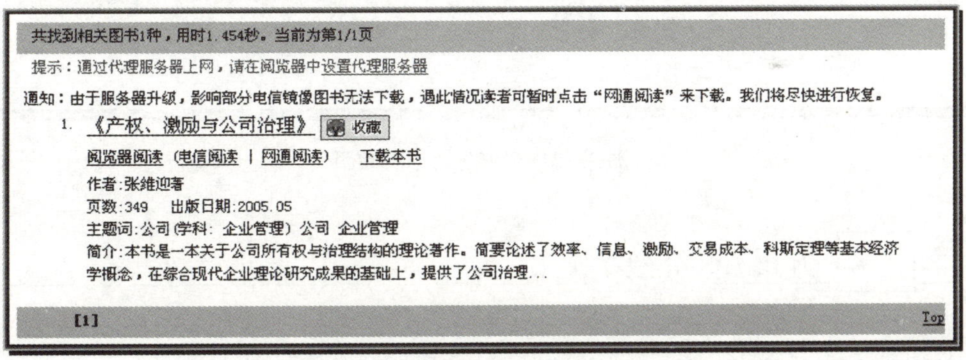

共找到相关图书1种，用时1.454秒。当前为第1/1页
提示：通过代理服务器上网，请在阅览器中设置代理服务器
通知：由于服务器升级，影响部分电信镜像图书无法下载，遇此情况读者可暂时点击“网通阅读”来下载。我们将尽快进行恢复。
1.《产权、激励与公司治理》收藏
阅览器阅读（电信阅读 | 网通阅读）　下载本书
作者:张维迎著
页数:349　出版日期:2005.05
主题词:公司(学科: 企业管理) 公司 企业管理
简介:本书是一本关于公司所有权与治理结构的理论著作。简要论述了效率、信息、激励、交易成本、科斯定理等基本经济学概念，在综合现代企业理论研究成果的基础上，提供了公司治理...
[1]　Top

图 7—20　输入高级搜索条件检索结果

7.3　书生之家

书生之家（如图 7—21 所示）所收图书涉及社会科学、人文科学、自然科学和工程技术等所有类别。以收录 1999 年以后出版的图书为主。其网站的核心技术为自主研发的数字化技术，该平台逐一解决了数字图书馆技术领域的各项挑战：图书信息完整性、导航信息、海量存储、图书浏览、防下载盗版、防信息拷贝盗版，等等。同时，在技术设计上着重 INTERNET/INTRANET 模式的系统方案，提供给客户从服务器端到客户端的完整解决方案，充分利用满足图书馆内部局域网的资源，针对图书情报行业在局域网上建设数字图书馆的特殊需求量身定做了整体的解决方案。

书生之家创造了一个全新的阅读空间，为广大读者提供了一个多元立体化的知识网络系统。轻松愉悦的精显阅读界面、方便快捷的书内四级目录导航、集成业界领先的 TRS 搜索引擎能实现海量数据的全文检索，提供分类检索、单项检索、组合检索、全文检索、二次检索等强大的检索功能，准确锁定，解决了传统图书馆在查询文献、浏览图书中造成的时间和资源上的浪费。

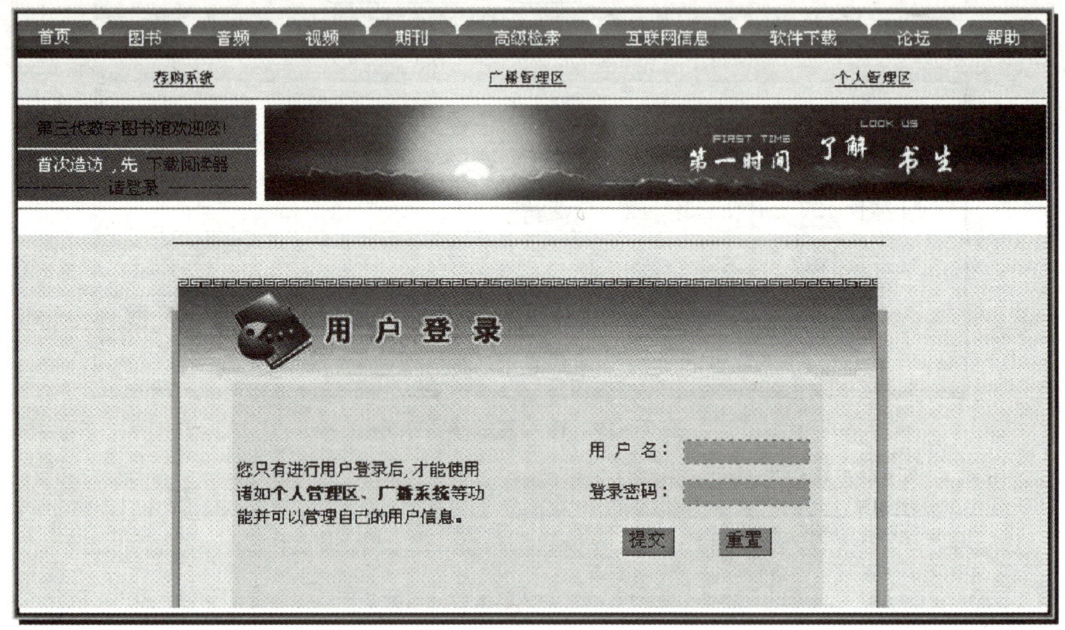

图 7—21 “书生之家”首页

7.4 方正 Apabi 数字图书

与超星数字图书馆类似，方正 Apabi 数字图书也需要专门的阅读器。因此，进入到 Apabi 页面后，首先下载 Apabi Reader（如图 7—22 所示）。

方正 Apabi 对图书的检索方式有三种：

（1）按左侧的导航列表进行浏览；（2）快速查询功能；（3）使用高级检索。

如图 7—23 所示，可按书名、责任者、主题/关键词、摘要等多个检索项进行快速查询。例如，查询“中小企业”相关图书，按主题/关键词查询，如图 7—23 所示。

检索结果的可选查看方式分别为图文、列表、缩略图。

Apabi 的高级检索功能非齐全，不但检索选项很多，而且还可以进行跨库检索，如图 7—24 所示。

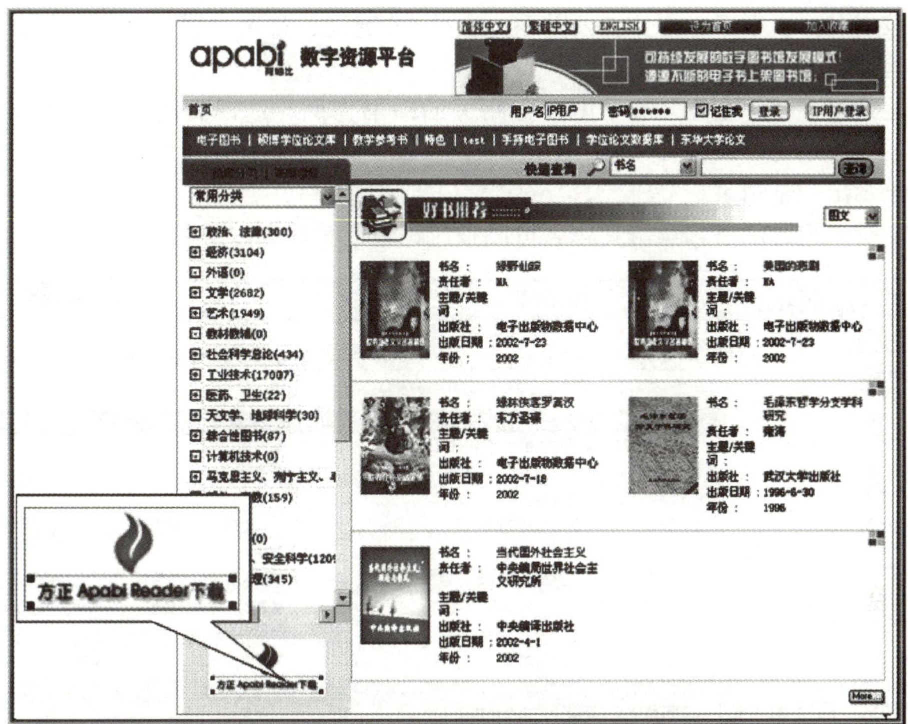

图 7—22　方正 Apabi 数字资源平台

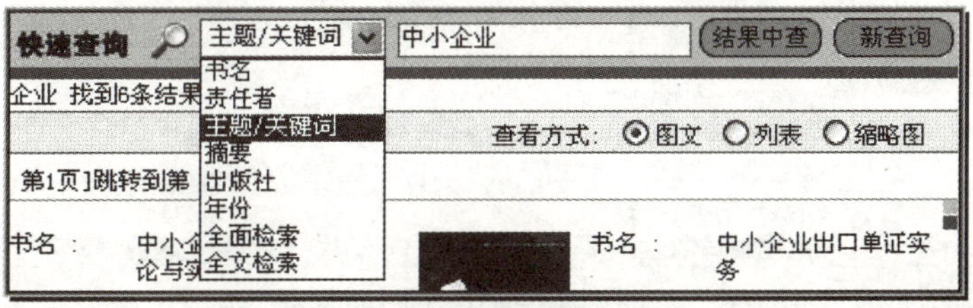

图 7—23　方正 Apabi 图书快速查询

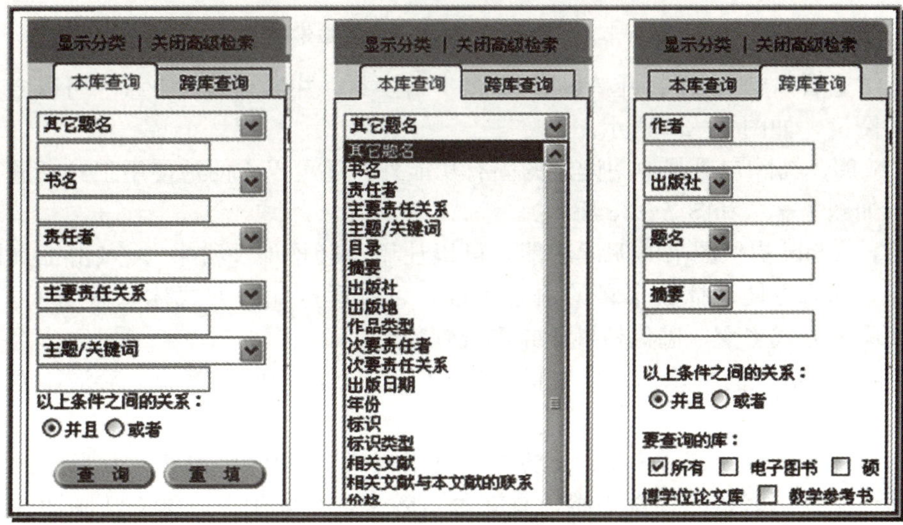

图 7—24　方正 Apabi 图书高级检索

可按书名、责任者、主要责任关系、主题/关键词、目录、摘要、出版社、出版地等众多检索项进行检索。

以检索与“中小企业”和“博弈”相关的图书为例，选择关键词为“中小企业”、“博弈”，其关系为“或者”。搜索结果如图 7—25 所示。查看方式为：列表。可以清晰简明地显示出搜索结果。

选中感兴趣的图书，点击其题名可以查看详细信息，如图 7—25 所示。

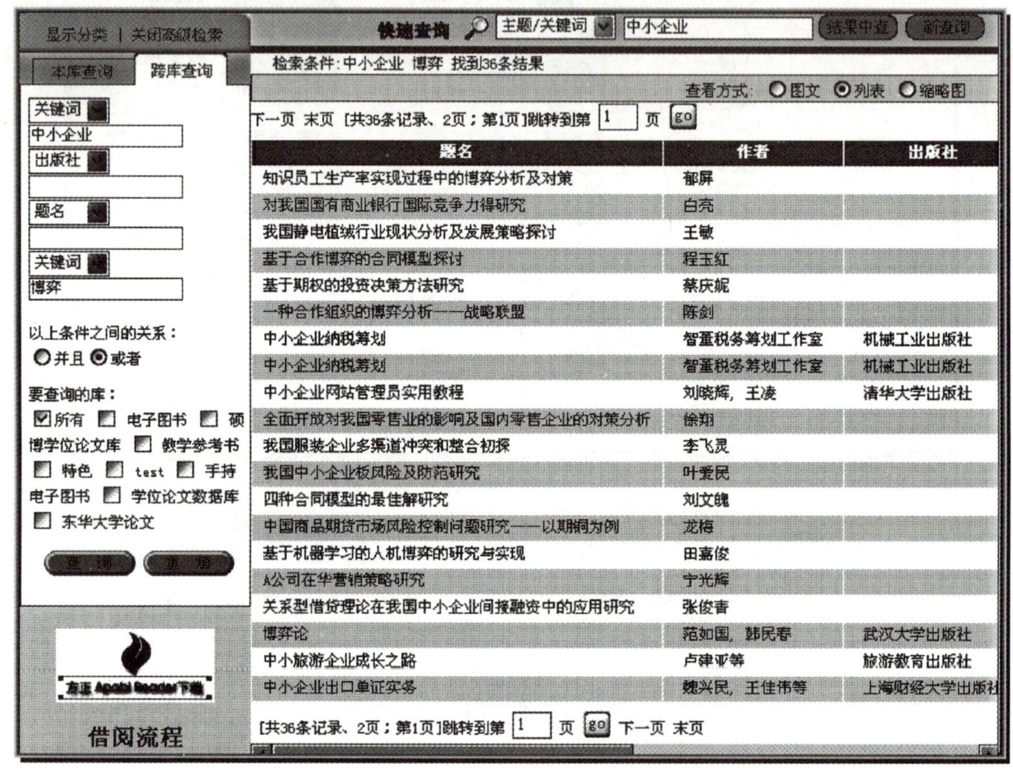

图 7—25　方正 Apabi 图书高级检索举例

点击“查看”，则自动打开 Apabi Reader 阅读器，并启动图书下载。可以方便地进行图书的阅读，如图 7—26 所示。

Apabi 阅读器除包含其他阅读器的固有功能外，还可以方便地使用工具栏进行标注等操作（如图 7—27 和图 7—28 所示）。

而且，Apabi 提供图书的朗读功能，可以让用户轻松地“听书”。点击工具栏上的喇叭按钮，即可方便地播放书籍的语音阅读，可以通过此种方式休息眼睛保护视力，同时也使阅读方式多变，避免枯燥乏味和视觉疲劳。

另外，Apabi 还有特殊的“读书模式”，可以让阅读画面更美观、简洁，方便阅读（如图 7—29 所示）。

如图 7—29 所示，点击菜单栏下方的“读书模式”，得到如图 7—30 所示的阅读画面，画面仿照纸质书籍的视觉美感，具有翻页效果，全屏阅读，画面清晰明快，无疑做到了为用户增添阅读乐趣，引发读书的欲望（如图 7—30 所示）。

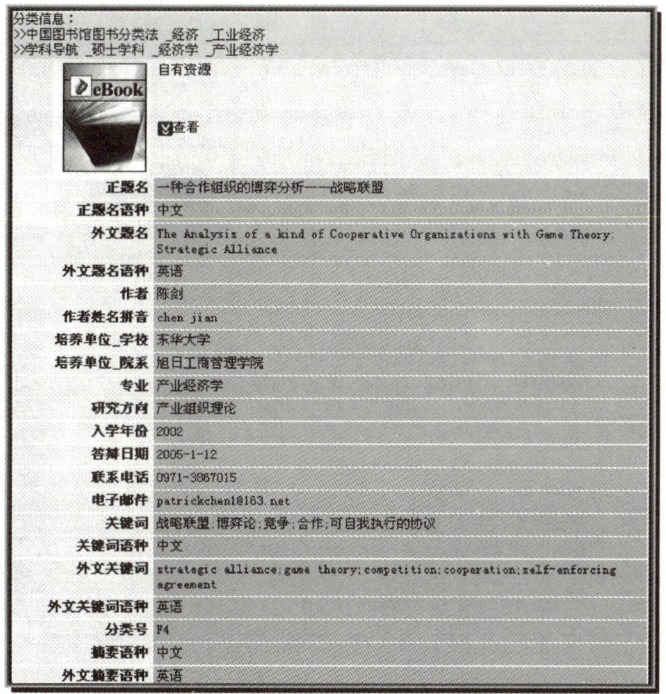

正题名	一种合作组织的博弈分析——战略联盟
正题名语种	中文
外文题名	The Analysis of a kind of Cooperative Organizations with Game Theory: Strategic Alliance
外文题名语种	英语
作者	陈剑
作者姓名拼音	chen jian
培养单位_学校	东华大学
培养单位_院系	旭日工商管理学院
专业	产业经济学
研究方向	产业组织理论
入学年份	2002
答辩日期	2005-1-12
联系电话	0971-3867015
电子邮件	patrickchen1@163.net
关键词	战略联盟;博弈论;竞争;合作;可自我执行的协议
关键词语种	中文
外文关键词	strategic alliance;game theory;competition;cooperation;self-enforcing agreement
外文关键词语种	英语
分类号	F4
摘要语种	中文
外文摘要语种	英语

图 7—26　方正 Apabi 图书详细信息

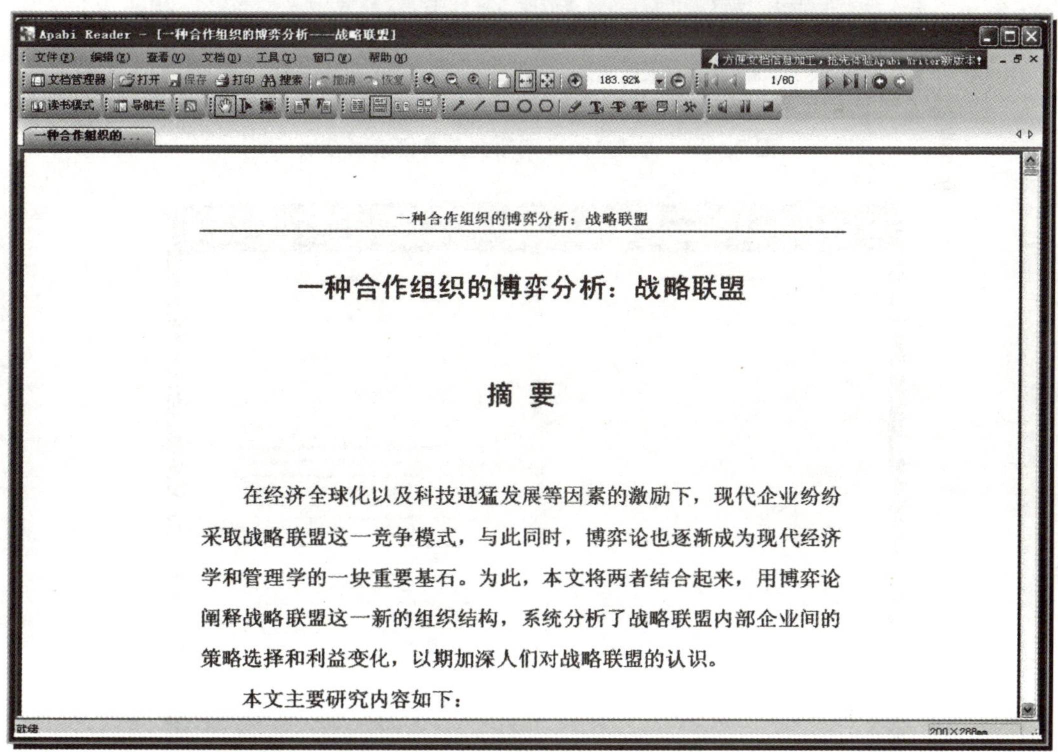

图 7—27　方正 Apabi 阅读器

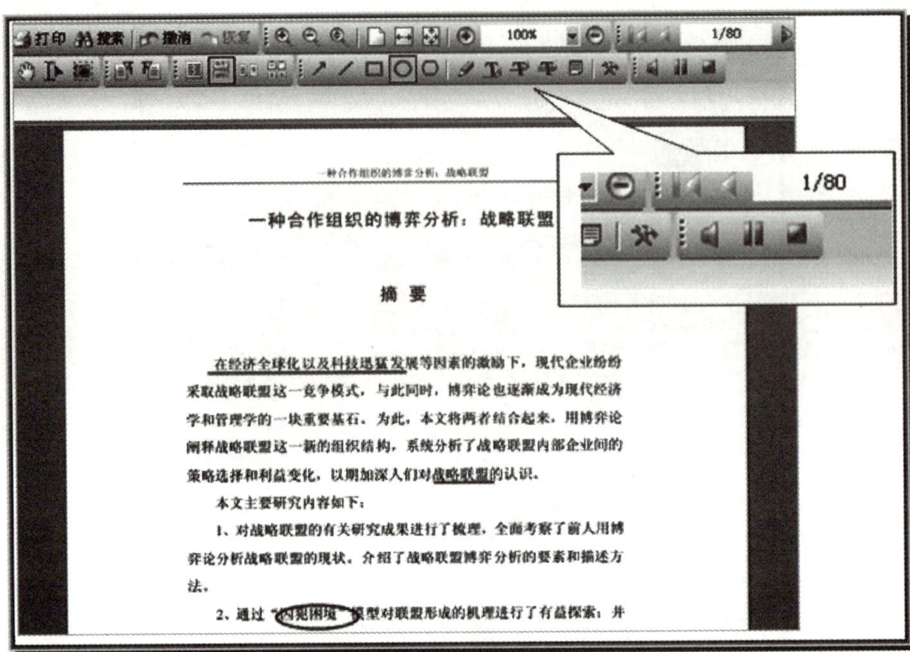

图 7—28　方正 Apabi 阅读器工具栏功能

图 7—29　方正 Apabi 阅读器工具栏读书模式

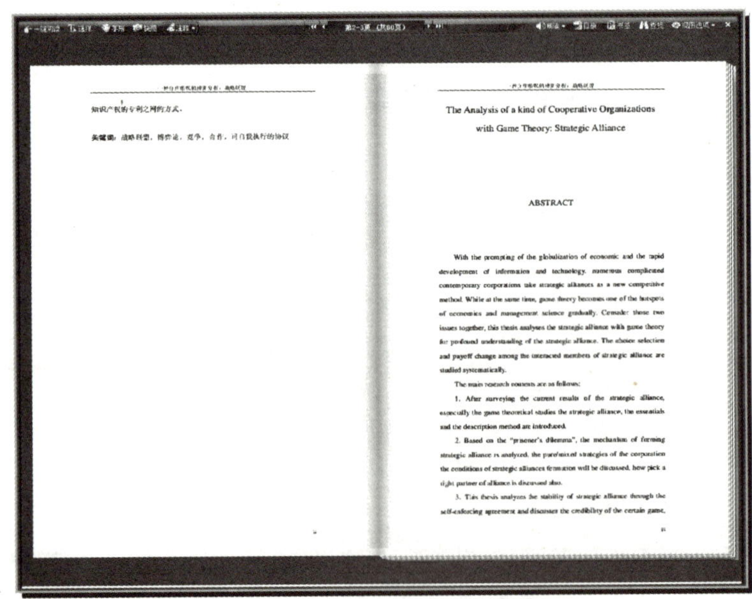

图 7—30　方正 Apabi 阅读器读书模式

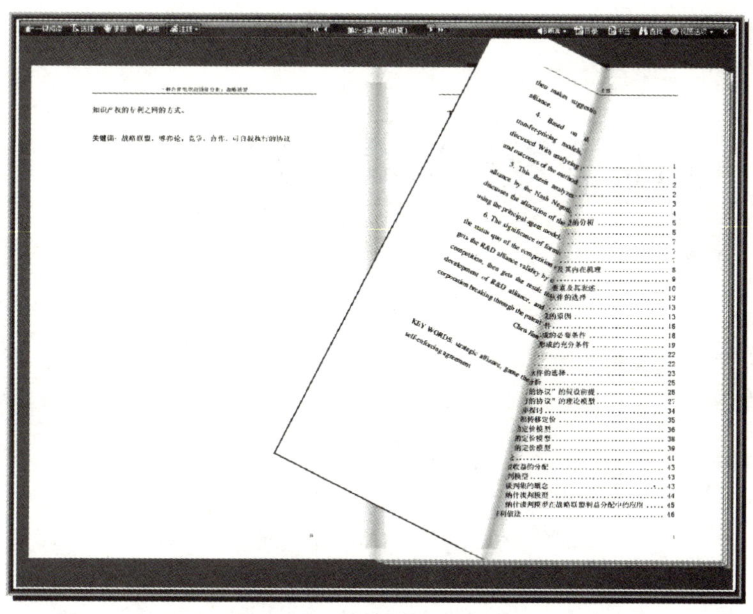

图 7—30　方正 Apabi 阅读器读书模式（续）

因此，Apabi Reader 无疑在功能上更强大、齐全，其丰富的辅助阅读功能给人耳目一新之感，增添了读者对电子书的阅读乐趣。这是 Apabi 的重要优势。

7.5 本章小结

本章主要介绍了国内常用的超星、书生之家和方正 Apabi 这三种数字图书馆，重点介绍了超星数字图书馆的使用方法。通过本章的学习，希望读者对数字图书馆的知识有所了解，熟练运用数字图书馆这个功能强大的电子图书信息平台，提高信息检索能力。

7.6 思考与练习

1. 电子图书的特点是什么？与纸质图书相比有什么优点？
2. 什么是数字图书馆？数字图书馆与电子图书的关系是怎样的？
3. 国内有哪几大数字图书馆，它们分别有哪些特点？
4. 学会使用一种或几种数字图书馆，练习查找所需图书。
5. 在超星数字图书馆中搜索与“中小企业”相关的书籍。

第 8 章

信息分析与学术论文写作

信息检索的最终目的是为了信息应用。用前面各章节所介绍的方法和技术检索到的信息，往往与我们真正的应用需求存有距离。所以，信息不能是采用简单的“拿来主义”，通过信息分析进一步挖掘信息的价值是非常必要的。

对于高年级本、专科学生和研究生来说，信息检索的一个重要应用就是学术论文写作。如何利用检索到的信息，并在信息分析的基础上进行论文选题和论文写作，这也是本章要介绍的内容。

8.1 信息分析[1]

根据检索任务进行信息检索后，得到的信息往往是浅层次的，信息的效用不能够通过这些浅层次直接使用就能显示出来。只有经过对信息的收集、存储、组织、分析、提供等程序，通过信息分析才可以深入认识信息的价值和可能用途，满足实际需要并且有针对性地解决实际问题。

随着科技、经济和社会的快速变化和发展，一方面，信息的社会作用越来越大；另一方面，人们获取有用信息的代价不断提高。在这种变化趋势中，信息分析作为一种有效的手段，正体现出其特有的价值，发挥着越来越明显的作用。信息分析针对特定的问题或需要，提供有用的信息和智慧。[2]

世界上一切事物的运动都具有形式多样、姿态万千的特点，但从本质上看，这些事物的运动又并非杂乱无章、难以琢磨，而是有规律的。规律是客观的，然而，人们在规律面前又不是完全无能为力的。规律虽然完全存在，但人们却可以透过现象认识它，并通过它再现实物的运动过程。在科学决策、研究与开发（R&D）、市场开拓领域，信息分析便是一种行之有效的揭示规律的方法。例如，通过检索竞争对手在某一领域的专利申请，并对其内容进行深入分析，便可判断出竞争对手的 R&D 方向、经营策略、产品和技术优势。

信息分析旨在通过已知信息揭示客观事物的运动规律。[3]这些规律是客观上已经产生和存在的，这些规律也是客观事物运动本身所固有的、本质的规律。信息分析的任务就是要运用科学的理论、方法和手段，在对大量的（通常是零散、杂乱无章的）信息进行搜集、加工整理与价值评价的基础上，透过由各种关系交织而成的错综复杂的表面现象，把握其内容本质，从而获得对客观事物运动规律的认识。在人类社会发展到须臾不可离开信息的今天，信息分析的意义极其重要，它不仅存在于科技和经济领域，而且还遍及广泛的社会领域，并对社会的发展和变革产生影响。

8.1.1 信息分析的概念、功能和特点

1. 信息分析的概念

概念一：

信息分析旨在通过已知信息揭示客观事物的运动规律，其任务就是要运用科学的理论、方法和手段，在对大量的（通常是零散、杂乱无章的）信息进行搜集、加工整理与价值评价的基础上，透过由各种关系交织而成的错综复杂的表面现象，把握其内容本质，从而获取对客观事物运动规律的认识。

概念二：

信息分析研究是一种以信息为研究对象，根据拟解决的特定问题的需要，收集与之有关的信息进行分析研究，旨在得出有助于解决问题的新信息的科学劳动过程。

概念三：

信息分析就是对消除不确定性的知识或消息进行分析、比较、判断，得出结论，帮助或支持人们决策。

概念四：

信息分析是指以社会用户的特定需求为依托，以定性和定量研究方法为手段，通过对社会信息的收集、整理、鉴别、评价、分析、综合等系列化加工过程，形成新的、增值的信息产品，最终为不同层次的科学决策服务的一项具有科研性质的智能活动。

2. 信息分析的功能

从信息分析的整个工作流程来看，信息分析具有整理、评价、预测和反馈四项基本功能。具体来说，整理功能体现在对信息进行收集、组织，使之由无序变为有序；评价功能体现在对信息价值进行评定，以达到去粗（取精）、去伪（存真）、辨新、权重、评价、荐优之目的；预测功能体现在通过对已知信息内容的分析获取未知或未来的信息；反馈功能体现在根据实际效果对评价和预测结论进行审议、修改和补充。信息分析的基本功能决定了其在国民经济和社会发展中将发挥重要作用。

3. 信息分析的特点

➢ 研究课题的针对性与灵活性

- 研究内容的综合性与系统性
- 研究成果的智能性与创造性
- 研究工作的预测性与近似性
- 研究方法的科学性与特殊性
- 研究过程的社会性

8.1.2 信息分析的类型

由于信息分析涉及社会的方方面面，采用各种各样的研究方法，所以根据不同的划分标准，可以将信息分析划分成各种不同的类型。

1. 按照领域划分

国际形势或国内形势总是根据各种因素发生变化的。一项信息分析任务，也总是根据各种相互联系的不同领域的信息构成的。这些领域大致可以分为以下几方面：政治（含外交）、经济（含产业）、社会、科学技术、交通通信、军事、人物。就某个具体领域而言，进行信息分析时要考虑的要素简述如下：

- 政治信息分析要素
- 经济信息分析要素
- 社会信息分析要素
- 科学技术信息分析要素
- 交通通信信息分析要素
- 人物信息分析要素
- 军事信息分析要素

2. 按内容划分

(1) 跟踪型信息分析：跟踪型信息分析是基础性工作，无论哪个领域的信息分析研究，没有基础数据和资料都难以工作。

(2) 比较型信息分析：比较是确定事物间相同点和不同点的方法，在对各个事物的内部矛盾的各个方面进行比较后，就可以把握事物间的内在联系，认识事物的本质。

(3) 预测型信息分析：所谓预测，就是利用已经掌握的情况、知识和手段，预先推知和判断事物的未来或未知状况。预测的要素包括：1) 人——预测者；2) 情况和知识——预测依据；3) 手段——预测方法；4) 事物未来和未知状况——预测对象；5) 预先推知和判断——预测结果。根据不同的划分标准，预测可以分成许多不同的类型，如按预测对象和内容可以分为经济预测、社会预测、科学预测、技术预测、军事预测等。社会的现代化管理就是体现在以预测为基础的战略管理上，预测型信息分析涉及的范围非常广泛，大到为国家宏观战略决策进行长期预测，小到为企业经营活动提供咨询的短期市场预测。预测型信息分析工作的方法大致上可以分为定性预测和定量预测两大类。例如经济预测中不同产业部门的产值、利润、就业人数、出口贸易都可以用作定量分析的数据来源，采用回归分析、时间序列分析、投入产出分析等方法进行预测；而对于那些政策性强、时间跨度大、定量数据缺乏的预测问题，则更多地需要依靠专家的直觉和经验。

（4）评价型信息分析：评价一般需要经过以下几个步骤：1）前提条件的探讨；2）评价对象的分析；3）评价项目的选定；4）评价函数的确定；5）评价值的计算；6）综合评价。评价的方法有多种多样，如层次分析法、模糊综合评价法等。进行评价时要注意选择合适的变量和评价指标，同时评价往往涉及对比，因此评价对象的可比性值得考虑。评价是决策的前提，决策是评价的继续。评价只有与决策联系起来才有意义，评价与决策之间没有绝对界限，是同义语。

3. 按方法划分

信息分析的类型也可以按照采用的方法来划分。一般可以分为定性分析方法、定量分析方法和定性与定量相结合的方法三种。定性分析方法一般不涉及变量关系，主要依靠人类的逻辑思维功能来分析问题；而定量分析方法肯定要涉及变量关系，主要是依据数学函数形式来进行计算求解。定性分析方法比如比较、推理、分析与综合等；定量分析方法比如回归分析法、时间序列法等。而定性与定量相结合的方法的产生则是由于信息分析问题的复杂性，很多问题的解决既涉及定性分析，也涉及定量分析，因此定性分析方法和定量分析方法相结合的运用越来越普遍。

8.1.3　信息分析的流程

一次典型的信息分析活动，一般由课题选择、制定课题研究计划、信息收集、信息整理鉴别与分析、报告编写这几个环节组成。下面，主要介绍信息整理、鉴别与分析三个环节。

1. 信息整理

信息整理的过程是信息组织的过程，目的是使信息从无序变为有序，成为便于利用的形式。信息整理一般包括形式整理与内容整理两个方面。

（1）形式整理

使用不同方法、由不同人员经过不同渠道收集来的原始信息大多数是分散和零星的，彼此之间没有内在的联系，在形式上也是多种多样的。形式整理基本上不涉及信息的具体内容，而是凭借某一外在依据，进行分门别类的整理，是一种粗线条的信息初级组织。

- 按承载信息的载体分类整理
- 按使用方向分类整理
- 按内容线索分类整理

（2）内容整理

内容整理主要指对信息资料的分类、数据的汇总、观点的归纳和总结等，分别称之为分类整理、数据整理和观点整理。

- 分类整理：把原始信息的内容进行细分的依据是课题所包含的对象、内容范畴、领域、主题以及时间、空间等。例如在研究钢铁工业技术引进现状和走势方面的课题时，可以按选矿、采矿、烧结、炼铁、炼钢、轧钢等类别将信息进行分类整理。在条件允许的情况下，每一类还应当根据其内容之间的差异性进行尽可能详细的划分，如将轧钢分为初轧和精轧，将精轧又进一步细分为棒材轧制、线材轧制、板材轧制和管材轧制。内容划分得越细，今后使用起来就越方便。

- 数据整理：在内容整理过程中，要特别注意一些连续性的数据的整理，在进行比较、鉴别、换算、订正和补遗之后制成相应的统计表和图形，以便于直接观察和分析其变化特征。可供选择的统计表和图形类型很多，如方格表、多因素表、坐标图、直方图、圆形图等。在条件许可的情况下，应充分发挥计算机在信息整理中的作用，边整理边制作一些数据库，为进一步的统计分析和数据挖掘做好准备。
- 观点整理：在这一过程中，要注意各种观点和事实的比较，包括矛盾的观点或事实的剖析、不同观点或事实的列举、相近观点或事实的归并、相同观点或事实的去重等。

2. 信息鉴别

信息鉴别的过程就是将质量低劣、内容不可靠、偏离主题或者重复的资料剔除，同时也是区别重要信息与次要信息的过程，目的是在选用信息资料时做到心中有数。收集来的信息资料质量如何，既关系到材料本身是否有用，也关系到最终研究成果的水平。信息资料通常从可靠性、先进性、适用性等几个方面加以鉴别。对信息资料的鉴别并不仅仅贯穿于信息整理过程之中，而是向前还可以延伸到信息收集的环节。

（1）可靠性

信息的可靠性主要指信息能够客观、真实地反映科学研究与生产实践活动。原始信息的可靠性一般包括四个方面的含义：第一，真实性。信息内容报道失真可以表现为多种情况，如言过其实、夸大其词等，还有技术还未成熟就抢先报道的情况。这样的文章往往论据不足，内容空洞。第二，完整性。对事物的认识要全面具体，要抓住事物的本质，不能以偏概全。第三，科学性。信息内容要有科学依据，不能带有封建迷信和邪教色彩。第四，典型性。原始信息要有代表性和典型意义。

一般地说，知名学者、专家与科技人员发表的文献所提供的信息比较准确；著名学府、著名科研机构或出版单位出版的文献可信度大；具有一定密级的、秘密的或内部的资料比公开的资料更具有可靠性；图纸、标准、专利文献等比一般书刊可靠性大；科技书刊比一般新闻报道和消息的可靠性大；官方来源的信息比私人来源的信息可靠性大；专业研究机构比一般社团的信息资料可靠性大；引用率高的文献可信度高；发表在正规报刊上的文献可信度高；论据充分、逻辑严谨的文献可信度高，等等。

（2）先进性

信息的先进性有多方面的含义。在时间上，信息的先进性表现为信息内容的新颖性；在空间上，则可以按地域范围分为多个级别，如世界水平、国家水平、地区水平、行业水平等。从发表的时间来看，内容相同或相近的一组文章中，新近发表的文章往往代表先进的水平；从内容来看，只要在某一方面是新的，如技术手段或方法有所改进、提高，技术应用范围有所扩大等，就可以认定其具有先进性；就经济效果而言，从信息本身很难对其经济效果做出评价，但可以通过与采用该信息前的各方面情况进行比较后作出评价，如产量是否提高、品种是否增加、质量是否改进、成本是否降低、劳动生产率是否提高，等等。

(3) 适用性

适用性是指信息对于用户可利用的程度。适用性判断的基础是可靠性与先进性，要将信息的发生源与信息使用方在各方面的情况加以对比，找出异同，最终确定可以“消化吸收”的能力。信息适用性是决定其价值的一个重要因素。

3. 信息分析

信息分析的过程是对整理、鉴别之后的信息进行系统分析，通过定性或定量的方法，提出观点、得出结论，形成新的增值的信息产品。本阶段是整个信息分析流程中最重要的一环，前述的信息的收集、整理和鉴别都是其自然延续，同时它也是后续阶段——报告编写的基础。该阶段是一项综合性很强的思维活动，需要运用各种方法、手段将获得的经过整理加工后的信息进行定性或定量分析，得出结论。信息分析的创造性和智能性的特点正是通过该阶段才充分体现出来的。

8.1.4　信息分析方法

1. 概述

方法 (Method) 是人类认识世界、适应世界和改造世界的思路、途径、方式和程序。方法包含的要素包括四个方面：1) 目的性。即任何方法都是为了解决某个问题的，有明确的目的。2) 工具。方法总是借助于一定的工具和手段来实现问题的解决。3) 对象。在使用方法时，应该考虑所适用的对象，对不同的对象所用的方法可能不同。4) 合乎规律性的活动。方法作为一种理解自然、改造自然的工具，必然要符合自然规律。因此方法可以理解为针对某个特定对象、借助一定的工具、为实现目标服务的合乎规律性的活动。方法论 (Methodology) 是对方法进行研究的科学，是比方法更高一层次的东西。具体来说，方法论是有关方法的性能、评价、应用、开发、结构体系以及规律性的知识体系，是系统化的理性认识。因此，方法不等于方法论。

与任何科学研究一样，信息分析也要采用各种方法，对方法的合理使用是决定信息分析水平和效率以及信息分析质量和效益的重要因素。因此，怎么强调信息分析方法的重要性也不为过。信息分析方法是指信息分析研究过程中所采取的一切方法和技巧的总和。

信息分析是一项综合性很强的学科，它与自然科学、社会科学、管理科学、决策学、科学学、系统工程等诸多学科相互联系和交叉。这种特点决定了信息分析几乎没有自己专用的研究方法，所用的方法多数是从自然科学、社会科学和某些边缘学科的研究方法中借鉴过来的。而这种借鉴正是方法论所要研究的吸收和移植现象，即科学方法体系作为一个整体，各个学科都可以对其基本原理加以应用。所以信息分析是在吸收、移植其他学科的研究方法的过程中不断发展起来的。因此信息分析方法的一个显著特点就是综合性，在综合吸收其他许多学科和领域的有关方法的基础上，逐步形成了信息分析的某些基本的、常用的方法。这种综合主要体现在以下六个来源上：

(1) 逻辑学的方法：逻辑学提供正确思维的途径和基础。信息分析运用的一般思维方法离不开逻辑学这一基础领域。逻辑方法作为一般思维方法，在信息分析中的具体应用是广泛的，它在一般方法的层次上为信息分析提供方法的来源和基础，并促成了信息分析中的逆向思维方法、综合比较方法等常用方法的出现。信息分析进行的定性思维活动，例如，分解与综合、归纳与演绎、比较与分类、联想与反驳等都要借助于逻辑工具，这些定性思维主要用到形式逻辑和辩证思维。

(2) 系统分析方法：系统分析方法是对整个信息分析过程起支配、指导作用的方法，尤其是在分析复杂的对象或系统时，系统分析的方法贡献更大。在信息分析中课题目标的选择、目标的分解、研究框架的建构、结论的综合等环节尤其离不开系统分析方法。信息分析运用的一些具体方法，如关联树法、环境扫描 OSA 方法等都是系统方法的体现。

(3) 图书情报学方法：进行文献调研和文献分析时，图书情报学方法是基本的和主要的，包括目录学方法、文献检索方法、文献计量学方法、文献综合加工方法等多方面，在文献收集、整理、浓缩、比较和分析中都少不了这些方法，特别是文献计量学方法在信息分析中是一类有代表性的方法，受到广泛的重视，其中引文分析法、内容分析法已发展成为信息分析中有独特功能的、有效的专门方法。

(4) 社会学的方法：在进行非文献调研和非文献信息分析，即实地调查分析时，社会学可以为信息分析提供收集实地信息的某些比较成熟的方法，为分析概念之间的关系和形成正确的概念框架、理论构架等贡献有效的方法手段。社会学中的社会调查方法具有悠久的历史，是社会学与信息分析两者之间最相关的一个领域，形成了实地情报调研的主要方法来源。社会调查的两个关键是“研究假设”和“社会测度”。研究假设即形成理论或概念上的构架，是定性分析的决定性步骤；社会测度可以理解为将模糊的概念从抽象层次转换成经验层次中可操作的变量，并加以度量。实现可操作的变量的转换对信息分析有普遍的意义，如在评估和预测所采用的特尔菲法中，都应用了这种转换。从方法论的角度来看，信息分析借鉴了社会调查中构成概念构架的方法和建立测度的方法。

(5) 统计学的方法：信息分析中进行多因素之间关系的定量研究，主要依赖统计学的方法。相关分析、回归分析、聚类分析、确立模型等具体的专门方法，大多来源于统计学，主要是数理统计学。信息分析的定量化趋势和数学的运用，相当大的程度上是指统计方法的应用，因此，统计学方法是信息分析定量研究的基础和最重要的方法来源。

(6) 预测学的方法：为管理和决策服务的信息分析非常重视预测，预测分析在信息分析工作中已占有比较突出的地位。如趋势外推法、特尔菲法等预测方法在信息分析中经常被广泛采用，并发展到与其他方法交叉使用。

2. 信息分析方法的分类

任何研究方法的分类，最普通的不外乎分为定性研究方法、定量研究方法以及定性和定量相结合的研究方法这三大类。

（1）定性研究方法

定性研究方法是指获得关于研究对象的质的规定性方法，包括定性的比较、分类、类比、分析和综合、归纳和演绎等方法。主要是分析与综合、相关与对比、归纳与演绎等各种逻辑学方法。定性研究方法适用于那些不需要或不可能应用定量方法进行分析研究的课题。逻辑学方法具有下列特点：1）只对某一给定研究对象的宏观特征进行定性的分析研究，而不涉及其微观的数量关系；2）直感性强，比较容易学习和掌握；3）推理严密，有说服力。

信息分析工作中较常用的逻辑学方法有：1）比较法。即根据两种以上同类事物各自的相关的信息来辨别它们的异同或优劣的方法。2）分析法。即将研究对象整体按照研究需要分解为部分或要素，并对其之间的特定关系深入探讨的方法。3）综合法。是对与某一研究对象相关的各种来源、各种内容的信息，按特定的目的进行归纳汇集而形成的完整的、系统的信息集合的方法。4）推理法。即从一个或几个已知的判断得出一个新的判断的思维方法。

（2）定量研究方法

定量研究方法是指获得关于研究对象的量的特征的方法。从理论上来说，一切事物都是质与量的统一体，质是由量体现的，所以掌握了事物的各种数量关系，就能认识事物的本质与规律。一门科学只有成功地运用数学方法才能达到完善的地步。自然科学的发展离不开数学，社会科学的研究也需要数学作强有力的工具。事实证明，社会科学研究应用定量分析方法也取得了前所未有的成绩，因此定量分析方法在自然科学和社会科学研究中的巨大作用是毋庸置疑的。信息分析的定量研究方法就是在这种背景下产生的，可以说，定量研究方法在信息分析中的应用，是现代信息分析相对传统信息分析内容与目标转变的要求，也是信息分析日趋成熟的重要标志。文献调查也证明，“系统分析、模型模拟、多元分析、层次分析、模糊数学等定量方法和定性与定量相结合的方法正在逐渐引起人们的兴趣，表明情报分析研究正处在定性向定量研究转化的过程中”。定量研究方法与定性研究方法相比，得出的结论更为直观、更为精确，有更高的可信度。

信息分析的定量研究方法强调对数据的分析，通过建立数学模型等可重复检验的手段表达数据的内涵，从而保证信息分析活动成为建立在可靠基础上的科学研究活动，它是一种高度抽象的方法。其过程可以分为三步：1）用精确的数量值代替模糊的印象；2）依据数学公式导出精确的数量结论；3）将结论的数量形式解释为直观性质。其特点在于，可以对事物的发展做出定量的描述；借助于数和数量关系研究事物的发展规律。

信息分析工作中较常用的定量研究方法有：1）文献计量分析法。它是基于文献量的变化与科学技术的发展之间存在着一定的内在联系，从而可以利用文献量的变化建立表征这一内在联系的方程式，以了解科学技术的历史、现状和发展趋势。2）回归分析法。通过处理已知数据来探寻这些数据的变化规律，并以此建立相应的回归方程式，再根据该方程式来预测未来发展的一种数理统计方法，可分为一元、二元和多元线性及非线性回归法等。3）预测分析法。以概率论为其主要理论基础，对客观世界的大量随机事件进行探索的一种方法。具体的做法是，根据事物过去和现在的发展规律，科学地估计未来的发展趋势。4）系统分析法。从系统的观点出发，着重研究总体与局部、总体与外部环境之间的关系，综合、精确地对给定的研究对象进行研究的方法。

但是，定量研究方法有着自身的弱点：1）定量研究方法是在获取目标样本的过去或现在信息的基础上进行研究的，无法对目标样本的未来、瞬间状态进行跟踪、表达和研究；2）定量研究方法力求获得精确的结论，虽然承认“偏差”的存在但却没有对其引起足够的重视，结果可能是获得了违反生活常识的结论；3）信息分析人员有可能陷入“数据的精确性、结论的严密性”的圈套，被“客观”的数据和自己无法“精确”解释的某些现象所迷惘，最终影响决策的顺利完成。

（3）定性分析与定量分析的结合

随着科技和经济的发展，信息分析的主要领域从科学技术领域转移到了经济领域。调查结果表明政府和企业是信息分析的主要服务对象，而决策研究决定了信息分析工作的主流方向。市场经济体制下，市场需求决定了信息分析必须借助于先进的方法和手段。定性研究方法是信息分析工作的基础，定量研究方法是信息分析工作发展的要求，开展定量分析并不排斥定性分析。只有将定性分析和定量分析结合起来使用，才能满足决策、预测的需要。

定性分析与定量分析的有机结合冲破了传统信息分析方法多用定性研究方法、很难保证分析结果的准确性和重复性的局限。一方面，定性研究把握信息研究的重心和方向，侧重于物理模型的建立和数据意义；另一方面，定量研究为信息分析结果提供数量依据，侧重于数学模型的建立和求解。通过定性研究方法与定量研究方法的结合，使得信息分析方法更加符合实际需要，得出的结论更加准确和可靠。

事实上，定性分析是定量分析的基础和前提，定量分析则是定性分析的精确和具体化。两者存在着对立统一的关系，在实际工作中，定性分析的终点常常是定量分析的起点。信息分析的理论与实践证明，传统的定性分析方法与现代的定量分析方法的有机结合，将是信息分析方法的必然走向。

8.1.5 信息分析与文献综述

在学术论文写作过程中，信息分析的过程更多地体现在文献综述的写作过程。章凯教授提出，提高文献的信息分析水平要把握以下八点[4]：

1. 有效地筛选文献

文献检索完成后，按照一定的主题对所搜集到的文献进行分类，找出对课题研究有价值的文献，这是文献分析的第一步。同时，要注意文献的时效性和权威性，避免浪费不必要的时间和走不必要的弯路。

2. 注意文献中的矛盾点

对不同观点和方法进行分析比较有利于我们找到研究中存在的矛盾点。我们在阅读文献时，经常会发现不同的研究者在分析同一问题时有不同观点，它们甚至彼此矛盾，互不相容。发现现有研究的矛盾点是文献分析的一个重要方面，这对我们研究问题可能是一次非常好的机会。关注矛盾，思考矛盾，也许就会给我们带来一次好的研究机遇。

3. 分析现有研究的缺陷

这种缺陷可能是方法论的局限性、理论观点的片面性，也可能表现在研究方法方面。这些缺陷必然会影响研究结果的正确性和普遍性。找到现有研究的缺陷将使我们的研究有一个高的起点。发现这些缺陷一般需要研究者有新的视角，而解决它们则往往需要有新的知识结构或新的研究手段。

4. 寻找课题研究的空白点

每一领域在未得到充分研究前，总会存在一些空白点，抓住这些空白点进行研究，可以避免重复别人的研究，保证研究的创新性。如何寻找课题研究的空白点？一是寻找该领域中尚未引起注意的问题；二是关注那些现有研究者已经注意到但由于理论或技术困难而尚未解决的问题；三是关注该领域现有的研究者由于缺乏某种知识结构而未能解决的问题。

5. 寻找课题的生长点

分析课题研究的发展方向有利于追寻课题新的生长点。我们在查阅、研究文献时，注意课题研究中出现的新方向、新思路、新领域，对深入该课题研究和拓展研究领域，追踪研究方向与水平都很有意义。

6. 加强文献的理论批判和整合

在解决问题时，我们的思维往往固定在某种原有模式（思维定势）上，而缺乏变通性，不能根据当前问题的需要灵活地选择一种新的模式。思维定势有利于我们解决熟悉的、同一类型的问题。但往往不利于我们在新的问题情景中寻找有效的解决办法。因此，我们必须学会在必要时如何有效地打破思维定势。在文献分析中，对现有文献进行理论批判和整合，需要我们在钻研文献的时候，保持思维的自主性和独立性，注意分析现有研究的思维定势，选择新的视角，突破思维定势，扩大思维空间，引进新的概念和理论模型。

7. 挖掘和记录自己的思想火花

文献研究中，重视自己的思想特别重要。我们在思考问题时，有时灵感突发，会迸发出一些新思路、新观点，即思想火花。思想火花的出现是大脑自组织的结果，是人的智慧的真正体现。如果当时不重视，往往稍纵即逝。在研究中一旦感到自己有什么要说、要写时，就应该专心致志地去追寻心灵的轨迹，任思想自由发展、延伸。这时的思维是自组织的，而非逻辑的，要紧的是记录和追寻，而不要评价。如果一开始就进行评价，引入逻辑的干预，思想的大门就会自行关闭，灵感也就消失了。

8. 突破思维定势，提炼科学问题

发现和提出问题是科学研究的基础。爱因斯坦曾经深有感触地说，在科学的发展中，提出一个好的问题比解决一个有价值的问题更重要。提出一个好问题，需要研究者突破现有研究的思维定势，选择新的思维空间。因此，我们在阅读文献时不能为研究者的思维模式所左右，把研究者的思维定势内化为自己的思维定势。如何从研究策略上突破研究者的思维定势？著名心理学家皮亚杰的观点是：当我们着手研究一项课题时，先不要去看这一课题的直接文献，而是去看与这一课题有些关系但好像关系不密切的文献，在阅读中就所要研究的课题进行思考，等形成了一些初步的观点之后，再去看那些直接的文献，在两者的比较分析中，就会得到新的收获，而不是迷失在文献中人云亦云。

8.1.6 文献综述实例

本小节以课题“中小科技企业扶持政策执行过程中的利益共享机制研究”为例，看看如何通过信息分析，最终完成的一篇文献综述：

作者利用能够使用的中、英文数据库对与本研究有关的“中小科技企业”、“扶持政策”、“政策执行”与“利益共享”四个关键词进行文献检索。经过有限的阅读整理，相关研究主要集中在三个方面。

一、集中在扶持政策研究方面

(1) 现实政策介绍和总结。陈克明和江琴（2005），王静一（2006），刘涛（2001），徐向艺（2003），储祥银（1999），张敏和谷俊涛（2005），许先国和汪永成（2004）分别介绍了爱尔兰、法国、美国、德国、英国、中国内地、中国香港特区政府扶持中小型科技企业的政策；曾珠（2008），宋志霞和刘雪玲（2005）分别对比分析了中欧、美日政府扶持中小科技企业的政策；蔡元忠（2005）以西方国家对中小企业扶持政策为例提出了振兴我国中小企业的政策措施。

(2) 政策制定的理论机理。扶持政策按是否与融资相关可以分为融资政策和非融资政策两类。在融资政策方面（以激励理论、代理成本理论、交易成本理论、新优序融资理论、控制权理论、产权和超产权理论等一般融资理论为基础）：Gompers 和 Lerner（1998）、Keuschnigg 和 Nielsen（2003）研究了税收政策对于小企业融资的均衡影响问题；Wu 等（2008）实证了财政政策、税收政策、所有者年龄和学历是中小企业融资的关键要素；林汉川等（2005）验证了我国各行业中小企业的融资能力；秦艳梅（2005）总结出我国中小企业融资规律和融资特点；罗正英和段佳国（2006）通过新模型揭示出企业内生多变量的联系机理。在非融资政策方面：孙启新（2006）研究了处于不同生命周期的中小型科技企业与支撑环境的关系；周丁等（2006）从制定实施中小企业政策角度出发分析出政策与组织制度建设的匹配协同关系；罗公利和边伟军（2008）用穆迪次序图构建了孵化力影响模型，提出了影响孵化力的重要因素；Prashanthama 和 McNaughton（2006）分析了政策对于中小型企业国际化的重要性；Gil Avnimelech 等人（2007）分析了政策对于高科技活动的促进作用。

(3) 政策制定的对策研究。郭斌和刘曼路（2002）认为应建立多元化的融资服务体系；袁红林和颜光华（2003）建议通过流程再造和资源外取的方式整合内、外部资源；林毅夫和李永军（2001）提出，发展和完善中小金融机构是根本出路；池仁勇（2003）介绍了中小科技企业发展的动力及环境；曾凡银（2008）以安徽为例，提出了区域经济中政、产、学、资、研、公、民有效协同共担风险共享利润；蒋伏心和周春平（2005）认为解决问题的关键是政府与小企业的关系；欧阳峣和欧阳文和（2006）提出应该关注资本流动环境的改善和形成推动中小企业可持续发展的合力；杨树旺等（2008）主张建设中小企业集群服务体系；辜胜阻等（2008）从五方面提出了创业政策体系和以创业带动就业的对策。

二、集中在政策执行研究方面

Alexander 和 Ernest A.（1985）提出了一个政策执行的新模型"政策—项目—执行过程"模型（PPIP）。Philip 等人（1999）认为内外部因素会影响政策的制定，并且政策的制定与执行之间是有差距的。曹堂哲（2005）回顾了公共政策理论形成的 30 年。李倩（2006）、龚鸿波（2008）对公共政策执行模式进行了评析。游海疆（2006）从博弈角度看公共政策的执行；徐敏宁（2008）以博弈论的观点来看公共政策的执行中制定者、执行者、目标之间的关系。吴勇（2008）认为地方政府在执行中央政府的公共政策时有阻梗现象。祁翔（2008）认为影响公共政策执行的因素为公共政策制定和执行主客体以及监督两方面。Andrew Atherton（2008）讨论了中国中小企业政策的发展及实施情况。定明捷（2009）认为信息不对称和利益冲突是公共政策执行的众多影响因素中所不可忽视的。

三、集中在利益共享研究方面

叶正茂（2000）提出了共享利益制度、分析了共享利益的理论渊源与实现机制；陈波和洪远明（2007）分析了影响利益共享和谐社会的因素；白琳（2007）分析了利益共享的基本要素以及对和谐社会的影响。王忠吉和张颖（2005）提出了供应链企业间的利益分配模型；景炜明等人（2006）认为合理稳定的利益关系是科技园区产业健康发展的关键；张海燕和杜荣（2007）从知识共享角度分析了企业、政府、高校的共同利益；安勇和张杰明（2008）建立了利益共享基础上的期权决策模型。谭和平（2006）从利益视角看政府公开信息，可以避免寻租现象。

上述研究表现为三个特点：

1. 关注重点是扶持政策制定层面的三个问题。对于科技企业扶持政策方面的研究开始增多，各方学者主要关注的是以下三点："为何"要制定政策、"如何"制定政策、制定"何种"政策。

2. 扶持政策执行层面的研究基本空白。现阶段研究体现的政策执行模式共三种：自下而上模式、自上而下模式和综合模式。整合型的公共政策执行研究还只是概念性模式，理论框架目前正处在发展中。而立足于公共政策的执行层面，在理论上研究扶持政策执行系统的内部作用机理，并提出新的政策执行模型，目前未见相关研究。

3. 扶持政策执行各主体的利益共享机制方面的研究尚未涉及。立足利益共享的基本要素，如何从实践出发构建利益共享机制模型，提升扶持政策实施的有效性，进而缓解中小科技企业的发展困境，尚是一个亟待研究的新课题。

8.2 学术论文写作

每种搜索引擎都有不同的特点，只有选择合适的搜索工具才能得到最佳的结果。

8.2.1 经济管理类学术论文写作的要求和程序

1. 写作的要求

经济管理类学术论文大致可以分为两类：一类是学术期刊或会议论文，一类是学位论文。虽然学位论文的篇幅更大，但基本的要求却不外乎四点：科学性、创新性、应用性、可读性。

(1) 科学性。学术论文不同于教材、文件，更不同于新闻报道，具有其自身的一些特性。学术论文之所以称之为“学术”，首要因素是其具备科学性（涵盖了理论性）。科学性即史实客观准确，学术论文要作实，使“实事求是”的思维方式见之于文，并完成从具体到抽象，从实践到理论的升华。学术论文科学性的基础是态度正确、材料真实、理论深邃、方法科学。即要求作者在立论上不得带有个人好恶的偏见，不得主观臆造，必须切实地从客观实际出发，从中引出符合实际的结论；在论据上，应尽可能多地占有资料，以最充分的、确凿有力的论据作为立论的依据；在论证时，必须经过周密的思考，采用科学的理论和方法，进行严谨的论证。

(2) 创新性。创新性是学术论文的灵魂，即学术论文一定要有对新知识的探求。创新性是科学研究的生命。创新是指对自然科学或社会理论提出新见解，内容新颖独特、并富有启发性，具有广泛的科学兴趣。具体而言，就是在已沉寂的研究领域提出创新思想，在活跃的研究领域取得重大进展，或者是将原先彼此分离的研究领域融合在一起。学术论文的创新性还表现为创新能力和创新素质。所谓创新能力，一般是指利用已积累的知识和经验，经过科学思维加工和再造，产生新知识、新思想、新方法和新成果的能力。创新素质则具体体现在以下几方面：好奇心和兴趣；直觉和洞察力；勤奋刻苦和集中注意力；人文素质。[5]

一篇学术论文如果在新观点、新材料和新方法等三个方面中具有一个方面以上的“新意”，那么我们认为它就具备创新性。可以用以下标准来检验：1）是否运用已有的理论对新的实践进行研究、分析，提出具有应用价值的观点。2）是否填补了学科空白。科学的发展有其不平衡性。从学科建设上来看，由于某一时期侧重于某些学科的研究，而忽视了另外一些学科的建设，因而就出现了学科上的短缺、空白。在一个学科范围内，也存在着发展的不平衡性，有需要填补的部分。3）前人是否有过这种观点，即观点是否是独创的。4）是否超过了前人已有观点的准确和深刻程度。5）是否对前人的观点进行了纠正或补充。由于历史的局限性和研究的阶段性，前人或他人的研究成果和研究方法，都会存在或大或小的某种偏颇、失误、漏洞、疑点和不足之处，这是难以避免的。6）是否提出了新的研究方法。7）前人有没有在搜集整理的基础上做过综述。8）是否纠正了通说。纠正通说，就是对已被承认或流行的学术观点（包括已有研究成果和现在流行的一些见解、主张和结论）中的偏颇甚至错误，进行批驳和纠正。[6]

李怀祖提出，学术论文必须从三个方面阐述创新点：1）创新点是什么（what），论文要清晰地表述所提出的新发现及其主体内容；2）为何要提出创新点（why），论文要交代创新点提出的实际和理论背景，既说服自己也让读者感到这样的创新点的确有学术和实际意义，值得花精力去研究；3）回答这个创新点是否成立的质疑（whether true or false），提出证据和论据来支持论文的创新点。为了回答上述问题，相应有三方面的内容，即创新点的表述、创新点的理论和实际背景评述以及创新点的论证。[7]

（3）应用性。经济管理类学科都是应用性很强的学科，该领域的学术论文也应该是为解决经济管理的现实问题而提出的新的学术思想或新的有价值的思路。所以，经济管理类学术论文写作必须要坚持所谓“顶天立地”，即在理论上要“顶天”，掌握最前沿的科学理论；实践上要“立地”，解决现实的社会实践问题。好的学术论文一定是在“真问题”基础上提炼和升华的。没有对经济管理实践的深刻理解，纯粹玩概念游戏或者数学游戏，完成的学术论文逃不出学术垃圾的范畴。

（4）可读性。指的是要用通俗易懂的语言表述科学道理，不仅要做到文从字顺，而且要准确、鲜明、和谐、力求生动。正如张五常教授所言：学术文章是写给内行的、专于某项题材的一小撮人看的，必须写得很简洁，而简洁中又要写得很清楚：其一，学术文章要开门见山，在第一、二段中要单刀直入，说明写该文的目的何在，自己在思想或研究上的贡献是什么……一般而言，专家读专文，他们渴望知道的，是作者自己究竟“要”说什么；没有什么“闲情逸致”去听作者说他人“说”什么——因为他人说什么专家们早已知道了。当然，作者大可介绍自己的与别人的不同之处，但首先得具体地说明了自己在某方面的贡献，才能够与他人有所不同的观点作比较。其二，作者对自己的贡献不能夸大，但必须紧抓着这点“贡献”作为主题，一层一层地解释，从不同的角度作反复的辩证，一刀一刀深入地刻画。述说自己的观点或研究心得时，有关的内容起码要占文章百分之八十的篇幅……其三，自己的观点或研究所得一经表达了，就要立刻收笔，作结论。结论要“淡然”（切莫夸张）处之，直截了当地简述自己的贡献，或者指出自己的不足之处，提出以后要多作研究的方向。[8]

2. 写作的程序

从大的方面来看，学术论文写作可以分为两步：选题阶段和论文写作阶段。如图8—1所示，选题阶段又包括：问题挖掘与方向确定，文献首次检索与粗读，题目确定，二次调研、检索与文献精读，文献综述，论文大纲拟定等六步；论文写作阶段按照写作的时间顺序则包括引言（绪论）写作，正文写作，结果和讨论写作，参考文献整理，摘要和关键词的提炼，论文格式规范等阶段。

8.2.2 论文选题

论文的选题是论文写作的第一个阶段，“好的开始是成功的一半”，论文的选题工作作用巨大，工作量也占到了整个论文写作的一半以上。

1. 问题挖掘与方向确定

一篇好的经济管理类学术论文，前提必须是挖掘到一个“好”问题。问题是客观存在的，任何一个学科领域里面理论都只是相对的，问题才是绝对的、永恒的。人类知识是在不断的理论探索和实践中发展的，理论与实践之间的对立统一关系构成了研究问题的基本来源（见表8—1）。

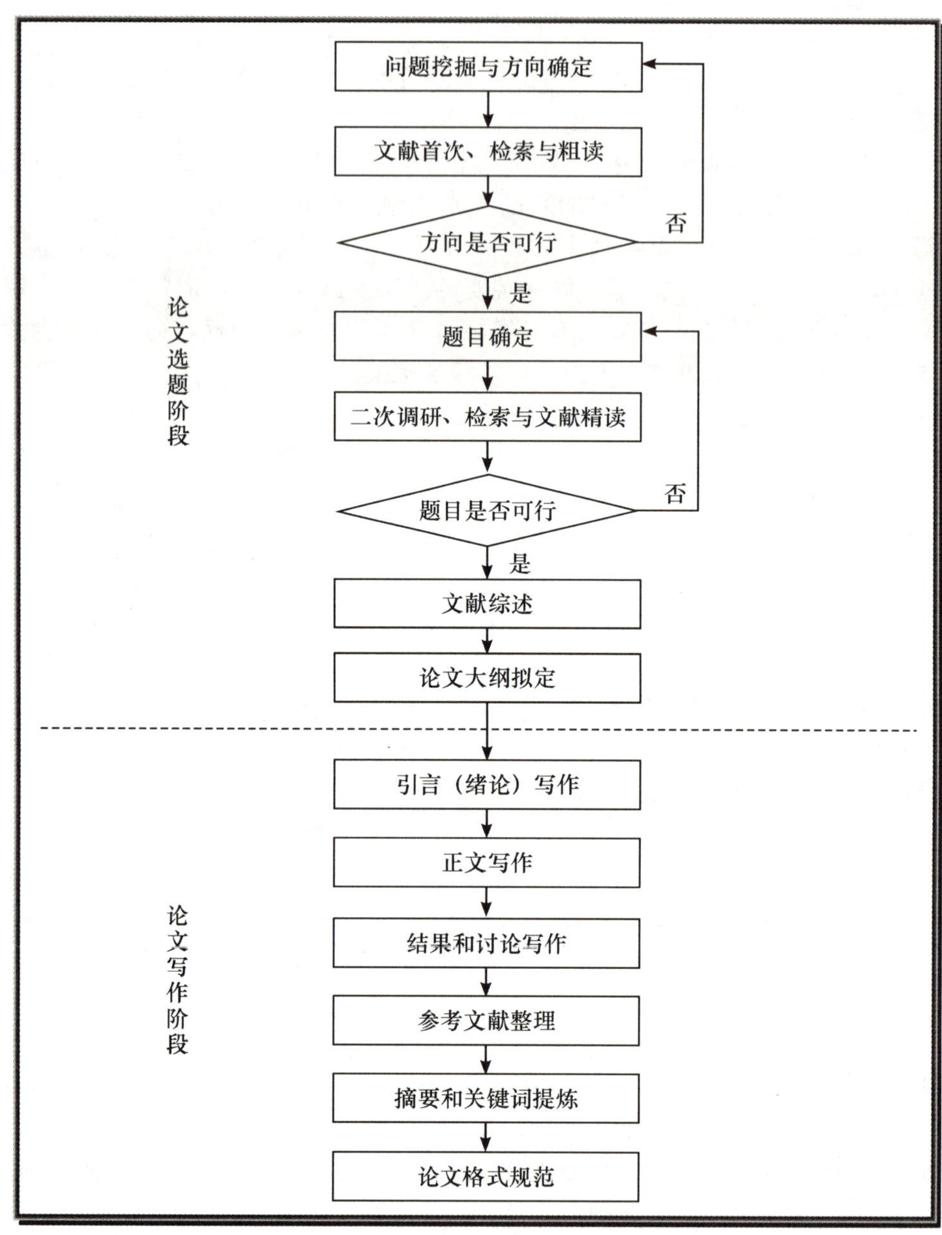

图 8—1　学术论文写作的一般程序

表 8—1　科学问题的来源[4]

问题方向	具体来源
理论本身蕴含的问题	理论本身应该不断趋向完整 理论体系内部是一致的、统一的 理论应该具有普适性和逻辑简单性
实践活动产生的问题	个体的经验事实或观察到的事实，以及社会发展中涌现出来的新现象和新问题之间的联系及其统一的解释 社会需要

续前表

问题方向	具体来源
理论和实践的交互作用	理论与经验事实之间的矛盾 理论对现象的解释与指导实践时的矛盾或需要 在实践对理论的检验中出现的各种问题 针对理论的具体应用条件 个人过去的研究

通过对以上各类问题的挖掘，结合自己的兴趣点、能力和资源，就可以大致确定论文的写作方向。

2. 文献首次检索与粗读

根据选定的论文方向，通过进行首轮文献检索，来进一步确定选题方向中的“关注点”。这一步要求对相关研究进行地毯式的大量阅读，但只需要粗读即可。主要了解在选定的方向上有哪些研究热点和难点问题，进而思考自己具体的研究内容应该是什么，把选题聚焦在一个点上。

3. 题目确定

题目是以最恰当、最简明的词语反映论文中最重要的特定内容的逻辑组合。从原则来说，学术论文的题目确定必须要做到“小题目，大文章”，即要从小的切入点“一门深入”，做到以小见大，直至佛家所讲的“芥子纳须弥”的境界。

论文题目是一篇论文给出的涉及论文范围与水平的第一个重要信息，也是必须考虑到有助于选定关键词和编制题录、索引等二次文献可以提供检索的特定实用信息。论文题目十分重要，必须用心斟酌选定。对论文题目的要求是准确得体、简短精练、外延和内涵恰如其分、醒目。对这四方面的要求分述如下：

(1) 准确得体。要求论文题目能准确表达论文内容，恰当反映所研究的范围和深度。常见毛病是：过于笼统，题不扣文。关键问题在于题目要紧扣论文内容，或论文内容与论文题目要互相匹配、紧扣，即题要扣文，文也要扣题。这是撰写论文的基本准则。

(2) 简短精练。力求题目的字数要少，用词需要精选。至于多少字算是合乎要求，并无统一的“硬性”规定，一般希望一篇论文题目不要超出 20 个字，不过，不能由于一味追求字数少而影响题目对内容的恰当反映，在遇到两者确有矛盾时，宁可多用几个字也要力求表达明确。若简短题名不足以显示论文内容或反映出所属系列研究的性质，则可利用正、副标题的方法解决，以加副标题来补充说明特定的实验材料，方法及内容等信息使标题成为既充实准确又不流于笼统和一般化。

(3) 外延和内涵要恰如其分。“外延”和“内涵”属于形式逻辑中的概念。所谓外延，是指一个概念所反映的每一个对象；而所谓内涵，则是指对每一个概念对象特有属性的反映。命题时，若不考虑逻辑上有关外延和内涵的恰当运用，则有可能出现谬误，至少是不当。

(4) 醒目。论文题目虽然居于首先映入读者眼帘的醒目位置，但仍然存在题目是否醒目的问题，因为题目所用字句及其所表现的内容是否醒目，其产生的效果是相距甚远的。有人对36种公开发行的医学期刊1987年发表的论文的部分标题，作过统计分析，从中筛选100条有错误的标题。在100条有错误的标题中，属于“省略不当”错误的占20%；属于“介词使用不当”错误的占12%。在使用介词时产生的错误主要有：省略主语——第一人称代词不达意后，没有使用介词结构，使辅助成分误为主语；需要使用介词时又没有使用；不需要使用介词结构时使用。属于“主事的错误”的占11%；属于“并列关系使用不当”错误的占9%；属于“用词不当”、“句子混乱”错误的各占9%；其他类型的错误，如标题冗长、文题不符、重复、歧义等亦时有发生。[9]

4. 文献二次检索与精读

根据选定的论文题目，需要进行第二轮文献检索。论文文献检索的要求有二：一是检索要“专”，即不能泛泛检索，要紧紧围绕论文题目进行；二是阅读要“精”，必须对检索到的文献仔细阅读，了解题目密切相关领域的研究历史和现状，了解对相关问题取得了什么样的研究成果，存在什么样的问题，还存在哪些研究的“盲点”等。为文献综述做好准备。

5. 文献综述

在8.1.5节中已有讨论，在此不再赘述。

6. 论文大纲拟定

“凡事预则立，不预则废”，论文写作也离不开科学的计划。论文大纲拟定就是给论文写作做计划、“搭架子”的过程——即完成文章的完整构架设计。论文大纲应该体现论文的目标、结构、内容、所采用的理论方法、技术路线。

8.2.3 文本写作的注意事项

1. 如何撰写引言

引言又称前言，属于整篇论文的引论部分。其写作内容包括：研究的理由、目的、背景，前人的工作和知识空白，理论依据和实验基础，预期的结果及其在相关领域里的地位、作用和意义。引言的文字不可冗长，内容选择不必过于分散、琐碎，措辞要精炼，要吸引读者读下去。引言的篇幅大小，并无硬性的统一规定，需视整篇论文篇幅的大小及论文内容的需要来确定，长的可达700～800字、1 000字左右，短的可不到100字。[9]

2. 如何撰写正文

正文是学术论文的主体和核心。相对引言提出和确定问题而言，正文则是分析问题和解决问题，是作者研究成果的学术性、理论性和创新性的集中体现，决定着论文写作的成败和学术理论水平的高低。一般而言，正文由几个段落组成，每个段落列不列标题，列什么样的标题，没有固定的格式；另外不同研究方式不同学科学术论文的正文，写法也不同。

(1) 写作要点

1) 研究对象和研究情境的定位。经济管理研究对象包括个人、群体、组织、项目和社会产品。描述研究主题包括描述主体本身的特征以及主体所处的总体结构。样板设计是一项重要内容，抽样框架、抽样方法和样本规模都应该介绍清楚。

2）围绕假设向深处、细处展开。论证过程一定要围绕假设来组织。论证过程好似要画活假设树，主题是树干，假设是主要支干，一定要描绘出反映此树枝特征的花朵和绿叶。取材本来就是反映作者判断力和写作水平的重要标志，画一棵树，笔墨最少而又能将其特征表达出来的就是好画。

3）知识性内容越少越好。研究的资料越多越好，论证时的数据越多也越好，但在论文撰写中就不要将自己在研究中积累的资料、数据和知识都写进去。要从评阅者和读者的视角来选择评阅者关心的内容。研究者在论证过程中必然要钻研一些原本不太熟悉或掌握深度不够的理论和方法，如工科背景出身的研究生做金融方面的课题，或社会科学背景的研究生做计算机应用方面的课题，都会在研究工作过程中学到和用到许多自己认为很新的知识，花了很大工夫，也很有心得。在论文写作中作者总想把这些花费了心血的宝贵知识写进去，然而在评阅者心目中，这些却属于基础知识或必要的专业知识，在论证章中写这类内容便会显得冗余并冲淡论题主线。论证过程以主题、假设为纲领，提纲挈领式地取材，"为我所用"，支持论点的材料就用，不支持或支持程度弱的材料就不用，这是符合论文特点的写作思路。[7]

（2）基本内容

理论阐述或理论分析，亦称基本原理，包括论证的理论依据，对分析方法的说明。其要点是：假说，前提条件，分析的对象，适用的理论，分析的方法，计算的过程等。

（3）基本形式

不同研究方式获得成果材料在正文中展开的形式也不同，归纳起来，大体有两种形式：

1）由整体到部分，以部分说明（证明）整体。也即，将学术研究的全过程作为一个整体，对组成整体的各部分、各层面分段论述。一般用于社会科学学术论文。

2）由部分到整体，以整体指导部分。也即，将研究过程（材料）分为几个阶段，逐段渐次展开。由于学科和研究方式的不同，对正文的写作无统一规定，但一般的正文都包括研究的对象（主题）、方法、结果和讨论等部分。

正文中的学科术语、物理量和计量单位，图表的绘制，数学式、化学式的书写，数字的修改和书写，外文字符的大小写、正斜体等，都必须符合学科要求和有关国家标准的规定。正文部分写作总的要求是：逻辑清晰，中心准确，材料完备，论述深入，内容具体，文句简明流畅，避免口语化，切忌教科书式的文体。[9]

3. 如何撰写结果和讨论

这部分内容主要阐明论文的主要创新。一般论文都标以"结论"之名，这也可以。但要明确，结果（results）和结论（conclusion）在内容上还是有区别的。

结果应描述数据处理和分析的结果，并与假设进行比较，尽管分析结果是围绕研究者的假设展开的，但结果的描述还应该避免主管的议论，摆事实、数据和论据，强调论证过程的客观性和科学性。结果在表达上，应该是"中性"地叙述验证和论证的结果。

讨论则是研究者对研究结果的看法和议论。同样的研究结果，不同的研究者或读者可能引申出不同的结论。讨论的目的在于阐述结果的意义，写作要点是：解释（结果）—说明（意义）—指出（异同）—讨论（尚未定论之处）—提出（今后研究的方向和问题）。

4. 如何引用参考文献

学术论文一定要有参考文献和注释，这一条非常重要。

首先，我们要把参考文献和注释区别开来：参考文献，主要指引文，一般指的是引用原著的原话，也可以引用原著的观点，按正文出现的次序，用数字加方括号集中列于文末，并与正文的标注相对应；而注释则是对某一特定内容的诠释和说明，用数字加圆圈标注，注释一般置于该页页脚。许多人常常把两者混为一谈，甚至一些刊物也常将两者混淆，这是不对的。一篇学术论文可以没有注释，但绝对不能没有参考文献。因为没有参考文献和注释的文章，很难称为学术论文，无非是一些工作总结、体会、读后感之类的东西。你的选题，你对这方面的研究，前人已做了哪些论述？哪些观点你赞成，在赞成的基础上你还有些什么更深入的理解，前人得出的结论你是否有更进一步的发挥？反过来，你的选题前人作的论述中哪些观点你不赞成，你有自己独特的见解，只要能自圆其说，也可以是一篇很有新意的学术论文。总而言之，这一切都离不开参考文献，你得学会引用，然后在这个基础上发表你的见解，最后得出结论，这才是一篇学术论文应有的形式。古人云，"观天下书未遍，不得妄下雌黄"，正说明了参考文献的重要性。文末的参考文献一定要与正文的引语对应，标注的参考文献不正确也常常令编辑们头疼。也会经常遇到这样的情况：文末罗列了七八条参考文献，有的还是很有分量的学术专著，粗略一看很不错，但与正文完全脱节，正文没有一条引文，看不出哪些是参考文献上的原话，哪些是作者自己的观点。这样随心所欲罗列的参考文献，不仅不能增加你文章的学术分量，反而会让人怀疑，你这篇文章是不是从这几篇参考文献中东抄西摘拼凑出来的？难道字字句句都是你的原创？如果你引用了别人的原话或观点，就一定要在正文中标注参考文献的编号，并与文末的编号相对应，反之，就"不得在参考文献中罗列同正文没有直接相关的作者和文献"。许多论文正是违反了这一规定而被"枪毙"或发还补充改写，这一规定非常重要，它是我们区别正常引用还是抄袭、剽窃的试金石。

其次，参考文献与注释切忌过多过滥，没有参考文献不称其为学术论文，但是不是越多越好呢？答案也是否定的。在我们以前接触过的论文中，也有文末参考文献占了整整两页，正文中三分之二以上是引文，某某人这样说，某本书又那样说，通篇都是别人的观点，唯独没有自己的见解。这种文章，如果收录各家言论比较全面的话，还可以算得上一篇综述性的文章，仅有资料价值，谈不上多少学术性；论文主要是阐述自己的观点，因此，切不可引文过多，喧宾夺主，画蛇添足。另一方面，参考文献过滥也不行。过滥就是泛滥，为作注而作注。为凑数，什么地方都引用。一般地说，参考文献应该是引用比较有代表性的文件、经典著作及比较权威的专家、学者的话语，而有的人为了增加参考文献的数量，什么名不见经传的小杂志甚至地摊读物都引。这样的引用反而降低了你论文的档次，这样的引用毫无价值。常言道：引经据典，可见，称不上经典的东西最好不要滥引，至少你所引用的东西应该对你的论文起指导作用，而不是滥竽充数。[9]

5. 如何撰写摘要

论文一般应有摘要，有些为了国际交流，还有外文（多用英文）摘要。它是论文内容不加注释和评论的简短陈述。其作用是不阅读论文全文即能获得必要的信息。论文的摘要往往是在论文基本完成以后根据论文的内容提炼而成的，摘要应包含以下内容：

(1) 从事这一研究的目的和重要性；

(2) 研究的主要内容，指明完成了哪些工作；

(3) 获得的基本结论和研究成果，突出论文的新见解；

(4) 结论或结果的意义。

论文摘要虽然要反映以上内容，但文字必须十分简练，内容亦需充分概括，篇幅大小一般限制其字数不超过论文字数的 5%。例如，对于 6 000 字的一篇论文，其摘要一般不超出 300 字。论文摘要不要列举例证，不讲研究过程，不用图表，不给化学结构式，也不要作自我评价。撰写论文摘要的常见毛病，一是照搬论文正文中的小标题（目录）或论文结论部分的文字；二是内容不浓缩、不概括，文字篇幅过长。

关键词属于主题词中的一类。主题词除关键词外，还包含有单元词、标题词的叙词。主题词是用来描述文献资料主题和给出检索文献资料的一种新型的情报检索语言词汇，正是由于它的出现和发展，才使得情报检索计算机化（计算机检索）成为可能。主题词是指以概念的特性关系来区分事物，用自然语言来表达，并且具有组配功能，用以准确显示词与词之间的语义概念关系的动态性的词或词组。关键词是标示文献关键主题内容，但未经规范处理的主题词。关键词是为了文献标引工作，从论文中选取出来，用以表示全文主要内容信息款目的单词或术语。一篇论文可选取 3～8 个词作为关键词。

关键词或主题词的一般选择方法是：由作者在完成论文写作后，纵观全文，先找出能表示论文主要内容的信息或词汇，这些词汇可以从论文标题中找和选，也可以从论文内容中去找和选。例如，关键词选用了六个，其中前三个可以从论文标题中选出，而后三个可以从论文内容中选取出来。后三个关键词的选取，补充了论文标题所未能表示出的主要内容信息，也提高了所涉及的概念深度。从论文中选出的关键词，与从标题中选出的关键词一道，组成该论文的关键词组。

关键词与主题词的运用，主要是为了适应计算机检索的需要，以及适应国际计算机联机检索的需要。一个刊物增加“关键词”这一项，就为该刊物提高“引用率”、增加“知名度”开辟了一个新的途径。

下面是关于期刊论文中英文摘要撰写要求的例子：

中英文摘要编写要求

摘要是以提供文献内容梗概为目的，不加评论和补充解释，简明、确切地记述文献重要内容的短文，一般以 200～300 字左右为宜。摘要应具有独立性和自明性，充分反映研究的创新之处，并拥有与文献同等量的主要信息，使读者不阅读全文就能获得必要的信息。

摘要的基本要素包括：目的（研究、研制、调查等的前提、目的和任务，所涉及的主题范围）；方法（所用的原理、理论、条件、对象、材料、工艺、结构、手段、装备、程序等）；结果（实验的、研究的结果、数据，被确定的关系，观察结果，得到的效果、性能等）；结论（结果的分析、研究、比较、评价、应用，提出的问题等）。

一、中文摘要编写要求

①文摘要尽量简短，尽可能删掉课题研究的背景信息，排除本学科领域的常识性内容，切忌把应在引言中出现的内容写入摘要。

②文摘中的内容应在正文中出现，文摘不得简单重复题名中已有的信息，不得对原文进行补充和修改；不要对论文内容作诠释和评论（尤其是自我评价）。

③用第三人称，不使用“本文”、“作者”、“我们”、“笔者”等字样。

④文摘中的缩略语、缩称，除了相邻专业读者也能清楚理解的以外，在首次出现时要有全称。

⑤文摘的句子应力求简单，慎用长句，主谓语要搭配。

⑥文摘中不能出现图表和数据，不用引文。

【例】原文：

基于GA和模型仿真的调度规则决策方法

摘 要：各调度规则的性能依赖于特定的系统配置、任务特征、运行状态及选取的性能指标，因此在制造过程的不同时刻、不同地点动态选择不同的分派规则，可以使调度性得到改善。文中提出一种将遗传算法（genetic algorithm，GA）和过程仿真相结合的调度规则求解方式，它利用过程仿真所得的各单项指标为基础数据，进而以一种集成层次分析法和方案模糊评判的决策优化方法求取适应度函数值，并以遗传算法进行整体优化，从而完成特定生产环境下的调度规则选择问题。另外，为了减少串行遗传算法不切实际的解答时间，以主从式并行遗传算法（PGA）代替传统遗传算法，从而保证了最终解在时间上和质量上的可行性。

经编辑加工后为：

为了完成特定生产环境下的调度规则选择问题，提出一种将遗传算法（GA）和过程仿真相结合的调度规则求解方式。在该求解方式中，遗传算法采用分段整数编码，每个染色体都代表一组可用于描述具体调度方案的规则组合；遗传操作包括选择、交叉、变异三种类型；为获得适应度函数值，利用基于某扩展petri网的生产过程模型进行仿真，以在每一代种群中，得到与每个染色体相对应的各项性能指标值，进而以一种集成层次分析法（AHP）和方案模糊评判的决策优化方法求取相应的适应度函数值。另外，为了减少串行遗传算法（SGA）不切实际的解答时间，用主从式并行遗传算法（PGA）代替传统遗传算法，保证了解在时间上和质量上的可行性。

二、英文摘要编写要求

题名一般为名词短语，注意修饰词的顺序，一般不用冠词。实词首字母大写，虚词一律小写，众所周知的缩略语可用于题名，如 CAD、ERP 等。

英文摘要长度一般以 150～180 words 为宜。取消不必要的字句，如“It is reported…”，“The author discusses…”，以及摘要开头的“In this paper”。

提炼出观点，一定要将创新性内容和技术要点翻译出来，采用专业的国际通用术语进行表达，切不可因为某些内容不好翻译就弃掉要点；取消或减少 Background Information，只包含新情况，新内容。

尽量简化一些措辞和重复的单元，如：“at a temperature of 250℃ to 300℃”应改为“at 250℃ ～300℃”，“discussed and studied in detail”应改为“discussed”即可。

尽量用被动语态行文，一个句子中不能出现两种语态。

用过去时态叙述作者的工作，用现在时态叙述作者的研究目的、结果和结论（如：This study is to…，The result shows…）。避免用完成时和将来时。

尽量使用短句，但要避免单调重复；避免使用长串形容词或名词来修饰名词，可将这些词分成几个前置短语，用连字符连接名词组，作为单位形容词。如“The chlorine containing high melt index propylene based polymer”应改为“The chlorine-containing propylene-based polymer of high melt index”。

采用简洁的被动语态或动词不定式开头。如：To solve…；To study…；…is developed based on…，等等。

注意冠词用法，不要随便省略冠词，尤其是定冠词“the”。

尽量少用特殊字符以及由特殊字符组成的数学表达式。所有缩略语首次出现必须给出全称，如：Graphical Evaluation and Review Technique（GERT）。

【例】原文：

A Study of the Conversion of Design Models of Parts into Staring Workpieces

Abstract：A difficult question of generation of manufacturing models from design models of parts is the conversion of design models of parts into staring workpieces. This study based on cast then machined parts. At first，construct graphic part model，obtain correlative engineering information ，and machining features for cast then machined parts are recognised，we distinguish machining feature into two types：surface machining feature and volumetric machining feature，then extend volumetric machining feature and lift surface machining feature according to knowledge about cast then machined parts.

经编辑加工后：

Transformation Technology from Components Design Model to Blank Model

Abstract：Components design model transforming to blank model is the first step during transforming to manufacturing model. The components design modeling is to get rid of characteristics from blank model，while blank modeling is to add characteristics to components design model and compensate for the surplus of processing. The blank modeling built geometric model according to the information from part drawing or CAD system. On the other hand, the information was also obtained from geometric model database by using characteristic-recognition technology. Then, some segment of geometric model was compared with the predefined characteristic model from database, and the matching characteristic case was recognized. After abstracting the recognized characteristics, the characteristics' parameters were confirmed and the characteristics' geometric model was completed. The high-level characteristics were acquired by combining various characteristics. Furthermore, the information of blank was derived and the blank model was outputted. This kind of blank model is still related to the original components design model and keeps data consistency when the original design model is modified.

6. 学术论文的规范格式

内容和形式从来是不可分的整体，不合适的形式会妨碍内容的表达。论文的格式规范与否，不仅反映论文的质量高低，也反映作者学术修养的高低。“没有规矩，不成方圆”。学术论文规范也有助于研究成果的推广，有效遏制学术腐败。每一篇论文后面的参考文献交代了文章参考了哪些相关研究成果，这既是一种诚实的学风，是对别人劳动成果的尊重，防止抄袭现象发生，也为读者提供了进一步探究此类问题的途径。同时，论文写作中要署真实姓名，既是对作者著作权的声明，也是文责自负的承诺。

所以，在写作和发表论文时，一定要注意学位论文的格式范本、阅读学术期刊中的“敬告作者”、“投稿须知”等内容。各类学术期刊或学报都会把从题名、作者署名、工作单位、摘要、关键词、作者简介到正文的标题、内容、注释、参考文献、篇幅、投稿方式等一一加以说明，应该详细阅读，并严格遵循。一般学术期刊都遵循相关国家标准和相应的编排规范，但也会各有侧重和调整，产生细微差别，要注意不同期刊的具体要求。[10]下例即是教育部颁发的《中国高等学校社会科学学报编排规范》。

中国高等学校社会科学学报编排规范

教育部 2000 年 1 月 18 日颁布

（修订版）

为适应学术期刊文献信息传播现代化的需要，推动高等学校社会科学学报编排规范化，提高学报质量，扩大学术交流，根据有关国家标准和法规文件，并结合学报编排的实际，特制定本规范。

1. 内容与适应范围

本规范规定了学报的基本项目、结构和编排格式，适用于高等学校社会科学学报，也可供其他社会科学期刊参照使用。

2. 引用标准及参考规范文件

GB/T1.1-93，标准化工作导则标准编写的基本规定。

GB 788-87，图书杂志开本及其幅面尺寸。

GB/T 3179-92，科学技术期刊编排格式。

GB 7713-87，科学技术报告、学位论文和学术论文的编排格式。

GB 9999-88，中国标准刊号。

GB 3259-92，中文书刊名称汉语拼音拼写法。

GB 11668-89，图书和其他出版物的书脊规则。

GB 6447-86，文摘编写规则。

GB/T 3860-1995，文献叙词标引规则。

GB/T 7408-94，数据和交换格式信息交换日期和时间表示法。

GB/T 15835-1995，出版物上数字用法的规定。

GB 3100-3102-92，量和单位。

GB/T 15834-1995，标点符号用法。

GB 7714-87，文后参考文献著录规则。

GB 3469-83，文献类型与文献载体代码。

新闻出版署，国家语言文字工作委员会. 出版物汉字使用管理规定，1992-07-07。

新闻出版署. 社会科学期刊质量管理标准，1995-06-13。

新闻出版署. 期刊管理暂行规定，1998-11-24。

新闻出版署. 中国学术期刊（光盘版）检索与评价数据规范，1999-01-12。

3. 基本版式

3.1 每种学报的版式应力求统一和稳定。

3.2 采用16开本，幅面尺寸为188mm×260mm或210mm×297mm。也可采用其他开本。所有开本尺寸的误差均为±1mm。

3.3 正文一般采用通栏或双栏横排，也可采用其他版式。

3.4 定期出版，周期一般不长于一季度；一年之内每期页码应固定。

4. 封页

4.1 封面设计应庄重大方，体现刊物特点，并保持相对稳定。

4.2 封面上应标示中文刊名（包括刊名汉语拼音或自治民族文字刊名）、英文刊名、出版年份、卷次、期次。刊名应置于显要位置，并采用规范汉字。主办学校全称如未能在刊名中出现，应在封面予以标注。数字一律用阿拉伯数字表示。国际标准刊号（ISSN）应使用不小于新5号字印在封面右上角。条码应按规定印在封面或封底的左下角。

4.3 封底一般为版权页。应在固定位置标注刊名全称、创刊年、刊期、出版年份、卷次、期次、主办单位、主编姓名、编辑者、出版者及其地址、邮政编码、印刷单位、发行范围、发行单位、中国标准刊号（含国际标准刊号、国内统一刊号）、国内代号、国外代号、广告经营许可证号、定价以及出版日期；公开发行的学报，应用英文著录刊名全称及主要的版权事项。

4.4 厚度超过 5 mm 的学报，应在书脊上标注中文刊名全称、出版年份、卷次、期次、总期次；一般纵排，数字用汉字表示。

5. 目次页

5.1 目次页版头应标注刊名全称、出版年月、卷次、期次或同时标明总期次。

5.2 中文目次表应列出本期全部文章的篇名、作者姓名和起始页码。英文目次表可选择列出重要文章的篇名、作者姓名和起始页码，排于中文目次表之后。多位作者仅列前 3 人，后面加“等”字。

5.3 目次表可按学报内文章的顺序排列，也可分专栏排列。各种补白短文的篇名用较小字号集中排列于主要文章之后。

5.4 目次页所在位置各期应相同，如有必要变更，应从新一卷（年）的第 1 期开始。

6. 页码与刊眉

6.1 页码是学报每期正文（含扉页、目次页）的连续编码，用阿拉伯数字表示。

6.2 刊眉应标注中英文刊名全称、卷次、期次、出版年月，一般排在正文篇名页。

7. 篇名

篇名应简明、具体、确切，能概括文章的特定内容，符合编制题录、索引和检索的有关原则，一般不超过 20 个字。必要时可加副篇名，用较小字号另行起排。篇名应尽量避免使用非公知公用的缩略语、字符、代号和公式。

8. 作者署名及工作单位

8.1 文章均应有作者署名。作者姓名置于篇名下方，团体作者的执笔人也可标注于篇首页地脚位置。译文的署名，应著者在前，译者在后，著者前用方括号标明国籍。各种补白短文，作者姓名亦可标注于正文末尾。

8.2 对作者应标明其工作单位全称、所在省、城市名及邮政编码，加圆括号置于作者署名下方。

8.3 多位作者的署名之间用逗号隔开；不同工作单位的作者，应在姓名右上角加注不同的阿拉伯数字序号，并在其工作单位名称之前加注与作者姓名序号相同的数字；各工作单位之间连排时以分号隔开。

示例：熊易群 1，贾改莲 2，钟小锋 1，刘建君 1

（1. 山西师范大学教育系，山西 太原 710062；2. 陕西省教育学院教育系，陕西 西安 710061）

9. 摘要

公开发行的学报，其论文应附有中英文摘要。摘要应能客观地反映论文主要内容的信息，具有独立性和自含性。一般不超过 200 字，以与正文不同的字体字号排在作者署名与关键词之间。英文摘要的内容应与中文摘要相对应。中文摘要前以“摘要：”或“［摘要］”作为标识；英文摘要前以“Abstract：”作为标识。

10. 关键词

关键词是反映论文主题概念的词或词组，一般每篇可选 3～8 个，应尽量从《汉语主题词表》中选用。未被词表收录的新学科、新技术中的重要术语和地区、人物、文献等名称，也可作为关键词标注。关键词应以与正文不同的字体字号编排在摘要下方。多个关键词之间用分号分隔。中英文关键词应一一对应。中文关键词前以“关键词：”或“［关键词］”作为标识；英文关键词前以“Key words：”作为标识。

示例：关键词：《左传》；语言艺术；修辞；交际语言

11. 分类号

应按照《中国图书馆分类法》（第 4 版）对每篇论文标引分类号。涉及多主题的论文，一篇可给出几个分类号，主分类号排在第 1 位，多个分类号之间以分号分隔。分类号排在关键词之后，其前以“中图分类号：”或“［中图分类号］”作为标识。

示例：中图分类号：A81；D05

12. 文献标识码

按照《中国学术期刊（光盘版）检索与评价数据规范》规定，每篇文章均应标识相应的文献标识码：A—理论与应用研究学术论文；B—理论学习与社会实践总结；C—业务指导与技术管理性文章；D—动态性信息；E—文件、资料。

中文文章的文献标识码以“文献标识码：”或“［文献标识码］”作为标识。

13. 文章编号

凡具有文献标识码的文章均可标识一个数字化的文章编号；其中 A、B、C 三类文章必须编号。文章编号由每一学报的国际标准刊号、出版年、期次号及文章篇首页页码和页数等 5 段共 20 位数字组成，其结构为：XXXX-XXXX（YYYY）NN-PPPP-CC。其中文标识为“文章编号：”或“［文章编号］”。

示例：文章编号：1000-5293（1999）01-0066-09

14. 收稿日期.

14.1　收稿日期是指编辑部收到文稿的日期，必要时可加注修改稿收到日期。

14.2　收稿日期采用阿拉伯数字全数字式日期表示法标注，以“收稿日期：”或“［收稿日期］”作为标识，排在篇名页地脚，并用 10 字距正线与正文分开。

示例：收稿日期：1998-08-18

15. 基金项目

获得基金资助产出的文章应以“基金项目：”或“［基金项目］”作为标识注明基金项目名称，并在圆括号内注明项目编号。多项基金项目应依次列出，其间以分号隔开。基本项目排在收稿日期之后。

示例：基金项目：国家社会科学规划基金资助项目（96BJL001）

16. 作者简介

对文章主要作者的姓名、出生年、性别、民族（汉族可省略）、籍贯、职称、学位等做出介绍，其前以“作者简介：”或“[作者简介]”作为标识。一般排在篇首地脚，置于收稿日期（或基金项目）之后。同一篇文章的其他主要作者简介可以在同一“作者简介：”或“[作者简介]”标识后相继列出，其间以分号隔开。

示例：作者简介：李兰（1968— ），女，山西武乡人，副教授，博士，主要从事政治经济学研究，（Tel）0354-5467890，（E-mail）tyut009@163.com

17. 正文

17.1 文内标题力求简短、明确，题末不用标点符号（问号、叹号、省略号除外）。层次不宜过多，一般不超过5级。大段落的标题居中排列，可不加序号。

层次序号可采用一、(一)、1、(1)、1)；不宜用①，以与注释号区别。

文中应做到不背题，一行不占页，一字不占行。

17.2 用字应符合现代汉语规范，除某些古籍整理和古汉语方面的文章外，避免使用旧体字、异体字和繁体字。简化字应执行新闻出版署和国家语言文字工作委员会1992年7月7日发布的《出版物汉字使用管理规定》，以1986年10月10日重新发表的《简化字总表》为准。

17.3 标点符号使用要遵守GB/T 15834-1995《标点符号用法》的规定（参考文献著录中的标点作为标识的用法另据后文规定），除前引号、前括号、破折号、省略号外，其余都应紧接文字后面，不能排在行首。夹注及表格内的文句末尾不用句号。著作、文章、文件、刊物、报纸等均用书名号。用数字简称的会议或事件，只在数字上加引号；用地名简称的，不加引号。外文的标点符号应遵循外文的习惯用法。

17.4 数字使用应执行GB/T 15835-1995《出版物上数字用法的规定》。凡公历世纪、年代、年、月、日、时刻和各种记数与计量（包括正负数、分数、小数、百分比、约数），均采用阿拉伯数字；年份不能简写，星期几一律用汉字；夏历和清代以前（包括清代）历史纪年用汉字，加圆括号注明公元纪年；多位的阿拉伯数字不能移行；4位以上数字采用3位分节法，即节与节之间空1/4字距；5位以上的数字尾数零多的，可以“万”、“亿”作单位。数字作为词素构成定型的词、词组、惯用词、缩略语，应使用汉字。邻近两个数字并列连用所表示的概数均使用汉字数字。

17.5 插图和照片应比例适当，清楚美观；图中文字与符号一律植字。插图应标明图序和图题，序号和图题之间空1字；图序以阿拉伯数字连续编号，仅有1图者于图题处标明“图1”；图题一般居中排于图的下方。图一般随文编排，图较多时也可集中排在文末或其他适当位置。插图的横向尺寸不超过版面2/3者，图旁应串文。图需卧排时，应顶左底右。插页图版可另编页码，并在图版上方标识文章篇名和所在页码。

17.6 表格应结构简洁，具有自明性。尽可能采用三线表，必要时可加辅助线。表格应有表序和表题。序号和表题居中排于表格上方，两者之间空1字。表序以阿拉伯数字连续编号，仅有1表者，于表题处标明“表1”。表内数据一律采用阿拉伯数字，个位数、小数点位置应上下对齐。相邻行格内的数字或文字相同时，应重复填写。表一般随文编排，先见文字后见表。表格的横向尺寸不超过版面 2/3 者，表旁应串文。表需卧排时，应顶左底右；需跨页时，一般排为双面跨单页；需转页时，应在续表上方居中注明“续表×”，表头重复排出。

17.7　文稿中的计量单位应严格执行 GB 3100～3102-93《量和单位》的规定。

17.8　文稿中的数学公式应简明、准确地表达各个量之间的关系，一般另行编排，主辅线须区分清楚。在不引起误解的前提下，某些公式也可夹在文句中间。数学公式的编排，应遵循量、符号的书写规则。

17.9　每篇文章应尽可能排在连续页码上。确需转页时应在当页最末一行标点停顿处注明“下转第×页”；在接转部分之前注明“上接第×页”，字体与正文区别，加圆括号。转页应尽可能少，并不可逆转。

17.10　分期连载的长文，应在每期篇名之后加注连载序号，文末加注“待续”，最末一期加注“续完”。

18. 致谢

致谢是作者对认为需要感谢的组织或个人表示谢意的文字，排于及参考文献之前，字体应与正文有所区别。

19. 注释

注释主要用于对文章篇名、作者及文内某一特定内容作必要的解释或说明。篇名、作者注置于当页地脚；对文内有关特定内容的注释可夹在文内（加圆括号），也可排在当页地脚或文末。序号用带圆圈的阿拉伯数字表示。

20. 参考文献

20.1　参考文献的著录应执行 GB 7714-87《文后参考文献著录规则》及《中国学术期刊（光盘版）检索与评价数据规范》规定，采用顺序编码制，在引文处按论文中引用文献出现的先后以阿拉伯数字连续编码，序号置于方括号内。一种文献在同一文中被反复引用者，用同一序号标示，需表明引文具体出处的，可在序号后加圆括号注明页码或章、节、篇名，采用小于正文的字号编排。

20.2　文后参考文献的著录项目要齐全，其排列顺序以在正文中出现的先后为准；参考文献列表时应以“参考文献:”（左顶格）或“[参考文献]”（居中）作为标识；序号左顶格，用阿拉伯数字加方括号标示；每一条目的最后均以实心点结束。

20.3　各种参考文献的类型，根据 GB 3469-83《文献类型与文献载体代码》规定，以单字母方式标识：

M—专著，C—论文集，N—报纸文章，J—期刊文章，D—学位论文，R—报告，S—标准，P—专利；对于专著、论文集中的析出文献采用单字母“A”标识；对于其他未说明的文献类型，采用单字母“z”标识；对于数据库、计算机程序及电子公告等电子文献类型，以双字母作为标识：DB—数据库，CP—计算机程序，EB—电子公告；对于非纸张型载体电子文献，需在参考文献标识中同时标明其载体类型，建议采用双字母表示：MT—磁带，DK—磁盘，CD—光盘，OL—联机网络，并以下列格式表示包括了文献载体类型的参考文献类型标识：DB/OL—联机网上数据库，DB/MT—磁带数据库，M/CD—光盘图书，CP/DK—磁盘软件，J/OL—网上期刊，EB/OL—网上电子公告。

以纸张为载体的传统文献在引作参考文献时不注其载体类型。

20.4 参考文献著录的条目以小于正文的字号编排在文末。其格式为：

1）专著、学位论文、报告——

[序号] 主要责任者. 文献题名 [文献类型标识]. 出版地：出版者，出版年. 起止页码（任选).

示例：

[1] 周振甫. 周易译注 [M]. 北京：中华书局，1991.

[2] 陈崧. 五四前后东方西文化问题论战文选 [C]. 北京：中国社会科学出版社，1985.

[3] 陈桐生. 中国史官文化与《史记》[D]. 西安：陕西师范大学文学研究所，1992.

[4] 白永秀，刘敢，任保平. 西安金融、人才、技术三大要素市场培育与发展研究 [R]. 西安：陕西师范大学西北经济发展研究中心，1998.

2）期刊——

[序号] 主要责任者. 文献题名 [J]. 刊名，年，卷（期)：起止页码.

示例：[5] 何龄修. 读顾城《南明史》[J]. 中国史研究，1998，8（3)：167-173.

3）论文集中的析出文献——

[序号] 主要责任者. 文献题名 [A]. 原文献主要责任者（任选). 原文献题名 [C]. 出版地：出版者，出版年. 析出文献起止页码.

示例：[6] 瞿秋白. 现代文明的问题与社会主义 [A]. 西学学会. 从西化到现代化 [C]. 北京：北京大学出版社，1990. 121-133.

4）报纸文章——

[序号] 主要责任者. 文献题名 [N]. 报纸名，出版日期（版次).

示例：[7] 谢希德. 创造学习的新思路 [N]. 人民日报，1998-12-25（10).

5）国际标准、国家标准——

[序号] 标准编号，标准名称 [S].

示例：[8] GB/T 16159—1996，汉语拼音正词法基本规则 [S].

6）电子文献——

[序号] 主要责任者. 电子文献题名 [电子文献及载体类型标识] —电子文献的出处或可获得地址，发表或更新日期/引用日期（任选).

示例：[9] 王明亮. 关于中国学术期刊标准化数据库系统工程的进展 [EB/OL]. http：//www. cajcd. cn/pub/wml. txt/980810-2. html，1998-08-16/1998-10-04.

[10] 万锦坤. 中国大学学报论文文摘（1983—1993). 英文版 [DB/CD]. 北京：中国大百科全书出版社，1996.

7）各种未定类型的文献——

［序号］主要责任者．文献题名［z］．出版地：出版者，出版年．

示例：［11］张永禄．唐代长安词典［z］．西安：陕西人民出版社，1980．

20.5　注释集中排在文章末尾时，参考文献排在注释之后。

21. 总目次

21.1　每年（卷）最后一期末尾应有全年的总目次，其版头应标明刊名全称及出版年起讫期次。

21.2　总目次根据所设栏目及一般图书报刊资料索引学科分类方法，全年统一编排。

22. 期刊基本参数

按照《中国学术期刊（光盘版）检索与评价数据规范》的规定，宜在每期目次页下方排印期刊基本参数，其项目及排列顺序为：国内统一刊号*创刊年*出版周期代码*开本*本期页码*语种代码*载体类型代码*本期定价*本期印数*本期文章总篇数*出版年月。出版周期代码为1位字母：m—月刊，b—双月刊，q—季刊，f—半年刊，a—年刊；开本按GB 788—87《图书杂志开本及其幅面尺寸》规定用A系列代号表示，对传统开本仍用数字表示；语种代码按GB 4880—91《语种名称代码》规定用双字母表示：汉文—zh，英文—en，蒙古文—mn，哈萨克文—kk，维吾尔文—ug，藏文—bo，朝鲜文—ko，对于混合文种，可同时列出（如zh+en）；文献载体代码，按GB 3469—83《文献类型与文献载体代码》规定，采用1位字母表示：P—印刷体，M—缩微制品，有关电子文献的载体类型见19.3；文章总篇数为本期中具有文献标识码的文章篇数的总和。参数前以“期刊基本参数:”或“［期刊基本参数］”作为标识。

示例：期刊基本参数：CN-1012/C*1960*Q*16*176*ZH*P*￥5.60*1800*30*1999-01

23. 电子邮件与网址

按照《中国学术期刊（光盘版）检索与评价数据规范》规定，宜在版权页适当位置编排编辑部电子邮件地址（E-mail）和网络地址（http）。

示例：E-mail：caj-cd@tsinghua. edu. cn http：//www. cajcd. edu. cn

24. 增刊与专辑

24.1　增刊是指按出版周期出版的期次以外增加的期刊，应在封面上标注“增刊”字样。多于1期，应在一年（卷）内单独编连续期次，在封面上予以标注。增刊应以与正刊同样的宗旨及规格编排出版，与正刊发行范围一致。

24.2　专辑是指专题论文集，可纳入学报正刊或增刊的年（卷）期次，并在封面上标注专题名称。

25. 更改刊名

25.1　刊名应稳定，需要更改时应报经有关管理部门批准并在本刊发表启事。

25.2　更改刊名，最好从一年（卷）的第1期开始，并在新刊发行的第1年内于每期封面上标示原刊名。

26. 其他

26.1 公开发行的学报不得转载或摘编内部发行的图书、报纸、期刊和其他内部出版物的内容，不得刊登涉及内部出版物的出版活动消息。

26.2 公开发行的学报不得刊登非正式期刊、报纸或其他内部出版物的广告，也不得为内部发行的报纸、期刊、图书刊登广告。

8.3 本章小结

本章介绍了信息分析和学术论文写作两方面内容。其中，信息分析包括信息分析概念、功能和特点，信息分析的类型，信息分析的流程，信息分析方法，信息分析与文献综述，文献综述实例等内容。学术论文写作包括经济管理类学术论文写作的要求和程序，论文选题，文本写作的注意事项等内容。期望通过本章学习，能够提高学员的信息分析能力和学术论文写作水平。

8.4 思考与练习

1. 你熟悉什么信息分析的方法？请对其中的两种详细说明。
2. 信息分析与信息检索是什么样的关系？你认为信息分析有什么用？
3. 请对课题“科技型创业企业绩效”进行学术文献检索，进而完成一篇文献综述。
4. 你认为学术论文写作中，最为重要的是哪几个环节？为什么？
5. 请下载期刊《管理科学学报》或《经济研究》（近三年）中的一篇和你专业有关的学术论文，并请分析一下该文章是否符合论文写作的规范？请逐一说明。

□ 本章参考文献

[1] 朱庆华，陈铭．信息分析——基础、方法及应用 [M]．北京：科学出版社，2009

[2] 吴贻兵．基于管理层次的信息分析研究 [D]．西安：西北工业大学出版社，2003

[3] 卢泰宏．信息分析 [M]．广州：中山大学出版社，1998

[4] 刘军．管理研究方法：原理与应用 [M]．北京：中国人民大学出版社，2008

[5] 邵明毅．浅论学术论文的规范要求与创新研究 [J]．职业，2009 (4)

[6] 刘延胜，史德青．学术论文及其种类和关系简论 [J]．石油大学学报（社会科学版），1999 (4)

[7] 李怀祖．管理研究方法论 [M]．西安：西安交通大学出版社，2004

[8] 张五常．随意集·学术文章［M］．北京：社会科学文献出版社，2001

[9] 关立仁．从编辑的角度谈学术论文的写作［J］．内蒙古师范大学学报（哲学社会科学版），2004（6）

[10] 张春蕾．学术论文的写作与规范［J］．镇江高专学报，2008（2）

第 9 章

职业规划与信息检索

9.1 认识职业规划

大学生对就业的心态往往分为两种：一种是积极地面对就业，努力为自己的未来发展做出准备。另一种是对就业有畏惧感和逃避心理——不敢承受步入社会后需要以成年人的身份独当一面，参与竞争的压力。产生后一种情况的原因往往是没有进行职业规划准备工作，思想上没有过渡，导致对择业就业感到陌生、不适应，没有心理准备。因此，无论进行大致的职业规划还是详细的职业规划，对大学生的择业就业或多或少都会产生积极影响。大学生从入学开始就应当培养自己关注职业就业信息的敏感性和获取信息的能力，当然，经过两年的公共基础教育到大三、大四再进行职业规划也是可以的，毕竟随着知识结构的建立，职业规划的视角也会更有高度。

9.1.1 职业规划的概念

职业规划又称职业生涯规划，是指通过个人和组织相结合，对个人职业生涯的主客观条件进行测定、分析、研究和总结，尤其是在对自己的兴趣、爱好、个性、能力、价值观、特长、经历以及存在的不足等各方面进行综合分析的基础上，确定最佳的职业奋斗目标，并为实现这一目标做出行之有效的安排。[1]

职业规划是大学生经常听说的一个概念，也是与大学生的成长发展密切相关的一件事。所谓职业规划，包括个人的职业规划，和教育机构对个人的职业规划。本书中的职业规划，主要指大学生个人对自己的职业生涯规划，是通过获取信息、自我审视、分析综合各项因素，对自己的未来职业发展道路做出的计划、规划和为职业发展而进行的准备。

9.1.2　职业规划的内容和流程

职业规划是一个连续、动态的过程。大学生职业规划具有行为的虚拟性和前瞻性，可以说是一种想象，一种思考，但是这种“纸上谈兵”是非常必要的。有学者认为，这种精心的思考和设想，不仅是一种重要的学业，还是一种心理投资。[2]

职业规划的内容和流程如下：

1. 自我评估

职业规划针对的是自己，所以要对自己进行客观、理性的评估和分析，认清自己的特点，特别是与职业生涯相关的特性，包括特长、性格、知识结构、工作能力、思维方式、智商、情商、兴趣、生活态度、理想等。清醒认识自己的优势、劣势，是指导自我进行合理职业规划的前提，发挥自身优势是迈向成功的捷径，可以充分利用自己 20 多年来养成和积累的特质、品性。

2. 社会现实评估

在进行正确的自我评估后，同学们会对职业选择有所倾向，对于和自己兴趣偏好较匹配的职业会有强烈的主观喜爱。这时，存在两种情况：第一种情况，自身偏好与社会需求、社会发展、公众视角一致。例如，有些同学想当“官”，喜欢政治，那么公务员是一个很好的选择。从社会的角度来看，当前，公务员是被公众所普遍认可的热门职业。这样，个人志趣与群体意志一致，可以非常容易地明确职业目标。第二种情况，自身偏好与社会视角不一致。例如，有些同学从小喜欢看福尔摩斯，于是想当私人侦探。可是我国法律对私人侦探的合法性尚未作出明确界定，属于非常态职业，存在着触犯法律的风险，因此，这里要舍弃个人偏好，另辟蹊径。

3. 条件和环境评估

当完成了自我评估和社会现实评估后，同学们已经挑选出一些职业目标。但是，这时需要进行一个关键环节：评估和自身相关的条件和环境。确定了自己喜爱的、社会认可的职业目标后，要审视自己是否具备从事这一职业的条件和环境。例如，有的同学有表演天赋，想成为影视巨星，这一职业满足自己的兴趣爱好和优势，同时也有较高的社会认可度。可是该同学并没有就读于电影、戏剧类学校，也没有专业培训等经历，家人朋友也没有相关行业者。普通演员成为一线明星的概率都非常小，存在很大的机会因素。这样，如果该同学将此作为自己的职业目标，那么可能需要付出很大的努力，甚至可能不会成功。因此，在条件和环境不利于某项职业发展的情况下，应该成熟理性地对待，不应该将理想定位在遥不可及的幻想之上；这种志趣只可当机遇来临时把握，并不应当作为主流的职业目标。

4. 职业定位

在进行了以上三个评估步骤后，就可以筛选出较为理性、合理的目标职业。这时可以大量查阅、咨询与目标职业相关的信息，了解该职业的相关情况，了解都有哪些岗位，分为哪些层次，根据自己的能力水平，合理定位。

5. 实施策略

以上四个步骤是对目标职业的选择过程，在确定了职业定位后，获取了大量相关信息，应当制定切实可行的实施方案。例如，想成为一名英文翻译，那么需要学习口译、笔译，甚至同声传译，应当结合自己的时间、能力，选取可靠的辅导班，或者选取权威教材自学，对于学习什么内容、什么时候开始学习、什么时候完成学习任务并进入下一阶段，都要做到心中有数。

6. 实践与修正

大学生对职业的认识可能随着时间和阅历的增加而有所改变，条件和环境等因素也可能因为种种原因而发生变化。这样，需要结合实际、结合发展，合理、适当地修正自己的职业规划。例如，某同学有创业的热情，也具备创业的素质，但没有很好的机会和资金的支持。于是他的职业规划就应该是先进入企业求职，几年后有一定的资本再进行创业。而2009年国家鼓励大学生创业，该同学正好赶上这个时机，则可以尝试申请创业基金，把创业计划提前。当然，对于大众化的职业，如果个人、社会都没有明显变化，那么应该继续坚持自己的职业规划。

9.1.3 职业的分类

《中华人民共和国职业分类大典》将我国社会职业归为8个大类，66个中类，413个小类，1 838个职业。八个大类分别是：

第一大类：国家机关、党群组织、企业、事业单位负责人；

第二大类：专业技术人员；

第三大类：办事人员和有关人员；

第四大类：商业、服务业人员；

第五大类：农、林、牧、渔、水利业生产人员；

第六大类：生产、运输设备操作人员及有关人员；

第七大类：军人；

第八大类：不便分类的其他从业人员。

国家规定的职业分类可以对大学生的职业考虑及选择产生提示作用，同学们也可以通过查阅《中华人民共和国职业分类大典》来扩大自己对职业的认识范围。但是现代社会发展非常迅速，职业分类大典的多次增补修订也充分说明了这一点。同学们应该关注社会实际运作情况，多关注周围人的择业消息、信息，锻炼自己对就业的关注度和择业的敏感性。应当主动获取就业信息，在生活中与人交谈或观看电视、其他媒体节目时多留意就业动向。比如近年各大公司招聘常用“管理培训生”来作为应届生的就业岗位，从业后可能涉及多方面的工作，经过一定时期的实习然后再确定新员工的发展方向。

9.1.4 职业规划分享与体会

职业规划存在的另一个影响因素是社会风气和社会舆论。在9.1.2节的“社会现实评估”中提到了社会对个人职业规划的影响，强调的是社会的积极影响，个人发展应当与社会需求一致，是职业规划的重要考量。而社会舆论有时也会对职业规划产生其他方面的影响。

天高任鸟飞，海阔凭鱼跃。作为一名大学生，未来的发展空间非常广阔。理想的职业规划可以为大学生发展指明方向，挑选捷径，帮助大学生规划自己的人生。但是，由于现实社会的复杂，除了 9.1.2 节中职业规划的一般步骤和流程外，在现实职业选择当中，还会出现一些特别的情况，这些情况针对不同的人群、对象，有较强的个例性和针对性，往往是进行正常的职业规划过程中某些同学可能遇到的困难、阻碍。这一小节将结合社会现实和同学们探讨职业规划中遇到的人为因素或特殊状况，希望对同学们有所帮助。

1. 不可能有绝对的公平

职业规划往往不是一件容易的事。对于大多数同学来说，并没有机会真正接触社会，因此对职业就业的认识不会非常深刻，甚至不是很准确。因此，大学生容易受到身边人的影响，从而对自己的职业生涯规划摇摆不定。在社会里，有一部分同学可能是靠父母、亲友安排工作，这样的同学往往不重视职业规划，虽然可能入职时收入不菲，但是并没有对自己的人生掌握主动权。对于这部分同学，应当珍惜自己的得天独厚的条件，起点比其他人高，仍然需要对未来发展做出规划，应该善于利用资源，而不要把这种优势浪费。而绝大多数同学都需要自己择业和就业，这些同学如果进行比较合理的职业规划，也会有很大的发展空间。只要自己能趋利避害、不畏困难、自我调节、坚持努力，自己可以很大程度上掌握自己的人生。通过自身奋斗在社会上取得一席之地，往往会让人有很大的成就感和满足感。同学们应当摆正心态，完全接受和认可自己的现状，不应当对社会上存在的部分不公平的社会现实产生过分抵触心理或者嫉妒心理，这样不但不利于身心健康，也不利于客观积极地分析自身情况。应当冷静、理智地进行合理的定位，及时努力地打拼自己的一片天地。

2. 家庭观念与女性的发展定位

对女同学们来说，多数比较优秀的女生从小到大都被父母、学校当人才来培养，奖状、掌声、表扬、表彰让她们对自己的职业发展充满动力，对自己有严格的要求和较高的定位。这类女生争强好胜，对自己的人生有较强的主宰欲望，也希望通过努力奋斗取得成就，获得包括物质和精神上的成就感。这也是马斯洛需求层次理论的最高层次，即自我实现需要，也就是实现自我价值。

而当女生面临择业时，会发现一个转变：昔日望女成凤的父母不再以高社会地位、高薪、高管等作为期望值，而是希望甚至语重心长、苦口婆心地劝说女儿选择“稳定”、“轻松”的工作，例如，在多数家长眼中，“大学教师”是女性的理想职业，此外包括公务员、银行职员等，都受到广大家长的青睐。这时女生不免会产生矛盾和困惑：曾经的父母那么重视自己的成绩、荣誉，力争把女儿培养成为国家栋梁之材，现在却似乎要“阻碍”女儿的发展步伐，大材小用。这时，寒窗数年的女大学生们要面临中国传统观念的“男主外、女主内”的挑战。当然，父母多数会尊重女儿的意愿，但是他们时不时的“良言”也不免会对女大学生产生潜移默化的影响。事实上，家长的这种转变不但有着很深的社会根源，而且也有很强的社会现实意义。女性要结婚生子、照顾家庭，如果像男性一样重视事业，那么很可能顾此失彼。而女性选择稳定、上下班时间有规律、休假期长的工作，就可以更多地承担家务、照顾小孩、使老公把更多的精力放在事业上。

这对于女性的职业发展来说是一个无形的制约和限制。女大学生们对这种社会风俗首先应当予以充分的理解，理解父母家长考虑问题的角度。但是对于这些外界信息和影响，女生应当结合自己的性格、自己的特点，取其精华去其糟粕，不能不予理睬，也不能全盘接受。比如有些女生性格外向、活泼，敢闯敢拼，也不喜安逸，这些特点使其不适合从事教师、公务员等工作，那么一味地追随社会风气则是对自我人生不负责任的表现，工作后也可能出现不安于现状、抱怨甚至抑郁等情况。对于本身就思想比较传统、居家的女生，则可以与社会舆论保持一致地进行职业选择。

重要的是，社会在进步，当代青年和老一代的思想毕竟有很大差别，女性重视自我价值实现也是新时代社会所倡导的，也有助于社会发展进步。多数女生的本性是更看重家庭，但不意味着家庭幸福一定要做出自我社会价值的牺牲。现代男性多数也很开明，对女性兼顾事业与家庭予以充分理解和尊重，也希望自己的妻子是“上得厅堂下得厨房”，同时社会竞争激烈，也需要妻子分担家庭经济收入，夫妻间需要相互尊重相互认可，共同分担家庭责任，同时追求个人价值的实现，夫妻共同进步才能更好地沟通并相互欣赏，成就现代和谐幸福的家庭。所以女生应当有主见，不要过多顾虑，要敢于追求自己的理想，尊重自己的意愿。

3. 一个“以貌取人”的时代

外表美与心灵美哪个更重要，这是一个永久的话题。结论一般是心灵美更重要，也是社会所提倡的。可事实上，“以貌取人”的现象仍然普遍存在于求职就业当中。据外国机构调查，人的薪水收入与身高成正比，男性尤为明显。而对于女性来讲，也存在因为长相和身高受到限制的情况。即使是普通的面试，外表也会对面试官印象产生影响。

但求职的美丑不专指容貌、身材。例如如果面试官是女性，那么太漂亮的面试者反而可能得不到机会。求职中的外表主要是包括容貌、身材、着装、举止等在内的种种外在表现。总而言之，着装相对朴素、亲切、谦虚、不张扬、适度自信、适当幽默，往往给人会留下较好的印象。

对于貌不惊人的同学，注意不要有任何自卑心理，要注重凸显自己的特点、优势，注意给面试官留下技高一筹的印象。对于外表美丽的同学，注意不要表现出高傲、做作的状态，反而要更谦和，会赢得面试官的赞赏。

总而言之，从上述三个方面来看，无论职业规划道路上遇到何种阻碍，调整自己的心态，及时从自己身上找原因，从自身出发努力克服困难，杜绝怨天尤人和妒忌心理，对于身心健康和职业发展都是非常重要的。

9.2 信息检索在职业规划中的应用

9.2.1 信息与职业规划的关系

信息与职业规划密不可分。大学生利用信息工具，结合自己的分析，才能制定有效的职业生涯规划。通过查询信息，获取大量的信息资源，筛选、分析信息，贯穿于职业规划的每一步。无论是考研、出国，还是直接工作，都需要获取大量相关信息，充分了解自己的发展方向上都有哪些内容，需要注意哪些问题，有什么经验值得借鉴。例如，考研的同学需要明确应该考取什么专业方向的研究生，需要查找复习资料，甚至需要规划研究生毕业后的发展方向；出国的同学也是到国外攻读研究生，需要准备外语考试复习资料、搜索有哪些有影响的中介或辅导机构，国外有哪些适合自己的学校等；直接工作的同学需要关注招聘信息、企业信息、行业发展前景等。这些都需要充分利用信息资源。

9.2.2　就业职业信息网站及利用

目前，有四大招聘网以其招聘信息量大、可信度高、功能服务齐全、信息更新及时而在大学生中有很高的知名度，它们分别是：

1. 应届生（www.yingjiesheng.com，如图 9—1 所示）

图 9—1　应届生求职网

进入"应届生"的首页，诱人的招聘信息目不暇接，有"最新推荐校园招聘信息"、"最新推荐兼职实习信息"、"校园招聘知名企业导航"等。"应届生"应该说是大学毕业生的首选招聘网站，它针对大学本科生、硕士生、博士生提供就业、实习等招聘信息，就如它的广告词"8 000 家校园招聘合作企业，20 000 个校园招聘渠道来源，强大的校园招聘信息整合及服务方案"，信息更新非常及时，信息来源于各大高校 BBS，各大合作招聘网站。应届生网提供的招聘信息对大学生有很大的吸引力，因为其摒弃了繁杂的小企业招聘信息，多选取大学生憧憬的大中型企业、世界 500 强、著名外企、国企和事业单位等，这些均是大学生普遍认可的理想选择。而且其信息都经过人工筛选，信息可信度非常高。

应届生网除了庞大、准确、及时、权威的高质量招聘信息外，还提供很多对大学生实习、就业、进行职业规划等非常有帮助的板块。其主要功能模块在导航栏上均有链接，如图 9—2 所示。

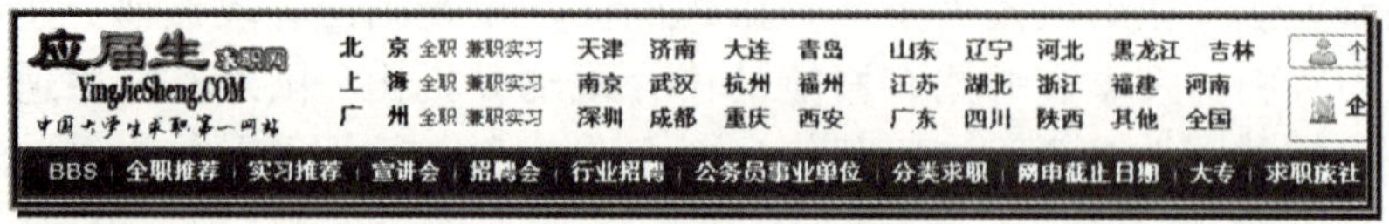

图 9—2　应届生求职网

例如，应届生 BBS（http：//bbs. yingjiesheng. com/），囊括了名企招聘动态、最新实习笔经面经、精华资料推荐及各类求职就业相关的信息、答疑、资料等。其中的求职综合区可以说是一应俱全，周到地考虑了大学生实习、就业的方方面面，如图 9—3 所示。

求职综合区　　分区版

求职综合区(讨论及Offer汇总)(今日: 17)	简历模板、制作、点评及修改 (今日: 47)	求职大礼包及电子杂志 (今日: 99)
大学专业就业指导及学习规划 (今日: 3)	职业规划及测评 (今日: 8)	笔试题目、笔经大全 (今日: 3)
面试技巧、面经大全 (今日: 6)	网申技巧(含Open Question) (今日: 5)	实习求职技巧及经验 (今日: 8)
户口/居住证、档案、报到证 (今日: 13)	反乙肝就业歧视	签约违约 (今日: 1)
公务员/选调生	薪资待遇 (今日: 26)	求职陷阱
求职英语 (今日: 1)	女生求职	成才励志 (今日: 7)
求职放轻松	海归求职/出国留学 (今日: 1)	各大城市求职生活讨论
大专生求职	博士求职	香港/澳门内地生求职区
职场生涯-上班这点事 (今日: 4)	现场招聘会讨论区	

图 9—3　应届生 BBS 求职综合区

又如分类求职，提供按专业分类进行的招聘信息检索，如图 9—4 所示。

个人会员服务　登录 | 注册　　应届生首页 | BBS | 搜索 | 大专生专区 | 专业分类招聘

热门专业：

经济金融	专业不限	管理	计算机电子	财务会计
机械	外语	化学化工	建筑土木	法律
理工科	环境	材料	人力资源	自动化
文史哲政	医学药学	能源动力	媒体广告影视	市场营销
通信	电机电气电力	生物工程	教育	数学
农林牧渔	物流交通	物理	天文地理	美术设计
力学	海洋船舶	服装纺织		

热门职位：

会计	教师	管理培训生	助理	文员
翻译	律师	辅导员	事业单位	财务
软件工程师	日语	银行	平面设计	文秘
研究所	大学	外贸业务员	销售	客服
编辑	医院	英语		

图 9—4　应届生的专业分类导航

再如按行业分类的行业招聘导航，如图 9—5 所示。

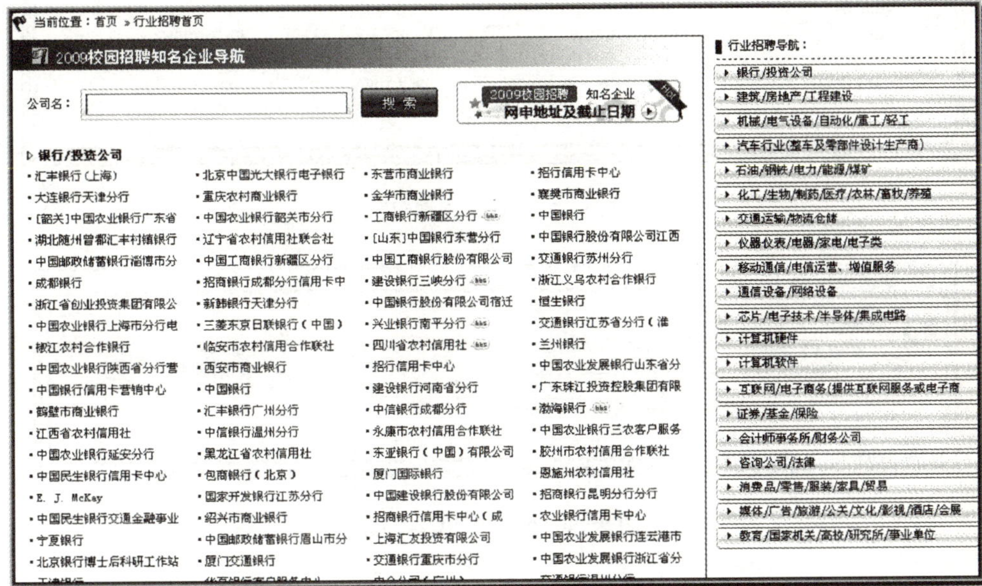

图 9—5　应届生的行业分类导航

因此，应届生网不仅仅是全面的求职信息平台，也是功能强大的求职帮手。因此，受到广大大学生的欢迎和好评。

2. 前程无忧（www. 51job. com）

51job 作为众多招聘网站中的领先者之一，主要包括如图 9—6 所示的几个模块：

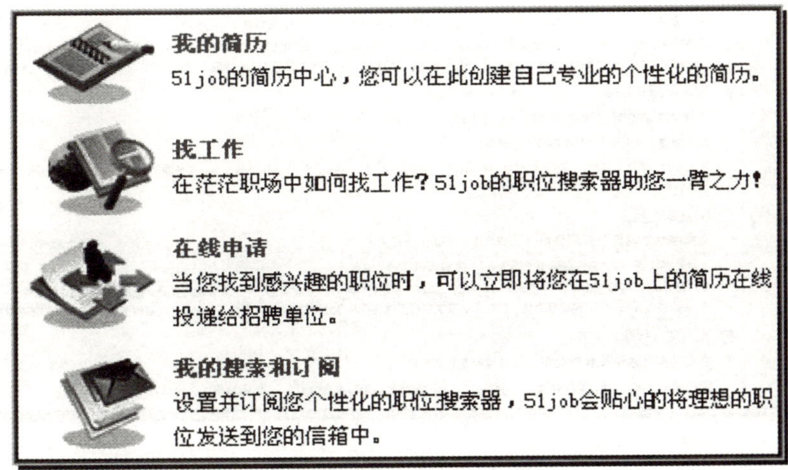

图 9—6　51job 服务模块

本书介绍 51job 的两个特点：搜索引擎和简历制作。

进入 51job，首先进行注册、登录。51job 的风格是以搜索为主，进入个人用户界面后，可进行检索，如图 9—7 和图 9—8 所示。

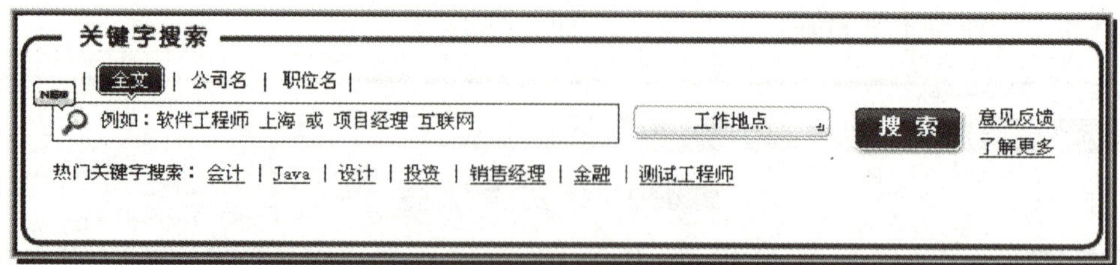

图 9—7　51job 搜索引擎

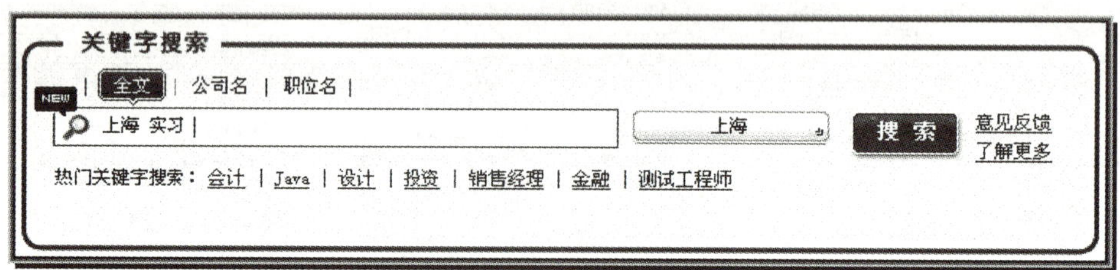

图 9—8　51job 关键词搜索

检索结果为如图 9—9 所示的界面，“在结果中筛选”提供进一步的搜索条件。

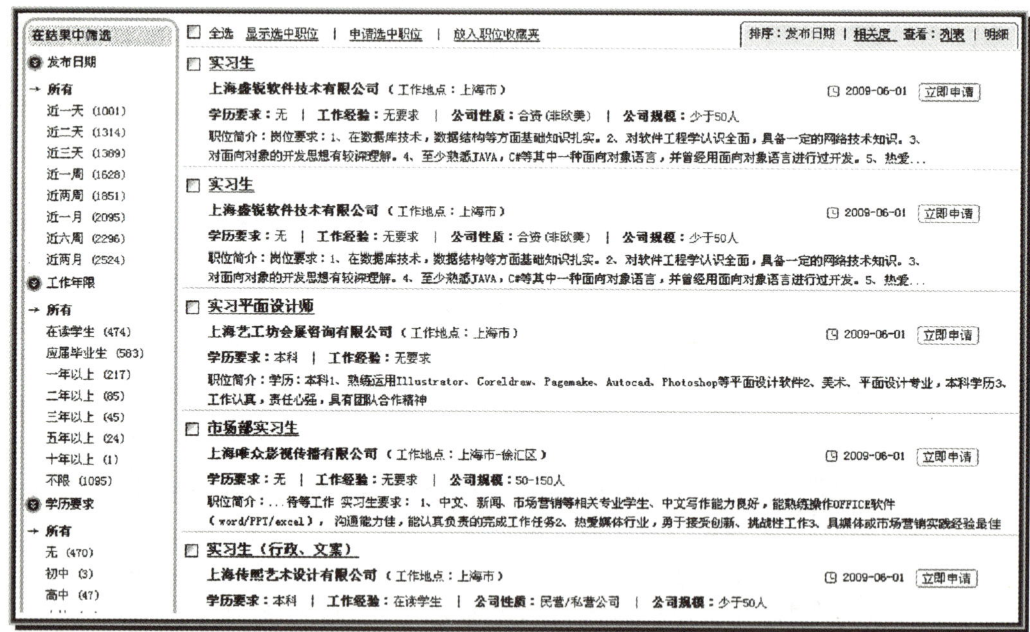

图 9—9　51job 检索结果

因此，51job 的一个特点是能迅速直接地搜索招聘信息，界面简洁，招聘信息先以摘要形式出现，有助于提高信息搜索效率。

51job 的另一个特点是良好的简历制作界面。针对在校生或应届生提供的简历模版包括如图 9—10 所示的填写项目，制作出的简历简洁明了，美观大方。

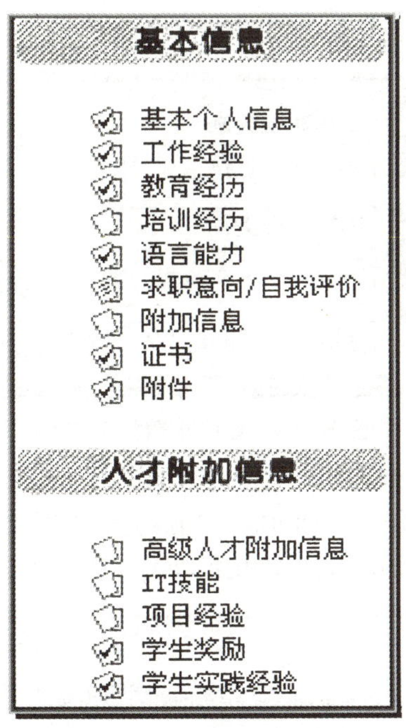

图 9—10　51job 简历制作

3. 智联招聘（www. zhaopin. com，如图 9—11 所示）

图 9—11　“智联招聘”首页

“智联招聘”作为典型的招聘网站，主要针对有工作经验的人群，当然也有适合大学生的实习生频道。“智联招聘”的首页包括行业招聘、品牌企业招聘、名企招聘、紧急招聘、热门职位等，大学生需要从中筛选适合自己的职位。当然，也可以在搜索工作中直接搜索自己倾向的工作类型，如图 9—12 所示。

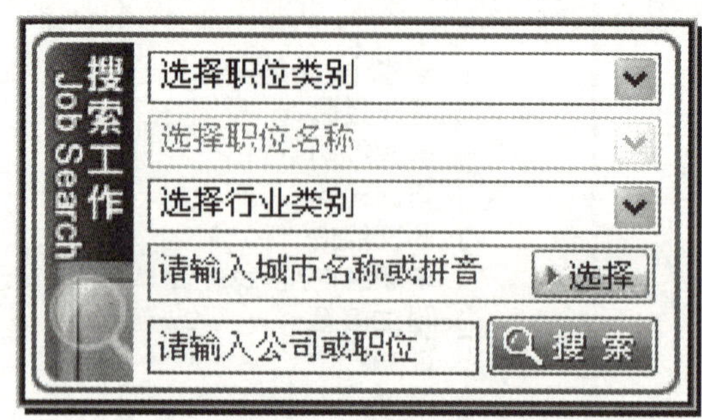

图 9—12　智联招聘搜索工作

4. 中华英才网（www. chinahr. com）

中华英才网的主页如图 9—13 所示，功能与其他招聘网站类似，除此之外，中华英才网经常与大企业进行校园招聘合作和招聘代理等。

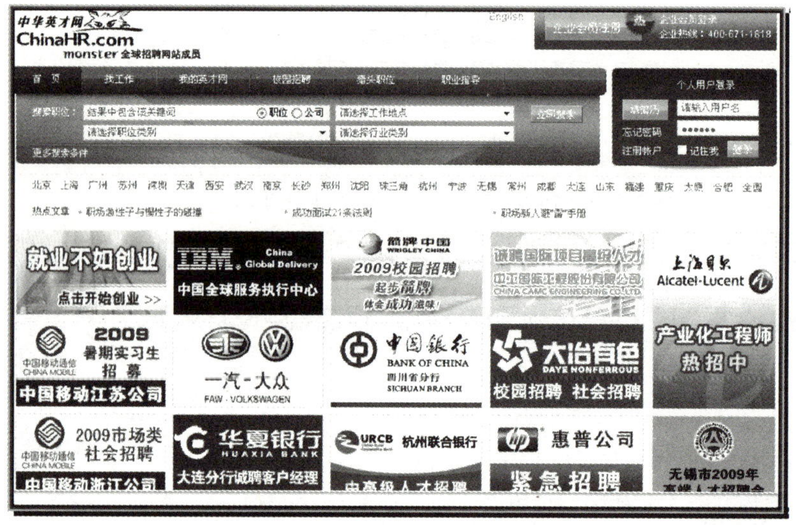

图 9—13　中华英才网

除以上四大招聘网外，一般的大企业都有自己的招聘网页，有部分企业必须在本企业的网页上申请，因此需要同学们多方关注招聘信息、在各大招聘网上也会有相关的广告和链接。

9.2.3　其他职业道路网站及利用[3]

1. 考研同学所需网站

考研既是一个涉及范围广的方向，又是一个针对性强的方向。所谓范围广，是指在准备考研之初，有很大的选择范围，全国各地各大高校，众多专业都是可选的，五花八门的考研网站、辅导班层出不穷。所谓针对性强，是指在考研准备的中后期，就要针对自己理想的学校进行准备，这时专业方向、学校已经限定，考研资料也集中在心仪高校的相关考试资料上，如该学校的官方网站提供的考研论坛、各学校研究生招生网站等。考研的相关信息获取途径多样，辅导班上老师、同学都会有信息提供和交流共享，平时学校里的同学间也会有一定的信息共享，另外就是要多关注网上的考研信息，自己多注意发掘，包括搜狐、新浪等多元化门户网站也会提供教育考研方面的信息。网络是一个无限扩大的信息体系，其包罗的信息可以通过层层链接无限扩大，关注网络提供的考研信息可以作为考研同学在看书之余的消遣，同时也有助于获取有用信息。下面罗列了一些常见的考研网站，供大家参考，但同学们应该培养自己获取信息、查询信息的能力。

知识宝库考研论坛：http：//www. 1zhao. org/
考研论坛：http：//bbs. kaoyan. com/
考研加油站：http：//www. kaoyan. com/
免费考研网：http：//www. freekaoyan. com/
免费考研论坛：http：//bbs. freekaoyan. com/
中国考研网 1：http：//www. cnky. net/
考研教育网：http：//www. cnedu. cn/
中国考研网 2：http：//www. chinakaoyan. com/
飞翔考研论坛：http：//www. flykaoyan. com/
考研领地：http：//www. tx0252. cn/
共享天下考研论坛：http：//www. kaoyansky. cn/
免费考研人论坛：http：//bbs. freekaoyanren. com/
Top 考研论坛：http：//bbs. topkaoyan. net/
中华考研网：http：//www. cnky. cn/
5432 考研论坛：http：//bbs. 5432. net/
新浪考研教育：http：//edu. sina. com. cn/kaoyan/
搜狐考研教育：http：//learning. sohu. com/kaoyan. shtml
网大 _ 考研：http：//kaoyan. netbig. com/
考研宝典网：http：//www. exambook. net/
考研吧：http：//www. kaoyanbar. com/Index. html
你来我网：http：//www. okhere. net/
医学考研网：http：//www. medkaoyan. net/
51 考研咨询网：http：//www. 51kaoyan. com. cn/
中国考研情报网：http：//www. bdkaoyan. com/main. asp
中国招生考试在线：http：//www. yuloo. com/ky/
网易 _ 考研：http：//education. 163. com/kaoyan/
天津考研网：http：//www. 52kaoyan. com/
考研信息港：http：//www. kaoyan365. com/
21CN _ 考研：http：//learning. 21cn. com/kaoshi/kaoyan/
中国教育在线考研：http：//kaoyan. eol. cn/
中华网 _ 考研：http：//edu. china. com/zh _ cn/master/

天新网_考研：http：//exam. 21tx. com/kaoyan/
中国考研 OK 网：http：//www. kaoyanok. com/
考研资料网：http：//www. kyzl. net/
金状元（考研考博试卷总汇）：http：//www. shijuan. com/
中国教育在线_考研：http：//www. edu. cn/HomePage/jiao_yu_fu_wu/kao_yan/
生物考研网：http：//www. ebioe. com/Index. html
法学考研网：http：//www. fxky. com/
IT 考研网：http：//www. itkaoyan. com/
全民考研网：http：//www. qmedu. com/kaoyan/
考研信息论坛：http：//kycn. bbs. topzj. com/
考研龙网：http：//www. kaoyanlong. com/
中国考试在线：http：//www. kao100. com/KaoYan/
圣才考研网：http：//www. 100exam. com/
考研信息网：http：//www. sanwww. com/
南方教育考研：http：//www. southcn. com/edu/examinfo/kaoyan/
中国教育网_考研：http：//www. chinaedunet. com/kaoyan/
考研导航网：http：//www. kaoyz. com/
考研俱乐部联盟：http：//www. kaoyanpub. com/
考研咨询网：http：//www. kaoyanzixun. com/
考研资讯网：http：//www. kaoyanonline. com/
金融联考考研网：http：//www. jrlk. net/
点点英语论坛（含有大量考研资讯）：http：//bbs. diandian. net/
教育人生网_考研：http：//www. edulife. com. cn/KY/
百度_考研吧：http：//post. baidu. com/f？kw=%BF%BC%D1%D0&t=1
考研资料下载网：http：//www. 52rs. com/
九九考试网：http：//www. test99. com/files/420. asp
考研网：http：//www. ezkaoyan. com/ easy
人人考研网：http：//www. rrky. com/
起点考研网：http：//www. qdkaoyan. com/
无忧考研网：http：//www. 51ky. com/html/MSZD/index_2. htm

另外，还有考研信息导航网（http：//www. ky91. com），可以说是考研网站链接大全，除了上面的网址之外，还有众多考研网站的链接导航。

考研网站、论坛众多，同学们应当根据需要有选择地浏览和搜集信息，注意老师和其他同学推荐的网站。需要提醒同学们的是，考研主要还是考察同学们对基础知识的扎实程度，因此复习好课本基本知识是首要任务，应当平稳、扎实地复习，网络资源只起到辅助作用，复习思路应当参考信息、分析信息、总结信息，选择适合自己的。

选定学校后，主要应当到该学校相关论坛上查找资料，这里不作罗列。

2. 考公务员同学所需网站

以下罗列了各地公务员考生需要的一些网址，在各地的网站上会有不同的信息发布，致力于考公务员的同学可以进入这些网站参考一下，当然复习、培训也是必不可少的环节。

公务员考试所需网站

中华人民共和国人事部：http：//www. mop. gov. cn
中国人事考试网：http：//www. cpta. com. cn
北京人事考试网：http：//www. bjpta. gov. cn
上海人事 21 世纪人才网：http：//www. 21cnhr. com
重庆人事人才网：http：//www. cqpa. gov. cn
四川人事信息网：http：//www. scrs. gov. cn
成都人事考试网：http：//www. cdpta. com
阿坝州人事考试信息网：http：//abrsks. xiloo. com
南京人事考试网：http：//www. njrsks. nease. net
广东省资格考试中心信息网：http：//www. gdkszx. com. cn
广州考试信息网：http：//www. gzexam. com. cn
广州人事信息网：http：//www. gzpi. gov. cn
深圳市考试指导中心：http：//www. testcenter. gov. cn
珠海市人事考试中心信息网：http：//zh. gdkszx. com. cn
汕头市专业资格考试信息网：http：//st. gdkszx. com. cn
韶关市人事考试中心信息网：http：//sg. gdkszx. com. cn
河源市专业资格考试信息网：http：//hy. gdkszx. com. cn
梅州市专业资格考试信息网：http：//mz. gdkszx. com. cn
惠州市人事考试中心信息网：http：//hz. gdkszx. com. cn
汕尾市专业资格考试信息网：http：//sw. gdkszx. com. cn
东莞市人事考试中心信息网：http：//dg. gdkszx. com. cn
中山市专业资格考试信息网：http：//zs. gdkszx. com. cn
江门市专业资格考试信息网：http：//jm. gdkszx. com. cn
佛山市人事考试中心信息网：http：//fs. gdkszx. com. cn
阳江市专业资格考试信息网：http：//yj. gdkszx. com. cn
湛江市人事局考试培训中心：http：//www. zjrskspx. net
茂名市人事考试中心信息网：http：//mm. gdkszx. com. cn
肇庆市资格考试中心信息网：http：//zq. gdkszx. com. cn
清远市人事考试中心信息网：http：//qy. gdkszx. com. cn
潮州市专业资格考试信息网：http：//cz. gdkszx. com. cn
揭阳市专业资格考试信息网：http：//jy. gdkszx. com. cn
云浮市专业资格考试信息网：http：//yf. gdkszx. com. cn

顺德市人事考试网：http：//sd. gdkszx. com. cn
江苏人事：http：//www. jsppd. gov. cn
淮安人事考试网：http：//www. hakszx. com
南通人事考试网：http：//www. ntpta. gov. cn
辽宁人事人才信息网：http：//www. lnrc. com. cn
辽宁人事考试网：http：//lnrsks. com
沈阳人事网：http：//www. syrsw. gov. cn
大连人事编制网：http：//www. rsj. dl. gov. cn
浙江人事考试网：http：//zjks. com 或 http：//www. zjks. com
杭州考试培训网：http：//www. hzkp. com
绍兴市人事培训考试网：http：//www. sxpxks. com
宁波考试网：http：//www. nbks. net
台州市人事培训考试网 Http：//www. tzks. net
宁海县人事局人事人才信息网：http：//www. nhrs. gov. cn
镇海区人事考试信息网：http：//rsks. nbzh. com
山东人事考试信息网：http：//www. rsks. sdrs. gov. cn
山东人事信息网：http：//www. sdrs. gov. cn
济南人事编制信息网：http：//www. jnrs. gov. cn
潍坊市人事考试中心：http：//www. wfrsks. com
龙口人事网：http：//www. lkrc. gov. cn
烟台人事编制信息网：http：//rsj. yantai. gov. cn
青岛人事信息网：http：//www. qppb. gov. cn
淄博市人事考试网：http：//kszx. zibo. com. cn
广西人事考试网：http：//www. gxpta. com. cn
柳州人事考试网：http：//www. lzpta. com
崇左市人事考试中心：http：//www. gxpta. com. cn
河池人才网：http：//hcrc. hcptt. gx. cn
玉林人事人才网：http：//www. ylrc. net
山西人事考试中心：http：//www. sxpta. com
太原市人事考试网：http：//www. typta. com. cn
福建省人事考试网：http：//www. fjpta. com
海峡人才网：http：//www. hxrc. com. cn
泉州市人事考试网：http：//www. qzks. com
泉州人事网：http：//www. qzrs. gov. cn
厦门人事考试测评中心：http：//www. xmptec. org
厦门人事网：http：//www. xmrs. gov. cn
昌吉人事人才信息网：http：//www. cjrs. gov. cn
宁德市人事人才网：http：//www. fjndrs. com

漳州人事人才网：http：//www. zzhr. com
黑龙江省人事考试网：http：//www. rsks. gov. cn
齐齐哈尔市人事考试网：http：//www. qqhr-rc. com
内蒙古人事考试网：http：//www. impta. com
内蒙古考试资源网：http：//www. nmgpta. com
兴安盟人事考试网：http：//www. xajobs. com
河南省人事考试中心：http：//www. hnrsks. com
郑州市人事考试中心：http：//www. zzrsks. com. cn
焦作市人事局网站：http：//www. jzrsj. gov. cn
新疆人事人才信息网：http：//www. xjrs. gov. cn
新疆人事考试网：http：//www. xjpxrz. org
新疆人事考试中心：http：//www. xjrsks. com. cn
喀什人事人才网：http：//www. ksrsrc. com. cn
青海省人事考试中心：http：//www. qhpta. com
青海省人事厅：http：//www. qhrs. gov. cn
陕西省人事考试网：http：//www. sxrsks. cn
陕西省人事人才信息网：http：//www. sxrs. gov. cn
陕西招生考试信息网：http：//www. sneac. com
西安人事考试网：http：//www. xapta. com
宝鸡人事人才网：http：//rsj. baoji. gov. cn
宁夏人事考试中心：http：//www. nxpta. gov. cn
湖南人事编制网：http：//www. hnrst. gov. cn
娄底人事信息网：http：//www. ldrsj. gov. cn
常德人事人才网：http：//p. cdcity. gov. cn
益阳市人事局：http：//www. yyrs. net. cn
郴州人事信息网：http：//www. czpb. gov. cn
株洲人才：http：//www. hnzzrc. com
湖北人事：http：//www. hbrs. gov. cn
武汉人事考试网：http：//www. whptc. org
十堰市人事局：http：//www. hbsyrs. gov. cn
孝感人事网：http：//www. xgrs. gov. cn
丹江口人事信息网：http：//www. djkrs. gov. cn
黄石人事人才网：http：//www. hbhsrs. gov. cn
宜昌人事信息网：http：//www. hbhsrs. gov. cn
鄂州人事：http：//rsj. ezhou. gov. cn
恩施州人事局：http：//www. hbrs. gov. cn
潜江人事人才信息网：http：//hbqjrs. nease. net
荆门人事考试：http：//www. jmrsks. org

襄樊人事人才网：http：//www. xfrsrc. gov. cn
浠水人事网：http：//www. xsjob. com
安徽人事编制网：http：//www. ahsrst. cn
安徽人事考试网：http：//www. apta. gov. cn
芜湖人事人才信息网：http：//www. whrs. gov. cn
淮南人事人才网：http：//www. hnhr. cn
甘肃省人事厅：http：//www. rst. gansu. gov. cn
河北人事人才网：http：//www. hebrs. gov. cn
天津人事信息网：http：//www. tjpnet. gov. cn
唐山人才网：http：//www. tsrc. gov. cn
石家庄人事信息网：http：//www. sjzpinfo. net
衡水市人事人才网：http：//www. hsrsrc. net
邯郸人事网：http：//www. rsj. hd. gov. cn
江西省人事厅：http：//www. jxrenshi. gov. cn
云南人事人才信息网：http：//www. ynrs. gov. cn
海南省：http：//www. dofcom. gov. cn
西藏人事人才网：http：//xz. ctsgov. cn/

公务员考试信息资料网址如下：
公务员考试在线：gwyks. com
中国公务员考试咨询网：offcn. com
公务员考试之家：21ks. net
公务员考试网：gwyksw. com
公务员考试题库：gwytk. com
公务员免费资料聚：fangyong. com
江苏省公务员考试：gwyks. com. cn
公务员考试论坛：qq. topzj. com
公务员考试录取信息：jxgwy. com
仲尼公务员考试联盟：gongwuyuan. org. cn
中国公务员考试中心：gongwuyuan. com. cn
浙江公务员考试：91test. net
公务员试题聚锦网：gwyst. net
中国资料网：cnzl. net
天津公务员考试网：gwy200. com
公务员在线考试练习网：17ks. com
公安警察考试网：glxx. com
山东公务员考试信息：gwy126. com
中国公务员考试培训网：ccse. cn

公务员吧：gwy8. com
公务员考试网：offcn. com
中国人事考试网：cpta. com. cn/Desktop. aspx? PATH=rsksw/sy
中国招生考试在线：yuloo. com/gwyks
新浪网 _ 公务员考试：sina. com. cn/official
新华网 _ 公务员考试：xinhua. org/st/gwyks
中国海关考录网：customs. gov. cn/Default. aspx? tabid=5046
腾讯 _ 公务员考试：qq. com/official
中国人事报：rensb. com
洪恩在线 _ 公务员资格：hongen. com/proedu/gwy
考试大 _ 公务员考试：examda. com/gwy
搜狐 _ 公务员考试 sohu. com/official
扬州人事考试网：www. yzrsks. com
兵团考试信息网：www. btpta. gov. cn
新疆兵团人事人才网：www. xbrs. gov. cn
浙江省公务员考试录用系统：gwy. zjrs. gov. cn
国家公务员考试录用系统：www. mohrss. gov. cn
2009 北京村官报名：www. bjbys. com

3. 出国同学所需网站

志向于到外面走走，留学国外的同学，在毕业前一年就要有所打算，因为各项手续需要提前办理，以及英语能力等必备技能都需要在报考国外院校之前达到国外院校的标准，才能申报该校，所以时时关注一下欲留学国家的信息或者中国关于如何留学的网站是非常有必要的。

以下就是出国同学可以参考的网站：

中国留学服务中心：www. cscse. edu. cn
教育部教育涉外监管信息网：www. jsj. edu. cn
留学网：liuxue. net
中国出国留学网：liuxue86. com
中国留学人才信息网：chinatalents. gov. cn
留学第一站：globeedu. com
俄罗斯留学：rudn. cn
新加坡留学服务网：singapore-study. com
加拿大留学网：chinaren. ca
留学日本信息：abroadjapan. com
澳大利亚留学网：ozstudynet. com
韩国留学在线：21hanguo. com
国际教育留学资讯网：internationaledu. net

搜狐_留学网：sohu. com/abroad
海南出国留学：hnscse. gov. cn
五洲留学网：overseasstudy. cn
高仕登留学：gsdedu. com
中华涉外网：9c9c. com. cn
东方移民留学中心：visa2au. com
一鸣留学网：yimingedu. com
中国留学网：chuguo. net. cn
留学奥地利：austriaedu. com
五湖中视出国留学：whctv. com
育路出国留学频道：yuloo. com
澳洲留学移民资讯网：daiwen. com
金东方留学网：eedu. com. cn
微迪留学网：microedu. com. cn
留学日本：japanedu. org
东西方留学网：ewedu. net
教育涉外监管信息网：jsj. edu. cn
留学网：liuxue. n
人民网_留学专题：people. com. cn/GB/kejiao/230/2214
中青在线_留学：interedu. cyol. com/node/liuxue. htm
新浪_留学移民：sina. com. cn/m
搜狐出国咨询：goabroad. sohu. com
世纪出国资讯易网：21abroad. net
亚洲易网：yes-asia. com. cn
Tigtag 滴答_出国资讯：tigtag. com/community/whatsnew. asp
寄托家园：gter. net/bbs
中国津桥留学：oxbridgedu. org
北京留学网：bjlx. gov. cn/bjlx/index. asp
加拿大海外移民中心：study-canada. com
英国教育官方网站：educationuk. cn
留学人员海淀创业园：ospp. com
中国留学信息网：cscse. edu. cn
中华涉外网_留学移民：abroad. 9c9c. com. cn
广州英中教育咨询公司：anglo-chinese. com
中教国际教育交流中心：cciee. com. cn
美国校园网站：uscampus. com. cn
新加坡对外教育中心：edusg. com
上教国际：edush. com/Chinese

留学人员广州创业园：entrepark. com/home. asp
福建留学网：fjlx. net
嘉诚海外：gasheng. com
就业与出国：goingabroad. org
新通国际：igo. cn/shinyway/chengdu
和中移民留学网：welltrend. com. cn
加拿大 C&C 寰球有限公司：gotocanada. com. cn
高仕登留学咨询公司：gsdedu. com
广州留学人员信息网：gzscse. gov. cn/gzscse07
辽宁省国际交流中心：liec. com. cn
新通出国留学网站：shinyway. com. cn
四川省留学服务中心：sc-studyabroad. com
留学人才信息网：chinatalents. gov. cn
上海青年报社 _ 留学指南：why. com. cn/abroad
中国留学网：cscse. edu. cn
达瑞出国咨讯网：chinamanpower. cn
爱尔兰中国学生之家：kina. cc/ie
国家留学基金委员会：csc. edu. cn
中国太学网 _ 海外留学：eedu. com. cn/abroad
出国留学考试频道：cg. yuloo. com
新华网 _ 出国频道：xinhuanet. com/abroad
中国高校网 _ 留学：huaue. com/lx. asp? ttt＝3
小春日本留学：xiaochuncnjp. com/bbs
（澳洲）东方移民留学中心：visa2au. com
出国在线：chuguo. cn
伯乐留学：cheeredu. com. cn
中国留学网：liuxue. net
教育部涉外监管信息网：jsj. edu. cn
国家留学网：csc. edu. cn
内蒙古科技大学国际合作交流处：dice. imust. cn
西安工程大学国际学院：xaist. edu. cn/yuanxishezhi/zhongaoxy
东北师大出国留学培训部：pxb. nenu. edu. cn
延边大学出国留学三部：ydliuxue. com/iindex. asp
长春税务学院国际教育中心：125. 223. 213. 30/web/index. asp
深圳大学国际交流合作处：szu. edu. cn/szu2007/docc/gjjl. asp
清华大学国际教育培训中心：gjjy. org. cn
北京外国语大学出国培训部：ks. bwpx. com
北京科技大学留学项目招生：xuexiao114. net/kdlx

对外经济贸易大学留学中心：uibelx. com
北京联合大学广告学院：adcbuu. com/chuguoliuxue
中国人民大学培训学院：hndruc. cn
中国人民大学外国语学院：rucgov. com/xyjj. asp
中国人民大学信息学院：rucinfo. com. cn
北京邮电大学世纪学院国际学院：byhnd. com
北京科技大学 3+1 留学招生：kdlx. org
北京国际工商管理研修学院：bibac. edu. cn/zsxx. aspx
北京联合大学 HND 留学项目：eoedu. com/schools/ld/byjy. htm
中国传媒大学凤凰学院 HND：cmzk. org/schools/cm
学术桥出国留学培训：edu5a. com/org/10248
北华大学出国留学服务中心：osc. beihua. edu. cn
大连工业大学国际教育学院：gjjyxy. dep. dlpu. edu. cn
黑龙江大学剑桥学院国际部：inter. jqu. net. cn
同济大学留学人员培训部：dk. tongji. edu. cn
上海财经大学国际教育学院：fcsufe. com/cn/index
上海海洋大学国际文化交流学院：gjxy. shou. edu. cn
南京大学出国留学服务中心：njuiesc. com
南京信息工程大学国际教育学院：globenuist. cn
浙江财经学院外事处：intl. zufe. edu. cn
宁波工程学院国际教育学院：nbut-clasalle. com
安徽三联学院国际交流中心：jnzhou. com/zhgjjl/gjjl
厦门大学国际学院：liuxue. xmu. edu. cn
福建工程学院出国留学服务中心：fjlx666. com
南昌大学国际交流学院：iec. ncu. edu. cn
山东大学外国语学院继续教育：jxjy. flc. sdu. edu. cn
中国海洋大学国际教育学院：ouc. edu. cn/sie
青岛大学韩国留学澳洲留学：mifm. cn
郑州华信学院出国留学：zzhxxy. com/jxjy/cglx. asp
武汉理工大学国际教育学院：sie. whut. edu. cn
湖北汽车工业学院外事办公室：qcxy. hb. cn/wb/index. htm
长沙理工大出国留学服务中心：jijiaoyuan. com/lx/default. htm
湖南城市学院国际交流处：wsb. hncu. net/web/30/200801/17155023671. html
广东外语外贸大学出国培训部：gdufs. edu. cn/Int-college/index. htm
中山大学外语学院英语培训中心：sysu. edu. cn/2003/zsjy/zsjy. htm
四川大学出国留学人员培训部：iltcscu. org
西南财经大学天府学院：tf-swufe. net/tf/chuguo1. htm
西南民族大学国际教育学院：swun. edu. cn/swun/template/gjjyxy

西安外国语大学出国人员培训部：xwpxb. com
西北工业大学明德学院：npumd. cn
江苏苏索外语培训中心：susuo. net
江南大学留学服务中心：jdlxzx. com
北京交大留学服务中心：new. ossc. cn/index. aspx
北京北语留学服务中心：sasc. cn
北京二外教育信息咨询中心：bjerwai. com
天津外大出国留学服务中心：tianjinwaida. com
内蒙古师范大学国际交流中心：imnuiesc. com
浙江浙大出国留学服务中心：zju-cos. net
江苏省南师大留学服务中心：nnusa. cn
江苏南大出国留学服务中心：njuiesc. com
合肥工业大学留学服务中心：ahtoworld. com
安徽经管干部学院国际合作中心：ahicc. com
湖北武科大出国留学服务中心：hbwust. com/list. aspx? id=5
大连外国语学院留学服务中心：duflstudy. com
吉林大学留学服务中心：jdhwlx. com
东北师范大学吉林留学服务中心：abroad. nenu. edu. cn
延边大学自费出国留学服务中心：iie. ybu. edu. cn/index. php? id=1
西南大学自费出国留学服务中心：gjc. swu. edu. cn
四川外语学院海外留学服务中心：sisupxb. com
云南大学国际交流事务所：iep. ynu. edu. cn
陕西西北大学海外留学服务中心：222. 90. 74. 124/web/index. php
北京新东方前途出国咨询：neworiental. org/publish/portal0/tab380
北京工商达留学中介服务中心：btbu-gsd. com
中智国际教育培训中心：ciicc. com
伯乐留学中介：cheeredu. com. cn
北京走向世界留学咨询中心：bjrcedu. com
北京关爱成长国际教育咨询中心：ycie. org
北京嘉华世达国际教育交流：jhsd. 58. com. cn
东方国际教育交流中心：cscdf. org
北京帆之都教育信息咨询公司：fanzhidu. com
凯越乐维自费出国中介服务中心：kailewei. cn
深圳市留学人员服务中心：scos. gov. cn
陕西省留学服务中心：shaanxi. cn
湖北省教育自费留学服务中心：hblx. cn
济南华侨出国留学服务中心：liuxueroad. com
国家留学基金会东方国际：cscdf. org

新通国际：igo. cn
福建省恒星出国留学服务中心：starstudying. com
广州留学人员服务管理中心：gzscse. gov. cn/gzscse07
大连鑫泉科教咨询有限公司：xinquanedu. com
美加百利留学：immivip. com
浙江中青出国留学服务中心：zqsa. com
艾迪留学网：eduglobal. com
澳际出国留学：globeedu. com
北京环球达洋行信息咨询：dyo. com. cn
津桥国际教育（集团）：oxbridgedu. org
北京环宇联合投资咨询有限公司：visa999. com
南京市外事服务有限公司：fescoabroad. com
北京樱知叶文化交流有限公司：kentrexs. cn
北京金吉列出国留学咨询服务：jjl. cn/edu
陕西省教委教育交流中心：71best. com
北京万极咨询有限公司：wanjiedu. com
湖北人才出国网：hbrccg. com
江西出国留学网：cscdfjx. com
新澳出国留学港：sino-overseas. com
上海上教留学：edush. com
北京紫铭文化交流有限公司：ziming. com. cn
金东方美国留学：studentabroad. cn
嘉华世达出国留学网：chivast. com
北京威久出国留学：wiseway. com. cn
达哼留学网：dlhtedu. com
新浪网 _ 出国频道：edu. sina. com. cn/a
腾讯网 _ 出国频道：edu. qq. com/abroad
533 出国留学网：liuxue. 533. com
搜狐 _ 出国频道：goabroad. sohu. com
中国国际教育信息网：2008. ciein. com
中青在线 _ 留学：interedu. cyol. com/node/liuxue. htm
五周留学网：overseasstudy. cn
育路留学网：cg. yuloo. com
中华涉外留学网：abroad. 9c9c. com. cn
点点通途留学：educationguide. cn
出国留学网：liuxue86. com
全球教育网：earthedu. com
留学 E 网：eduwo. com

21 世纪出国留学：21abroad. net
国际教育出国留学网：ukbce. com
朗阁国际留学网：jstudy. cn
湖北留学网：hblxw. com
武汉侨顿科技有限公司：wjohnton. com
广州英中教育咨询有限公司：anglo-chinese. com
伯骏留学网：burgeon. org
澳大利亚金禾咨询网：iscanz. com. cn/main. asp
上海学道教育信息咨询：uscampus. com. cn
北京外企留学服务中心：fescoliuxue. com. cn

9.3 本章小结

本章介绍了职业规划和信息检索在职业生涯规划中的应用这两部分。职业生涯规划主要介绍了其概念、内容和流程，并结合社会现实探讨了职业规划中遇到的人为因素或特殊状况；信息检索在职业生涯规划中的应用部分则主要介绍了信息与职业规划的关系、就业职业信息网站及利用、其他职业道路网站及利用。希望通过本章的学习，读者能充分利用信息检索的知识和工具，协助做好职业生涯规划。

9.4 思考与练习

1. 职业规划的概念是什么？它对大学生的人生发展有什么作用？
2. 职业规划的流程是什么？其中哪个部分要考虑的涉及社会因素？
3. 登录四大职业信息网站，练习查找招聘信息。
4. 大学生毕业去向主要有哪几种？
5. 思考自己的职业规划方向，搜索与个人职业发展相关的信息，进行职业规划。

□ 本章参考文献

[1] 尹忠泽. 大学生职业生涯规划 [M]. 长春：吉林大学出版社，2007

[2] 李迎春，董云飞. 大学生职业生涯设计与就业指导 [M]. 哈尔滨：哈尔滨工业大学出版社，2007

[3] 无忧考网：www. 51test. net

如何注册"教学辅助平台"

1. 针对个人读者：刮开图书封底不干胶标签的覆膜层，取得用户名和密码，访问 http://www2.ruc.com.cn（教育网用户）或 http://ruc.com.cn（非教育网用户），使用前述用户名和密码登录即可。登录方法如有变更，以网站通知为准。

2. 针对班级用户：请授课教师将全班课本上的用户名和密码采集并保存到 Excel 文件中，将该文件连同以下完整信息一并发送到 reader@ruc.com.cn。

- 邮件标题：申请开通 Internet 教学班
- 学校名称：
- 课程名称：
- 学生专业：
- 学生数量：　　（限 10~99 人之间）
- 教师信息：
  - 姓名：
  - 电话：
  - 电子邮箱：
  - 通信地址：
  - 邮政编码：
- 网络访问速度比较：
  - http://www2.ruc.com.cn（教育网用户）　　□速度快　□速度一般　□速度慢
  - http://ruc.com.cn（非教育网用户）　　□速度快　□速度一般　□速度慢

我们将会在用户能够较快访问的服务器上为用户开设远程网络教学班，并以邮件告之使用方法。远程网络教学班可以使用我们系统的大部分功能。

对于部分访问我们教育网网站和非教育网网站都比较慢的班级用户，我们可以免费提供单班级版的简版系统，用户只要安装在局域网环境中即可使用。简版系统中包含了完整系统的基本功能。

无论是个人读者用户还是班级用户，其使用权限自开通之日起一年内有效。如果到期仍未完成本课程的学习，可以通过系统的站内短信功能申请延期。

对完整版教学辅助系统有兴趣的院校，可通过邮箱 yxd@yxd.cn 及 reader@ruc.com.cn 联系作者以了解详情。

大学计算机基础与应用系列立体化教材书目

大学计算机应用基础　（中国人民大学尤晓东等编著）

Internet 应用教程　（中国人民大学尤晓东编著）

多媒体技术与应用　（中国人民大学肖林等编著）

网站设计与开发　（中国人民大学王蓉等编著）

数据库技术与应用　（中国人民大学杨小平等主编）

管理信息系统　（中国人民大学杨小平主编）

Excel 在经济管理中的应用　（中央财经大学唐小毅等编著）

统计数据分析基础教程——基于 SPSS 和 Excel 的调查数据分析　（中国人民大学叶向编著）

信息检索与应用（面向经管类）　（东华大学刘峰涛编著）

C 程序设计教程（面向纯文科类）　（清华大学黄维通编著）

C 程序设计教程（面向经管类）　（河北大学计算中心李俊等编著）

电子商务基础与应用（面向经管类）　（天津财经大学卢志刚主编）

配套用书书目

大学计算机应用基础习题与实验指导　（中国人民大学尤晓东等编著）

Internet 应用教程习题与实验指导　（中国人民大学尤晓东编著）

多媒体技术与应用习题与实验指导　（中国人民大学肖林等编著）

网站设计与开发习题与实验指导　（中国人民大学王蓉等编著）

数据库技术与应用习题与实验指导　（中国人民大学战疆等编著）

管理信息系统习题与实验指导　（中国人民大学杨小平等编著）

Excel 在经济管理中的应用习题与实验指导　（中央财经大学唐小毅等编著）

统计数据分析基础教程习题与实验指导　（中国人民大学叶向编著）

C 程序设计教程（面向纯文科类）习题与实验指导　（清华大学黄维通编著）

C 程序设计教程（面向经管类）习题与实验指导　（河北大学计算中心李俊等编著）

电子商务基础与应用（面向经管类）习题与实验指导　（天津财经大学卢志刚主编）

图书在版编目（CIP）数据

信息检索与应用（面向经管类）/刘峰涛主编.
北京：中国人民大学出版社，2009.8
（大学计算机基础与应用系列立体化教材）
ISBN 978-7-300-11091-2

Ⅰ.信…
Ⅱ.刘…
Ⅲ.情报检索-高等学校-教材
Ⅳ.G252.7

中国版本图书馆 CIP 数据核字（2009）第 140278 号

大学计算机基础与应用系列立体化教材
信息检索与应用（面向经管类）
主　编　刘峰涛
副主编　王鲁梅　陈顺华　贾作广　王　婷

出版发行　中国人民大学出版社
社　　址　北京中关村大街 31 号　　**邮政编码**　100080
电　　话　010－62511242（总编室）　010－62511398（质管部）
　　　　　　010－82501766（邮购部）　010－62514148（门市部）
　　　　　　010－62515195（发行公司）　010－62515275（盗版举报）
网　　址　http://www.crup.com.cn
　　　　　　http://www.ttrnet.com(人大教研网)
经　　销　新华书店
印　　刷　北京鑫丰华彩印有限公司
规　　格　185 mm×260 mm　16 开本　　**版　　次**　2009 年 10 月第 1 版
印　　张　19.75 插页 1　　**印　　次**　2017 年 1 月第 2 次印刷
字　　数　439 000　　**定　　价**　29.80 元
